결혼의 기술 2판

이기숙 김득성 공미혜 김은경 전영주 손태홍 오경희 공저

Art of The Marriage

신정

머리말

"애정이 없는 결혼은 비극이다. 그러나 이보다 더 나쁜 결혼이 있다. 애정이 있되 한쪽밖에 없고, 정절과 헌신이 있으되 한쪽뿐인 경우이다."

최근 신세대들에게 나타나고 있는 여러 특성들 중 주목할 만한 것은 결혼을 인생의 필수로 여기지 않고 선택으로 생각한다는 점이다. 이러한 신세대를 보면서 우리는 그들과 함께 결혼에 대한 보다 많은 이야기가 필요하다고 여기게 되었다. 그래서 이 책은 결혼에 대한 다음과 같은 관점에서 시작되었다.

첫째, 결혼관이 점점 다양해져 가고 있다. 따라서 자신에게 맞는 생활양식을 선택하기 위해 결혼에 대한 학습이 필요하다.

둘째, 많은 부부문제의 가장 중요한 원인은 잘못 끼워진 첫 단추에 있다고 볼 수 있다. 내 몸에 맞는, 그러면서 세련되고 품위를 나타낼 수 있는 그런 옷, 그런 결혼에서 중요한 것은 우선 나와 상대방 그리고 그 관계를 파악하는 것이다.

셋째, 결혼은 비교적 생애 전반부인 20대에 이루어지는 사건이다. 그리고 그 사건은 우리의 전 인생을 지배하기도 한다. 때로는 행복하게, 때로는 불행하게. 정말 결혼은 우리가 전 인생을 걸어야 되는 도박 같은 것이므로 삶에 대한 통찰과 인간에 대한 신뢰 없이는 성공적인 결혼생활을 할 수 없다. 우리는 통찰력과 신뢰를 결혼을 중심으로 한 다양한 논의들에서 쌓아가지 않으면 안된다.

따라서 이 책은 결혼 준비 교육서로서의 특성을 가지고 있고, 학생들이 자신의 생애를 미리 그려볼 수 있도록 설계되었다. 그리고 이 책은 대학의 교양과목 교재로서 뿐만 아니라 일반인들의 결혼 관련 교양도서로도 읽힐 수 있도록 편집되었다.

이 책은 크게 2부로 1부 결혼 준비와 2부 결혼 적응으로 구성되어 있다. 1부는 21세기 결혼이야기에서 시작하여 혼자 살기와 함께 살기, 여성다움과 남성다움, 사랑의 기술, 성 이해하기, 연애와 배우자 고르기, 결혼문화로 구성되어 정말 청년기 발달에 다다른 누구에게나 한 번쯤 일독을 권하고 싶은 내용이다. 그리고 2부에서는 결혼생활에 조화롭게 적응할 수 있는 내용으로 이야기를 풀어간다. 결혼생활 계획하기, 생산적 대화와 공정한 싸움, 인생의 고비마다 다르게 나타나는 결혼의 모습들, 가족의 다양한 이름들, 헤어짐과 새로운 만남, 가족문제 해결에 참고되는 가족관련법 그리고 마지막 다듬기로 결혼생활교육과 결혼생활치료를 포함하였다. 이 모든 단계는 건강하고 성숙한 결혼생활에 목표를 두고 있다.

일곱 명의 집필자들은 자발적으로 자기가 쓸 제목을 선택하였고, 최대한 신세대에게 유용한 자료들을 구하여 그들에게 편한 글을 쓰려고 노력하였다. 각자 두 가지 주제를 맡아 열심히 적고, 서로 읽어주며 비평해 주었다. 그리고 집필과정에서 가장 어려웠던 점은 책명을 정하는 것이었다. 앞에 기술한 내용을 다 수렴할 수 있는 가장 상징성이 높은 단어를 고르다 보니 영어로는 Art가 쉽게 선정되었는데 한글로는 적당한 단어가 떠오르지 않았다. 다양한 단어가 제시되었지만 의미들이 분산 혹은 고정관념화되어 있어 선택이 어려웠다. 고심 끝에 우리는 《결혼의 기술(Art of the Marriage)》로 책명을 정하였다. 여기서 기술은 단순한 테크닉이 아닌 미학(美學)의 의미를 지닌다.

끝으로 이 책의 출판을 흔쾌히 허락해 준 도서출판 신정에 감사드린다. 그리고 바쁜 중에도 교수님들을 도와 자료를 모아주고, 교정을 봐준 각 연구실의 대학원생과 학생들에게 감사의 인사를 드린다.

2009년 2월

집필자 일동

차 례

1부 결혼 준비

1장 21세기의 결혼이야기: 결혼과 사회변화 • 15

1. 사회구조의 변화: 농경사회에서 정보사회까지 • 16
   1) 농경사회: 사람이 모여 사는 사회의 형성 / 16
   2) 산업사회: 사회의 모든 부분을 변화시킨 산업화 그리고 산업혁명 / 18
   3) 정보사회: 시간과 공간의 제약을 극복하다 / 19
2. 사회구조의 변화에 따른 결혼과 가족의 변천 • 21
   1) 20세기의 일반적인 사회변화 / 21
   2) 사회변화로 인해서 겪게 되는 결혼과 가족의 성격변화 / 23
   3) 개인이 중심이 되는 결혼: 정보사회에서 결혼의 특징 / 24
3. 21세기의 결혼을 보는 관점 • 30
   1) 양성평등적 관점 / 30
   2) 사회교환론적 관점 / 31
   3) 인간발달론적 관점 / 32
   4) 공동체주의적 관점 / 32

2장 혼자 살기와 함께 살기 • 39

1. 둘이 하나되기 • 41
   1) 결혼의 유형 / 42
   2) 결혼의 동기 / 44
   3) 결혼의 장점 / 46
   4) 결혼에 대한 다섯 가지 환상 / 48
   5) 결혼으로 인한 변화 / 50
   6) 행복한 결혼생활을 위한 준비 / 51

2. 결혼하지 않고 함께 살기: 동거 • 54
1) 동거의 유형 / 56
2) 동거자들의 특성 / 57
3) 동거와 결혼의 차이점과 유사점 / 58
4) 동거의 장점과 단점 / 60

3. 혼자 살기: 독신 • 61
1) 혼자 살기의 유형 / 62
2) 혼자 살기를 선택하는 이유 / 63
3) 혼자 살기의 장점과 단점 / 63
4) 당당한 독신으로 살아가기 위한 방법 / 65

3장 여성다움과 남성다움 • 73

1. 성차는 운명적인가 • 74

2. 성역할의 기원을 설명하는 이론 • 79
1) 본성론 / 79
2) 양육론 / 80

3. 성역할 사회화 • 81
1) 성역할 사회화 이론 / 81
2) 성역할 사회화에 영향을 주는 요인 / 82
3) 여성다움 · 남성다움과 콤플렉스 / 90

4. 평등한 성역할 • 94

4장 사랑의 기술 • 101

1. 사랑의 의미 • 102

2. 사랑에 대한 이론 • 103
1) 사랑과 애착이론 / 103
2) 사회심리학적 관점에서의 사랑 / 104
3) 스턴버그의 사랑의 삼각이론(Triangular Theory of Love) / 105
4) 리(Lee)의 사랑의 스타일: 사랑의 색채분석 / 112

3. 낭만적 사랑 • 115
1) 낭만적 사랑의 특성 / 115
2) 낭만적 사랑의 위험 / 117
3) 낭만적 사랑의 생리학적 요소 / 119
4) 사랑의 기술 / 120
5) 사이버 사랑 / 122

4. 사랑의 종결: 실연 • 123
1) 실연의 유형 / 123
2) 실연의 후유증 / 124
3) 실연의 극복 / 125

5장 성 이해하기 • 131

1. 성과 그 기능 • 132

2. 성의 과학 • 133

3. 성혁명과 그 이후 • 136
1) 자위행위 / 136
2) 혼전 성관계 / 138
3) 동성애 / 141

4. 우리의 일그러진 성문화 • 145
1) 포르노그래피 / 146
2) 성매매 / 149

5. 행복하고 멋진 성 • 151

6장 연애와 배우자 고르기 • 157

1. 이성교제 • 158
1) 이성교제의 의의 및 기능 / 159
2) 이성교제의 단계 / 160
3) 데이팅 서비스: 어떻게 이성과 만나는가? / 161
4) 이성교제 시 느끼는 어려움 / 162
5) 바람직한 이성교제 / 162

2. 배우자 선택 • 164
1) 배우자 선택의 의의 / 164
2) 배우자 선택에 영향을 미치는 요인 / 164

3. 배우자 선택 이론 • 167
1) 단일 요인 이론 / 167
2) 단계이론 / 169

4. 배우자 선택의 유형 • 172
1) 자유혼 / 172
2) 중매혼 / 173
3) 절충혼 / 173
4) 바람직한 배우자 선택을 위한 고려 사항 / 175

7장 결혼문화 • 183

1. 결혼을 의례로 풀기 • 184

2. 결혼문화의 변화와 다양한 혼인풍습 • 185
1) 한국의 전통혼례 / 185
2) 현대의 결혼문화 / 190

3. 혼수와 결혼식 준비 • 194
1) 혼수 준비 / 194
2) 결혼 준비 일정 / 196
3) 신혼여행 / 197

4. 결혼문화 비판 • 198
1) 잘못된 결혼관행 / 198
2) 결혼과 계층의 관계 / 201
3) 결혼문화에 비친 젠더 체계 / 202

2 결혼 적응

8장 결혼생활 계획하기 • 209

1. 같이 산다는 것의 의미 • 210

2. 부부, 함께 이루는 소망들 • 211
   1) 결혼을 통한 성장 / 211
   2) 자녀출산과 양육 / 214
   3) 가사노동 / 221
   4) 재정계획 / 225
   5) 사회관계망 구축: 친인척과의 관계 / 225
   6) 결혼 속의 성 / 228

3. 평등한 부부되기 • 229

9장 안전한 의사소통과 공정한 싸움 • 235

1. 안전한 의사소통 • 236
   1) 화자-청자 기법: 싸우지 않고 안전하게 말하는 방법 / 237
   2) 부드럽게 말을 시작하기 / 241

2. 부부간의 역기능적 의사소통 유형 • 242
   1) 첫 번째 기수: 비난 / 242
   2) 두 번째 기수: 방어 / 243
   3) 세 번째 기수: 경멸 / 245
   4) 네 번째 기수: 냉담 / 246

3. 공정한 싸움 • 249
   1) 공정한 싸움을 위한 열여섯 가지 규칙 / 250
   2) 갈등해결을 위한 열 단계 / 251

10장 다양한 인생주기의 결혼생활 • 259

1. 신혼기 가족 • 261
2. 자녀출산 및 양육기 가족 • 265
3. 아동기 자녀 가족 • 267
4. 청소년기 자녀 가족 • 269
5. 독립기 자녀 가족 • 271
6. 중년기 가족 • 272
7. 노년기 가족 • 275

11장 가족이라는 다양한 이름으로 • 283

1. 한부모가족 • 285
   1) 한부모가족의 개념과 실태 / 285
   2) 한부모가족의 문제 / 286
   3) 한부모가족에 대한 지원대책 / 288
2. 재혼가족 • 290
   1) 재혼가족의 실태 / 290
   2) 재혼가족의 특징 / 291
   3) 재혼가족의 문제 / 291
   4) 재혼가족의 대책 / 294
3. 맞벌이가족 • 294
   1) 맞벌이가족의 실태 / 294
   2) 맞벌이가족의 문제 / 295
   3) 맞벌이가족을 위한 대책 / 298
4. 무자녀가족 • 300
   1) 무자녀가족의 출현 / 300
   2) 무자녀가족의 선택동기 / 301
5. 독신가족 • 303
6. 공동체가족 • 305
   1) 공동체가족의 의미 / 305
   2) 우리나라의 공동체 / 306
7. 동거가족 • 308

12장 부부: 헤어짐과 새로운 만남 • 315

1. 헤어짐 • 316
   1) 이혼의 실태와 변화 경향 / 316
   2) 이혼의 증가 원인 / 320
   3) 이혼의 결과가 이혼부부에게 미치는 영향 / 323
   4) 이혼에 대한 대책 / 328

2. 새로운 만남: 재혼 • 332
   1) 재혼의 유형 / 335
   2) 재혼사유 / 335
   3) 재혼의 단계 / 336
   4) 재혼의 특성과 문제 / 338
   5) 성공적인 재혼가족이 가지는 특성 / 340
   6) 재혼자들을 위한 대책 / 342

13장 가족법 따라잡기 • 347

1. 친족관계 • 348
   1) 친족의 범위 / 348
   2) 친족 간의 의무 / 350

2. 가족의 범위와 자녀의 성 • 351

3. 혼 인 • 353
   1) 약 혼 / 353
   2) 혼 인 / 355
   3) 이 혼 / 362
   4) 사실혼 / 368

4. 부모와 자녀 • 369
   1) 혼인 중의 출생자 / 370
   2) 혼인 외의 출생자 / 371
   3) 양 자 / 371

5. 상속제도 • 372
   1) 법정상속 / 373
   2) 유 언 / 375
   3) 유류분제도 / 376

14장 결혼생활: 교육과 치료 • 381

1. 결혼생활에 대한 교육과 치료의 필요성 • 382

2. 결혼생활교육 • 384
   1) 결혼준비교육 / 384
   2) 부부관계 향상 프로그램 / 386

3. 결혼상담 • 388
   1) 결혼 전 상담 / 388
   2) 부부치료(부부상담) / 389
   3) 성치료 / 393
   4) 이혼상담 / 396

• 찾아보기 • 402

1부
결혼 준비

1장 21세기의 결혼이야기 2장 혼자 살기와 함께 살기 3장 여성다움과 남성다움 4장 사랑의 기술 5장 성 이해하기 6장 연애와 배우자 고르기 7장 결혼문화

1부 결혼 준비

1장

21세기의 결혼이야기
: 결혼과 사회변화

손 태 홍

어머니는 멀리 떨어져 다른 지방에서 대학을 다니고 있는 아들과 매일 화상카메라가 연결된 컴퓨터 앞에서 대화를 주고받는다. 어머니는 아들의 모습을 보면서 어제 일어났던 일에 대해서 이야기한다. 어머니는 같이 살지는 않지만 이렇게 동영상을 통해 대화를 나눌 수 있다는 것이 흐뭇하기만 하다. 어머니는 CD-ROM이 부착된 전자오븐을 이용하여 요리를 한다. 아버지와 가족구성원들이 좋아하는 요리법이 담긴 CD를 전자오븐에 넣으면 자동으로 가족 전체가 좋아하는 요리가 만들어진다.

한편 대학에 다니는 아들은 인터넷의 한 사이트를 이용하여 며칠 전 초등학교 때의 여자 동창을 만나 서로 소식을 주고받고 있다. 인터넷이라는 가상공간을 통하여 데이트를 하고 있는 것이다. 이미 수많은 젊은이들이 가상공간에서 만나 이성교제를 하고 있다. 또 다른 부부는 네티즌의 축복 속에서 가상공간에서 결혼식을 마쳤으며, 이어 가상공간 내에서 인터넷을 이용해 결혼생활을 어떻게 해나갈 것인지를 알아보는 실험 프로젝트에 참가하였다. 이 사이버 부부의 결혼생활은 속속들이 인터넷으로 중계된다.

김은미, 1999; 김양호, 2001

앞의 이야기는 미래의 이야기일 것 같지만 21세기 정보사회에 존재하는 결혼과 가족의 한 단면이기도 하다. 산업사회에서는 보지 못하였던 가상공간이 등장한 것이 특징인데, 앞의 예에서도 볼 수 있듯이 시간과 공간의 제약을 극복할 수 있다는 것이 그 장점이다. 사람과 사람이 직접 만나지 않아도 교제와 만남이 이루어지는 것이다. 또 정보사회에서는 사랑과 배우자 선택 그리고 가족생활에서 개인의 개성과 창의성이 존중된다. 가족구성원 개개인의 영역은 존중되고 아버지의 엄한 권위는 별로 존재하지 않는다.

여기서 우리는 다음과 같은 질문을 던질 수 있다. 이러한 정보사회는 어떻게 가능하게 되었는가? 어떠한 역사적·사회적 과정을 거쳐서 현재의 정보사회에 이르렀는가? 그리고 21세기에는 결혼과 가족은 어떠한 모습을 이루게 될 것인가? 이 장에서는 이러한 질문에 답하면서 21세기의 변화된 결혼과 가족의 모습과 아울러 그 문제점을 짚어보고자 한다.

1 사회구조의 변화: 농경사회에서 정보사회까지

1) **농경사회:** 사람이 모여 사는 사회의 형성

인류는 수천 년이 넘도록 농사를 지으면서 살아왔다. 농사를 지어 정착하는 생활을 하였으며, 짐승을 길들여 가축으로 실생활에 이용하였다. 학자들은 대개 농경이 시작된 것이 1만 년도 되지 않았다고 주장한다. 그 이전의 시대에는 인류는 수렵채취(hunting and gathering)를 하면서 살아왔다. 짐승을 사냥하고 물고기를 잡으며 식물을 채집하면서 기본적인 생활을 해결해 왔다. 이런 생활양식에 비하면 농사를 짓는다는 것은 비교적 안정적인 식량공급을 확보하고 식량을 찾아서 항상 돌아다니지 않게 됨을 의미하는 것이다. 그 결과 인류는 배고픔의 공포에서 벗어나게 되고 세월이 흐르면서 농업생산은 비약적인 발전을 하게 된다. 이러한 발전에 공헌한 두 가지 요소가 있는데, 그 첫 번째는 가축을 농경에 이용하기 시작한 것이고, 다른 하나의 요소는 철기문명의 시작이다(다이아몬드, 1998).

지금으로부터 대략 2000년에서 1500년 전부터 시작된 철기문명은 또 한 번 농경의 발달을 가져오게 되었다. 인류는 철을 이용하여 단단하고 튼튼한 농기구를 만들 수 있게 됨으로써 땅을 더 쉽게 개간하여 농지를 넓히고, 또한 땅을 깊이 파서 곡식의 씨앗에게 영양분을 더 많이 공급하는 것이 가능하게 되었다(다이아몬드, 1998). 여기에 소를 농경에 이용한 것은 철로 만든 농기구의 효율을 획기적으로 높이는 데 기여하였다.

인류사회 역사의 흐름을 보면 이 시기를 전후하여 고대왕국이나 거대국가(혹은 제국) 체제가 등장한 것도 이들 요소와 무관하지 않다. 잉여 농산물이 생기면서 사회에서는 노동을 하지 않아도 되는 사회계층이 생기게 되고 이 계층은 지배계층으로 자리잡게 된다(한상복 외, 1985). 이와 더불어 직업도 생겨나고 도시와 상업도 발달하게 된다. 식량이 늘어나서 인구 부양능력이 향상되었기 때문이다. 그러므로 농경사회의 경제 기반은 땅이었으며 농사를 짓는 기본적인 힘은 가축, 자연의 힘 그리고 인간의 힘을 사용하여 얻었다. 따라서 농경사회에 필요한 노동력을 확보하기 위하여 자녀를 많이 낳는 것이 장려되고 개인보다는 가족집단 전체가 중요시되었다. 자녀를 많이 낳고 인구가 늘어나는 현상도 농경생활과 무관하지 않다. 엄마가 젖을 먹이는 동안 여성의 호르몬 시스템은 임신을 억제하므로 자연히 자식을 낳는 터울이 길어진다. 그러나 농경생활을 시작하면서 곡류를 갈아 이유식으로 쓸 수 있게 되자 엄마들은 젖을 일찍 떼게 되고, 그 결과로 임신도 더욱 수월해지고 훨씬 더 많은 자녀를 갖게 된 것이다(최재천, 2001).

이러한 농경사회의 특징들은 가족의 일과 유대를 중시하는 가족주의로 나타나기도 한다. 가족주의는 일면 자연의 도전을 극복하고 농사를 잘 짓기 위한 집단단위의 협동이 필요했기 때문에 더욱 강조되었는지도 모른다. 결혼과 가족도 이러한 사회구조의 기본적인 특징에 영향을 받아서 그 성격이 형성되었다. 결혼이라는 의미는 개인의 인생에 관한 선택이 아니라 가문과 가문의 결합과 가계 따라서 계승이 더 강조되었다(기든스, 1998).

2) 산업사회: 사회의 모든 부분을 변화시킨 산업화 그리고 산업혁명

이러한 특징을 가진 농경사회도 이제 그 변화의 시기를 맞이하게 되었는데, 그 계기가 바로 200년 전에 시작된 산업혁명이었다. 산업혁명은 이전에는 상상할 수 없었던 엄청난 물질적 생산이 가능하게 되었고, 그 결과 교통과 통신이 발달하고 생활수준은 높아졌다. 이런 생활을 가능하게 만든 뿌리는 인류가 새로운 에너지의 원천을 얻었다는 것이다.

일차적으로 일상생활에 필요한 상품을 만들어 내려면 대량생산 체제를 갖추어야 한다. 이러한 대량생산은 사람의 손이나 가축의 힘을 이용하는 것이 아니라 기계를 이용하여야 한다. 또한 기계를 만들 수 있어도 이 무겁고 철로 만든 기계들을 움직일 수 있는 동력을 얻어야 생산이 이루어진다. 산업혁명은 이런 소망을 실현시켰는데 그 대표적인 예가 증기기관의 발명이다. 엄청난 양의 화물과 사람을 싣고서 빠른 시간에 수송할 수 있는 기차는 석탄을 연료로 사용하는 증기기관을 이용한 것이다.

이렇듯 산업혁명은 대량생산과 제조업의 발달로 특징지어지는 산업화 현상을 몰고 오게 되었다. 이 변화는 그 옛날 가축과 철제 농기구를 농사에 도입하여 식량생산을 비약적으로 향상시킨 발전에 견줄 만한 크나큰 변화였다.

이러한 산업화의 긍정적인 측면은 사람들에게 풍요하고 편리한 생활을 가져다주었다. 이제 소수의 부자가 아니더라도 상당한 수준의 물질적 풍요와 생활수준을 누릴 수 있게 되었다는 점이다. 그러나 동시에 산업혁명은 어두운 면도 인류역사에 반영시켰다. 산업화는 각종 무기를 현대화시키는 데 도움을 주어 국가 간의 많은 전쟁을 일으켰으며, 강대국의 제국주의 정책을 가속화시켜서 약소국을 식민지로 만들고 많은 자원을 수탈하였다. 산업혁명은 오랫동안 지속되어 왔던 전통사회의 문화와 생활방식에 큰 변화를 주었다. 산업혁명은 도시에 일자리를 구하기 위해서 모여드는 도시화 현상을 초래하였으며, 이에 따라 결혼과 가족은 그 기본적인 성격이 변하게 된다. 산업혁명과 더불어 발전한 자본주의 경제체제는 도시에서 존재하는 인간관계의 성격 그 자체를 변질시켰다. 사람과 사람이 만나는 것이 혈연과 정실에 기초한 인간관계보다는 이익을 중심으로 관계를 맺게 되었다.

한편 도시로 이주한 사람들은 거대한 도시에서 살아가는 아주 미약한 하나의 존재라는 것을 깨닫고, 외로움과 소외감을 더욱 느끼게 되었다. 이로 인해 결혼 적령기의 남녀가 만나서 사랑에 빠지고 결혼을 하게 되는 현상이 보편적으로 일어나게 되었다. 데이트를 거쳐서 본인이 선택한 사람과 결혼을 하게 되는 자유혼이 서서히 등장하게 된 것이다. 데이트와 자유혼이 발전하게 된 것은 외로움과 소외감의 극복 이외에도 과학기술의 발전도 한몫을 하였다.

20세기에 들면서 등장한 TV, 라디오, 영화 등의 매스미디어들은 주로 남녀 간의 낭만적 사랑을 강조하는 내용을 담았다. 또한 산업화로 인해서 부모들이 가정과 분리된 일터로 나가게 됨으로써 젊은이들은 부모의 압력으로부터 벗어날 수 있는 기회를 가지게 된 점도 자유혼이 발달하게 된 원인이 되었다(Olson & DeFrain, 1994). 따라서 사랑과 배우자 선택과정에서 전통적인 관습과 부모의 영향력은 서서히 줄어들게 되고 산업화의 영향력은 더욱 커지게 되었다. 예를 들면 부모의 간섭은 줄어들고, 자동차를 타고서 영화를 보는 것이 보편적인 데이트의 과정으로 자리잡게 되었다.

3) 정보사회: 시간과 공간의 제약을 극복하다

산업사회가 발달하면서 시작한 20세기는 그 후반기에 이르러 다시 한 번 변화를 보이게 된다. 1950년대부터 시작된 컴퓨터 기술의 개발을 필두로 하여 최근의 디지털 기술의 발전으로 인하여 대량의 정보를 순식간에 가공, 처리, 변형, 저장, 전달 그리고 활용하는 것이 가능하게 된 것이다. 이렇듯 산업사회의 단계를 지나게 되면 컴퓨터와 통신기술을 포함한 정보통신기기의 발달, 인터넷과 케이블 TV 같은 뉴미디어의 등장 그리고 정보처리를 가능하게 해주는 소프트웨어 산업의 발달과 같은 사회변화가 일어나게 된다. 그러므로 사회를 운영하는 중요한 정책에서 과학적이고 체계적인 정보나 지식이 중심적인 역할을 하는 사회를 정보사회라고 할 수 있겠다(원우현, 1996). 결국 정보사회는 컴퓨터와 멀티미디어와 통신기술이 종합적으로 만들어 내는 사회변화의 결과로 형성되는 것이다(정범모, 1997). 이는 멀티미디어 기술의 문자, 동영상, 그래픽, 음성 등을 동시에 즐길 수 있는 기술을 의미한다.

이러한 사회변화로 형성된 정보사회는 우리들의 삶의 질과 관련하여 다음과 같은 특징을 나타내게 된다(정범모, 1996). 첫째, 좀더 개방된 사회의 모습을 띠게 된다. 이전에 몰랐던 감추어진 이면을 텔레비전 뉴스와 드라마는 사정없이 그 이면을 공개한다. 정보와 지식은 정치적 압력 없이 자유롭게 전달된다. 더욱이 시간과 공간에 제약 없이 빠르고 정확하게 전달된다. 따라서 이제까지 신비에 싸여 있던 권력자나 전문가의 세계에 대한 동경, 신비, 부러움 등이 점차 사라지게 된다.

정보통신혁명은 언론검열을 무력화시키고 다른 민주화된 사회의 모습을 가감 없이 전달할 수 있기 때문이다. 또한 공개되고 투명한 정보의 유통으로 말미암아 이제까지는 주로 감추어지고 은밀히 이야기되어 왔던 성과 이성(異性)에 대한 신비감도 줄어들게 된다. 공개되고 투명한 정보 전달은 성에 대해서 좀더 노골적인 의사소통을 형성할 가능성도 있고 이에 따라 성에 대한 동경, 낭만도 감소될 수 있다.

둘째, 정보통신혁명은 인간을 단순 정신노동에서 해방시켜 주었다(정범모, 1997). 컴퓨터와 전자정보제어 기술은 숫자 계산, 창구사무, 감시 등과 같은 단순 정신노동에서 벗어나게 해주었다. 그러나 이러한 긍정적인 면이 있는가 하면 부정적인 면도 동시에 존재한다. 인터넷 중독이 그것이다. 인터넷 중독은 상상, 창의, 통찰력 등 한 차원 높은 단계의 사고를 둔화시킨다. 인터넷 문화는 논리적 사고·계열적 사고와 심층적이고 추상적인 개념화의 힘을 둔화시킨다.

셋째, 시간과 공간의 제약을 비교적 적게 받는다는 것이다. 가상현실기법은 우리의 경험을 확장해 준다(정범모, 1997). 그러나 이러한 경험은 어디까지나 가상공간을 통한 간접경험일 뿐이며, 구체적인 현실경험을 빈약하게 하고 추상적 사고의 경험을 어렵게 만들 우려가 있다. 또한 깊은 이해가 부족하고 역사와 전체 사회에 대한 인식도 무디어진다.

앞에서 논의한 정보사회의 특징과 관련하여 결혼과 가족의 모습도 또한 변할 것이다. 첫 번째 가장 중요한 변화는 21세기 정보사회에서 결혼과 가족은 더욱 '다양성'을 띠게 될 전망이다. 어떠한 만남을 통해서 결혼이 이루어지고 가족이 형성되는지에 대한 뚜렷한 주류적인 경향이 존재하기보다는 개인의 선택과 책임이 더욱 강조될 것이다. 정보사회를 이룬 정보통신혁명은 시간과 공간의 단절을 완화해 줄 수 있는 기술을 만들어 내었다.

가상공간과 인터넷이 그 대표적인 예인데, 직접 만나서 얼굴을 보지 않고도 서로 대화를 나누고 친밀한 관계를 형성할 수도 있게 되었다. 가족구성원 간에도 지리적으로 멀리 떨어져 있어도 PC 카메라로 연결되어 서로 얼굴을 마주보면서 대화를 나눌 수 있게 되었다. 이와 더불어 남녀 간의 만남에 있어서도 정보사회에서는 가상공간을 통해서 얼마든지 이루어질 수 있으므로 많은 사람들과 사귈 수 있게 된다. 이렇게 되면 결혼의 의미도 변하게 되는데 서로 간의 관계에 대한 헌신이나 노력보다는 편의성과 다른 이성과의 관계로 쉽게 대치되는 피상성과 대치가능성이 증가하게 된다(조정문, 1997). 이러한 복합적인 정보사회 내의 결혼과 가족에 대해서 다음 절에서 좀더 자세히 살펴보도록 한다.

2 사회구조의 변화에 따른 결혼과 가족의 변천

1) 20세기의 일반적인 사회변화

정보사회는 과거의 산업사회에서 보이던 결혼과 가족의 특징에서 벗어나서 여러 가지 다양한 특징을 보여준다. 이 같은 특징의 근저에는 국가와 집단(특히 혈연집단)의 힘이 우선시되던 과거의 사회와는 달리 점점 더 개인의 개성과 창의성이 존중되는 사회로 바뀌어 가는 역사의 흐름과도 관련이 있다. 과거의 절대왕정이나 봉건제도하의 사회에서는 개인의 사생활이나 자아실현보다는 그 사회가 가지는 운명이나 가족을 위한 희생과 봉양이 더욱 중요성을 띠었다. 일반 국민들은 무거운 세금, 국가의 공역 그리고 전쟁을 위한 징병 등으로 항상 자기 자신을 초월하는 운명과 부담을 가지면서 살아왔다.

그러나 20세기에 들면서 점점 민주주의 사상이 발전하고, 개인의 인권과 사회적 불평등에 대한 새로운 인식도 발전하였다. 타고난 신분의 굴레에서 벗어나 개인의 노력 여하에 따라 능력을 발휘하고 부모 대의 신분보다 상승할 수 있게 되었다. 또한 20세기 들어서 눈부시게 발전한 과학기술은 더욱 다양하고 새로운 직업을 창출하였다.

이에 힘입어 서구에서는 노동자 계급의 자제 상당수가 중산층으로 전입하였다(기든스, 1998). 즉, 신분제가 없어진 이후 신분상승이 노동자 계급의 자제를 중심으로 이루어진 것이다. 우리나라도 예외는 아니어서 국민들의 높은 교육열은 농민과 노동자 계층의 자제(특히 농촌에서 일자리를 찾아서 도시에 정착한)들로 하여금 고등교육을 받게 하였다. 이 결과로 대학교육을 마친 그들은 화이트칼라 직업과 엔지니어 등의 직업을 가지면서 중산층으로 편입되었다.

한편 20세기 중반 이후에는 국가의 역할이 보다 많아지고 전문화되었으며, 국민의 요구가 반영되는 정부 형태로 변하였다. 물론 식민지 지배의 역사나 국가 간의 전쟁이 끊이지 않은 것도 20세기의 역사적 사실이다. 하지만 수많은 사람들의 노력과 투쟁으로 노동자, 농민, 여성 그리고 소수 민족의 인권과 권리가 향상되었으며, 적어도 19세기 이전보다 퇴보하지는 않은 것이 사실이다.

사회적 불평등의 측면에서 보면 1929년 미국에서 일어난 대공황은 자본주의 경제체제의 모순을 잘 드러낸 역사적 사건이었다. 시장이 제대로 작동하지 않고 수많은 공산품과 상품이 팔리지 않아서 실업자가 속출하여 실업자가 전체 노동자의 30%에 달하기까지 하였다. 이 대공황의 중요성은 이전까지는 미처 인식하지 못했던 자본주의 경제체제의 문제점을 분명하게 노출시켰다는 것이다. 이후 현재의 선진국이 된 미국과 유럽 각국은 시장에서 무제한적인 경쟁을 허용하는 정책에서 벗어나서 정부가 시장에 적절히 개입하고 사회복지제도를 유지하는 수정자본주의를 채택하였다.

이러한 변화는 실업과 가난의 원인을 개인의 결함과 게으름으로 돌리지 않고, 사회 구조적인 원인으로 인식하기 시작하였다는 것을 의미한다. 즉, 개인의 결함이나 잘못이 아니더라도 사회적 영향력(경제 대공황)에 의해서 직장을 잃고 빈곤해질 수 있다는 것을 알게 된 것이다. 이러한 관점은 사회학적으로는 사회구조에서 오는 중요한 영향력을 발견하였다는 것을 의미한다. 따라서 대공황이라는 어려움을 겪고 나서 산업화에 앞선 나라들은 자본주의 시장경제에서 독점이 되지 않고 공정한 경쟁이 되도록 하며, 사회적 취약계층에 대해서 국가가 그들의 생계를 도와주는 국가의 역할을 받아들이게 되었다. 이에 따라 실업과 가난을 국가의 복지정책 차원에서 다루기 시작하였다.

2) 사회변화로 인해서 겪게 되는 결혼과 가족의 성격변화

경제공항이라든가 불평등의 문제는 사회가 급속도로 산업화되면서 생기는 부정적인 현상들이다. 이러한 산업화에 따르는 사회구조의 변화는 결혼과 가족에도 영향을 미쳤다. 첫 번째로 결혼의 과정에 그 영향을 미쳤다. 배우자의 선택에 있어서 본인의 의사가 존중되고 낭만적인 사랑이 강조되었다. 즉, 부모의 의사대로 결혼하는 것이 아니라 본인과 상대방 파트너가 자유로운 데이트를 거친 다음 사랑을 확인하고 최종적으로 배우자로서 선택되는 것이다. 사회학자 기든스(1998)는 이러한 변화를 '애정관계적 개인주의'라고 개념화하였다.

애정관계적 개인주의와 관련된 또 다른 측면은 배우자에 대한 지나친 기대수준의 상승이다(기든스, 1998). 산업사회에서 여성은 비로소 고등교육을 받기 시작하여 결혼시기가 늦추어지고 직장과 사회적 활동을 원하였다. 여기에 매스미디어에서 보여주는 이상적인 배우자상에 지나치게 의존하게 되어 결혼할 상대방에 대한 기대수준이 현실적으로 가능한 수준을 초월하는 경우가 종종 발생하게 되었다. 이러한 요인이 결혼 후 배우자에 대한 실망감으로 이어져 이혼이 증가하는 한 요인이 되었다. 서로의 애정에 기반하여 결혼하였으므로 배우자의 본인에 대한 헌신이 떨어지고 상대방 배우자에 대한 애정이 식으면 당연히 애정을 철회하고 헤어지는 순서를 밟게 되는 것이다.

두 번째 중요한 변화는 자본주의의 발달에서 유래한다. 산업화 과정은 곧 자본주의 발달과정과 같이한다. 산업화 초기, 가정과 직장이 잘 구분되지 않던 가내 수공업 형태에서 자본주의 발달로 인해 대량생산이 가능한 공장제 생산 형태가 점점 정착하게 되었다. 이에 따라 남녀별로 노동분업이 일어나게 되는데, 남자는 일터, 여자는 가정이라는 성별 노동분업이 일어나게 된 것이다. 이러한 사회구조의 변화는 여성이 남성에게 경제적으로 종속되는 결과를 초래하였다. 여성이 경제적으로 독립하기가 어려운 사회일수록 여성에게 결혼이란 인생의 성공과 동등하게 여겨지고 매우 중요해지기 마련이다(조주현, 1993).

세 번째의 중요한 변화는 핵가족구조의 등장과 가족구성원의 감소이다. 급속한 산업화로 인해서 도시화 현상이 일어나고 농촌에서 도시로 직장을 가지기 위해서 많은 사람이 이동하게 된다. 이러한 농촌 출신의 젊은이들이 도시에서 새롭게 만나서 결혼하거나 혹은 낭만적 사랑을 강조하는 자유혼을 통해서 결혼하여 가정을 이루게 된다. 이러한 가족이 전형적인 핵가족이다. 이 가족형태는 전통적인 확대가족의 형태와는 그 성격이 상당히 다르며, 비교적 확대가족에게 주어지는 의무로부터 자유롭다. 또한 농경사회에서처럼 많은 노동력이 필수적이지 않기 때문에 자녀를 적게 출산한다. 산업사회에서는 생활수준이 지속적으로 상승하여 자녀의 양육비와 교육비가 높아지는 것도 한 요인이다.

네 번째 변화는 앞의 변화들을 기초로 해서 나타나는 변화이다. 이 변화는 가족생활주기상의 변화를 의미한다[1]. 산업사회에서는 농경사회와는 달리 토지가 경제적 기반이 되는 것이 아니라 일자리를 두고서 경쟁하는 사회이다. 따라서 산업사회에서의 개인은 좋은 일자리를 위해서 고등교육을 받으며 결혼시기도 늦춘다. 또한 높아진 생활수준과 교육비의 부담 때문에 자녀를 많이 출산하지 않는다. 이에 덧붙여 20세기의 의학기술의 발달은 여성들에게 크게 공헌하였는데, 원치 않는 임신을 피할 수 있는 피임기술과 약의 발달이 그것이다.

이러한 현상의 종합적인 결과로 자녀출산 및 양육기간은 줄어든다. 또한 막내가 결혼하여 집을 떠나서 노부부만 남게 되는 빈 둥우리 시기는 이전의 농경사회보다 일찍 시작되고 긴 노년기를 맞이하게 된다(이기숙, 1993). 평균수명도 길어짐에 따라 부부만의 노년기 혹은 배우자와 사별 후 홀로 보내는 시기까지 합치면 대략 20년에서 25년 정도의 기간이 된다. 미래에는 이 시기가 더욱 늘어날 전망이다.

3) 개인이 중심이 되는 결혼: 정보사회에서 결혼의 특징

앞에서 언급한 역사적·사회적 변화는 이제 하나의 커다란 역사적 흐름을 형성하게 되었다. 그것은 국가와 혈연집단으로서의 가족과 문중이 우선시되던 시대에서 이제 드디어 개인이 중심이 되는 시대가 도래하게 되었다는 것이다. 아직도 전 세계에서는 개인보다는 국가나 혈연집단이 중시되는 사회가 그렇지 않은 사회보다 훨

---

1) 가족생활주기는 가족이 직면하게 되는 여러 가지 발달상의 과업과 적응 그리고 가족이 하나의 살아 있는 유기체적인 집단으로 존재하게 되는 역사를 나타낸다(이기숙, 1993). 가족은 가족생활주기의 각 단계마다 상이한 생활방식을 형성하게 된다.

씬 많은 것이 사실이다. 그러나 가족과 친족 등 일차 집단이 중시되는 농경사회적 특성은 정보통신혁명으로 대변되는 정보사회에서는 서로 양립이 가능하지 않다.

개인이 중심이 되는 역사적 흐름을 더욱 가속화시키기 시작한 또 하나의 요인은 정보통신혁명으로 특정지어지는 전자정보기술의 발전이다. 20세기 중반 컴퓨터가 개발되면서 많은 양의 정보와 자료가 빠른 시간 안에 처리될 수 있게 되었다. 컴퓨터를 이용한 정보 활용은 디지털 기술의 개발 덕분에 가능하게 된 것이다. 이 디지털 기술은 멀티미디어화를 실현시켜서 사람들 간의 새로운 미디어 커뮤니케이션을 창안하게 되었다. 모든 정보를 영상, 음성, 텍스트로 자유롭게 조합하고, 개별 미디어(TV, 전축, 영화)를 디지털이라는 기술에 모두 담아냄으로써 종합적인 의사전달과 표현의 네트워크가 탄생하게 된 것이다(김창남, 1998).

이것이 소위 말하는 가상공간이다. 가상공간에서 사람들은 비대면적으로 접촉하게 되며, 한 번 맺어진 인간관계는 다른 인간관계에 의해서 쉽게 대체된다. 가깝긴 해도 언약이나 충성의 맹세가 없는, 자유롭고 자율성를 강조하는 관계가 늘어나게 될 것이다. 이러한 관계를 느슨한 관계라고 부르며, 정보사회에서는 인간관계의 한 대표적 특징이 될 것이라고 전망한다(조정문, 1997 · 1999).

(1) 서로가 얽매인 관계에서 자율성을 존중하는 개방적인 관계로

이러한 느슨한 관계는 정보사회 내의 결혼과 가족의 모습을 대표적으로 나타내는 특징이다(조정문, 1997). 그 구체적인 특징들을 살펴보면 정보사회에서는 개인의 자율성을 최대한 확보하는 방향으로 나아가며 개인의 성장과 만족을 더욱 중요시한다. 이에 따라 개인은 전통적인 가족제도에 얽매이기보다는 자율성을 추구하며 결혼은 부부 상호 간을 존중하는 성격을 띤다. 부부간의 프라이버시를 존중하고, 융통성 있는 역할분담을 실시하고, 책임, 권위 등을 공평하게 분배하며, 상호 신뢰하는 가운데에서 대화하고, 부부 각자의 일의 영역을 인정하고 자율권을 누리는 형태이다(조정문, 1997 · 1999).

언뜻 살펴보면 부부간의 관계라기보다는 이성친구에 가까운 관계라고 할 수 있다. 그래도 결혼이라는 관계를 유지하는 것은 결혼이라는 안정되고 지속적인 관계의 확보 속에서 개인의 성장과 자유를 추구하고자 하기 때문이다(조정문, 1997). 이에 덧붙여 경제적인 측면도 무시할 수 없다. 현대사회에서는 지속적으로 생활수준이 높아지고, 또한 자녀교육, 노후대비를 하려면 남편 혼자서 올리는 소득으로는 매우 힘들게 된다(이기숙, 1999). 그리하여 맞벌이부부가 늘어나고 부부간 경제적 협력도 필요한 것이다.

(2) 사이버 가족의 등장

결혼의 측면에서 보면 가상공간을 이용한 사이버 가족이 등장할 수도 있다. 가상공간에서 다수의 상대와 사랑을 하고 부부생활도 가능하다(조은, 1999). 이렇게 자유롭게 전통과 권위에 얽매이지 않는 자유로운 결혼이 가능하다. 그러나 부부는 각자의 권리와 의무가 존재한다. 사이버 공간에서의 만남과 부부가 결혼해서 산다는 것은 그 성격이 다른 것이다. 의무나 책임도 없이 상대를 쉽게 만나고 헤어지는 사이버 공간에서 배우자로부터의 진정한 관심과 지지는 기대하기가 어렵다(김양호, 2001).

한편으로 남성은 여전히 가부장적인 권위를 회복하고자 하는 의식이 남아 있게 된다. 기술적·물질적 발달은 그 속도가 너무 빨리 사회를 변화시키지만 이렇게 변한 새로운 시대에 적응할 수 있는 행동과 사고의 기준은 느리게 발달되는 것이 일반적이다. 이러한 현상을 문화지체 현상이라고 하는데, 사이버 가족이 등장한 정보사회에서도 예외는 아니다. 생계책임자의 역할을 벗어났음에도 불구하고, 가장의 위치를 지키고자 하는 남편과 경제적 독립을 통해 종속적 위치에서 탈피를 원하는 아내의 관계는 결혼관계에 대한 끝없는 토론을 야기시키기도 한다(조은, 1999).

(3) 전통적 성역할 영향력의 감소

정보사회에서는 전통적인 성역할을 거부하는 경향이 나타난다. 정보사회에서는 강인한 신체적 근력보다는 정보와 지식을 활용하는 일이 증가한다(조정문, 1999). 이렇게 되면 여성도 능력을 발휘할 영역이 많아지면서 여성(혹은 아내)도 경제활동에 많이 참여하게 된다. 따라서 남편과 아내가 해야 할 일의 경계가 허물어지고 상호 의존이 증대하고 따라서 전통적 가족주의에 대한 지나친 집착은 쇠퇴할 것으로 보인다[2].

(4) 다양한 결혼과 가족형태의 등장

정보사회에는 '다양한 가족생활 형태'가 나타난다. 어떻게 보면 개성과 창의성을 강조하는 정보사회에서 이러한 다양한 가족형태의 출현은 당연한 결과인지도 모른다. 예를 들면 자발적 무자녀가족, 개방결혼, 동거, 동성애부부, 재혼가족, 한부모가족 등의 출현과 증가이다. 동거는 결혼에 대한 하나의 대안으로 이미 유럽에서는 많은 젊은이들 사이에서 행해지고 있고, 현대사회에서 이혼율이 증가함에 따라서 재혼가족과 한부모가족이 늘어나고 있는 것도 현실이다. 정보사회는 또한 다분히 개인주의적 의식과 생활방식을 취한다. 이러한 개인주의는 구체적으로 남에게 피해를 입히지 않는 한 다양한 개인의 생활양식을 인정하는 방향으로 나타날 것이다. 그러므로 동거, 재혼 그리고 동성애부부 등에 대한 사회의 부정적인 편견도 약화될 것이다(조정문, 1995).

이러한 현상은 가족생활의 다양화를 나타내는 것으로 여기서 '다양화'라는 것은 가족은 반드시 이렇게 구성되어야만 한다는 식의 고정관념이 크게 약해졌다는 것을 의미한다(장현섭, 1995). 동시에 주류의 가족이 무엇인가에 대한 개념도 점점 애매해지고 있다(장현섭, 1995).

(5) 네트워크형 가족

앞에서 언급한 정보사회에서 나타나는 네 가지 특징은 다분히 '네트워크형 가족'의 등장 가능성을 보여준다. 이 형태의 가족은 정보사회의 도래로 인하여 가족구성원들이 개인 매체(인터넷, 가상공간)를 적절하게 사용하면서 개인의 자유를 즐기고, 긴급 시에는 가족구성원들과 일시적 지지를 주고받는 가족이다(조은, 1999). 네트워크 가족(구체적인 예는 〈참고자료 1-1〉 참고)은 하나의 응집된 집단이 아니라 개인 간

2) 여기서 가족주의는 다른 집단이나 개인의 발전보다 가족에 대한 애착, 관심이 우선하고 부계 가문의 영속화를 중요시하고 친척 간 유대를 강조하는 특징을 가진 행동양식과 의식을 말한다(한은주·김태현, 1994).

참고자료 1-1 가족과 인터넷이 만날 때

정보사회에서는 다양한 가족형태가 나타난다고 한다. 실제로 인터넷으로 상징되는 가상공간상에서 가족을 이루고 가족관계를 유지하는 모임이 결성되는 것이 사실이다. 따라서 이런 사이버 가족은 혈연으로 이루어진 전통가족과 탄생 배경에서 다르지만 그 기능은 가족의 따스함을 보여주고 정서적 지지를 하는 데 있어서 조금도 뒤지지 않는다. 다음은 실제 사이버 공간에 존재하는 가족의 이야기이다.

메마른 사이버 공간에도 가족의 따뜻한 정이 존재한다. 다양한 연령과 출신 배경이지만 인터넷상에서 가족공동체를 구성하여 서로 돕는 모임이 활발하다. 그중 한 예가 인터넷 모임인 가족(wwwtamily.sarang.net)이다. 수능시험 발표가 있던 날 이 모임의 일부 회원들은 종로의 한 식당에 모여서 성적과 생활의 대소사를 이야기하기에 바쁘다. 이 모임에 가입된 사람은 현재 300명 정도이며 전국에 걸쳐 회원이 있다. 이 '가족' 모임은 남남이 만나 가족이 되는 모임이다.

개인적으로 다른 지방에 갈 때 잠자리를 빌려주고, 집안의 경조사도 챙겨주며 어려운 일에 처한 사람이 있으면 돕는다. 그야말로 가족과 똑같은 기능을 하는 것이다. 이 모임의 장점은 친구들끼리 풀 수 없는 고민을 '가족' 안에서 경험 많은 연장자와 격의 없는 대화를 통해 해결할 수 있다는 것이다.

그러나 인터넷이라는 가상공간이 반드시 긍정적인 역할만 하는 것은 아니다. 인터넷과 가족이 관련된 또 하나의 측면은 다소 부정적이다. 시사저널이 2000년에 전국 만 13세 이상 인터넷 사용자를 대상으로 한 조사에 따르면 응답자 세 명 중 한 명(32.3%)이 인터넷 때문에 가족과 대화할 시간이 줄었다고 응답하였다. 대화시간 감소현상은 30대이면서 직장인이거나 자영업자인 경우 가장 두드러지게 나타났다. 또한 인터넷 사용과 더불어 사람 만나는 횟수가 줄었다는 응답자들도 23.2%나 되었다. 이러한 결과에는 세대차가 많이 작용하는데 기성세대(30, 40대)는 인터넷으로 인해서 만나던 사람들과 교제할 시간을 빼앗기지만 신세대(10~20대)는 오히려 인터넷을 통해서 서로 얼굴을 맞대고 만날 기회를 만들어 내기 때문이다. 온라인에서 만난 사람을 오프라인에서 한 번 이상 만나 보았다는 신세대가 절반을 넘은 반면(10대 54.8%, 20대 57.8%), 전혀 만나 본 일이 없다는 30대와 40대는 76%, 79%에 이르렀다. 그러므로 아직도 가상공간은 기성세대에게는 만남의 부차적인 기회로 작용하지만 신세대에게는 만남을 확장시키는 통로로서 역할을 한다고 할 것이다.

출처: 한겨레 21 · 289호(1992. 12. 30); 시사저널(2000. 10. 26).

의 연결망으로서 가족을 의미하며 이렇게 되면 가족은 전통적 부계 혈연가족보다는 삶의 양식을 함께 누리는 문화적 공동체로서 가족의 의미가 더 중요해진다(조정문, 1997; 조은, 1999).

네트워크 가족에서는 가족구성원 개인의 개성, 자유 그리고 자율을 억압하는 가족생활이 더이상 가능하지 않는 것이 긍정적인 측면이다. 그러나 네트워크 가족도 장점만 가지고 있는 것은 아니다. 다른 한편으로는 이 가족형태는 차갑고 냉정한(cool) 가족형태인데, 가족구성원 간의 응집과 감정적 교류가 약화되어서 서로가 고립되고 원자화된 생활을 하게 되는 문제점을 가지게 된다(조정문, 1999).

앞에서 설명한 대로 느슨한 관계나 네트워크 가족은 암묵적으로 몇 가지 전제조건하에서 제대로 된 기능을 할 수 있다. 전통적인 가족은 부모의 권위에 순종하는 대가로 주어지는 보호와 의존성을 허용하는 등의 정실에 기초한 관계였다. 그러나 이와 달리 네트워크 가족은 자율성, 독립적인 일 추진능력 그리고 감정적인 절제와 통제를 할 수 있는 인성과 자질을 갖출 것을 요구하고 있다(조정문, 1997).

이러한 자질을 어린이와 청소년에게서 기대하는 것은 다소 무리이다. 부모로부터 심리적·경제적 독립을 이루고 사회의 기본적인 질서를 지키고 자신의 일을 독립적으로 추진하는 인성은 더할 나위 없이 바람직한 것이다. 그러나 이러한 인성도 꾸준하고 지속적인 학습과 애정 어린 관심이 있어야 이루어질 수 있다. 결국 네트워크 가족이 제대로 형성되려면 가족과 사회적 지원망이 필요하다. 피상적이고 사람이 직접 얼굴을 맞대고 만나지 않는 가상공간에서 맺어진 인간관계에서 이러한 인성이 형성되는 것은 불가능하다. 역설적으로 가상공간에서 맺어진 인간관계에 만족하고 이 관계를 잘 이끌어가기 위해서는 독립적이고 자율적인 인성을 미리 갖추어야 될지도 모른다. 지나치게 독립심과 개인주의적 생활양식만을 강조한다고 하여 사회 전체적으로 볼 때 사회문제가 줄어드는 것은 아니다. 전형적으로 독립심과 개인주의를 강조하는 미국 사회의 경우 1960년대 이후부터 최근까지 이혼, 약물중독, 정신건강의 문제는 오히려 늘어난 형편이다(Myers, 1994). 물론 이 모든 문제의 원인이 개인주의와 독립심을 강조하는 생활과 자녀양육 방식 때문만은 아니다. 그러나 본인의 인성이나 성격에 문제가 있어서 조직생활과 인간관계에 잘 적응하지 못하는데도 불구하고, 스스로 혼자서 해결하라고 요구하는 것은 무리이다.

이러한 문제의 예방에 가족은 기본적으로 관심을 기울여야 한다. 일차적으로 가족은 건전한 사회구성원을 양육하는 책임이 있는 것이다. 사회학적으로 볼 때 이러한 과정은 사회화 과정이다[3]. 인간의 사회적 행동은 인성에 의하여 결정되며, 그 인성은 타고난 것이 아니라 기본적으로 가족 속에서 사회화 과정을 통하여 형성된다(장현섭, 1995). 따라서 가정에서의 교육이 제대로 이루어지지 못하면 바람직한 사회적 행위는 기대하기 어렵고, 이기적이고 반사회적인 행위가 증가될 가능성이 크다(장현섭, 1995). 그 결과 사회통합을 저해하는 요인이 된다.

이러한 의미에서 가족은 원초적이고 일차적인 정서적인 것이다. 전통과 권위가 주는 억압에서 벗어나고자 하는 것은 바람직하지만 독립적이고 자율적인 심성을 강조한다고 제한적인 인간관계를 형성하는데 지나치게 몰입하거나 고쳐야 할 심리적 문제가 있는데도 방임하고 내버려두는 것과는 근본적으로 다른 것이다. 또한 가족은 이러한 심리적이고 인성에 관련된 문제가 일어나지 않도록 노력해야 한다. 이러한 역할은 가족만이 가지는 고유의 역할이며, 사회나 다른 집단이 대신해 주기를 기대하는 것은 비현실적이며 사회적 부담이 너무 크다.

3 21세기의 결혼을 보는 관점

1) 양성평등적 관점

이 관점은 여성해방운동에서 기초한 것이다. 여성해방이론(Feminist Theoies)에는 매우 다양한 학파와 지류가 있다. 결혼 그 자체를 부정하는 이론에서부터 좀더 여성의 권리 향상에 초점을 맞추는 이론 등 실로 다양하다(Kein & White, 1996). 그러나 남녀가 평등해야 한다는 관점에서는 일치한다. 이 관점에 따르면 남녀가 배우자를 선택하고 결혼하는 것은 한 사람의 인격과 인격의 만남이어야 한다는 점을 강조한다. 남자가 전통적인 가부장제를 결혼이라는 사회적 제도를 통해서 실현하고 영

3) 이러한 사회화 과정은 건전한 사회구성원의 일원으로서 가치, 도덕, 윤리 그리고 사회의 기초적인 적응기술을 학습하는 것을 포함한다.

속화시켜서는 안된다는 것이다. 남편과 아내의 관계는 가사분담, 의사결정에서 평등해야 하며, 상호 존중하고 자율적이며 한 사람이 다른 한 사람을 지배하는 관계가 되어서는 안된다는 것이다. 동시에 부부는 자기만의 독자적인 영역을 가지고 서로의 발전을 돕는 관계이어야 한다.

이 이론에서 21세기의 결혼을 보는 관점은 좀더 적극적인 여성의 역할을 강조한다고 볼 수 있다. 인습과 전통보다는 여성의 인권과 행복이 더 중요하다는 입장이다. 기본적인 인간의 존엄성이 지켜지지 않을 정도로 학대가 심하거나 차별과 불평등이 팽배해 있다면 과감히 결혼관계를 청산할 수 있다고 본다.

2) 사회교환론적 관점

사회교환론적 관점은 결혼이 대가와 보상의 균형상태에서 이루어진다고 본다. 즉, 다른 파트너와의 결혼을 고려하고 비교해 본 다음 어느 정도의 대가와 보상의 균형이 이루어진다고 생각되면 최종적으로 배우자가 선택된다(Klein & White, 1996). 이런 과정은 매우 다양하고 복잡하지만 서로 간의 상호 보완성, 기초적인 가치관과 인생관의 일치 등도 작용한다. 가부장제가 강한 산업사회에서 교환이론은 결혼을 남성의 경제력과 여성의 미모 그리고 혼수가 교환되는 성격으로 많이 다루었다. 여기서 혼수는 사회적으로 인정받는 신랑과 결혼하는 데 치르는 일종의 신랑값의 역할을 하는 것이다(김모란, 1995).

이제 21세기에는 이런 물질 위주의 경향보다는 좀더 개인의 세밀한 욕구를 충족하고 교환하는 방향으로 결혼이 변화되지 않을까 전망된다. 결혼 후 부부관계가 지속적으로 유지되어야 한다는 결혼의 구속성과 배우자에 대한 헌신을 약속하는 대가를 치르는 대신 얼마나 나의 이상을 충족시켜 줄 수 있는가(예를 들면 관계의 안정성, 정서적 위로, 여가와 취미의 공유 등)의 여부가 보상으로 역할을 할 것이다. 따라서 물질적이고 가시적인 교환보다는 개인의 주관적 욕구충족이 보다 더 중요해질 것이다.

3) 인간발달론적 관점

발달론적 관점은 결혼과 가족을 동시에 다루고 있다. 주된 분석의 초점은 가족생활주기를 통해서 보는 결혼과 가족의 변화와 적응이다. 결혼을 한 개인이 거쳐 가고 적응하는 하나의 생애과정(life course)으로 인식한다(Klein & White, 1996). 따라서 결혼을 건전하고 성숙된 인간발달을 이루기 위해서 사회규범적·심리적·신체적 발달상 가장 적절하다고 여겨지는 시기에 이루어야 하는 하나의 발달과업(a developmental task)이라고 생각한다(Klein & White, 1996).

현대 우리 사회의 결혼은 상당히 늦어지고 있으며 여성의 평균 초혼연령은 2007년 28.1세에 달한다(통계청, 2007). 이러한 평균 초혼연령은 미래의 안정된 가족과 경제생활을 위해서 필요한 발달과업을 충족시키기 위해서 교육과 취업에 노력한 결과라고 본다. 예를 들어 대학을 졸업하고 취업을 한 뒤 결혼을 하겠다는 여성은 현실적으로 경제적 안정이 중요하고 자아의 실현이 중시되는 현시대의 가치관과 현실적 조건에 대한 발달과제를 충족시키는 생애과정을 밟고 있는 것이라고 볼 수 있다.

발달론적 관점에서는 결혼이 성인기 이후의 삶을 결정짓는 중요한 하나의 발달상의 사건으로 간주하고 성공적인 배우자 선택과 결혼이 중요한 발달과업이라고 생각한다. 이에 따라 합리적인 결혼의 준비도 필요하다고 본다. 이혼율 증가와 같이 부부간의 부적응으로 인해서 일어나는 가족해체 현상은 적절한 인생의 시기에 해당되는 발달과업을 충실히 이행하지 못했기 때문이라고 여긴다.

4) 공동체주의적 관점

이 관점은 앞서의 부부 중심의 관점보다 거시적인 관점이다. 가족을 지역사회와 연관시켜 생각하는 관점이라고 할 수 있다. 이 관점의 초점은 어떻게 하면 가족이기주의를 탈피하여 인간의 기본적인 가치와 도덕을 구현할 수 있는가에 있다. 가족이 원하는 욕구는 지역사회에서 요구하는 공동체의 이익과 상반되는 경우가 종종 있다(Etzioni, 1996). 사회의 구성원들이 자기 가족만의 이득에 관심을 기울인다면 공동체의 질서는 지켜지지 않을 것이며 지역사회에서 소외된 구성원들은 도움과 복지혜택을 받을 수 없을 것이다.

결혼과 가족도 이러한 맥락에서 본다. 우리 사회의 경우 지나친 경쟁과 생존의 욕구로 인해서 상실되었던 도덕적 감성을 회복하고 더불어 살아가는 삶이 필요하다고 본다(장현섭, 1995). 서구, 특히 미국 사회의 경우 남에게 피해만 주지 않으면 무엇을 해도 좋다는 지나친 개인주의는 개인의 세속적인 욕구를 충족시켜서 경제성장을 이루는 데에는 효과가 있었다. 하지만 이러한 개인주의 역시 사회적으로 고립된 개인의 정신적 공허함을 메워주지 못하였고, 효율성과 물질적인 성과를 중시하는 사고로 인하여 진정으로 지역사회의 문제를 해결하는 데 부족함을 드러냈다(Etzion, 1996).

혈연 중심의 유대가 약한 도시에서의 개별가족은 어떤 뚜렷한 사회적 유대를 가지지 못한 채 개별적으로 존재한다(장현섭, 1995). 개별가족을 이어주고 지역사회로부터 도움을 주고받는 상호 교류를 상실한 채 고립되어 갈 가능성이 크다. 가족도 그 자체에 문제가 발생하면 지역공동체로부터 도움을 받아야 하며, 또한 개개의 가족은 이기적 욕구를 줄이고 공동의 이익을 도모하기 위하여 지역사회와 연계를 가지며 협조해야 한다. 그리하여 가족은 건전한 지역공동체를 이루는 기본단위로서 의미를 되살려야 한다. 결혼은 이러한 기본단위를 이루는 과정이다. 이러한 성격의 결혼은 가계 계승이 강조되는 친족 중심의 사회에서가 아니라 지역사회의 문제를 스스로 협동하여 해결하고, 지역공동체를 인간의 기본적인 도덕적 가치가 실현되는 장으로 만드는 '시민사회' 속에서 이루어지는 것이다(Etzioni, 1996; 장현섭, 1995).

요 약

산업혁명으로 인해서 시작된 산업사회는 오랫동안 지속되어 왔던 결혼과 가족구성의 보편적인 원리를 바꾸어 놓았다. 산업화는 필연적으로 도시화를 낳고, 이 도시화는 핵가족과 남녀 간의 결합에도 낭만적 사랑이 강조되는 애정관계적 개인주의를 출현시켰다. 노동력과 가계 계승이 중시되던 농경사회에서의 결혼은 가문과 가문의 결합이 결혼의 중요한 기능이었다. 산업사회에서는 전통과 가문의 영향력에서 벗어나서 자유롭게 이성을 사귀고 사랑에 바탕을 둔 결혼을 하게 된 것이다.

또한 산업화로 인해서 인류는 물질적으로 좀더 풍요해지고 엄청난 생산력을 얻게 되었다.

이러한 산업사회도 후기에 접어들어 또 다른 혁신적인 기술을 맞이하게 되었다. 컴퓨터와 전자통신기술이 그것이다. 이 기술적 요소가 정보사회로 진입하는 계기가 된 것이다. 산업사회가 이루어 놓은 물질적인 풍요와 생활수준 향상의 바탕 위에서 진행된 정보사회로의 이행은 결혼과 가족에도 많은 변화를 보여주었다. 또한 이 장에서 논의된 정보사회의 결혼과 가족의 모습은 앞으로의 전망에 가까울 뿐이지 현재 실제로 이루어진 보편적인 모습은 아니다. 아직까지 인간이 만든 사회제도 중에서 서로가 살을 마주치고 체취를 맡으며, 인간적인 정을 나누며 성장하는 가족제도를 대치할 만한 제도는 발견되지 못하였다. 한정적이고 제한적인 가상공간에서의 남녀 간의 만남은 이러한 인간의 기본적인 욕구를 채워주지 못한다. 인간은 온전한 가족에서 가장 잘 성장할 수 있는 것이다.

21세기의 결혼은 남녀평등이 실현되는 장이 되어야 하며, 배우자에게 혹은 가족 구성원에게 전통과 가부장의 권위로 인한 억압과 희생을 강요해서는 안된다. 더 나아가 가족만을 위하는 이기주의나 사회의 통합과 발전을 저해하는 혈연 중심의 연고도 그 영향력을 줄여 나가야 한다. 가족과 지역공동체는 서로 연결된 사회의 단위라고 생각하고, 문제(사회문제, 가족문제, 사회복지적 개입)를 지역사회 중심으로 풀어 나가야 한다. 이것이 민주주의에 기초한 진정한 시민사회의 형성이다.

연구과제

1 정보사회는 산업사회와 어떠한 점에서 다른가를 알아보자.

2 정보사회에서는 결혼과 가족의 형태가 왜 다양해지는지 토론해 보자.

3 가족이기주의는 무엇이며, 왜 우리는 가족이기주의를 극복하고 가족과 지역사회와의 관계를 고려해야 하는지 그 이유를 생각해 보자.

4 사이버 공간에서 이루어지는 이성 간의 만남과 결혼의 장점과 단점을 비교하고 토론해 보자.

참 / 고 / 문 / 헌

기든스, 앤터니(1998). **현대 사회학**, 제3판. 김미숙 외(옮김). 서울: 을유문화사.

김모란(1995). 성, 사랑, 혼인. 여성한국사회연구회(편). **가족과 한국사회**(pp. 129-171). 서울: 경문사.

김양호(2001). 사랑한다는 것과 같이 산다는 것. 한국가족상담교육연구소(엮음). **결혼할까 혼자 살까**(pp. 225-274). 경기: 김영사.

김은미(1999). 가정정보화와 사이버 가족. LG코뮤니카토피아연구소(편). **정보혁명, 생활혁명, 의식혁명**(pp. 41-78). 서울: 백산서당.

김창남(1998). **대중문화의 이해**. 서울: 한울아카데미.

다이아몬드, 제레드(1998). **총, 균, 쇠: 무기 병균 금속이 어떻게 문명의 불평등을 낳았는가?** 김진준(옮김). 서울: 문학사상사.

앨빈 토플러(1985). 제3의 물결. 유재천(역)

이기숙(1993). 사회변화와 가족. 한국가족학연구회(편). **가족학**(pp. 11-18). 서울: 하우.

임희섭(1996). 정보사회의 사회구조. 최정호 외(편). **정보화사회와 우리**(pp. 237-266). 서울: 소화.

원우현(1996). 정보사회와 문화. 최정호 외(편). **정보화사회와 우리**(pp. 267-282). 서울: 소화.

장현섭(1995). 가족의 미래. 여성한국사회연구회(편). **가족과 한국사회**(pp. 431-474). 서울: 경문사.

조은(1999). 가족제도의 운명과 새로운 공동체의 가능성. **창작과 비평**. 103. 45-61.

조주현(1993). 낭만적인 사랑과 결혼이라는 이데올로기. **결혼이라는 이데올로기**(pp. 9-26). 서울: 현실문화연구.

조정문(1997). 정보사회에서의 가족 및 세대 공동체. **사회조사연구**, 12권 1호. 46-71.

______(1999). 사회변화와 가족. "새로운 가족공동제의 모색: 21세기를 위한 종교의 역할" 발표문.

정범모(1997). 정보화와 삶의 질. 이헌조 · 최정호(공편). **커뮤니케이션의 유토피아?: 정보화와 한국인의 삶**(pp. 473-490). 경기: 나남출판.

최재천(2001). **생명이 있는 것은 아름답다**. 경기: 효형출판.

한은주 · 김태현(1994). 가족주의 가치관에 따른 부양만족도와 부양부담도. **한국노년학**, 14(1), 95-116.

한상복 · 이문웅 · 김광억(1985). **문화인류학개론**. 서울: 서울대학교 출판부.

통계청(2007) //www.nso.go.kr

Etzioni, Amitai(1996). *The New Golden Rule: Community and Morality in a Democratic Society*. new Yok: Basic Books.

Klein, David M. and White, James M.(1996). *Family Theories: An Introduction*. Sage Publications.

Myers, David G.(1994). *Exploring Social Psychology*. New Yok: McGraw-Hill Inc.

1부 결혼 준비

2장

혼자 살기와 함께 살기

김 은 경

모든 여자는 두 남자와 결혼한다. 하나는 자신들이 결혼한 남자이고, 다른 하나는 그들이 결혼했다고 생각하는 남자이다.

Jay Leno

“적어도 두 가지 중에 하나는 있어야 결혼을 할 수 있지. 영원히 그녀만을 사랑할 것 같은 낭만적 환상, 아니면 결혼을 하면 훨씬 더 안락한 삶을 누릴 것 같은 사회·경제적 환상. 그런데 …… 결혼에 환상을 갖고 있는 사람은 이제 아무도 없지.”

이만교, 〈결혼은 미친 짓이다〉에서

사람에게는 사랑이 필요하다. 결혼하지 말아야 할 이유가 여기에 있다.

오스카 와일드

세상에 태어나 일정한 나이가 되면 짝을 짓고 자식을 낳아 기르는 것이 당연하다는 생각이 오랫동안 우리 사회를 지배했었다. 하지만 21세기에 들어서서 사람들은 '결혼이 필수'라는 전통적인 사고에 의문을 제기하고 있다. 초혼연령은 해마다 늦춰지고 소위 결혼적령기의 미혼자 비율은 점점 높아지고 있으며, 전체 가구 중에서 1인 가구가 차지하는 비율은 2005년 기준 317만 675가구로 전체 가구의 19.96%에 달하며 1995년에 비해 93%나 증가하였다.

2006년 사회통계조사 결과에 의하면 결혼에 찬성하는 사람은 67.7%, 반대하는 사람은 2.2%로 나타나 대부분은 결혼에 대해 긍정적이었으나 여성의 경우 결혼을 선택으로 생각하는 사람이 33.6%로 남자보다 12.5%나 높게 나타났다. 특히 미혼여성은 결혼을 선택으로 생각하는 사람(41.8%)이 필수로 생각하는 사람(11.5%)보다 네 배 가까이 많아 여성들의 경제적 자립도가 높아지면서 결혼에 대한 가치관이 바뀌어 가고 있음을 알 수 있다(통계청, 2006).

21세기에 결혼은 자크 아탈리의 주장처럼 언제든 깨어질 수 있다는 전제 아래 성립하는 것일지도 모르며, 요즘 젊은이들의 결혼관처럼 '동거는 필수, 결혼은 선택'으로 바뀌어 갈 수도 있을 것이다. 이미 스칸디나비아 국가에서는 '가족이 결혼을 창조한다.'는 말이 나올 정도이고 프랑스에서는 '동거부부'를 합법화하는 법안이 1999년에 통과되었다.

이러한 사회의 변화와 함께 전통적인 삶의 양식에서 벗어난 다양한 성인생활의 양식이 나타나고 있다. 결혼이나 동거, 독신의 삶 중에서 어떤 삶을 선택할 것인가는 이제 전적으로 개인의 자유 의지에 달려 있다. 어떤 유형의 삶을 선택하든지 중요한 것은 선택의 책임이 전적으로 개인에게 있다는 것이다. 따라서 자신의 삶의 양식을 선택하기에 앞서 성인기에 선택할 수 있는 생활 유형의 특성과 장단점 등을 자세히 살펴볼 필요가 있다.

이 장에서는 우리가 성인기 동안 선택할 수 있는 생활 유형 중에서 결혼(marriage), 동거(cohabitation) 그리고 독신(singlehood)에 대해서 살펴보고자 한다.

1 둘이 하나되기

에머슨(Ralph Waldo Emerson)은 "결혼이라는 틀 속에서 사는 사람은 빠져나오기를 원하고, 밖에 있는 사람들은 그 안으로 들어가기를 희망한다."고 말한다. 해도 후회하고 안 해도 후회한다는 결혼. 왜 결혼을 하지 않은 사람은 결혼을 꿈꾸고, 결혼을 한 사람은 그 굴레에서 벗어나려고 할까? 결혼을 할 것인가, 안 할 것인가 또는 결혼에서 벗어날 것인가는 우리가 성인으로서 살아가는 동안 해결해야 할 과제임에 틀림없다. 과거의 사회에서는 거의 모든 성인이 결혼을 필수로 여기고 살아왔으나 현대에 들어서 결혼이 필수가 아니라 하나의 선택으로 바뀌어 가면서 결혼건수는 매년 감소하고 있는 추세이다.

2007년 한 해 동안 우리나라에서 34만 5천 6백 쌍이 결혼을 하였는데 이는 1997년의 38만 8천 6백 쌍에 비해 4만 3천 건이 감소한 숫자이다. 또한 조혼인율(인구 천 명당 혼인건수)은 1970년 9.2건에서 1980년 최고 수준인 10.6건을 기록한 후 1990년 9.3건, 2000년 7.0건으로 계속 낮아지다가 2003년 6.5건으로 최저치를 기록한 후 조금씩 상승하여 2007년에 7.0건으로 올라간 상태이다(〈표 2-1〉 참고).

우리나라의 결혼통계에서 주목할 만한 점은 혼인율의 감소와 더불어 결혼의 양상이 과거와는 다르게 변해가고 있다는 것이다. 먼저 2007년 기준 평균 초혼연령이 남자 31.1세, 여자 28.1세로 1997년에 비해 남자는 2.5세, 여자는 2.4세가 증가하여 점차 만혼의 경향을 보이고 있다. 혼인율의 감소와 혼인연령의 증가는 학업 연장과 그로 인한 경제활동의 지연, 자기중심적인 삶의 지향 및 결혼에 대한 태도의 변화에 기인하는 것으로 보인다.

반면 전체 혼인 중 재혼이 차지하는 비중은 최근 2년간 감소하기는 했지만 지속적으로 높아지고 있다. 또한 과거에는 상상도 할 수 없었던 남자 초혼과 여자 재혼 커플도 1997년 4.0%에서 2007년에는 5.7%로 증가하였으며, 초혼부부 중 아내가 남편에 비해 연상인 비율도 1995년 이후 꾸준히 증가하여 전체 혼인의 13%를 차지하고 있다. 이러한 결혼의 양상은 전통적인 결혼에 대한 통념에서 벗어난 것으로 우리 사회의 결혼풍속도에 상당한 변화가 나타나고 있음을 보여준다.

표 2-1 혼인건수와 조혼인율 변동추이

	1970	1980	1990	1997	2005	2007
혼인건수(천 건)	295.1	403.1	399.3	388.6	316.4	345.6
조혼인율(건)	9.2	10.6	9.3	8.4	6.5	7.0

출처: 통계청(2008). 2007년 혼인통계 결과.

결혼건수가 매년 감소하고 있지만 아직도 대다수의 사람들은 결혼을 하고 있고, 결혼을 꿈꾸고 있다. 여전히 많은 사람들이 선택하고 있는 결혼이란 과연 무엇인지를 결혼의 유형, 결혼의 동기, 결혼의 장점, 결혼에 대한 환상, 결혼으로 인한 변화를 통해 알아보고 행복한 결혼을 위하여 어떤 준비를 하여야 할 것인지를 살펴보자.

1) 결혼의 유형

모든 사회는 최소한 한 가지 형태의 결혼을 인정한다. 결혼의 유형은 다양하며 그 안에서 누가 누구와 결혼할 수 있는지와 유형에 따른 관계의 특성 간에는 상당한 차이가 존재한다. 그러나 이러한 차이점에도 불구하고 모든 사회에서 결혼을 한다는 것은 새로운 지위를 획득한다는 것을 의미하며 이 새로운 지위에는 일련의 역할기대(결혼한다는 것과 관련된 권리, 책임감, 그리고 의무)가 따르게 된다.

결혼은 배우자의 수에 따라 크게 단혼제와 복혼제로 나눌 수 있다(Wolf, 1996).

(1) 단혼제(Monogamy)

전 세계적으로 가장 보편적인 형태의 결혼 유형은 단혼제이다. 단혼제는 한 남자와 한 여자가 결혼하는 것으로 흔히 일부일처제라고 부른다. 그러나 평생 동안 단 한 명의 배우자와 사는 경향은 점차 감소하고 있다. 미국에서는 초혼의 반 이상이 이혼으로 끝이 나고 이혼한 사람들의 4분의 3 정도가 다시 재혼을 하기 때문에 많은 사람들이 연속적 단혼제를 경험하게 된다. 연속적 단혼제(serial monogamy)는 일생을 통해 여러 명의 배우자와 결혼을 하지만 한 번에 한 명의 배우자와만 결혼을 하기 때문에 단혼제로 분류된다.

대부분의 사회에서 단혼제를 취하고 있지만 모든 사회가 단혼제를 가장 바람직한 결혼의 유형으로 여기는 것은 아니다. 단혼제 이외에 세 가지 유형의 복혼제가 있다.

(2) 복혼제(Polygamy)

복혼제는 남편이나 아내가 동시에 한 사람 이상의 배우자와 결혼생활을 할 수 있는 제도로 일처다부제, 일부다처제, 그룹혼의 세 가지 유형으로 나눌 수 있다.

① 일처다부제(Polyandry)

한 여자가 두 사람 이상의 남자와 결혼을 하는 것이 일처다부제이다. 이 유형의 결혼은 매우 드물며 열 개의 사회에서만 존재한다. 이 중 일처다부제를 이상적인 결혼 유형으로 여기는 사회는 티베트족, 인도의 토다족 그리고 폴리네시안 군도의 마르케이시안들뿐이다.

일처다부제는 때로는 인구의 수를 줄이기 위한 목적으로 허용되기도 하지만 일처다부제의 가장 주요한 이유는 경제성이다. 장성한 아들을 모두 결혼시킬 여유가 없는 가족은 장남만을 결혼시키고 다른 아들도 장남의 아내와 성적인 관계를 가질 수 있도록 허용한다. 티베트에서는 여자가 한 남자와 결혼한다는 것은 그의 형제들의 아내도 된다는 것을 의미한다. 그외 다른 종족사회에서도 일처다부제가 다른 유형의 결혼과 함께 허용은 되지만 일처다부제를 실제로 행하는 사람들은 극소수에 불과하다.

② 일부다처제(Polygyny)

한 남자가 두 사람 이상의 여자와 결혼하는 것이 일부다처제이다. 전 세계의 4분의 3 이상의 사회에서 일부다처제를 허용하고 있으며, 특히 중동, 아시아, 아프리카에서 흔히 나타난다. 일부다처제는 미국에서도 아리조나 주와 콜로라도 주와 인접한 유타 주의 농촌지역에서 살고 있는 정통파 몰몬교들 사이에서 발견된다.

③ 그룹혼(Group Marriage)

두 사람 이상의 여자와 두 사람 이상의 남자가 결혼을 하는 것을 그룹혼이라고 한다. 그룹혼은 최소한 네 명의 배우자를 필요로 하는데 일처다부제와 마찬가지로 매우 드문 결혼 유형이다. 그룹혼은 일처다부제나 일부다처제와 같은 복수혼을 인정하는 사회에서 발견되지만 이런 사회에서조차도 그룹혼은 가족의 문제를 해결하기 위한 하나의 방법으로만 행해진다.

2) 결혼의 동기

많은 결혼이 이혼으로 끝이 나고 대안적인 삶으로서의 동거와 독신이 증가하는 우리 사회에서 2000년 한 해 동안 매일 915쌍이 결혼을 하였다. 혼인율의 감소에도 불구하고 여전히 우리 사회 대다수의 사람들은 성인기 삶의 유형으로 결혼을 선택한다. 사람들은 왜 결혼을 할까? 스테인(Stein, 1975)은 사람들이 결혼을 하는 이유를 독신에서 벗어나도록 배척하는 요인과 결혼을 선택하도록 유도하는 요인으로 나누어 설명하고 있는데(〈표 2-2〉 참고), 결혼의 일반적인 동기를 구체적으로 알아보자.

표 2-2 결혼을 선택하도록 영향을 미치는 요인

독신에서 벗어나도록 배척하는 요인	결혼을 선택하도록 유도하는 요인
결혼을 지향하는 문화적 규범	사랑과 정서적 안정
외로움	신체적 매력과 성
부모의 압력	부모의 인정
경제적 압력	경제적 안정
독신에 대한 사회적 낙인	대가족을 갖고 싶은 욕구
독립에 대한 두려움	이미 결혼을 한 동료의 영향
대중매체에 반영된 독신생활의 부정적 이미지	성인으로서의 사회적 지위를 얻고 싶은 욕구
독신에 대한 죄의식	자녀를 갖고 싶은 욕구

출처: Stein, P.(1975). Singlehood: An alterative to marriage. The Family Coordinator, 24(4); 재인용: 정현숙 외(1998). 결혼학개론.

(1) 사랑의 실현

결혼을 하려는 사람들에게 '왜 결혼을 하는가?'라는 질문에 대해 가장 많은 답은 '사랑하니까'이다. 사랑하는 두 사람은 결혼을 통해 서로에 대한 애정이나 헌신, 몰입, 책임감 등을 공식적으로 표현하고 서로의 인생을 공유한다.

얼마 전 중학교 1학년 때 만난 여선생님을 짝사랑했던 제자(27세)가 12년 연상의 스승(39세)과 결혼식을 올려서 화제가 되었다(조선일보, 2001. 5. 20). 열두 살 연상의 여자 스승과 열두 살 연하의 남자 제자 간의 결혼이 가능할 수 있었던 것은 두 사람이 서로 사랑했기 때문이라고 한다.

(2) 동료애

유명한 미국의 토크쇼 사회자 오프라 윈프리(Oprah Winfrey)는 다음과 같이 말한다. "사람들은 모두 내 리무진에 타기를 원하지요. 하지만 내가 진정 원하는 것은 내 리무진이 고장났을 때 나와 함께 버스를 타줄 그 누군가입니다." 결혼의 동기 중의 하나는 진정한 동료애를 함께 느끼고 나눌 수 있는 누군가와 구조화된 관계의 형성을 원하기 때문이다.

(3) 부모됨

자녀를 가진다는 것은 많은 사람들에게 중요한 인생의 목표가 된다. 결혼을 하지 않고 자녀를 가지는 사람도 있고, 의학상의 발달로 인해 남성 없는 출산이 가능해진 현대에도 많은 사람들은 결혼이라는 울타리 속에서 자녀를 갖고 양육하기를 원한다. 결혼은 자녀출산을 가능하게 하여 자기 보존은 물론 종족을 계승하게 해준다.

(4) 정서적 · 경제적 안정감

사람들은 결혼을 통해 정서적 안정감과 경제적 안정성을 획득하게 된다. 결혼을 통해서 얻게 되는 생의 동반자인 배우자로부터 자신에 대한 이해와 정서적인 뒷받침을 얻게 되며, 또한 자신이 가장 중요한 사람이라는 정서적 안정감을 얻을 수 있다.

(5) 성적 욕구의 충족

결혼 이외의 관계에서도 성적 욕구는 충족될 수 있지만 이러한 관계에서의 성적 욕구 충족은 법적이나 사회적인 인정을 받지 못한다. 결혼을 통해 두 사람은 서로 간의 성적 배타성과 독점성을 하나의 권리로 인정받을 수 있다.

(6) 성인으로서의 신분 획득

결혼을 통해 사회적으로 성인으로 인정을 받을 수 있고, 부모로부터 독립된 생활을 영위할 수 있다.

(7) 사회적 기대의 부합

우리 사회의 사회적 규범이나 가치는 성인이 되면 결혼을 하는 것이 정상적인 것으로 간주한다. 결혼적령기와 같은 개념은 성인기에 도달한 남녀, 특히 여성들에게 사회적인 압력으로 작용하게 된다.

3) 결혼의 장점

독신으로서 누릴 수 있는 자유와 자율성·자발성을 대신하여 결혼을 통해 얻을 수 있는 이점이 〈표 2-3〉에 요약되어 있다.

표 2-3 결혼의 이점

	결혼의 이점	독신의 부담감
건 강	기혼자들은 입원하는 비율이 낮고, 의사를 더 규칙적으로 만나며 병에 걸리는 비율도 낮다.	독신자들은 입원을 더 자주 하고, 정기검진을 적게 하며 더 자주 아프다.
수 명	기혼자들은 독신자들보다 더 오래 산다.	독신자들은 기혼자에 비해 더 빨리 사망한다.
행복감	기혼자들은 독신자들에 비해 더 행복한 것으로 보고된다.	독신자들은 기혼자에 비해 덜 행복하다.
성적 만족	기혼자들은 독신자에 비해 자신들의 성생활에 대해 육체적·정서적으로 모두 만족해한다.	독신자들은 기혼자에 비해 성생활의 육체적·정신적인 면에서 모두 덜 만족한 것으로 나타난다.
경 제	기혼자들은 독신자에 비해 더 많은 경제적 자원을 가지고 있다.	독신자들은 결혼한 사람들에 비해 경제적 자원이 적다.
낮은 지출	한 쌍은 따로 살 때보다 더 적은 비용으로 생활할 수 있다.	두 명의 독신이 지출하는 비용은 한 쌍의 부부보다 더 많이 든다.
약물 복용	기혼자들은 약물복용이나 남용률이 낮다.	독신자들의 약물복용이나 남용률은 높다.
지원 체계	기혼자들은 많은 사람들로부터 지원을 받을 수 있다.	독신자들은 도움을 청할 수 있는 사람들의 수가 적다.
자 녀	고교 중퇴율, 십대 임신과 빈곤율은 양부모가정에서 자란 자녀에게서 훨씬 낮게 나타난다.	고교 중퇴율, 십대 임신과 빈곤율은 한부모가정에서 자란 자녀에게서 훨씬 높게 나타난다.
지속성	기혼자들은 중요한 타인들과 지속적인 관계를 유지하고 발전시킬 수 있다.	독신자들은 중요한 타인들과의 관계에서 지속성이 적고 책임감이 부족하다.

출처: Knox, D. & Schacht, C. (1999). Marriage and the Family. Belmont, CA: Wadsworth Company. p. 3.

4) 결혼에 대한 다섯 가지 환상

결혼을 꿈꾸는 젊은이들에게 결혼한 사람들은 흔히 결혼은 연애와 다르다고 이야기한다. 이들이 말하는 결혼은 결혼생활을 의미한다. 결혼은 미혼 남녀가 좋아하게 되고 사랑하여 축복 속에 결혼식을 올리는 상황에 의미의 초점이 맞추어져 있는 반면, 결혼생활은 결혼으로 야기되는 출산, 자녀양육, 고부관계, 돈, 경제적 문제, 부부갈등과 같은 현실적인 측면을 의미한다. 연애는 사랑만으로 유지될 수 있지만 결혼생활은 사랑만으로는 유지될 수 없다.

결혼한 부부는 자신들이 속해 있는 사회의 관습과 규범을 따라야 하고 법률적인 의무와 권리를 수행해야 하므로 결혼생활은 부부를 연애시절의 꿈에서 깨어나게 하고 부부 각자의 의도나 기대와는 다른 다양한 도전들에 직면하게 한다. 결혼에 대한 환상은 결혼생활에 부딪치면서 서서히 무너지게 되는데 실제로 결혼생활을 경험하고 우리가 실망하게 되는 여러 이유 중에 하나는 결혼생활의 실체에 대한 인식이 부족하기 때문이다. 사람들은 결혼에 대해 실제와 전혀 다른 생각들을 하고 있다. 녹스와 샤흐트(Knox & Schacht,1999)는 사회가 결혼에 대한 다음과 같은 비현실적인 환상을 지속시키고 있다고 주장한다.

(1) 환상 1: 우리의 결혼은 다를 것이다

대부분의 사람들은 결혼생활에 싫증을 느끼며, 자신이 불행하다고 생각하며 사는 부부들을 주변에서 볼 수 있다. 그럼에도 불구하고 사람들은 자신의 결혼은 그들과는 다를 것이라고 가정한다. 결혼 전에 느끼는 '그런 일은 우리에게 일어나지 않을 거야.'라는 생각은 연애의 현혹적인 특성을 반영한다. 사람들은 자신의 결혼은 다를 것이라고 막연히 생각하면서도 자신의 결혼을 다른 사람의 결혼과 다르게 만들기 위한 노력을 기울이지는 않는다.

결혼에 임할 때 자신의 결혼은 다른 사람들의 결혼과는 다를 것이라고 믿는 사람들 중 많은 사람들은 자신들의 기대를 충족시키기 위해 자신들만의 관계를 만들려는 노력을 기울이기보다 무의식적으로 타인들의 결혼생활을 모방한다.

(2) 환상 2: 우리는 상대방을 행복하게 만들 것이다

사람들은 자신이 배우자를 행복하게 할 책임이 있다고 믿는다. 부부는 서로에게 상당히 중요한 영향을 미치고, 배우자 각각은 배우자라는 역할 이외에 다른 많은 역할(직장인, 학생, 친구, 아들 또는 딸, 부모 등등)이 있다. 또한 이렇게 다양한 역할에서의 관계가 배우자와의 관계에 큰 영향을 미치게 된다. 직업을 잃을 수도 있고, 부모가 암에 걸릴 수도 있으며, 혼자서는 거동할 수 없는 어머니가 집에 함께 거주하게 될 수 있는 모든 상황들이 배우자를 행복하게 만드는 것을 어렵게 한다.

마찬가지로 배우자를 행복하게 하기 위해 최선을 다하려고 해도 상황이 여의치 않을 수도 있다. 누군가가 자신을 행복하게 만들어 주기를 기다린다는 것은 평생을 기다려야 한다는 것을 의미한다.

(3) 환상 3: 우리의 갈등은 심각하지 않다

많은 부부들은 그들이 문제가 있다는 것을 인식하지만 자신들의 문제는 하찮은 것이며 단지 결혼생활의 일부분이라고 생각한다. 그러나 해결되지 않은 작은 갈등들이 실제로는 결혼생활을 위협한다.

(4) 환상 4: 배우자가 내가 원하는 모든 것을 충족시켜 줄 것이다

사람들은 타인으로부터의 지원에 대한 욕구를 가지고 있다. 이런 욕구는 함께 영화를 보러 가거나, 개인적인 문제에 대해서 함께 이야기를 하거나, 상대에 대한 사랑을 육체적으로 표현하는 것 등 다양하다. 사람들은 자신들이 가진 이러한 지적·육체적 그리고 감정적인 욕구를 배우자가 모두 충족시켜 줄 것이라는 믿음을 가지고 있지만 그와 같은 기대는 매우 비현실적이다.

(5) 환상 5: 사랑이 깊을수록 갈등은 적을 것이다

부부들은 때때로 그들이 서로를 사랑하면 할수록 갈등이 적을 것이라고 생각한다. 실제로 스프레처와 펨리(Sprecher & Femlee, 1993)는 높은 수준의 사랑이 시간이 지남에 따라 갈등을 증가시킨다는 것을 발견하였다. 우리가 결혼에 대해 가지고 있는 여러 환상들을 현실적으로 조정한다면 결혼생활의 적응에 많은 도움을 줄 수 있을 것이다(〈표 2-4〉 참고).

표 2-4 결혼에 대한 환상과 현실적 사고

결혼에 대한 환상	결혼에 대한 현실적 사고
우리의 결혼은 다른 사람들의 결혼과 다를 것이다.	우리의 결혼은 다른 사람들의 결혼과 다를 수 있다.
우리는 상대방을 행복하게 만들 것이다.	우리는 배우자의 행복에 중요한 영향을 미치는 사람이 될 수 있다.
우리의 갈등은 심각하지 않다.	우리의 갈등은 심각하지 않을 수도 있다(만일 심각하면 우리는 그것을 해결하기 위한 기술을 발전시킬 것이다).
배우자는 내가 원하는 모든 것을 충족시켜 줄 것이다.	배우자는 나의 여러 가지 욕구를 충족시킬 수 있을 것이다.
사랑이 깊을수록 갈등이 적을 것이다.	사랑과 갈등은 불가분의 관계이다.

출처: Knox, D. & Schacht, D. (1999). Marriage and the Family. Belmont, CA: Wadsworth Publishing Company. p. 131 재구성.

5) 결혼으로 인한 변화

결혼으로 인해 개인의 삶에는 개인적 변화, 부모와 인척 그리고 친구관계의 변화, 법적인 변화와 성적인 변화 등 여러 변화가 나타나게 되는데 이를 구체적으로 살펴보자.

첫째, 다양한 개인적인 변화가 나타난다. 결혼은 자기 개념을 강화시킨다. 결혼을 통해 부모와 친구로부터 성인으로서의 지위를 인정받게 되고, 배우자의 인정을 얻음과 동시에 배우자가 일생을 함께 보내기 위해서 자신을 선택했다고 하는 것은 자신이 그만큼 가치 있는 사람이라는 의미를 지니기 때문이다. 또한 결혼한 사람으로서의 역할에 부합되는 새로운 가치와 역할을 취하게 된다. 결혼 후 나타나는 또 다른 개인적인 변화는 결혼의 환상에서 깨어나 현실의 결혼생활을 경험하게 되면서 배우자에 대한 관심이 줄어들고 또한 배우자로부터의 관심도 줄어들게 되는 것이다.

둘째, 부모와 인척, 친구와의 관계에서 변화가 나타난다. 결혼을 하게 되면 부모와 자녀의 상호작용은 줄어들게 된다. 자녀와의 상호작용이 줄어드는 것을 받아들이지 않고 결혼한 자녀의 주위를 맴돌게 되는 부모는 자녀부부의 주요한 갈등의 원인이 된다. 결혼은 동성과 이성친구와의 관계에도 영향을 미친다. 새로 맡은 배우자 역할의 요구를 충족시키기 위해 친구들과 보내는 시간은 줄어들게 되며, 결혼 전의 친구들과의 관계보다는 커플로서 다른 부부와의 관계에 더 많은 시간을 보내게 된다.

셋째, 법적인 변화가 나타난다. 결혼을 하면 법적으로 기혼자로서의 지위를 획득하게 되고 사회에서 규정한 결혼의 권리와 의무를 따라야 한다. 결혼이 동거와 다른 점 중에 하나가 바로 법적 계약의 의미를 갖는다는 것이다. 또한 결혼 전에 특별히 서류로 명시를 하지 않는 한, 부부 누구에게 속한 것인지 분명하지 않은 재산이나 부부가 서로 협력하여 형성한 재산은 부부의 공유 재산이 된다.

6) 행복한 결혼생활을 위한 준비

결혼으로 야기되는 다양한 변화에 적응하면서 배우자라는 새로운 역할을 받아들여 행복한 결혼생활을 성취하기 위해서는 결혼 전에 두 사람이 결혼생활의 환상에서 깨어나 인식의 전환과 철저한 준비를 기울여야 한다. 그렇다면 행복한 결혼이란 어떤 결혼을 의미할까? 행복은 매우 주관적이기 때문에 개인의 결혼이 행복한지 아닌지를 객관적으로 판단하는 것은 쉽지 않다. 결혼생활에서의 행복감이란 개인의 충동, 습관, 희망, 기대 등이 적절하게 방출되고 충족되어 자기발견·자기실현을 위해 안정감을 가지고 충실하게 생활할 수 있는 심리 상태를 말한다(유영주·김경신·김순옥, 1996).

결혼생활의 행복은 결혼 전의 노력이나 준비와 더불어 결혼 후 상호 간의 노력, 끊임없는 자기 노력 그리고 수행을 통해 만들어지는 생성물이다. 행복한 결혼생활을 영위하기 위해서 결혼 전과 후에 취할 수 있는 준비를 크게 세 가지로 나누어 살펴보자.

첫째, 결혼 전에 두 사람이 충분히 의논하여 자신들의 결혼생활에 대한 다음과 같은 철저한 준비를 하여야 한다(정현숙 · 최연실 · 유계숙, 1998).

① 부부의 직장에서의 일과 가족생활을 조화시킬 수 있는 방법을 모색한다. 특히 부부가 맞벌이를 할 경우에는 부부의 성역할, 자녀양육, 가사분담 등에 있어서 역할분담의 한계를 분명히 설정해 놓아야 한다.

② 자녀를 가질 것인지, 가진다면 언제 가질 것인지 등의 가족계획을 세우고 자녀양육에 대한 기본적인 입장을 상의해야 한다.

③ 가족주기에 따른 재정계획을 수립할 필요가 있다. 이러한 문제들과 더불어 친족관계에서 발생되는 제반 경제적 · 정서적 문제에 어떻게 대응할 것인지에 관한 두 사람의 합의가 필요하다.

둘째, 결혼 전 독신의 사고에서 탈피하여 부부라는 공동의 관계를 중심으로 한 다음의 일곱 가지 측면에서 변화를 달성해야 한다(Bowman & Spanier, 1978).

① 나의 생활에서 우리의 생활로

② 독신의 불완전한 성생활에서 공인된 부부간의 완전한 성생활로

③ 낭만적 사랑에서 현실과 관련된 책임감 있는 태도와 능력으로

④ 개인적인 구매 패턴에서부터 배우자와 가족구성원을 중심으로 하는 구매 패턴으로

⑤ 자녀의 입장에서 배우자의 입장으로

⑥ 자녀의 입장에서 며느리나 사위의 입장으로

⑦ 개인적 습관에서 가족 중심의 습관으로

셋째, 성역할 변화에 대한 남녀 간의 수용의 차이로 인한 갈등이 이혼을 증가시키는 중요한 요인이기 때문에 부부가 모두 전통적인 결혼에 대한 기대에서 벗어나 평등한 결혼에서 요구되는 역할을 인식하고 수용해야 할 필요가 있다.

참고자료 2-1 서로 손발이 되주며 살아가는 부부를 통해 본 결혼의 의미

대전시 중구 중촌동에 사는 잉꼬부부 이성제(40), 김인(37) 씨. 이들은 남들보다 몸이 불편한 장애인 부부다. 남편 이 씨는 뇌성마비 3급에 목디스크를 앓고 있고, 아내 김 씨는 장애 4급으로 왼손과 왼다리를 쓰지 못한다.

두 사람의 만남은 지난 1994년 장애인 체육대회 뒤풀이 때 이뤄졌다. 7년의 힘겨운 연애 끝에 결혼에 골인, 7년째 서로를 의지하며 살고 있다. 부부는 장애가 있어 세상이 두렵기만 했던 20대 시절, 서로의 부족한 부분을 채워가며 삶의 행복을 찾았다고 한다.

김 씨는 "태어날 때부터 뇌가 손상돼 몸의 왼쪽 부분을 모두 못쓰게 됐다."며 "'이런 나를 누가 좋아해 줄까?'라는 자괴감에 빠져 살기도 했지만 지금의 남편을 만나 진정한 사랑이 무엇인지 깨닫게 됐다."고 고백했다. 또 네 살 때 홍역을 앓고 난 뒤 뇌성마비로 고통을 받고 있다는 이 씨는 '부인은 나에게 희망을 보여준 천사 같은 존재'라며 눈물을 떨궜다. 부부로 지금껏 살아오는 동안 신체적 장애 외에 또 다른 장애물들이 생겨났다.

"결혼할 때 장애가 심해 처가 쪽에서 반대가 심했어요. 겨우 허락을 받았죠. 이제야 좀 사나보다 했는데 작년부터 목디스크까지 겹쳤어요. 두 번째 수술 때는 마취가 풀리지 않아 위험한 순간까지 갔었죠. 아내가 '돈 못 벌어도 좋고 장애가 있어도 좋으니 제발 옆에만 있어 달라.'고 기도했대요. 그 간절한 기도 덕분에 제가 살아났어요." 이 씨는 몸이 더 불편해지자 생업으로 해왔던 세탁소 일도 할 수 없게 되었다. 하지만 계속되는 역경 속에서도 이들을 굳건하게 해준 것은 변치 않은 부부간의 신뢰와 사랑이었다. 이들 부부의 따스한 금슬은 동네에 소문이 자자할 정도. 항상 두 손 꼭 잡고 외출을 하고, 초등학교에 입학한 아들 다민이와 함께 단란한 가정을 꾸리고 있다.

이혼율이 심각한 요즘, 이들에게 부부란 어떤 것일까? 두 사람은 "서로의 부족한 부분을 채워주고 서로 이해하며 인생을 함께하는 것이 부부"라고 말했다.

출처: 대전일보(2008. 5. 20).

2 결혼하지 않고 함께 살기: 동거

동거는 결혼하지 않은 남녀가 같은 주거지에서 함께 생활을 하는 것으로 법적인 절차와 같은 복잡함이나 상대, 상대의 가족이나 자녀에 대한 책임감과 같은 구속을 원하지 않고 단순히 두 사람만의 관계를 원하는 사람들(주로 젊은 세대들)이 선택하는 삶의 유형이다. 동거는 미래에 결혼을 하기 위한 준비의 과정이나 시험결혼의 과정일 수도 있고, 전통적인 결혼을 대신하는 영구적인 형태일 수도 있다.

서구의 경우 동거는 급속하게 증가하고 있다. 유럽인에게 있어서 동거는 시험결혼의 성격을 벗어나 정상결혼의 유형으로 나타나고 있는데, 스웨덴에서는 함께 사는 부부의 75%가 동거부부이며, 자녀의 55% 이상이 법적으로 결혼하지 않은 부모를 가진 것으로 보고된다. 혼전동거가 보편화된 프랑스에서는 결혼하는 100명 중에서 87명이 동거를 경험한 것으로 나타나고 있는데, 동거가 보편화되면서 1999년 '모든 형태의 동거커플'에게 결혼한 부부와 똑같은 사회적·법적 세제상의 복지혜택을 보장하는, 결혼도 동거도 아닌 새로운 제도인 시민연대협약(PACS) 법안이 통과되었다(〈참고자료 2-2〉 참고).

미국에서도 2003년도 560만 가구였던 동거커플 가구가 2006년 기준 600만 가구로 증가하였다. 실제로도 1,000만 명 이상의 남녀가 동거를 하고 있는 것으로 집계되었는데 이 수는 남녀가 함께 사는 전체 가구의 8%에 달한다(U.S. Bureau of Census, 2008). 동거가 이처럼 증가하고 있는 이유는 결혼과 같은 번거로운 법적 절차가 생략된 채 편안히 살 수 있고, 정식결혼에 앞서 상대방을 파악할 수 있는 이점이 있으며 법적 구속력이 없는 상태에서 남녀가 역할분담을 확실히 할 수 있기 때문이다.

우리나라에서도 젊은이들 사이에서 '살아보고 결혼하는 것이 합리적'이라는 시각이 증가하면서 동거에 대해 긍정적인 견해가 확산되는 추세이다. 이 같은 세태를 반영하듯 최근 혼전동거를 하는 커플들이 등장하는 드라마가 속속 등장하고 있다. 부산의 한 대학에서 신입생 2,310명을 대상으로 실시한 의식 실태 설문조사 결과에 의하면 이성과의 동거에 대해 응답자의 41%가 '결혼이 전제라면 가능하다'라고 응답했고, 39%는 '사랑한다면 가능하다'라고 응답해 동거에 긍정적인 시각을 가진 응답자가 80%에 달하는 것으로 나타났다(부산일보, 2008. 3. 21). 이와 유사하게 전국 20개 대학의 대학생 2,000명을 대상으로 한 조사 결과에서도 동거에 대해 참여 대학생들은 '결혼이 전제가 되면 가능하다(41.3%)', '사랑한다면 가능하다(33.0%)' 응답하여 동거에 찬성하는 비율이 74%에 이르는 것으로 드러났다(연합뉴스, 2007. 10. 14).

참고자료 2-2 결혼도 동거도 아닌 '제3의 길' 시민연대협약(PACS)

여성잡지 기자인 마리 루(27)는 2년째 동거 중인 장 마리(33)와의 장래 문제로 고민이 많다. 재무부 공무원이고 가문도 괜찮은 장 마리가 정식결혼을 하고 아이를 갖기를 원하지만 그녀는 확신이 서지 않는다고 한다. 그래서 수차례 다퉜던 이들은 최근 결혼도 동거도 아닌 '제3의 길'을 선택하기로 합의했다. 이른바 '연대민권계약' 줄여서 '팍'(PACS)이라고 부르는 제도가 그것이다.

프랑스에서는 남녀(또는 동성커플)가 동반자 관계를 맺는 데 있어 결혼과 동거 외에 팍이라는 또 다른 방법이 있다. '서류화된 계약결혼' 쯤으로 번역될 팍은 결혼과 동거의 중간 형태인데 결혼보다는 책임이 덜 따르고 동거보다는 강한 유대를 형성한다는 게 특징이다. 성당과 시청에서 혼인식을 두 번 해야 하는 결혼과는 달리 팍은 양자가 서명한 계약서를 법원에 제출하면 부부로서의 효력이 발생한다. 모든 가재도구는 결혼 때처럼 양자의 공유재산이 되고 주택 등의 소유권을 어느 한쪽이 갖길 원하면 팍 계약서에 명기하면 된다. 팍은 또 각종 세제 혜택을 받는 장점이 있다. 과거엔 동거가 개별과세 때문에 절세수단으로 애용되어 왔지만 이제는 세금공제에 상한선이 많이 생겨 별로 유리한 것도 없다.

그러나 프랑스인들이 결혼 대신 동거나 팍을 선택하는 가장 큰 이유는 무엇보다도 헤어질 때를 고려해서다. 프랑스에서 결혼한 부부가 헤어지려면 합의이혼(55%)일지라도 결혼 6개월이 지나야 가능하다. 수속기간만 최소 4개월이 걸린다. 결혼 네 쌍 중 한 쌍이 이혼하는 마당에 "만나면 헤어질 때를 준비한다."는 말이 결코 이상하지 않은 상황이다. 팍은 보따리만 싸면 남남인 동거와는 다르지만 어느 한쪽이 법원에 계약파기서를 제출하고 상대에게 그 사실을 등기우편으로 통지하면 끝이다.

팍은 1999년 11월 도입된 이후 지금까지 약 3만 쌍이 등록했다. 프랑스에서는 지난 한 해 28만 5천 쌍이 결혼했다. 동거부부는 2백 50만 쌍으로 추정된다. 동거보다는 상대방에게 좀더 책임감이 있다는 걸 보여주면서도 결혼으로 완전히 묶이기를 싫어하는 프랑스인들이 찾아낸 해결책이 바로 팍이다.

출처: 중앙일보(2001. 2. 3).

지난 1999년 말부터 건전한 동거문화 창달을 표방하면서 등장한 인터넷 동거사이트는 이후 급속도로 번지면서 현재 수십여 개의 동거사이트가 횡행하고 있어 성과 결혼에 대한 일반인들, 특히 젊은 세대의 가치관이 상당히 변하고 있음을 알 수 있다. 이제 우리 사회에서도 가정을 구성하는 기본개념이 결혼에서부터 점차 다양화되어 가면서 동거가 '또 하나의 가족제도'로 등장하고 있는 것이다.

1) 동거의 유형

동거가 증가하고 있음에도 불구하고 학자들에 의해 사용되는 동거에 대한 정의는 '성(性)이 다른 사람과 결혼하지 않은 상태에서 함께 사는 것'에서부터 '일주일에 4일 이상을 최소한 3개월 이상 이성과 결혼하지 않은 상태에서 침실 또는 침대를 함께 사용할 때', '두 사람의 성(性)이 다른 성인이 결혼을 통해서 자신들의 관계를 공식적으로 확인하지 않고 같은 거주지에서 결혼과 유사한 관계를 유지하면서 살아갈 때'에 이르기까지 다양하지만 일관성이 없다.

동거에 대한 정의가 학자에 따라 다른 것은 동거의 유형이 두 사람이 함께 보내는 시간의 양에서부터 생활 유형, 책임감의 정도에 이르기까지 다양하기 때문이며, 따라서 동거를 하나의 유형으로 보는 데에는 문제가 있다. 동거관계는 두 사람이 동거를 선택한 이유에 따라 최소한 다음의 다섯 가지 유형으로 분류할 수 있다(Macklin, 1986).

첫째, 일시적 편의형(계약에 의한 동거 포함)이 있다. 이 유형의 사람들은 주거를 공유하는 것이 주는 편리함 때문에 동거를 한다.

둘째, 사랑으로 함께 하는 유형은 서로가 함께 있는 것을 즐기고 원하기 때문에 동거를 하며 두 사람이 원하는 동안은 동거가 지속된다.

셋째, 시험결혼 유형으로 확실한 약속을 하기 전에 의도적으로 서로의 관계를 시험해 보는 경우이다.

넷째, 결혼에 대한 일시적인 대안형이다. 두 사람이 결혼을 하기로 약속은 했지만 결혼할 여건이 갖추어질 때까지 일시적으로 동거를 한다.

다섯째, 결혼에 대한 영구적인 대안형이다. 결혼과 유사하게 두 사람이 서로에 대한 장기적인 책임감을 가지고 함께 살지만 전통적인 법적 또는 종교적 결혼 절차를 거치지 않은 경우이다.

이러한 다섯 가지 유형 사이에는 매우 큰 차이점이 존재하기 때문에 학자들은 결혼하지 않은 동거커플을 단순히 하나의 동일한 집단으로 간주해서는 안된다는 데 의견이 일치한다. 동거를 시작하는 두 사람이 동거를 선택한 이유에 있어서 차이를 보이는 경우 좌절과 오해를 불러온다. 따라서 동거를 시작하기 전에 각자는 상대방과 분명하게 동거에 대해서 의논을 하는 것이 좋다.

2) 동거자들의 특성

혼전에 동거를 하는 사람들과 동거를 선택하지 않은 사람들 간에는 차이가 존재할까? 미국의 대학생을 대상으로 동거를 하는 사람과 그렇지 않은 사람들 간에 차이가 있는지를 분석한 맥클린(Mcklin, 1986)은 두 가지 변인, 종교 유무와 개인적인 특성에서 차이가 나타난다고 주장한다. 혼전동거를 선택한 사람들은 종교를 가지고 있지 않거나 교회 참석률이 낮은 것으로 나타났다. 또한 혼전동거를 하는 여학생들은 자신들을 좀더 경쟁적, 공격적, 독립적, 관리적인 것으로 묘사를 하는 반면, 남학생들은 동거를 하지 않는 남학생에 비해 덜 관리적이고, 덜 경쟁적이며, 온정적이고, 정서적으로 자신들을 묘사하였다. 즉, 동거를 하는 사람들은 자신들을 좀더 양성적이며 전통적인 성역할의 특성에서 자유롭다고 생각하였다.

이 두 변수의 차이점이 있음에도 불구하고 맥클린은 동거자들과 비동거자들 간에는 차이점보다는 유사점이 더 많다고 주장한다. 동거를 하는 대학생들은 일반적인 대학생들이며 그들이 동거를 하는 것은 동거라는 관계를 가질 수 있는 기회의 결과라는 것이다. 그러나 맥클린의 연구결과는 연구대상이 대학생이라는 특수집단에 국한된 것으로 모든 동거자들의 특성으로 일반화하기에는 무리가 있다.

울프(Wolf, 1996)는 동거를 선택한 사람들과 결혼을 한 사람들 또는 다른 생활 유형을 선택한 사람들 간에는 다음의 특성에 있어서 차이가 나타난다고 주장한다.

첫째, 사회계층의 차이가 있다. 일반적으로 젊은 전문가 집단에 속하는 사람들이 동거를 하는 것으로 생각하기 쉽지만 실제로 동거자들의 대부분은 학력이 낮거나 저소득층에 속하는 사람이다. 우리나라에서도 저소득층에서 동거가 증가하고 있는데, 저소득층의 20대 커플 사이에서 혼전동거가 쉽게 이루어지는 이유는 방세를 절약할 수 있어 생활비를 줄일 수 있다는 경제적인 이점과 외로움을 덜 수 있는 정서적인 이점 때문이다(김애령, 1987).

둘째, 동거자들은 자신이 한부모일 가능성이 높을 뿐 아니라 한부모가정에서 자라났을 가능성이 높다.

셋째, 동거자들은 비전통적인 성역할을 취하는 경향이 있다. 그러나 동거자들이 남녀평등적인 태도를 가지고 있음에도 불구하고 그들의 실제 행동은 비동거자들과 유사한 것으로 나타난다.

넷째, 동거자들은 결혼 전에 동거를 하지 않고 결혼한 부부에 비해 종교적이지 못한 것으로 나타난다.

3) 동거와 결혼의 차이점과 유사점

동거와 결혼은 어떤 차이점과 유사점이 있을까? 먼저 동거와 결혼의 차이점을 비교해 보자.

첫째, 동거는 결혼보다 일시적이다. 결혼한 부부의 9%가 결혼 2년 내에 갈라서는데 반해 동거자들의 29%가 동거를 시작한 지 2년 내에 헤어지며, 동거자들의 반 이상은 동거를 시작한 지 5년 이내에 결혼을 하거나 헤어져서 동거관계를 끝낸다(Seltzer, 2000).

둘째, 동거가 개인에게 주는 지위는 결혼에서 주어지는 지위와는 상당한 차이가 있다.

① 동거관계 자체나 동거하는 상대방을 부르는 일반적인 용어나 호칭이 없다.

② 약혼이나 결혼과는 달리 동거를 한다는 것이 개인의 생활에 있어서 중요한 지위의 변화로 공식적으로 인정되지 않는다.

③ 동거는 결혼과는 달리 두 사람만의 관계에 국한되며 결혼에서처럼 두 사람의 생가(生家) 사이에 사회적으로 구조화된 관계가 이루어지지 않고, 상대방 가족과의 관계에 있어서 권리와 의무가 무엇인지 모호하다(안병철 · 서동인, 1993).

셋째, 동거를 유지하는 데는 서로에 대한 애정이 중요한 요인인 반면 결혼의 지속은 애정뿐만 아니라 상대방에 대한 책임감이 중요한 요인으로 작용한다.

넷째, 동거는 사랑하는 두 사람의 결합보다는 서로 간의 독립을 근거로 하여 생활이 유지된다.

동거와 결혼 간에 이러한 차이점이 존재함에도 불구하고 유사점 또한 존재한다.

첫째, 동거를 한다고 해서 결혼에 내재하는 헌신과 자유 간의 긴장을 피할 수는 없다. 스콜닉(Skolnick, 1978)은 '만약 싫증과 강제 감정이 결혼이 갖는 위험이라면 불안정과 질투가 동거커플에게 생기는 위험'이라고 주장한다.

둘째, 성별분업은 여전하다. 동거를 함으로써 여성들은 전통적으로 남성들이 누리던 성적 자유를 얻지만 결혼에서와 같은 성별분업은 여전한 것으로 나타난다(안병철·서동인, 1993). 동거를 하는 사람들이 결혼을 한 사람들에 비해 비전통적인 성역할 태도를 가지고 있음에도 불구하고 실제 생활에서 동거자들은 결혼한 사람들과 유사한 성별분업을 하여 여성은 결혼생활에서와 마찬가지로 가사노동을 책임을 지고 수행하고 있는 것으로 보고된다.

셋째, 동거가 지속됨에 따라 결혼한 두 사람에게 일어나는 것과 비슷한 압력이 주어진다. 동거가 지속되면 결혼에서와 마찬가지로 지속적인 일상이 형성되고, 다른 사람들도 두 사람을 한 쌍으로 규명하게 되며, 다른 대안이 감소하게 되어 두 사람은 자신들의 관계로부터 자신을 분리시키는 데 어려움을 느끼게 된다.

넷째, 동거경험이 이혼의 위험을 감소시키지는 않는다. 동거가 가지고 있는 시험결혼의 성격 때문에 동거한 후 결혼하는 사람들은 이혼의 위험이 줄어들 것이라고 생각하기 쉽지만 실제로 스웨덴 정부가 4,300명의 스웨덴 여성들을 대상으로 한 연구에 의하면 동거를 했던 사람들의 이혼율이 동거를 하지 않았던 사람들의 이혼율보다 거의 두 배만큼 높았다(Benett et al., 1988). 미국(Bumpass & Lu, 2000)이나 영국(Berrington & Diamond, 1999)의 연구결과도 결혼 전에 동거를 했던 사람들이 결혼 전에 동거를 하지 않았던 사람들에 비해 별거나 이혼을 하는 비율이 높은 것으로 나타났다. 또한 동거를 했던 사람들이 그러한 경험이 없는 사람들보다 더 나은 결혼생활을 하는 것도 아닌 것으로 나타난다(정옥분, 2000). 5년 이상 동거를 한 커플과 결혼한 부부와 재혼부부를 대상으로 비교 연구를 한 스키너(Skinner, 2002)와 동료들의 연구결과에 의하면 의사소통과 의견 불일치에서는 큰 차이가 없었으나 동거커플의 행복도가 가장 낮은 것으로 나타났다.

4) 동거의 장점과 단점

동거라는 대안적인 생활 형태의 장점과 단점은 무엇일까? 동거의 첫 번째 장점은 편리함이다. 결혼과 같은 복잡한 법적·행정적 절차나 결혼에서와 같은 책임감이 없이도 동거를 시작할 수 있다. 그러나 동거의 이러한 편리함은 후에 법적인 보호를 받을 수 없다는 점 때문에 동시에 동거의 단점이 되기도 한다. 두 번째 장점은 서로를 더 잘 이해할 수 있다는 것이다. 결혼 전에 시험결혼의 형태로서 동거를 선택하는 것도 동거를 통해 서로를 더 잘 이해할 수 있다는 점 때문이다. 즉, 연애와는 다르게 함께 살아가면서 수반되는 여러 가지 문제를 결혼하기 전에 파악할 수 있다. 세 번째 장점은 개인적인 성장의 기회가 된다는 것이다. 동거자들을 대상으로 한 연구들에 의하면 많은 동거자들이 동거를 매우 긍정적인 경험으로 평가하고 동거의 경험이 개인적인 성장과 성숙함을 가져온다고 생각하는 것으로 나타난다 (Macklin, 1986).

반면에 동거의 단점은 동거가 증가하고 있음에도 불구하고 아직도 동거라는 생활양식에 대해 일반인들이 부정적인 고정관념을 가지고 있다는 것이다. 또한 동거 자체가 가지고 있는 관계의 모호성으로 인해 주변의 지원이 부족하며 법적인 보호를 받을 수가 없고, 서로에 대한 책임감의 부족으로 인해 일시적인 관계가 되기 쉽다는 점이다. 따라서 동거를 시작하기 전에 두 사람이 다음과 같은 점들을 고려한다면 동거가 가지는 이점을 충분히 살릴 수 있을 것이다(김시업, 1999; Mckln, 1986).

- 동거 전에 동거의 이유를 두 사람이 충분히 논의한다.
- 동거는 일시적인 기분으로 행해져서는 안된다.
- 동거의 경험에 대해 상호 동의한 현실적인 기대를 가지고 관계를 시작하라.
- 동거를 시작하기 전에 행동원칙을 만들라.
- 높은 정도의 대인관계 기술을 가지라. 상대방에게 자신의 감정을 솔직하게 털어 놓을 수 있고, 상대방을 받아들이고 이해할 수 있는 능력 그리고 상호 간의 문제를 해결할 수 있는 능력을 가져야 한다.

3 혼자 살기: 독신

독신에 대해 어떤 이미지를 가지는지는 세대에 따라 차이가 있다. 40대 이상의 사람들에게 독신은 여전히 히스테리 노처녀, 깐깐한 기숙사 사감, 홀아비 냄새 등 긍정적인 것보다 부정적인 이미지가 더 많지만 젊은 세대들에게 독신은 자유나 능력과 같은 의미로 대별된다. 최근에는 미혼의 능력 있는 여성을 지칭하는 알파걸이나 탄탄한 직장과 경제력을 바탕으로 자기 계발에 투자하고 독신생활을 즐기는 30대 여성을 지칭하는 골드미스와 이에 대응되는 골드미스터(명문대 출신의 고소득 전문직 싱글 남성), 다이아 미스터(30~40대 고학력에 경제적 여유가 뒷받침되는 전문직 남성으로 20대 못지않은 패션 감각까지 갖춘 남성) 등의 신조어가 등장하면서 지금까지 초라했던 싱글의 이미지가 화려한 싱글로 변신하고 있고, 따라서 독신의 삶을 선택하는 사람의 수 또한 계속해서 증가하고 있다. 이 같은 세태를 반영하듯 《화려한 싱글 돌아온 싱글 언젠간 싱글》이라는 책에서 작가는 시대 변화로 인해 원하든 원하지 않든 많은 여성들이 싱글로 살아갈 수밖에 없는 현실을 인정해야 한다고 주장한다. 결혼 중심의 우리 사회에서 독신자들이 사회적 관계 속에서 불이익을 당하는 경우가 많음에도 불구하고 독신의 삶을 선택하는 사람들의 수는 계속해서 증가하고 있다.

소위 결혼적령기라 할 25~29세 여자 중 미혼자 비율은 1995년 29.6%, 2000년 40.1%에서 2005년 59.1%로 증가했다. 2005년에 1인 가구는 317만 가구로 전체 가구의 19.96%에 달하여 2000년에 비해 42.5%나 증가하였다. 독신의 급속한 증가는 인구의 고령화, 미혼율 그리고 이혼율의 상승에 기인한다. 이 중 미혼에 의한 독신의 증가는 여성들이 주도하고 있는데, 2006년 사회통계조사 결과 남성(21.1.%)에 비해 여성(33.6%)이 결혼을 선택으로 생각하는 비율이 더 높은 것에서도 나타나고 있다.

독신을 선택하는 사람들이 증가하면서 독신자들을 위한 온라인·오프라인 모임들이 생겨나고 있으며 소포장 식품, 독신생활 가이드, 1인용 밥솥, 핸디 청소기, 1~2인용 커피메이커처럼 독신을 겨냥한 '개전(個電)제품'까지 나타나고 있다. 또한 독신자들을 위해 기본 가구와 가전제품이 미리 설치되어 있는 퍼니쉬드(furnished) 형태의 독신자형 원룸주택이 인기를 모으고 있다. 개인주의와 여성의 경제적 독립의 증가, 도시화의 경향이 계속될 미래의 사회에서 독신자는 계속 증가할 것으로 보인다.

싱글들을 지칭하는 용어도 미혼(未婚)에서 비혼(非婚)으로 바뀌어야 한다는 주장도 강하게 일고 있다. 미혼은 당연히 해야 할 결혼을 아직 하지 못했다는 뜻을 담고 있는 반면, 비혼은 결혼하지 않은 상태에 있는 모든 성인 남녀를 통칭하기 때문에 비혼이라는 말이 적당하다는 것이다(주간한국, 2001. 5. 10). 비혼에는 결혼을 하지 않은 사람뿐 아니라 이혼자나 사별자, 동거자가 모두 다 포함된다. 비혼자들은 현재 결혼하지 않았다는 점에서 독신으로 볼 수 있으나 결혼경험이 있는 독신자들과 결혼경험이 없는 독신자들 간에는 차이가 있다.

이 장에서는 결혼에 대한 대안적인 생활 유형으로서의 독신에 초점을 두고 있기 때문에 미혼의 독신을 중심으로 살펴보고자 한다.

1) 혼자 살기의 유형

독신은 독신이라는 생활 유형을 자발적으로 선택했는가 또는 얼마나 지속이 가능한가에 따라 네 가지로 분류할 수 있다(장휘숙, 1995).

첫째, 유동적 독신은 자발적으로 독신생활을 선택한 사람들로 현재의 상태가 일시적이라고 생각하여 결혼을 원하고, 학업이나 직업적인 면에서 능동적으로 활동한다.

둘째, 결혼을 원하는 독신은 결혼을 원하며 독신으로서의 현재의 삶의 유형에 만족하지 못하는 사람들이다.

셋째, 영구적 독신은 '독신주의'를 주장하며 영원히 독신을 고수하기로 결정한 사람들로 성직자나 한부모가 포함된다.

넷째는 독신을 후회하는 사람들로 결혼을 원했지만 결혼하지 못한 사람들이다. 이들은 초기에 독신생활이 결혼에 의해 마감될 것을 기대했으나 배우자를 찾지 못함에 따라 결혼적령기가 지나 결혼할 가능성이 희박해져서 독신생활을 받아들이는 나이 많은 독신자들이다. 주로 고학력의 전문직 40대 여성들이 이 유형에 속한다.

이 네 가지 독신의 유형은 영구적인 독신을 제외하고는 모두 결혼을 원하고 있다는 공통점을 가지고 있는데 독신생활에의 만족은 자발적이었는가 아니면 어쩔 수 없는 선택이었는가에 따라 달라진다.

2) 혼자 살기를 선택하는 이유

여전히 결혼이 보편적인 성인생활의 유형으로 여겨지는 사회에서 사람들이 독신을 선택하는 이유는 무엇일까?

첫째, 독신생활에 대한 사회적인 지지가 증가되었기 때문이다. 사회적으로 결혼에 대한 압력이 점차 줄어들고 있고, 이전 세대에 비해 다양한 삶의 유형을 사회가 점차 받아들이고 있기 때문이다. 그러나 사회가 점차 독신이나 결혼 이외의 다른 생활유형을 받아들이고 있음에도 불구하고 우리 사회는 아직 독신 여성에 대해서는 그들이 독신인 이유나 독신 여성으로서의 생활에 대해 이중적인 기준을 가지고 있다.

둘째, 독신생활이 가지고 있는 자유와 자기 삶의 조절 때문이다.

셋째, 결혼생활에 비해 독신생활이 가진 다양한 이점 때문이다.

넷째, 불행한 결혼에서 벗어나고자 하는 사람들과 이혼의 급속한 증가가 사람들로 하여금 독신의 삶을 선택하게 하는 또 다른 이유이다.

3) 혼자 살기의 장점과 단점

혼자 살기를 선택함으로써 얻을 수 있는 장점과 혼자 살아감으로 인해 겪을 수밖에 없는 문제들은 어떤 것들일까?

첫째, 독신의 가장 큰 장점은 자유와 생활방식에서의 융통성이다. "졸리면 자고, 심심하면 놀아. 아! 외롭다. 나 단순하게 살았어." 자유와 외로움이라는 독신의 삶을 강조한 한 광고의 카피처럼 독신은 자유롭게 변화하는 생활을 추구하기가 수월하다. 기혼자들은 배우자나 자녀에 의해 자신의 선택이 영향을 받는데 반해 독신자들은 생활 패턴의 융통성, 직업과 여행의 자유로움을 누릴 수 있다.

둘째, 사회적인 경력을 쌓을 수 있는 기회가 용이하다. 기혼자들이 배우자나 자녀에게 투자하는 시간을 독신자들은 자신의 발전을 위해 투자할 수 있기 때문이다.

참고자료 2-3 이런 경우 당신도 독신이 될 수 있다

다음과 같은 심리적 경향을 가지고 있다면 당신은 분명 독신으로 살 가능성이 높다.

- 이성부모에 대한 미움이나 두려움의 감정이 크다.
- 자라면서 부모의 결혼생활이 불행했다고 느낀 적이 많았다.
- 열등감 때문에 결혼상대자로서 스스로 부적당하다고 여긴다.
- 직장생활에서 이성동료에게 지나친 경쟁의식을 느낀다.
- 자존심이 매우 높아 주변 시선에 너무 예민하다.
- 배우자감을 고르는 기준이 너무 높다.
- 성(性)에 대해 지나친 결벽증이 있다.
- 인생관이 너무 비관적이다.
- 평소 대인관계가 원만하지 못해 소외감을 느끼는 일이 잦다.
- 결혼생활이 자기 발전에 방해가 되거나 손해가 된다고 여긴다.
- 결혼 후 출산이나 육아 같은 책임을 지는 것을 두려워한다.
- 독신으로 사는 것이 훨씬 편하고 자유롭다고 느낀다.
- 해당 사항이 많고 정도가 심할수록 '독신지수'는 높아진다.

결혼을 하지 않고 독신으로 산다고 해서 반드시 '즐거운 독신'을 구가하라는 법은 없다. 대개 다음과 같은 성향을 지닌 이들이 독신을 즐길 수 있는 사람들이다.

- 자기 스스로 사물을 결정하고 단정하는 일이 많다.
- 어느날 갑자기 혼자가 돼도 잘 살아나갈 자신이 있다.
- 남과 다르다는 말을 들으면 기분이 좋다.
- 스스로 잘나고 소중하다고 생각한다.
- 취미가 많다.

여기에 독립심과 자신감 그리고 남을 의식하지 않는 당당함이 있다면 독신생활이 오히려 적성에 맞을 수도 있다.

출처: 조선일보(1997. 11. 11).

셋째, 다양한 이성관계를 가질 수 있다.

앞에 열거된 장점 이외에 독신생활의 장점은 다음의 〈표 2-5〉에 요약되어 있다.

표 2-5 독신으로 남는 이유

독신의 장점	결혼의 제한점
원하는 대로 할 수 있는 자유	배우자나 자녀에 의해 자유가 제한됨
자신에 대해서만 책임짐	배우자나 자녀에 대한 책임감
즉각적인 생활양식	일상적이고 예측가능한 생활양식
자기 충족의 감정	의존적이라고 느낄 수 있는 가능성
원하는 대로 돈을 사용할 수 있음	배우자나 자녀의 필요에 의해 지출이 영향을 받음
자신의 경력에 필요한 대로 이동할 수 있음	경력의 이동성이 제한됨
배우자에 의해 조정되는 것을 피할 수 있음	배우자에 의해 자신이 조정될 수 있는 가능성
이혼의 정서적·재정적 스트레스를 피할 수 있음	이혼의 가능성

출처: Knox, D. & Schacht, D. (1999). Marriage and the Family. Belmont, CA: Wadsworth Publishing Company. p. 14.

이러한 장점을 가진 반면에 독신생활의 부정적인 측면은 네 가지로 볼 수 있다. 첫째, 독신이 구가하는 자유의 대가로 외로움을 경험한다는 것이다. 둘째, 감정적인 애착을 형성할 대상이 없다. 셋째, 독신의 증가에도 불구하고 우리 사회가 부부 중심의 사회이기 때문에 타인, 특히 결혼한 사람과 사회적 관계를 형성하기가 어렵다. 넷째, 독신자에 대한 사회적 태도가 부정적이어서 적응에 대한 문제를 가지게 된다.

4) 당당한 독신으로 살아가기 위한 방법

독신생활이 가지는 단점을 극복하고 '화려한 싱글'로서의 당당한 삶을 살아가기 위해서는 어떻게 해야 할까?

첫째, 자신과 자신이 선택한 삶의 유형에 대해서 긍정적인 사고방식을 갖는다.

둘째, 자립심과 경제력을 갖춘다.

셋째, 친밀한 인간관계와 취미가 있어야 한다. 운동이나 다양한 취미활동을 통해서 사람들과 만날 기회를 넓히는 것은 사회로부터의 고립과 외로움에서 벗어날 수 있고, 긍정적인 자아상 형성에도 도움을 준다. 또한 자신과 비슷한 처지에 있는 독신자들과의 모임은 자신에 대해 긍정적인 사고를 가질 수 있도록 도와준다.

넷째, 노후를 위한 대책을 마련한다. 독신의 경우에는 노후에 자신을 돌보아 줄 배우자나 자녀가 없기 때문에 젊었을 때부터 자신의 노후를 위한 준비를 철저히 하는 것이 중요하다.

결혼, 독신, 동거 중에 어떤 유형의 삶을 선택할 것인가는 개인의 선택에 달려 있다. 이제 우리 사회는 다양화되어 가는 개인의 선택을 인정하고 수용하여 다양한 형태의 가족들이 건강한 삶을 살아갈 수 있도록 사회적 인식을 전환해야 하며, 또 그에 맞추어 사회적 체제를 변화시켜야 할 것이다.

참고자료 2-4 결혼 대신 자기 개발을 선택한 싱글족

지구촌 길 따라 새로운 나를 찾아서…

불과 몇 년 전만 해도 결혼보다 여행을 아이나 남편 생각보다 자기 개발에 목숨을 거는 여자들은 결코 이해받지 못했다. 결혼을 마다한 채 세계 곳곳을 누비는 여성에게는 필시 '역마살이 끼었다.'는 비난이 줄을 이었을 것이다. 그런 그녀들에게도 이제 '해 뜰 날'이 왔다.

혼기 꽉 찬 여자들의 대반란이 어느새 '특이한 사건'을 넘어 하나의 트렌드로 급속히 발전하고 있는 것. 연휴가 장장 열흘에 가까웠던 지난 추석 때도 가족이나 친척과 시간을 보내길 마다하고, 나 홀로 여행을 떠난 여자 싱글족이 적지 않았다. 이 같은 사실은 이제 단순한 화제를 넘어 미혼여성들 사이에 하나의 트렌드로 굳어지고 있다. '차곡차곡 돈 모아 집도 사고, 노후도 대비해야 마땅하다.'는 생각은 단지 일반 대중의 주장일 뿐, 당당한 '싱글 여행족'들에게 이 같은 주장을 강요하는 것은 가당치 않다. 1년에 9개월 이상을 해외에서 여행하는 데 보내고, 나머지 시간엔 그 경험을 바탕으로 책을 쓰거나 또 다른 여행을 계획하는 그녀들. 남자나 결혼, 아이나 아파트 생각은 그녀들에게 여간해선 오지 않을 먼 미래이거나 지긋지긋한 현실일 뿐이다.

지난 1995년 북경에서 어학연수를 받은 것을 계기로 여행에 본격적으로 심취하기 시작한 신선희(35) 씨는 북경에서 2년간의 학업을 마친 뒤 홍콩 내 무역회사에 취업해 2년을 근무했다. 그 시절 일본, 싱가포르, 대만 등 웬만한 아시아 국가들을 돌아다니며 여행을 다닌 그녀는 한국에 돌아와 교사가 된 뒤에도 최소 1년에 두 번 정도 여행을 다니고 있다. "교사는 방학 때 쉴 수 있으니깐 1년에 넉 달 정도는 여행에만 몰두할 수 있어 좋다."며 "여행을 많이 다니다 보니 경비를 상대적으로 적게 쓰는 방법도 알고 있고, 책에 대한 인세에 월급까지 나오니 돈 걱정도 거의 하지 않는다."고 설명했다. 결혼이나 노후대비 자금 마련에 대해서 신 씨는 "아직은 결혼계획이 없지만 그런 걱정은 나중에 해도 늦지 않는다고 생각한다."며 "당장은 내년 여름에 나올 예정인 북경 관련 책을 준비하고 관련 여행계획을 세우느라 정신없다."며 웃었다.

한국 주재 터키 대사관에 근무하다 과감하게 사표를 던지고, 살던 집을 밑천으로 세계여행을 시작한 김남희(36) 씨도 결혼 대신 여행을 택한 '대책 없는 여성'이다. 최근 많은 여성들이 결혼보다는 여행을 다니면서 자기 개발에 열중하고 있는 트렌드에 대해 김 씨는 "우리나라에서는 좋은 대학을 나온 후엔 안정된 직장을 갖고, 훌륭한 남편을 만난 후 아이들과 함께 비싼 아파트에 사는 삶만이 높이 평가되는 등 삶의 방향이 한 가지로 통일되는 경향이 있어 왔다."며 "요즘 젊은 여성들의 자기 개발 문화는 자기 일상을 곰곰히 돌아보고 창의적 방식으로 미래를 설계할 수 있다는 점에서 상당히 고무적"이라고 평했다.

벌써 4년째 걸어서 세계를 여행하고 있는 김 씨는 《소심하고 겁 많고 까탈스러운 여자 혼자 떠나는 걷기 여행》(미래M&B)이라는 제목으로 국내 도보여행, 산티아고, 중국·미얀마 편 등 총 세 권의 책을 출간했다.

이처럼 꽉 찬 혼기에도 불구하고 '나의 길을 가련다'고 외치는 여성들의 '도도한 행보'는 앞으로 더 늘어날 것으로 예상된다. 섣불리 옳고 그름의 잣대를 들이대는 것보다 그녀들의 새로운 비상을 따뜻한 눈빛으로 지켜보는 것은 어떨까. 지금까지 좋은 혼처와 똑똑한 자녀, 비싼 아파트를 가졌느냐의 여부만으로 성공 여부가 평가되어 온 우리네 여성들의 가치를 조금은 새롭고, 쿨한 시각으로 봐야 할 때가 왔으니까…….

출처: 헤럴드경제(2006. 11. 11).

요 약

결혼에 대한 가치관이 변화하면서 전통적인 삶의 양식에서 벗어난 다양한 성인생활의 양식들이 나타나고 있다. 결혼이 더이상 '필수'가 아닌 '선택'으로 자리 잡으면서 젊은 세대들 사이에서는 동거나 독신을 선택하는 사람들이 늘고 있고 선택의 책임은 개인에게 달려 있다.

사람들이 결혼을 선택하는 이유는 사랑의 실현, 동료애, 부모됨, 정서적·경제적 안정감, 성적 욕구의 충족, 성인으로서의 신분 획득, 사회적 기대의 부합과 같이 다양한 동기가 있으며, 이러한 이유들은 또한 동거나 독신에 비해 결혼이 가질 수 있는 장점이 된다. 결혼과 결혼생활은 틀리며, 결혼에 대한 환상에서 벗어나 행복한 결혼을 영위하기 위해서는 두 사람이 결혼 전에 결혼에 대한 철저한 준비를 해야 한다. 결혼 후에는 독신의 사고에서 탈피하여 공동의 관계를 중심으로 생활을 영위하고 평등한 결혼에서 요구되는 역할을 인식하고 수용해야 한다.

혼전동거가 확산되면서 이제 동거는 '또 하나의 가족제도'로 등장하고 있는데, 동거는 동거를 선택한 이유에 따라 일시적 편의형, 사랑으로 함께하는 유형, 시험결혼유형, 결혼에 대한 일시적 대안형, 결혼에 대한 영구적 대안형으로 분류된다. 동거는 결혼에 비해 일시적이고 동거를 통해 얻는 지위는 결혼에서의 지위와는 상당한 차이가 있지만 동거를 한다고 해서 결혼에 내재하는 헌신과 자유 간의 긴장을 피할 수는 없으며, 성별분업은 여전하고, 동거의 경험이 이혼의 위험을 감소시키지는 않는다. 동거는 결혼에 비해 편리하고, 자유와 자율을 누릴 수 있지만 동거에 대한 고정관념과 관계의 모호성, 법적인 보호를 받을 수 없다는 점으로 인해 일시적인 관계가 되기 쉽다.

독신생활에 대한 사회적인 지지가 증가하고 독신생활이 가지고 있는 자유와 자기 삶의 조절 등으로 인해 여성들을 중심으로 독신이 급속하게 증가하고 있다. 독신은 유동적 독신, 결혼을 원하는 독신, 영구적 독신, 독신을 후회하는 독신으로 분류할 수 있다. 독신의 장점은 자유와 생활방식에서의 융통성, 사회적 경력 추구의 용이성, 다양한 이성관계를 가질 수 있다는 점 등이다. 반면 부정적인 측면은 외로움, 감정적 애착의 대상이 없음, 부부 중심의 사회에서 사회적 관계 형성의 어려움 등이지만 자신의 삶의 유형에 긍정적인 사고방식을 가지고 자립심과 경제력을 갖추고, 친밀한 인간관계와 취미, 노후를 위한 대책을 마련한다면 당당한 독신으로 살아갈 수 있다.

어떤 삶의 유형을 선택할 것인가는 개인의 선택이며 선택에 앞서 각각의 생활 유형이 가진 특성과 장단점을 살펴볼 필요가 있고 사회는 다양화되어 가는 삶의 유형을 인정하고 수용해야 한다.

연구과제

1 '독신자'나 '동거자'라는 말을 들었을 때 머릿속에 떠오르는 이미지를 기술한 후 그 이미지가 독신자나 동거자의 실체에 얼마나 부합되는지 알아보자.

2 성인 삶의 세 가지 유형의 장점과 단점을 비교하고 어떤 생활 유형이 가장 매력이 있는지를 논의해 보자.

3 성인이 자신의 생활 유형을 선택함에 있어서 가장 중요하게 고려해야 할 것이 무엇인지를 토론해 보자.

참 / 고 / 문 / 헌

고정자(1999). 오늘날의 결혼과 가족. 서울: 형설출판사.

김시업(1999). 결혼과 가정. 서울: 학지사.

김애령(1987). 노동가족의 생계유지와 여성노동에 관한 연구. 이화여자대학교 석사학위논문.

동아일보(1999. 1. 14).

동아일보(1999. 1. 18).

동아일보(2000. 3. 13).

동아일보(2001. 3. 6).

부산일보(2008. 3. 21).

변화순(1997). 이혼가족을 위한 대책연구. 한국여성개발원.

안병철 · 서동인 역(1993). 가족사회학. 서울: 을유문화사.

연합뉴스 (2007. 10. 14).

유영주 · 김경신 · 김순옥(1996). 가족관계학. 경기: 교문사..

이수식 · 장미옥 · 진복선 편역(1996). 생활 속의 적응. 경기: 양서원.

장휘숙(1995). 가족심리학. 서울: 박영사.

정옥분(2000). 성인발달의 이해. 서울: 학지사.

정현숙 · 서동인(1997). 편모가족의 청소년 자녀가 지각한 가족자원 및 심리적적응. 아동학회지, 18, 163-176.

정현숙 · 최연실 · 유계숙(1998). 결혼학개론. 서울: 상명대학교 출판부.

조선일보(1997. 1. 1).

주간한국 1872호(2001. 5. 10).

중앙일보(2000. 4. 20).

중앙일보(2001. 2. 3).

통계청(2008). 2007년 혼인통계 결과(http://www.kosis.kr).

헤럴드경제(2006. 11. 11).

Bennet, n. G., Ann Klimas Blanc & David E. Bloom(1988). Commitment and the modern union: Assessing the link between premarital cohabitation and subsequent marital stability. *American Sociological Review*. 52, 127-138.

Bowman, H. A., & Spanier, G. B.(1978). Modern Marriage, N.Y.: McGgraw Hill Book

Company.

Knox, D., & Schacht, D.(1999). *Marriage and the Family*. Belmont. CA: Wadsworth Publishing Co.

Mcklin, E. D.(1986). Nonmarital heterosexual cohabitation. Skolnick A. S., & Skolnick, J. H. (Eds.), *Family in Transition*. pp. 210-230. Boston, MA: Little, Brown and Company.

Seltzer, J. A.(2000). Families formed outside of marriage. *Journal of Marriage and the Family*, 62, 1247-1268.

Skinner, C. B, Bahr, S. J, Crane, D. R, & Call, V. R. A.(2002). Cohabitation, marriage, and remarriage: A comparison of relationship quality over time. Journal of Family Issues, 23, pp. 74-90.

Skolnick, A.(1978) The intimate environment: Exploring marriage and the family. Boston, MA: Little, Brown and Company.

Sprecher, S., & Femlee, D.(1993). Conflict, love and other relationship dimensions for indivisuals in dissolving, stable, and growing premarital relationship. *Free Inquiry Creative Sociology*, 21, 15-125.

Wolf, R.(1996). *Marriages and Families in a Diverse Society*. New York. N.Y.: Harper Collins College Publishers.

U.S. Bureau of Census(2008). http://www.census.gov.

3장

여성다움과 남성다움

공 미 혜

남성성과 여성성이 우리의 삶에 미친 영향을 살펴봄으로써 우리는 우리 자신에 대해 더 배울 수 있게 된다. 즉, 우리가 어떻게 이 자리에 있는지를 알 수 있으며, 미래를 위해 무엇을 고려해야 하는지를 알 수 있게 된다. 그러나 우리의 지식은 더 확장될 수도 있다. 우리는 이러한 지식을 바탕으로 우리의 삶을 통제할 수 있는 능력을 지니게 되고 따라서 미래를 위한 방향을 설정할 수 있게 된다.

Barbara L. Forisha.

1 성차는 운명적인가

여성과 남성은 분명히 다른 신체조건을 가지고 태어난다. 이렇게 다른 신체조건에 의해 여성성과 남성성에 대한 개념도 전통적으로 이분화되고 있으며 한쪽 성에 적합하다는 가정에서 비롯되고 있다. 인간의 행동이나 태도가 여성성이나 남성성으로 이분화되는 현상은 실제의 성별 특성에 기인한다기보다는 그래야 한다는 믿음에 의거하고 있다. 그럼에도 불구하고 이 여성성·남성성 개념은 우리의 삶에 지대한 영향을 미치고 있으며, 자신의 성별에 적합한 기대치, 즉 남성이 해야 할 일과 여성이 해야 할 일 등을 충족하지 못했을 때는 뭔가 잘못된 것으로 생각하는 경향이 있다. 성역할 고정관념에 따르면 여성성은 부드럽고 남을 잘 돌봐주며 순종적인 특성을 지닌다. 이런 특성 때문에 여성적인 사람은 가정일에 적합하며 남에게 봉사하는 데서 기쁨을 느끼는 것으로 생각되고 있다. 그러나 한편 여성적인 사람은 감정적이고 논리적이지 못하며 의존적이므로 성취지향적인 사회활동에 부적합한 것으로 보이기도 한다.

이와 반대로 남성성은 공격적이며 독립적이고 적극성과 활동성을 지니기 때문에 문제해결에 적합한 특성이며, 따라서 이 특성을 지닌 사람은 강한 지도력을 지닌 것으로 생각된다. 한편 남성성의 부정적인 측면으로는 감정 표현이 서툴고 거칠며 다른 사람의 입장을 고려하지 않는다는 점이다. 앞에서와 같이 여성성과 연관된 일련의 특성을 '표현적'(expressive) 특성이라고 하며, 남성성과 연관된 것을 '도구적'(instrumental) 특성이라고 지칭한다. 이러한 개념은 전통적으로 여성에게는 가정일이 알맞으며 남성에게는 사회활동이 어울린다는 믿음체계를 강화시키고 남녀 간 역할 분리는 사회존속에 필수적인 요소라는 점을 정당화한다. 즉, 가정 일과 인간관계에 미숙한 남성은 그런 일에 익숙한 여성의 서비스에 의존하게 되고, 반대로 사회활동에 부적합한 여성은 남성의 재정적 지원과 보호를 필요로 하게 된다. 과연 그런가?

이전부터 많은 연구자들은 여성과 남성에 관련된 일련의 특성과 그 원인을 밝히고자 노력하였다. 그러나 이전의 연구결과는 여성과 남성의 차이점을 부각시키는 데 주력했다는 점을 간과해서는 안된다. 실제 여성과 남성은 다른 점보다는 같은 점이 더 많은 것으로 나타났으며, 성별집단의 차이보다는 개인별 차이가 더 분명하다는 것이 드러났다. 예를 들어 2,000여 편의 연구결과를 분석한 맥코비(Maccoby)와 잭클린(Jacklin, 1974)의 주장에 의하면 여성과 남성에게 적용되는 성역할 고정관념은 사실이 아니라 신화에 가깝고, 다음과 같이 오직 세 가지 인지영역과 한 가지 인성영역에서 성차가 발견되었다는 것이다.

우선 첫 번째로 여성은 언어능력 시험에서 남성을 능가하였으며 두 번째, 남성은 수학능력 시험에서 여성보다 나은 성적을 받은 것으로 나타났는데 이는 최근 교육영역에 따른 성차이를 연구한 결과(정경아, 2007)에서도 여전히 입증되고 있다. 그러나 이런 차이도 청소년기 이후에나 나타났다. 세 번째, 청소년과 성인 남성이 시공간적 능력에서 여성보다 나은 성적을 보였다. 마지막으로 인성영역에서는 남성이 여성보다 신체적·언어적 공격성이 높았다. 그러나 다른 연구에 의하면(Oakley, 1973), 여성이 남성보다 더 언어적 공격성을 나타냈다고 지적한다.

성차에 관한 선행연구를 검토한 다른 연구자는 남성과 여성에게 있어서 가장 큰 차이는 관심과 가치관에 있다고 밝혔다(Stewart, 1976). 스튜어트(Stewart, 1976)는 이러한 차이가 내재적인 요인(즉, 출생 시의 차이) 탓인지, 아니면 주변 환경에서 비롯된 경험의 차이 탓인지 분명하지는 않지만 분명한 차이가 있다고 주장한다.

남성은 과학, 기술, 정치, 스포츠, 모험 등에 관심을 보이는 반면 여성은 문학, 음악, 미술, 사회관계 등에 더 흥미를 보인다고 한다. 또한 가치관에 있어서도 남성은 정치, 경제적인 가치에 중점을 두는 반면 여성은 사회, 종교, 예술적 가치를 더 중요하게 여긴다.

한편 우리 사회에서 이루어진 연구에서도 성차를 입증할 만한 충분한 근거가 미약하다는 것을 다음과 같이 밝히고 있다(주은희, 1998). 우선 여성이 남성보다 사회적이며 대인관계 지향적이라는 점은 지나친 단순화의 결과이다. 사회성에 있어서 남녀간 차이는 그 정도보다는 양상에 있다고 볼 수 있다. 첫째, 남성은 비교적 규모가 큰 집단과 잘 어울리는 반면 여성은 소수의 인원과 관계를 유지하는 성향이 있다. 둘째, 여성이 남성보다 더 동조적이라는 통념도 사실이 아니다. 여성뿐만 아니라 남성도 지식과 경험이 풍부한 분야에서는 동조하는 경향이 낮아지는 것으로 밝혀졌다. 셋째, 여성이 남성보다 자존심이 낮다는 것도 잘못된 통념 중의 하나이다.

전반적으로 여성과 남성의 자아만족감에는 차이가 나타나지 않으나 자신감을 느끼는 분야가 조금 다른 것으로 드러났다. 여성은 사회적 능력에서 스스로 우수하다고 느끼는 반면 남성은 신체적 우세와 지배성에 자신감을 나타냈다.

마지막으로 여성이 남성보다 성취동기가 부족하다는 통념도 사실이 아니다. 오히려 중립적인 조건에서는 여아가 남아보다 더 성취하려는 의도가 높게 나타났다. 물론 여성과 남성의 차이를 규명할 수 있는 부가적인 연구가 더 세밀하게 이루어져야 하지만, 많은 학자들은 만일 자녀양육 태도와 가족 유형이 바뀌게 되면 앞에서 언급한 남녀 간의 차이조차도 더이상 존재하지 않게 될 것이라는 점에 동의하고 있다(Forisha, 1977).

참고자료 3-1 용어의 정리

- 성 또는 성별(gender)은 사회문화적인 과정에서 형성된 남녀 간의 구분을 말한다. 이에 반해 신체적인 차이에 근거한 성별을 지칭하는 용어로 섹스(sex)가 쓰이고 있으나 1995년 제4차 북경여성대회에서 성별 구분을 나타내는 개념으로 사회문화적인 성을 의미하는 젠더(gender)를 더 적합한 용어로 합의하여 그 이후 보편적으로 사용하고 있다.
- 성정체감(gender identity)은 자신의 성별을 여성 또는 남성으로 인식하는 것을 의미하는 것으로 대개 일생 동안 변하지 않는다.
- 성역할(gender-role)은 여성과 남성에게 적합하다고 생각되는 행동, 특성, 태도, 작업과제 등을 규정하는 것을 의미한다. 여성에게 적합하다고 생각되는 성역할은 여성성(femininity)으로 남성에게 적합하다고 생각되는 성역할은 남성성(masculinity)으로 지칭된다.
- 성역할 정체감(gender-role identity)은 전통적으로 여성과 남성에게 주어진 성역할을 습득하여 내면화하는 정도를 말하는 것으로 반드시 여성이 여성성을 그리고 남성이 남성성을 나타내지는 않는다.
- 성정형화된 정체감(gender typed identity)은 전통적으로 여성과 남성에게 적합하다고 생각되는 행위, 태도, 가치관 등을 습득하여 내면화하는 것을 말한다.
- 성역할 사회화(gender-role socialization)는 여성과 남성에게 적합하다고 생각되는 행동, 특성, 태도, 작업과제 등을 습득하는 과정을 말하는 것으로 가족, 교사, 친구, 매스미디어 등에 의해 촉진된다.
- 성역할 고정관념(gender-role stereotype)은 전통적으로 여성과 남성에게 주어진 성역할을 올바른 것으로 생각하는 믿음체계를 말한다.

다음의 〈참고자료 3-2〉와 〈참고자료 3-3〉은 성차별에 관한 태도와 여성성·남성성을 간단하게 진단하도록 만든 측정표이다. 실제로 자신의 점수를 계산해 보면 흥미로운 결과를 발견할 수도 있다.

참고자료 3-2 성차별에 관한 태도측정표

다음 문장을 읽고 자신의 의견을 가장 잘 나타낸 곳에 ○표를 하시오

	매우 그렇다	다소 그렇다	모르겠다	다소 그렇지 않다	전혀 그렇지 않다
1. 여성은 남성보다 더 호르몬에 제약을 받는다.	1	2	3	4	5
2. 여성은 남성보다 덜 합리적인 경향이 있다.	1	2	3	4	5
3. 남성은 여성보다 기계를 더 잘 다룬다.	1	2	3	4	5
4. 여성은 남성보다 남의 이야기를 더 잘한다.	1	2	3	4	5
5. 남성은 여성보다 직장에서 일을 더 잘한다.	1	2	3	4	5
6. 여성은 다른 역할보다 가족돌보기를 더 잘한다.	1	2	3	4	5
7. 여성은 결혼해서는 남편의 성을 따라야 한다.	1	2	3	4	5
8. 남성은 지나칠 정도로 독립적이고 직업지향적이다.	1	2	3	4	5
9. 여성은 생각을 많이 하고 말은 적게 해야 한다.	1	2	3	4	5
10. 여성은 직장에서보다 가정에서 더 큰 만족을 느낄 것이다.	1	2	3	4	5

〈점수 계산〉

자신이 ○표한 수를 더하시오. 합계점수가 높을수록 평등주의자이며 점수가 낮을수록 성차별주의자입니다. 30점은 그 중간 점에 해당합니다.

출처: 김정옥(1996). 결혼과 가족. 학지사. pp. 109-110.

참고자료 3-3 여성성 · 남성성에 관한 측정표

다음에는 여러 가지 성격 특성들이 적혀 있습니다. 각 성격 특성이 자신의 성격을 얼마나 잘 반영하고 있는가를 1에서 5까지의 척도로 응답해 주시기 바랍니다.

	전혀 나의 성격과 같지 않다	대체로 나의 성격과 같지 않다	어느 정도 나의 성격과 같다	대체로 나의 성격과 같다	거의 나의 성격과 같다
1. 공격적인	1	2	3	4	5
2. 이해성 있는	1	2	3	4	5
3. 도움을 주는	1	2	3	4	5
4. 결단력 있는	1	2	3	4	5
5. 양육적인	1	2	3	4	5
6. 행복한	1	2	3	4	5
7. 위험을 무릅쓰는	1	2	3	4	5
8. 수줍은	1	2	3	4	5
9. 조직적이지 않은	1	2	3	4	5
10. 강한	1	2	3	4	5
11. 자애로운	1	2	3	4	5
12. 진심어린	1	2	3	4	5
13. 주장이 강한	1	2	3	4	5
14. 부드러운	1	2	3	4	5
15. 변덕스러운	1	2	3	4	5
16. 지배적인	1	2	3	4	5
17. 인정이 있는	1	2	3	4	5
18. 예측할 수 없는	1	2	3	4	5
19. 독립적인	1	2	3	4	5
20. 동정심 있는	1	2	3	4	5
21. 믿음직한	1	2	3	4	5

〈점수 계산〉 여성성 점수: (　　　　)점 2, 5, 8, 11, 14, 17, 20
남성성 점수: (　　　　)점 1, 4, 7, 10, 13, 16, 19
양성성 점수: (　　　　)점 3, 6, 9, 12, 15, 18, 21

출처: Strong, B. & DeVault, C. (1992). The Marriage and Family Experience. West Pub. Co. p. 113.

2 성역할의 기원을 설명하는 이론

앞에서 언급한 것처럼 사실 남녀 간에는 차이점보다는 같은 점이 더 많다. 그럼에도 불구하고 차이를 자연스럽게 생각하고 끊임없이 강조하기 때문에 지나치게 차이에 매달리게 된다. 그래서 성역할의 기원을 밝히려고 노력했던 수많은 학자들도 왜 이러한 차이가 생기게 되었는가에 대한 의문에서 연구를 시작하고 있다. 이에 대한 학문적 접근은 크게 본성(natuue) 대 양육(nurture) 논쟁으로 압축될 수 있다.

1) 본성론

우선 성역할의 차이가 본성에 기인한다고 보는 학자들은 여성과 남성의 신체적 차이를 강조한다. 물론 여성과 남성은 신체구조도 다를 뿐 아니라 호르몬과 염색체 구성도 다르다. 이런 성별 생물학적 차이로부터 'anatomy is destiny(해부학이 운명이다.).'라는 명제를 제도화한 대표적인 학자는 프로이트(Freud)와 파슨스(Parsons)가 있다.

프로이트는 현대 심리학에 지대한 영향을 미친 정신분석학자로서 인간의 잠재된 무의식에 대한 분석을 체계화하였다. 그는 어린아이가 6세를 전후하여 겪는 성적 욕망과 그로 인한 정서적 반응(남아일 경우 오이디푸스 콤플렉스, 여아인 경우 엘렉트라 콤플렉스)이 성인기의 성격 특성을 결정할 뿐 아니라 남성에게 우월성을 부여한다고 주장하였다. 즉, 여성은 신체적으로 열등한(남근이 없는 불완전한 남성) 인간이므로 심리학적으로도 열등한 존재라는 것이다.

기능주의 사회학자인 파슨스도 남성의 도구적 기능(일하는 능력)과 여성의 표현적 기능(느끼는 능력)이 가족과 사회를 유지하는데 적합할 뿐 아니라 신체적으로 타고난다고 강조하였다. 따라서 남성은 밖에서 돈벌이를 하고 여성은 집에서 아이를 돌보는 것이 가장 적합하고 바람직한 역할이라고 보았다.

그러나 이러한 생물학적 차이에 근거한 논쟁은 증거도 부족할 뿐 아니라 양육환경을 간과한 것으로 비판받고 있다. 성별 간 생물학적 차이가 성별행동이나 특성의 차이를 이끌어 낸다고 결론 내리는 것은 매우 위험한 일이다. 특히 이러한 차이가 어느 한쪽 성의 우수성이나 지배를 자연스럽게 여기도록 만든다면 더욱 그렇다.

2) 양육론

인간의 성역할 행동을 결정하는 것은 본성이 아니라 양육의 결과로 보는 학자들은 사회문화적인 요인을 강조한다. 이들은 문화권에 따라 다양한 성역할 행동이 나타난다는 점과 전체 사회의 유지에 적합하다고 보았던 기능적 성역할이 사실은 인간의 잠재력을 저해하고 심리적으로나 육체적으로 질병을 초래한다는 점 등을 들어 생물학적 논의를 반박하였다. 성역할 기원에 대한 사회문화적 접근의 대표적인 학자는 미드(Margaret Mead)와 해커(Hacker) 등이다.

미드(Mead)는 1935년 쓰여진 《세 원시부족의 성과 기질(Sex and Temperament in Three Primitive Societies)》이라는 책에서 뉴 기니(New Guinea) 세 부족의 성역할을 기술하고 있는데, 아라페시(Arapesh)족은 남성과 여성 모두 여성적인 특성, 반대로 문두가모(Mundugamor)족은 양쪽 성 모두 남성적인 기질, 참불리(Tchambuli)족의 경우 여성은 남성적인 성역할을 보였다는 것이다. 결론에서 그녀는 여성적 또는 남성적이라고 여겨지는 특성은 실은 성차와 별로 관련이 없으며 오히려 사회환경과 조건에 의해 결정된다고 주장하였다.

그보다는 좀더 최근에 해커(1973)에 의하면 여성이 경제활동에 참여하면서 남성적인 기질과 특성을 지니도록 자극받는 것에 반해, 남성이 여성적 특성이나 기능을 보이는 것을 기대하지 않고 있기 때문에 여성과 남성 모두 남성화되고 있다고 지적하였다. 따라서 여성과 남성 모두 양성성을 지니기보다는 전통적인 여성성의 장점을 잃고 있다는 것이다. 이와 같이 대부분의 사회학자와 여성학자들은 성차의 양육적인 측면을 강조하고 있으나 그렇다고 생물학적인 면을 전적으로 부정할 수는 없다. 따라서 양성의 차이는 생물학적 구조와 환경 간의 상호작용에 의해 이루어지는 것으로 보고 있다. 이와 관련된 몇 가지 결론을 요약하면 다음과 같다(Forisha, 1978).

첫째, 여성과 남성은 호르몬과 같은 생물학적 차이에 의해 영향을 받는다. 그러나 호르몬에 있어서 차이는 성별보다 같은 성별 내 개인차가 더 크다.

둘째, 성차에 있어서 문화적인 영향을 지나치게 강조하면 성별 특정 행동의 생물학적인 면이 무시될 수 있다. 예를 들어 앞서 제시한 세 부족에 관한 연구에서 밝혀진 바와 같이 그 사회의 행동양식이나 규범을 수용하는 사회화 과정만 강조하게 되면 생물학적 측면은 지나치게 된다는 것이다.

셋째, 사회문화적 요인에 따라 인간행동이 다양하게 나타난다는 점을 반드시 고려해야 한다. 동물의 행동으로 인간의 행동을 유추하거나 한 문화권에서의 인간행동을 일반화하는 것은 바로 인간의 다양성을 무시하는 처사이다.

넷째, 많은 사람들에게 전통적인 성역할의 강요는 질병과 스트레스를 유발하는 역기능적인 것임을 잊지 말아야 한다. 따라서 전통적인 성역할은 모든 여성이나 남성들에게 자연스럽거나 조화로운 것이 될 수 없다.

다섯째, 현재 우리 사회에서 여성과 남성이 똑같은 양식으로 양육되는 것은 아니므로 인간행동에 있어서 생물학적 또는 문화적 영향 중에서 어떤 것이 더 큰 것인지는 가늠할 수 없다.

3 성역할 사회화

1) 성역할 사회화 이론

성역할이 생물학적 영향을 받고 있다는 것을 부정할 수는 없으나 성역할의 내용을 보면 사회적으로 구성된 부분이 많이 있으며 사회화를 통해 이를 취득하게 된다. 사회화(socialization)는 사회구성원이 그 사회의 행동양식, 규범, 가치, 태도 등을 습득하는 과정을 말한다. 성역할이 사회화에 의해 각 개인에게 적용되는 과정을 설명하는 모델은 사회학습 모델(the social-learning model)과 인지발달 모델(the cognitive-development model) 두 가지로 분류될 수 있다.

사회학습 모델에 의하면 아동은 관찰, 모방, 상벌 등에 의해 성정형화된 행동을 학습한다는 것이다. 남아는 아버지의 행동, 여아는 어머니의 행동을 그대로 따라하도록 격려받으며 그런 행동을 함으로써 칭찬을 받게 된다. 이 모델은 유년기 초부터 여아와 남아가 자기에게 적합한 행동을 배우게 되고 이렇게 정형화된 행동은 변경되기 어렵다고 본다. 같은 성의 부모를 모방하는 과정을 통해 아동은 부모와 사회가 기대하는 행동을 자연스럽게 배우게 된다(Bandura, 1977).

반면 인지발달 모델에 의하면 아동의 성정체감이나 성역할은 다른 사람에 의해 직접적으로 학습되는 것이 아니라 아동 자신의 경험에 의해 구조화된다고 보고 있다. 이 모델을 제안한 콜버그(Kohlberg, 1966)는 아동의 성역할 획득과정을 세 단계로 구분하여 설명하고 있다.

- 1단계: 아동이 기초적인 성정체감을 형성하는 단계이다(약 3세경).
- 2단계: 성안정성 단계로 아동이 자신의 성정체감을 수용한다(4~5세경).
- 3단계: 성항상성 단계로 외모나 활동에 의해 성별이 변하지 않는다는 것을 인식하는 단계이다(6~7세경).

이 두 모델은 나름대로 아동이 성역할을 확립하는 과정을 설명하고 있지만 부모-자녀 간 상호작용을 입증할 만한 뚜렷한 증거자료가 미약하고 오직 성역할 고정관념의 형성과정만 강조하고 있다는 비판을 받고 있다(주은희, 1998).

2) 성역할 사회화에 영향을 주는 요인

성역할의 많은 부분은 타고나는 것이 아니라 사회화에 의해 획득된다는 관점이 지지를 받고 있다. 따라서 성역할은 사회문화적 요인에 의해 영향을 받으며 변화하기도 한다. 현재 우리 사회는 남녀 간 평등을 위해 여러모로 모색하고 있지만 여전히 각종 사회제도나 대중매체는 고정된 성역할을 강화시키는 역할을 하고 있다. 여기서는 성역할 사회화를 강화하는 가족, 학교와 같은 사회제도와 서적, 대중매체를 중심으로 살펴보도록 하겠다.

(1) 가족

가족은 아동이 태어나는 순간부터 그 사회의 가치와 규범을 전수받는 일차적인 장소이다. 부모는 자녀의 성별에 따른 다른 기대치와 태도, 행동을 보임으로써 자녀를 다르게 취급하고 사회화시킨다. 우선 아이의 성별에 따라 유아복의 색깔과 모양이 변한다. 여아의 경우 주로 분홍색의 예쁘고 주름이 많은 귀여운 옷과 아기용품이 사용되는 반면, 남아의 경우 하늘색의 단정하고 간단한 옷과 용품을 많이 사용한다. 이는 아이의 활동과는 관계없이 가족을 비롯한 주위 사람들이 아이의 성별을 어떻게 인식하고 또 기대하고 있는가를 반영한다. 남아는 좀더 적극적이고 활동적인 측면을 여아는 수동적이나 귀엽고 예쁜 모습을 사람들이 기대하기 때문이다. 이름 또한 마찬가지이다. 여아는 지은, 수정, 미영 등 주로 예쁘고 부르기 쉬운 이름을 짓는 데 반해, 남아는 훨씬 다양하고 독특한 형태의 이름을 짓는 경우가 많다.

성별에 따라 부모가 기대하는 교육의 목적도 다르다. 아들의 경우 교육을 통해 '인격과 교양획득' 외에 좋은 직장을 기대하고 있지만, 딸의 경우는 '인격과 교양획득' 다음으로 '결혼과 친구관계'를 지적하고 있어서 여전히 남성=직장, 여성=결혼(가정)으로 대비되는 성별 기대치를 반영하고 있다(주은희, 1993). 〈참고자료 3-4〉의 만화에서도 이러한 경향을 극명하게 보여주고 있다.

이렇듯 부모의 양육태도와 행동에 의해 전통적인 성역할이 알게 모르게 자녀에게 전달되는 또 다른 방식으로는 성별에 따른 장난감의 선택이 있다. 대개 여아는 집에서 어머니가 하는 행동을 모방하도록 기대된다. 즉, 어머니가 집에서 밥하고 빨래하고 집안 청소와 아이를 돌보는 행동은 여아의 장난감에도 그대로 적용된다. 그래서 여아가 주로 가지고 노는 장난감은 인형, 소꿉놀이 기구, 화장품 등이고 주로 집 안에서 놀이가 이루어진다. 한 연구에 의하면 여아가 인형과 보내는 시간이 어머니가 아이와 보내는 시간보다 더 길다고 한다(Richardson, 1980). 이런 인형놀이는 말할 것도 없이 여아에게 엄마역할을 자연스럽게 강화하는 기회를 제공한다.

한편 부모는 남아에게 보다 적극적이고 활발한 행동을 기대하고 장려한다. 그런 만큼 남아에게 주어지는 장난감도 자동차, 비행기, 공, 블록쌓기 등으로 동적이고 생각을 필요로 하는 것들이 주류를 이룬다. 남아는 이런 장난감을 가지고 놀면서

참고자료 3-4

가족 내에서 이루어지는 성역할 사회화의 사례

출처: 우리 장모님, 박수동(1997), 까치.

장래 자기가 해야 할 일을 준비하게 된다. 물론 이들 남아가 주로 노는 공간은 집 밖이며 아버지의 역할을 모방하게 된다.

이와 같이 어른이 고안한 장난감의 세계도 분명하게 분리된 성별을 반영한다. 성별로 분리된 사회화의 과정은 남아에게 더욱 엄격하게 적용되는 경향이 있다. 예를 들어 남아는 전통적으로 여아의 놀이로 생각되는 인형놀이나 소꿉놀이를 하는 것을 매우 부자연스럽게 여긴다. 여기에는 이런 놀이에 대한 주위 어른들의 편견과 밀접한 연관이 있다. 어른들은 남아가 그런 놀이를 하는 경우 성정체성의 위기로 생각하는 경향이 있다. 전반적으로 사람들은 남아가 훨씬 공격적이고 싸움을 잘한다고 평가하며 이를 북돋우는 장난감을 제공한다. 심지어는 정신과 의사들조차도 남아의 공격적인 성향을 억압하게 되면 이들이 수동적이고 부끄러움을 많이 타는 '계집애 같은' 특성을 지니거나 동성애자가 된다고 우려한다. 따라서 조용하고 활발하지 않은 남아는 문제아로 간주되고, 여아의 놀이를 하면 웃음거리가 된다(McGhee and Grodzitsky, 1973).

(2) 학교

현대사회에서 우리는 오랜 기간을 공식적인 교육을 받게 된다. 학교는 부모 외의 다른 성인에 의해 합법적인 사회화가 일어나는 장소이다. 그런 만큼 부모는 학교를 중요한 제도로 인정하고 아동에게 그 중요성을 강조한다. 학령기가 되면서 아동의 시간은 학교 교육을 중심으로 짜여지게 된다. 학교 수업에 맞추어 아침에 일어나고, 수업이 끝난 후에는 숙제나 과제물을 챙겨야 되며, 학년에 따른 과외활동을 선택한다. 대부분의 부모들은 학교의 합법적인 교육과정 개정과 훈련, 교육목표 등에 동조하고 자녀를 맡긴다. 7차 교육과정기를 거치면서 그 정도는 약해졌지만 초・중등학교 교육과정에는 여전히 성차별적인 직업관이나 역할, 태도, 행동이 많이 반영되고 있다.

최근 정경아(2007)가 연구한 바에 의하면 초・중등학교 교과서에 나타난 등장인물을 분석한 결과 여성 비율은 50%에 근접하고 있으나 주인공 비율에서 남성이 여성보다 높았고, 여성은 주변인으로 등장하는 비율이 높게 나타났다. 또한 등장인물의 성역할 정형화가 지속되고 있어서 여성은 아직도 가정이라는 한정된 장소에서 등장하는 비율이 남성보다 높았다. 직업에서도 남성은 다양한 분야에서 일하는 것으로 나타나고 있는 반면, 여성은 여전히 간호사나 교사에 국한되어 있어서 직종 간 성별분업을 그대로 고수하고 있는 실정이다.

한편 최근까지도 중등학교 교육과정에는 성별에 따라 가정과 기술 과목이 분리되어 적용되었다. 제6차 교육과정 개정과 더불어 1996년부터 중학교는 가정과 기술이 통합되어 남녀 학생 모두 학습하도록 되어 있고, 고등학교는 기술, 가정, 농업, 공업 등 아홉 개 과목으로 분화되어 필요에 따라 선택하도록 하고 있다. 그러나 남녀별로 분리된 중학교에서는 해당 과목 교사 채용의 어려움을 이유로 여전히 여학생들에게는 가정, 남학생들에게는 기술을 가르치고 있고, 고등학교에서도 성별로 편중된 교과목이 채택되고 있다(주은희, 1998).

성차별적인 교육과정은 상당히 개선되고 있고 앞으로도 수정될 가능성이 엿보이는데 교육현장에서 문제되는 또 다른 요소는 교사들의 성차별적인 언행이다. 교사들은 전반적으로 남녀 학생이 적성, 사회활동, 지도력, 공격성 등에서 다르므로 이들을 다르게 취급해야 한다는 생각을 가지고 있다. 따라서 표면적으로는 양성평등적인 교육가치관을 가지고 있는 것처럼 말하지만 실제는 남성이 여성보다 우월한 능력과 지배력을 지니고 있다는 고정관념에 의해 알게 모르게 성차별적인 태도와 행동을 보이는 경우가 많다. 〈참고자료 3-5〉는 실제 교육현장에서 자연스럽게 이루어지고 있는 교사의 성차별 행동을 잘 나타내고 있다.

교사들의 의식 정도는 남교사일수록, 연령이 많을수록, 직책이 높을수록, 교직경험이 많을수록 더 전통적이고 가부장적인 경향을 보이고 있으며(구봉수, 1982), 학생들의 성별에 따라 상이한 학습목표와 교수방법을 제시하고 있었고 학업성취에 대한 선입견을 보였다고 한다(한국여성개발원, 1986). 다시 말해 교사들은 남학생의 경우 현대 직업사회에서 필요한 특성을 기대하고 있는 반면, 여학생들을 위한 특성 개발에는 큰 관심을 보이지 않았다는 것이다.

이러한 경향은 학생들의 진학지도에도 그대로 반영되고 있다. 교사들, 특히 남교사들은 어머니와 아내로서의 역할이 여성에게 가장 중요하다고 보고 있으며, 여학생들에게 여성지향적인 학과가 바람직하다고 생각하는 경향이 아직도 높다. 최근 교

참고자료 3-5 외사촌이 사촌보다 먼 이유

우리가 배웠던 '도덕' 비슷한 과목을 요즘 아이들은 '슬기로운 생활'이라는 교과서로 배운다. 여기 보면 가계도를 그리고 삼촌, 외삼촌, 사촌, 외사촌, 이모, 고모 등 가족관계를 배우는 부분이 있다. 결혼 초기에 시댁에서 남편의 어린 사촌 동생들에게 '도련님, 아가씨'라는 용어를 강요해 정중하게 거절하고 지금까지도 쓰지 않고 있는데, 당시의 불쾌했던 기분이 다시 들었다.

가족관계를 일컫는 용어 자체도 성차별적이려니와 더 큰 문제는 교사의 외가에 대한 인식이 적절치 않았다는 것이다. 아이들에게 '외사촌이 사촌보다 먼 이유'를 알아오라는 숙제를 내 준 것이었다. 너무 엉뚱하고 어이없는 질문을 하는 아이에게 "뭐라고?"를 반복했더니 "왜 푸름이가 태구보다 더 머냐고?" 하는 것이었다. 6개월 늦게 태어난 외사촌 푸름이와는 가까이 살면서 훨씬 더 친한데, 왜 시골 사는 네 살배기 사촌 동생보다 멀다고 하는지 이해가 되지 않는 것이었다.

이러저러해서 둘이 똑같이 가까운 동생들인데, 아마 선생님은 푸름이 성씨가 너와 달라서 그런 말씀을 하셨나 보다라고 설명을 해줬다. 그래도 푸름이는 엄마와 성이 같으니까 너랑 똑같이 친한 거라고, 그리고 네가 3학년이 되면 아이들이 엄마 성씨도 따를 수 있다고 설명을 했지만, 초등학교 1학년이 이해하기엔 너무 어렵고 복잡했다. 학교에 가서 이런 말 했다가 왕따나 당하지 않았나 모르겠다.

(이구경숙/한국여성단체 연합, 지역여성운동센터 국장)

출처: 여성신문 856호(2005. 12. 02).

사를 위한 평등의식교육이 전국적으로 확산되면서 이들의 의식도 차츰 변화되고 있지만 여전히 여성에 대한 사회구조적인 제약조건 등을 이유로 성차별을 묵인하고 있는 실정이다(주은희, 1998).

(3) 서적

아동들의 서적 또한 사회문화적 가치를 사회화하는 중요한 자원이 되고 있다. 자녀교육을 중시하는 우리 사회에서 아동을 위한 서적은 정규교육이 시작되기 이전부터 사용되고 있는데, 이 서적의 대부분이 지속적으로 성 고정관념을 제시하고 있는 것으로 밝혀졌다. 아동도서에서 나타난 성역할을 분석한 한 연구에 의하면 미취학 아동을 위한 동화책에서 성별로 다음과 같은 세 가지 중요한 차이점이 있다고 지적한다(Weitzman et al., 1972).

첫째, 이야기나 그림에서 남성이 등장하는 빈도가 여성보다 열 배나 높게 나타나고 있다. 여기에 성별로 구분된 동물까지 합치면 남성과 여성의 비율이 95 : 1이 된다고 한다. 특히 성별화된 동물은 여성성과 남성성이 그대로 적용되고 있다. 토끼나 고양이같이 연약하고 귀여운 동물은 여성으로 곰이나 사자와 같이 크고 강한 동물은 어김없이 남성으로 묘사된다.

둘째, 여성과 남성의 활동이 다르게 나타난다. 여성의 활동은 약하고 수동적으로 묘사되는 반면, 남성의 활동은 강하고 활발하게 그려지고 있다. 예를 들어 백설공주는 마녀의 농간에 의해 숲속에 버려지지만 일곱 난쟁이의 도움으로 즐겁게 가사노동을 하며 지내는 순종적이고 저항 없는 존재로 묘사되고 있다. 그러나 톰 소여는 배를 타고 나무를 오르며 어려운 사건을 해결하는 적극적이고 독립적인 존재로 그려진다.

셋째, 동화에 나타난 어른들의 역할이 다르게 묘사되고 있다. 동화책의 어른들은 대부분 정형화된 성역할의 특성을 보인다. 여성은 집에서 남편과 자녀를 돌보는 존재나 아니면 요정 또는 마녀와 같이 신비화된 상상의 인물로 그려진다. 반면 남성은 왕, 어부, 상점 주인, 구두수선인 등 다양한 직업을 가진 사람으로 묘사되고 전형적인 아버지의 모습을 보여준다. 따라서 동화책에서 아버지는 신문을 읽거나 집 안을 수선하는 대신 결코 요리를 하거나 집 안을 청소하는 모습은 나타나지 않는다. 이러한 동화책이 주는 메시지는 간단 명료하다. 소녀는 자라서 아내가 되고 어머니가 되어 집안일을 돌보는 사람이 되는 반면, 소년은 성장하여 무엇이든 원하는 대로 될 수 있다는 사실을 아동들에게 각인시키고 주인공과 동일시하도록 만든다.

(4) 대중매체

대중매체는 현재의 정형화된 성역할을 사회화하는 권력기관 중의 하나이다. 대중매체는 신문, 잡지, 광고, TV 등으로 분류되는데 아동이나 성인 모두에게 접근이용이할 뿐 아니라 반복적인 이미지 노출로 수용자의 가치관과 태도에 커다란 영향을 주는 것으로 인식되고 있다. 우선 유아의 만화시청을 연구한 주은희(1996)는 만화영화에 나타난 성역할 고정관념을 다음과 같이 네 가지로 요약하고 있다.

첫째, 여아는 덜 폭력적이고 일상적인 이야기를 담고 있는 만화를 즐기는 대신, 남아는 전쟁이나 스포츠를 내용으로 하는 경쟁적이고 폭력적인 만화를 많이 보는 경향이다. 둘째, 여성은 소극적이고 의존적이며 수다스럽고 문제해결 능력이 약한 반면, 남성은 용감하고 지혜로우며 탁월한 지도력과 문제해결 능력을 보유한 인물로 그려지고 있다. 때로는 독립적이고 야심에 찬 여성이 묘사되고는 있지만 대개 이런 특성을 지닌 여성은 악당 두목과 같은 부정적인 이미지를 주는 경우가 많다. 셋째, 여성은 소유와 흥정의 대상물이며 빼어난 외모로 남성을 유인하는 존재로 표현되어 왜곡된 여성관을 심어주고 있다. 넷째, 여성의 초능력은 주로 비현실적으로(예: 요술봉) 그려지는 반면, 남성의 초능력은 과학적으로(예: 로봇) 묘사되고 있다.

만화 외에도 TV 프로그램에서 나타나는 성차별을 분석해 보면 여성보다 남성이 많이 등장하고 있으며, 역할이나 직업도 정형화된 모습을 나타내고 있다(장상희, 1992). 여성들은 여전히 애정, 결혼, 가정을 중시하는 모습을 보이고 있는 반면 남성들은 다양한 직종에서 전문성과 권력을 지닌 인물로 묘사되고 있다. 최근 들어 일일연속극에서 여주인공과 남주인공의 역할이 변화되는 사례도 종종 보이고 있지만 지속적인 인기를 누리던 드라마의 경우는 대부분 가부장적 대가족의 가치관과 결혼 이데올로기를 벗어나지 못하고 있다는 지적도 있다(한국여성단체협의회, 1996).

한편 소비광고를 분석한 이영자(2000)의 연구에 의하면 소비광고는 여성의 성역할, 외모지향적 성향, 성적 대상화를 강조할 뿐 아니라 이것을 기꺼이 수용하여 즐기는 여성상을 제시하고 있다는 것이다. 이렇게 상업주의에 의해 다양하게 묘사되는 여성의 이미지는 실은 여성의 굴레를 교묘하게 가중시키는 역할을 하고, 나아가 페미니즘이 추구하는 성평등적 이데올로기를 왜곡하거나 오도하도록 하여 여성의 의식을 더욱 식민지화할 가능성이 있다.

3) 여성다움 · 남성다움과 콤플렉스

인간은 외모가 다르듯이 서로 다른 특성을 지니고 태어난다. 그러므로 성별에 따라 여성다움이나 남성다움이 모든 사람에게 적용될 수 없으며 강요되어서도 안된다. 그러나 우리 사회에서 만연되고 있는 여성다움과 남성다움에 대한 신화로 인해 많은 사람들은 콤플렉스에 시달리고 있다. 콤플렉스는 전체 성격 속에 있는 어떤 것에 강하게 집착하는 작은 성격을 말한다. 콤플렉스는 인간의 성격 형성에 가장 큰 영향을 미치고 행동 대부분을 좌우하지만 무의식 속에 잠재해 있는 경우가 많기 때문에 스스로 인식하기 힘들다(주은희, 1998). 다음 〈표 3-1〉은 우리 사회의 여성과 남성에게 빈번하게 나타나는 콤플렉스를 요약한 것이다.

표 3-1 여성과 남성의 콤플렉스

여 성	남 성
착한 여자 콤플렉스	사내대장부 콤플렉스
신데렐라 콤플렉스	온달 콤플렉스
외모 콤플렉스	체격 콤플렉스
장녀 콤플렉스	장남 콤플렉스
무성 콤플렉스	성 콤플렉스
지적 콤플렉스	지적 콤플렉스
슈퍼우먼 콤플렉스	슈퍼맨 콤플렉스

출처: 여성을 위한 모임(1992). 일곱 가지 여성 콤플렉스. 현암사. 여성을 위한 모임(1994). 일곱 가지 남성 콤플렉스. 현암사.

우선 여성이 가지기 쉬운 콤플렉스 중에서 착한 여자 콤플렉스는 무슨 일이든 참고 기다리며 남에게 싫은 소리를 못하는 경우를 말하고, 신데렐라 콤플렉스는 근사한 결혼 상대자를 만남으로써 편안한 결혼생활에 안주하려는 의식구조를 의미한다. 여자는 무엇보다 예쁜 것이 최고라고 생각하여 지나치게 외모 가꾸기에 치중하는 외모 콤플렉스, 큰딸로서 집안과 동생들을 위해 무조건 희생, 봉사하는 장녀 콤플렉스, 순결한 여자는 성적 충동을 느껴서는 안되고 성에 대해 모른다고 생각하는 무성(無性) 콤플렉스, 여성은 남성에 비해 지적 능력이 열등하다는 지적 콤플렉스, 직장일과 가정일에서 흠 잡히지 않으려고 모든 일에 완벽을 추구하는 슈퍼우먼 콤플렉스 등이 여성들에게 자주 나타나는 콤플렉스이다(여성을 위한 모임, 1992).

다음 〈참고자료 3-6〉은 독립적으로 살아가기 위해 필요한 책임이나 긴장, 고독 등을 피하고, 안락과 평안을 얻기 위해 남성의 보호에 몸을 맡기는 신데렐라 콤플렉스가 어떻게 대중매체를 통해 확산되는지를 잘 나타내고 있다.

한편 남성에게 많이 나타나는 콤플렉스로 사내대장부 콤플렉스는 남성의 지배와 성공을 의미하는 남성우월주의가 만들어 낸 대표적인 콤플렉스이다(〈참고자료 3-7〉 참고). 사내대장부 콤플렉스는 진짜 사내대장부라면 사회적 인정을 받고, 강하며, 지위를 획득하여 다른 사람의 존경을 받아야 한다는 강박관념을 가지는 경우이고, 온달 콤플렉스는 아내의 덕을 보기 원하는 의존심리를 '남편의 성공이 곧 아내의 행복'이라는 가부장적 이데올로기로 합리화하는 경우를 말한다.

참고자료 3-6 또순이 캔디, 청순가련 신데렐라의 새 버전?

쿨한 재벌 2세 중독증…… 여성들 사이에서 신데렐라 붐 재연
전국 강타한 "애기야, 가자" 변함 없는 남녀 권력관계 반증

결혼정보업체 커플 매니저들은 "최근 드라마의 영향으로 드라마 속 재벌 2세 주인공처럼 경제력, 성격, 외모 등을 완벽하게 갖춘 남성을 이상형으로 꼽는 여성들이 많아졌다."고 전한다. 개인면담을 통해 결혼을 앞둔 미혼여성들의 희망사항을 들어 보면 거의 같은 대답이 돌아온다는 것. 〈파리의 여인〉 주요 시청층인 여성들의 경우 미혼인 20, 30대가 상대적으로 시청률이 높은 편이지만, 50대까지 20%대를 넘는 수준에서 별 차이가 없다는 것도 신데렐라 콤플렉스의 연령 평균화를 반증하는 것 같아 흥미롭다.

…… (중략) ……

뻔한 구성의 전형적인 로맨스 물에 여성들이 열광하는 이유는 무엇일까? 여주인공과 남주인공의 성격이 과거의 멜로드라마에 비해 조금씩은 변화했으나 남성에 의해 구원받으려는 여성들의 바람은 변화에서 한 발짝도 나가지 못하고 있다. 오히려 여성들은 현대판 로맨스에 복고풍이 가미됐기에 열광하고 있는 것이다. 여성들의 욕구가 아직도 과거와 변함이 없다는 것은 여성들의 삶이 여전히 남성 의존적이라는 사실을 반증하는 것은 아닐까?

출처: 여성신문 788호(2004. 7. 30).

체격 콤플렉스는 남자라면 크고 우람한 체격을 가져야 된다는 생각 때문에 심각한 열등감에 빠지는 경우이며, 장남 콤플렉스는 집안의 계승자로서 책임과 의무를

참고자료 3-7 사내대장부 콤플렉스 척도

	전혀 그렇지 않다	대체로 그렇지 않다	대체로 그렇다	매우 그렇다
1. 나는 일에서 성공하는 것을 생의 목표로 삼고 있다.	1	2	3	4
2. 나는 가족을 위해 돈을 벌어야 한다.	1	2	3	4
3. 나는 과중한 일도 서슴없이 한다.	1	2	3	4
4. 남자는 가족의 존경을 받아야 한다.	1	2	3	4
5. 남자는 주장을 굽혀서는 안된다.	1	2	3	4
6. 나는 감정적이기보다 이성적이다.	1	2	3	4
7. 남자는 항상 자부심이 강해야 한다.	1	2	3	4
8. 남자는 사소한 일에 불평하지 말아야 한다.	1	2	3	4
9. 나는 고통스러워도 내색하지 않는다.	1	2	3	4
10. 나는 남 앞에서 걱정거리를 늘어놓지 않는다.	1	2	3	4
11. 거칠어 보이는 남자가 좋다.	1	2	3	4
12. 남자는 경우에 따라 주먹을 쓸 수 있다.	1	2	3	4
13. 나는 약해 보이는 것이 싫다.	1	2	3	4
14. 남자는 육체적으로 강해야 한다.	1	2	3	4
15. 남자는 모험을 즐길 줄 알아야 한다.	1	2	3	4
16. 나는 '여자 같다' 라는 말을 들으면 기분이 나쁘다.	1	2	3	4
17. 요리나 바느질하는 남자는 매력 없다.	1	2	3	4
18. 남자는 간호사, 보모 일을 해서는 안된다.	1	2	3	4
19. 파마나 액세서리 등 치장하는 남자는 보기 흉하다.	1	2	3	4
20. 남자가 남 앞에서 우는 것은 부끄러운 일이다.	1	2	3	4

〈평가〉
60점 이상: 남성우월주의를 내세우는 사내대장부형
41~59점: 이상적인 남성형은 알고 있으나 남성으로서 부담을 버리고 안주하려는 갈등형
40점 이하: 자신의 감정을 솔직하게 표현하고 여성과 협력하고자 하는 수용형

출처: 여성을 위한 모임(1994). 일곱 가지 남성 콤플렉스. 현암사. pp. 59-60.

다하기 위해 힘겨운 부담을 감수하고 희생하는 경우이고, 성 콤플렉스는 강한 성욕을 가져야 하고 성적으로 여성을 만족시키는 것이 남성다움을 나타내는 것이라고 여겨 그러한 기준에 미치지 못하면 위축되고 갈등하는 경우를 말한다.

지적 콤플렉스는 '지적인 남자가 남자답다는 생각 때문에 무엇이든 아는 척해야 하는 것을 말하며, 슈퍼맨 콤플렉스는 진짜 남자라면 무엇이든지 잘할 수 있다는 강박관념을 가지는 경우를 말하는데, 특히 우리 사회에서는 남보다 월등하게 돈을 벌며 사회적으로 지위와 명예를 부여하는 직업을 가진 남성을 슈퍼맨으로 보는 경향이다(여성을 위한 모임, 1994).

다음 사례는 사내대장부 콤플렉스와 장남 콤플렉스 때문에 무모한 일 중독증에 걸렸던 남성과 아내를 성적으로 만족시키지 못할까 봐 고심하는 어느 중년남성의 경우를 잘 드러내고 있다.

> 3남 중 장남인 나는 어려운 환경에서 일류대 법대에 입학했다. 그러나 대학생활 중 학생운동에 뛰어들어 쉽게 생각했던 사법고시에 두 차례나 실패했다. 가정환경 때문에 고시를 포기하고 은행에 입사하였고 얼마 후 결혼했다. 나는 땅에 떨어진 사내대장부의 자존심을 되살리는 유일한 방법이 직장에서 성공하여 돈을 버는 것이라고 믿고 정신없이 일했다. 그러나 아내는 일하고 결혼하지 왜 나와 결혼했냐며 일에 빠져 있는 나에게 불만을 토로한다. 그럴 때마다 "나는 사내대장부야, 내가 아무리 힘들어도 가족을 위해 나는 희생할 수 있어."라고 중얼거리며 지친 몸을 추스리곤 한다.
>
> (35세 은행원, 여성을 위한 모임, 1994: 62에서 재인용)

> 요즘 들어 성행위가 끝나고 나면 반드시 아내의 소감을 묻는 버릇이 생겼다. 얼마나 좋았냐, 몇 번이나 오르가슴에 도달했는가를 만족할 만한 대답이 나올 때까지 물어본다. 성관계에서는 반드시 함께 오르가슴을 느끼는 것이 최대의 만족을 얻는 것이라고 믿고 있지만 혹시 아내가 그렇지 못할까 봐 늘 신경이 쓰인다. 그렇지만 아내에게 성적으로 능력 있는 남성으로 보이고 싶은 마음을 다 말할 수는 없다.
>
> (42세 상업, 여성을 위한 모임, 1994: 114-115에서 재인용)

이러한 여성과 남성 콤플렉스는 남성지배와 여성종속을 강화하는 과정에서 빚어지는 현상으로 지나친 여성다움과 남성다움의 강조에 의해 일어난다. 결국 개개인의 특성을 고려하지 않은 성역할 고정관념은 여성에게는 성역할 갈등을 심화시켜 혼돈과 자책감을 유발하고, 남성에게는 왜곡된 지배논리와 심리적 압박감을 초래하여 남녀 모두에게 자유롭고 발전적인 삶의 기회를 박탈하기 때문에 문제가 된다.

4 평등한 성역할

높은 교육수준과 증가하는 경제활동 참여로 오늘날 여성의 지위는 이전과는 분명하게 달라지고 있다. 뿐만 아니라 피임과 수유방법의 개발에 의해 여성은 자녀 수를 조절할 수 있게 되었으며, 원하지 않는 임신이나 수유에 의해 직장을 중도에 그만두는 일도 점차 줄어들고 있다. 따라서 현대의 여성들은 지금까지 자연스러운 것으로 여겨졌던 성역할 고정관념의 문제점을 들추어 내고 새로운 요구와 기대수준에 알맞게 변화되도록 재구성하는 노력을 아끼지 않고 있다. 물론 이런 노력을 하는 집단은 대부분 여성들이지만 이들의 이념과 노력에 동조하고 함께 변화하고자 노력하는 소수 남성들의 반응도 큰 힘이 되고 있다.

고등교육에 힘입어 여성들은 전통적 삶의 한계점과 문제점을 인식하고 이에 저항하는 능력을 지니게 되었고, 많은 남성들 역시 여성들의 변화된 요구를 이해하고 지지할 수 있는 평등주의적 관점을 가지게 되었다. 여성들의 경제력 증가는 자신의 변화된 요구를 관철시킬 수 있는 정치력으로 발전하기도 했다.

사실 사회과학자들은 현재 가중되고 있는 성역할의 변화가 미래 사회에 혼란보다는 더 큰 이익을 줄 것으로 전망한다. 우선 단기적으로는 남성들이 가족의 부양자로서 무거운 부담을 더이상 강요당하지 않게 되고 부부가 경제적 책임을 분담하는 개방성을 지니게 될 것이라는 점이다. 여성들 역시 자신의 능력과 선호에 따라 다양한 선택을 할 수 있게 되어 개인적 발달을 도모할 수 있으므로 더 많은 만족감을 느끼게 될 것이다. 결국 성역할의 변화는 여성과 남성 모두에게 총체적인 삶의 질을 향상시키고 부부관계를 조화롭고 균형 있게 발전하도록 돕는 역할을 할 것이다.

물론 그 이면에는 부부간 평등성이 전제되어야 한다.

성역할의 변화는 남성지배와 여성종속으로 비롯된 가족 내 불평등 현상을 변화시켜 더욱 균형 있는 가족관계의 분위기를 조성한다. 자녀들도 정형화된 성역할 사회화에서 벗어나 성별이 아니라 개인의 능력과 선호에 따라 가장 적합한 일을 하도록 격려받는다. 그리하여 사회의 모든 영역에서 여성의 참여가 증가하게 되고, 이는 훨씬 더 창조적이고 개방적인 사회분위기를 만들어 한쪽으로 몰렸던 사회적 세력을 분산하는 기회를 제공하게 될 것이다.

이러한 성역할의 변화를 통해 추구하고자 하는 점은 결코 전반적인 사회의 여성화나 남성의 무력화는 아니다. 오히려 남성지배 또는 여성지배가 아닌 조화로운 사회를 만들어 자기 자신뿐 아니라 다른 사람의 권리를 충분히 이해하고 존중하는 데 그 목적이 있다. 그리고 그 아름다운 결과는 우리는 물론 다음 세대가 지속적으로 누리게 될 것이다.

요 약

남녀 간에는 차이보다 같은 점이 더 많다. 그럼에도 불구하고 차이를 자연스럽게 생각하고 끊임없이 강조하기 때문에 지나치게 차이에 매달리게 된다. 그래서 성역할의 기원을 밝히려고 노력했던 수많은 학자들도 왜 이러한 차이가 생기게 되었는가에 대한 의문에서 연구를 시작하였다. 이에 대한 학문적 접근은 크게 본성(nature) 대 양육(nurture) 논쟁으로 압축될 수 있다.

우선 성역할의 차이가 본성에 기인한다고 보는 학자들은 여성과 남성의 신체적 차이를 강조하고 남녀 간 차이는 타고나는 것이라고 생각한다. 그러나 인간의 성역할 행동을 결정하는 것이 양육의 결과로 보는 학자들은 사회문화적 요인을 강조한다. 대부분의 사회과학자들은 성차의 양육적인 영향을 강조하고 있으나 생물학적인 면을 전적으로 부정하지는 않는다. 따라서 양성 간의 차이는 생물학적 구조와 환경의 상호작용에 의해 이루어지는 것으로 결론 내리고 있다.

성역할 사회화란 여성과 남성에게 적합하다고 생각되는 행위, 특성, 태도, 작업과

제 등을 습득하는 과정을 말하는 것으로 사회학습 모델과 인지발달 모델에 의해 설명된다. 사회학습 모델은 아동이 관찰이나 모방에 의해 성정형화된 행동을 배우게 된다고 보는 입장이고, 인지발달 모델은 아동의 성정체감이나 성역할이 다른 사람에 의해 학습되는 것이 아니라 아동 자신의 경험에 의해 형성된다고 보고 있다. 성역할 사회화에 영향을 주는 요인은 가족, 학교, 서적, 대중매체 등으로 나타난다.

여성다움과 남성다움에 대한 지나친 강요는 많은 사람에게 정신적인 문제를 일으킨다. 우리 사회에서 빈번하게 나타나는 여성 콤플렉스로는 착한 여자 콤플렉스, 신데렐라 콤플렉스, 외모 콤플렉스, 장녀 콤플렉스, 무성 콤플렉스, 지적 콤플렉스, 슈퍼우먼 콤플렉스 등이고, 남성 콤플렉스는 사내대장부 콤플렉스, 온달 콤플렉스, 체격 콤플렉스, 장남 콤플렉스, 성 콤플렉스, 지적 콤플렉스, 슈퍼맨 콤플렉스 등이다.

참고자료 3-8 성역할 바꾸기 연습

다음 문장을 조용히 읽거나 다른 사람에게 읽어달라고 하시오. 의자에 편안하게 앉아 눈을 감으시오. 그리고 혼자 있다고 생각하시오. 어느 누구도 또 어떤 것도 당신이 상상하는 세계에 들어올 수 없으며 당신의 상상력을 제한할 수 없습니다.

자, 이제부터 당신은 다른 성별을 지닌 사람이라고 상상해 봅시다. 만일 당신이 남성이라면 여성이라고 상상하고 만일 당신이 여성이라면 남성이라고 상상하시오. 물론 당신의 육체도 바뀌게 됩니다. 새로운 육체에 대해 어떻게 생각합니까? 강한지, 약한지, 아니면 부드러운지, 센지, 어떻습니까? 그 육체에 대해 제약을 느낍니까? 아니면 자유를 느낍니까?

지금부터는 당신이 새로운 육체를 지닌 인간으로 전형적인 하루를 보낸다고 합시다. 아침에 일어났을 때 어떤 느낌을 갖게 될까요? 일하러 갔을 때는 어떨까요? 학교에 갔을 때는 어떨까요? 또는 집에 있다고 가정해 봅시다. 어떤 일을 하게 될까요? 자기 자신에 대해 어떻게 느낍니까? 시간을 충분하게 두고 자신의 감정을 평가해 보시오.

이제 현재 자신의 육체로 되돌아오시오. 이 경우 당신은 유쾌합니까? 아니면 불쾌합니까? 현재 자기 존재에 대해 좋게 생각하는 점은 무엇입니까?

여성성과 남성성에 관해 경험한 바를 다른 사람들과 논의해 봅시다. 당신의 경험과 다른 사람의 경험을 비교해 볼 때 어떻게 다릅니까?

출처: B. Forisha(1978). Sex Roles and Personal Awareness, General Learning Press, p. 37.

성역할 고정관념에 대한 강화는 남녀 모두에게 자유롭고 발전적인 삶의 기회를 박탈하기 때문에 문제가 된다. 성역할 변화를 통해 추구하는 것은 결국 조화로운 사회를 만드는 데 있다. 성별이 아닌 개인의 능력과 선호에 따라 적합한 역할과 일을 선택할 수 있는 사회, 그러한 사회가 바로 우리가 가꾸어야 할 사회이다.

연구과제

1 성역할 바꾸기 연습을 통해 느낀 점을 서로 토론해 보자.

2 기존의 동화를 바꾸어 평등주의적 입장에서 다시 써 보자.

3 유아들이 주로 시청하는 프로그램에서 성별적인 요소를 밝혀내고 그 문제점을 분석해 보자.

4 앞에서 언급된 내용 외에 성역할 고정관념을 지속시키는 사회제도에 대해 사례를 들어 논의해 보자.

참 / 고 / 문 / 헌

곽삼근 외(1998). 일상의 여성학. 서울: 박영사.

구봉수(1982). 공격행동과 교사의 지도방법. 한양대학교 대학원 석사학위 청구논문.

김정옥(1996). 결혼과 가족. 서울: 학지사.

여성신문(2004. 7. 30).

여성신문(2005. 12. 2).

여성을 위한 모임(1992). 일곱 가지 여성 콤플렉스. 서울: 현암사

______________(1994). 일곱 가지 남성 콤플렉스. 서울: 현암사.

이영자(2000). 소비자본주의 사회의 여성과 남성. 경기: 나남출판.

장상희(1992). 성역할사회화. 성. 여성. 여성학. 부산: 부산대학교 출판부.

정경아(2007). 한국의 여아와 교육에서의 성평등. 서울: 한국여성개발원.

주은희(1993). 한국교육의 여성참여와 양성차별문제. Integration of Women's Concer in Deveopment Planning. ESCA 보고서, 47.

______(1996). 만화를 통한 아동의 삶읽기. 연세여성연구. 연세대 여성연구소 제2호: 176-200.

______(1998). 성역할사회화. 일상의 여성학. 서울: 박영사.

한겨레신문(2001. 4. 17).

한국여성개발원(1986). 중등학교 교육과정에 나타난 성역할 연구. 서울: 한국여성개발원.

____________(1993). 초・중등학교 교육과정에 나타난 남녀역할 연구. 서울: 한국여성개발원.

한국여성단체협의회(1996). 일일연속극에 나타난 남성성 분석. 제100차 매스컴 모니터 보고서.

Bandura, A.(1977). *Social Learning Theory.* Englewood Clffs, N.J.: Prentice-Hal.

Foisha, Barbara(1978). *Sex Roles and Personal Awareness.* Dearbor General Learing Press.

Hacker, H.(1973). Class and Race Diferences in Gender Roles and Gender Roles form a cross-cultural Perspective. in Duberman. *Gender and Sex in Society.* N.Y.: Praeger.

Kohlberg, L.(1966). A Cognitive-Development Analysis of Children's Sex Role Concepts and Attitudes. pp. 82-166 in Maccoby(ed.). *The Development of Sex Dierences.* CA: Stanford Univ. Press

Oakley, A.(1973). *Sex, Gender, and Society.* N.Y.: Harper & Row.

Maccoby, E. and C. N. Jacklin(1978). *The Psychology of Sex Differences.* Stanford. CA:

Stanford Univ. Press.

McGhee, P. and P. Grodzitsky(1973). Sex role identification and humor among preschool children. *Journal of Psychology,* 84: 189-193.

Richardson, Laurel W.(198l). *The Dynamic of Sex and Gender.* Boston Houghton Mifflin Co.

Stewart, V.(1976). Social Influences on Sex Differences in Behavior in Teitelbaum(ed.) *Sex Differences.* N.Y.: Anchor.

Strong B. and DeVault C.(1992). *The Marriage and Family Experience.* N.Y.: West Publication.

Weitzman et al.(1972). Sex role socialization in picture books for preschool children. *American Journal of Sociology*, 77: 1125-1150.

4장

사랑의 기술

전 영 주

너는 나의 달, 나는 너의 지구
너는 네가 내 주위를 공전한다고 말하지.
난 모르겠어.
내가 아는 건 오직 하나.
밤마다 내가 빛나는 것은 너 때문이라는 것뿐.

Friedrich Ruckert의 〈너는 나의 달〉에서

1 사랑의 의미

우리가 일생 중에 가장 행복한 때는 언제일까? 행복의 조건이 사람마다 다르기는 하지만 대부분의 사람들이 부정할 수 없는 것은 바로 사랑할 때가 가장 행복하다는 사실이다. 사람들은 사랑을 느끼고 사랑을 베풀 때 이 세상 모든 것이 나를 위해 존재하는 듯한 황홀함과 축복받았다는 느낌을 갖는다. 즉, 사랑은 인간관계에서 경험할 수 있는 가장 행복하고 신비스러운 심리적 경험이다. 동서고금을 막론하고 사랑은 문학과 예술의 변치 않는 주제였으며, 사람들의 행복과 불행을 좌우하는 요인이었다. 그러나 이토록 중요한 '사랑이라는 것이 무엇인가?'라고 그 개념을 묻는다면 간단히 정의하기가 어렵다. 과연 친밀한 관계의 한 종류로서 사랑은 어떤 경험일까? 어떠한 사랑이 진실한 사랑일까?

이러한 질문에 대해 답을 찾기 위해 사랑에 대한 연구를 하게 되었지만 어떤 사람들은 사랑에 대해 과학적인 연구를 하는 것에 거부감을 갖기도 한다. 그 이유는 아직까지도 사랑이 신비한 것으로 남기를 원하는 낭만적 성향과 사랑을 분석함으로써 신비한 가치가 사라질까 하는 불안감 때문일 것이다(권석만, 1999).

사랑을 분석하고 과학적으로 접근하는 것이 과연 '사랑하는 행위'에 장애가 될까? 결론부터 말하자면 절대 '그렇지 않다.'는 것이다. 우리는 사랑에 대해서 잘 모르는 상태에서 이성관계에 노출되는 경우가 많다. 이는 성장하면서 보는 소설이나 영화, 드라마 등을 통해 사랑에 대한 이해를 하면서 사랑에 대한 편견과 환상에 대해 부추김을 받기 때문이다.

이러한 상태에서는 이성에 대해 신비감을 갖게 될 뿐 이성과의 관계가 불행과 어려움에 빠지게 되는 원인이 될 수도 있다. 사랑하는 사람이 서로 행복해지고 성장하도록 도울 수 있는 아름다운 사랑을 하기 위해서는 사랑에 대한 올바른 이해가 필요한 것이다. 이를 위해서 본 장에서는 사랑에 대한 다양한 이론적 관점을 살펴보고, 사랑의 구성요소와 사랑의 유형에 대한 대표적인 모형들을 살펴보기로 하겠다.

2 사랑에 대한 이론

1) 사랑과 애착이론

애착(attachment)이란 갓 태어난 유아가 자신을 돌보아 주는 양육자와 맺는 특수한 정서적 유대로 생후 6개월 전후에 형성되는 인간의 가장 원초적 형태의 사랑이다. 모든 영장류는 어린 시절 어미에게 매달린다. 잠시라도 떨어져 있게 되면 새끼는 울부짖으며 어미를 찾고 어미가 돌아오면 끌어안고 기뻐한다.

이러한 초기 애착은 우선적으로 생존적 가치를 갖는데, 유아의 의존성이 양육자(부모)에게 사랑스러움을 느끼게 함으로써 부모는 유아를 보살피고, 이러한 유아의 생리적·신체적 욕구충족 과정을 통해 양육자와 애착관계가 형성된다. 만일 부모와 유아 사이에 긍정적인 애착이 형성되지 않는다면 아이는 기본 생존을 보장받기 어렵기 때문에 치명적인 신체적·심리적인 장애를 유발할 수 있다. 오늘날 유아기 애착관계는 이후의 아동기 발달뿐만 아니라 성인기 우울증과 불안증 그리고 결혼관계의 적응까지 밀접한 관련이 있음이 밝혀지면서 초기 애착이 전생애적으로 개인의 적응이나 대인관계에 지속적인 영향을 미친다는 것이 드러나고 있다(김중술, 1995).

애착이론의 핵심은 다른 사람을 사랑할 수 있는 근본적인 조건은 자신이 사랑을 받는 것이라는 점이다. 즉, 유아기의 초기 애착이 긍정적이라면 개인은 자신을 사랑받을 만한 존재, 자기가 필요로 할 때 상대방이 나타난다는 신뢰감, 보호받을 수 있다는 믿음 등이 발달하게 된다. 하지만 초기 애착이 적절히 발달하지 못한다면 이후의 삶에서 개인은 자신을 사랑받을 만하지 않은 존재로 또한 다른 사람들은 믿을 만하지 못하다고 생각하게 된다.

유아기에 어떤 종류의 애착관계를 형성했는가에 따라 성장 후에 형성하게 되는 대인관계, 예컨대 사랑의 양상이 좌우되게 된다. 즉, 어린 시절 경험에 의해 개인의 내면에 형성되는 인지적 표상(mental model)은 사랑하는 상대에게 무엇을 기대하게 될지 결정짓는다. 예를 들어 유아기에 안정된 애착관계를 가졌던 사람은 사랑하는 상대에게 자연스럽게 신체적·심리적 욕구를 기대한다. 사랑하는 사람과 신체적 접촉을 한다든지, 함께 있으면 편하고 스트레스가 해소된다든지, 자신의 내면에 대해 상대에게 알렸을 때 상대가 긍정적 반응을 할 것으로 기대하는 것은 긍정적이고 안정된 애착관계를 갖고 있는 사람의 자연스러운 사랑의 방식이다.

반면 불안한 애착관계를 형성했던 사람은 자신감이 부족하고 상대로부터 부정적 반응이 있을 것으로 예측하는 경향이 있다. 이런 사람은 상대를 불신하거나 지나치게 신뢰한 나머지 만족스러운 사랑을 경험하기 어렵다. 세이버와 그의 동료들(Shaver, Hazan과 Bradshaw, 1984)도 유아기 애착과 성인기 사랑의 방식이 연관성이 있음을 주장하며, 안정된 애착을 가진 아동은 후에 우애적 사랑을, 불안한 애착을 경험한 아동은 열정적 사랑을, 사랑을 포기하고 자란 아동은 사랑에 무반응적인 성인이 되는 경향성이 있다고 하였다.

2) 사회심리학적 관점에서의 사랑

사회학습이론에서는 다른 사람이 하는 것을 보고 배우는 것을 모방학습이라고 한다. 예를 들어 폭력 영화나 폭력 게임에 자주 노출되는 아동이 상대적으로 폭력 행동을 더 보이는 현상이 그러하다.

이 관점에 의하면 '사랑'도 학습되는 것이라고 한다. 에리히 프롬(Erich Frmm, 1956)은 그의 저서인 《사랑의 기술(Art of Love)》에서 사랑은 목공기술처럼 배워서 얻는 하나의 능력이라고 하였다. 그리고 우리가 사랑하는 방법을 배우는 데 가장 큰 영향을 미치는 것은 우리의 부모가 보여주는 사랑이다.

부모가 서로를 사랑하는 방식 그리고 부모가 자녀를 사랑하는 방식대로 자녀도 다른 사람을 사랑하게 된다는 것이다. 즉, 부부간에 포옹이나 키스 등 애정 표현을 풍부하고 개방적으로 하는 가정에서 성장한 사람은 나중에 부모와 같이 개방적인 애정 표현을 할 가능성이 크지만, 그렇지 않은 가정에서 자란 사람은 아무리 의식적으로 노력을 해도 쉽게 되지 않는다. 따라서 서로 다른 가정환경에서 자란 남녀가 만났을 때 서로의 애정 표현 방식의 차이로 인해 오해가 생길 수 있으며, 상대방의 애정 표현 방법에 불만이 쌓일 수 있다.

미국인 연구자인 로시(Rossi, 1990) 부부의 다세대연구에 의하면 부모의 결혼생활은 성인자녀의 행복한 결혼과 밀접한 관련성이 있는 것으로 나타났다. 행복하고, 즐겁고, 협동적인 가정에서 성장한 사람의 가족은 역시 비슷한 특성을 가진 것으로 드러났으며, 이러한 행복한 결혼생활의 다세대적 전수는 여성의 경우에 더욱 분명하였다. 이는 아마도 여성이 전통적으로 가족의 정서적 분위기를 주도하는 역할을 맡아왔기 때문인 것 같다. 따라서 즐겁고 행복한 가정에서 자란 딸은 역시 그러한 분위기의 가정을 만들 가능성이 높다는 함의를 갖는다.

3) 스턴버그의 사랑의 삼각이론(Triangular Theory of Love)

미국 예일대학교 심리학 교수인 스턴버그(Robert J. Sternberg, 1986)는 사랑이 세 가지 요소로 구성된 삼각 형태라고 보았다. 이 세 가지 요소란 정서적인 측면의 친밀감(intimacy), 동기적인 측면의 열정(passion) 그리고 인지적 측면의 헌신(commitment)이다. 그의 사랑의 삼각이론에서 이 세 가지 요소는 사랑이라는 삼각형의 세 꼭지점을 이루고 있으며, 각 요소가 차지하는 비율에 따라 다양한 형태의 사랑이 나타나는 것이라고 보았다.

스턴버그는 적어도 한 번 이상 사랑을 해본 경험이 있는 다양한 연령층의 사람들을 대상으로 면접과 설문을 통해 사랑의 삼각이론을 정립하였으며, 세 가지 요소와 여덟 가지 사랑의 유형은 다음과 같이 설명될 수 있다(권석만, 1999).

(1) 사랑의 세 요소

① 친밀감(intimacy)

친밀감은 가깝고 편안한 느낌, 서로를 잘 이해하고 의사소통이 원활한 것, 긍정적 지지 등 사랑의 '따뜻한' 측면을 의미한다. 친밀감은 사랑의 정서적인 면을 반영하는 영역으로 만남의 횟수와 교제기간에 비례하여 서서히 증가한다. 그러나 어느 수준 이상의 친밀감에 도달하면 더이상 증가하지 않으며 친밀하다는 사실에 대해서도 의식하지 않게 된다.

② 열정(passion)

연인끼리 함께 있고 싶고, 일체가 되고 싶은 강렬한 욕망으로 사랑의 '뜨거운' 측면이다. 열정은 사랑의 동기적인 면을 반영하며, 사랑에 빠진 사람들이 생리적으로 흥분하여 들뜨게 한다. 열정은 급속히 발전되지만 오랜 시간 지속되지는 않으며, 교제기간이 길어짐에 따라 감소한다.

③ 언약/헌신(Commitment)

상대를 사랑하겠다는 결심과 행동적 표현으로 사랑의 '차가운' 측면이자 인지적인 면을 반영한다. 자신에 대한 사랑하는 상대에의 구속력으로 대표적인 언약적 행위가 약혼과 결혼이라고 할 수 있다. 그외에도 사랑의 징표나 선물의 교환, 주변 사람들에게 연인을 소개하는 일, 연인과 함께 고통을 나누는 일 등도 여기에 포함된다.

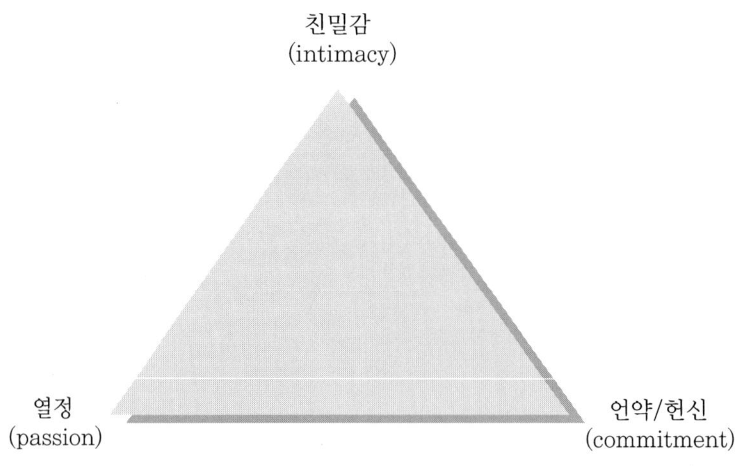

그림 4-1 사랑의 세 가지 요소

출처: Sternberg et al.(2001). 사랑의 심리학. 하우. p. 44.

(2) 사랑의 여덟 가지 형태

사랑의 세 요소의 유무에 따라 〈표 4-1〉과 같은 여덟 가지 조합이 만들어질 수 있다. 이러한 조합에 의해 사랑의 유형을 여덟 가지로 분류할 수 있는데, 비사랑(non-love), 우정(liking), 짝사랑(ingatuation), 공허한 사랑(empty love), 낭만적 사랑(romantic love), 허구적 사랑(fatuous love), 동료적 사랑(companionate love), 완전한 사랑(consumate love) 등이 그것이다([그림 4-2] 참고).

① 비사랑(non-love)

사랑의 세 요소가 전부 갖추어지지 않은 관계는 사랑이라 할 수 없으며, 일상의 수없이 무의미한 인간관계가 이에 속한다.

② 우정(liking)

서로 좋아하고 가까운 관계로 친구 사이의 우정과 같은 것이다. 뜨거운 열정이나 헌신(언약)이 없는 따뜻한 친밀감만 있는 상태이다.

③ 짝사랑(infatuation)

열정만 있는 상태로 한눈에 반해 말 한마디 해보지 못하고 가슴앓이 하는 경우가 이에 속한다. 상대를 보기만 해도 가슴이 두근거리고 설레이나 친밀감이나 헌신(언약)이 이루어질 기회가 없다.

④ 공허한 사랑(empty love)

열정이나 친밀감 없이 언약과 헌신만 있는 관계이다. 예를 들어 사랑 없이 결혼생활을 하는 부부관계나 돈 때문에 부자 노인과 결혼한 젊은 여성의 사랑 같은 경우가 이에 속한다. 또는 처음에는 사랑해서 결혼했으나 세월이 흐르면서 열정이 식고 잦은 다툼으로 친밀감이 없어진 채 자녀 때문에 결혼을 유지하는 부부들도 이에 속할 것이다.

⑤ 낭만적 사랑(romantic love)

열정과 친밀감은 있지만 헌신과 언약이 없는 사랑이다. 즉, 결혼과 같은 구속을 원치 않고 언약이나 확신 없이 사랑하는 경우이다. 여행에서 만나 며칠 동안 나누는 뜨거운 사랑(영화 〈메디슨 카운티의 다리〉처럼)이 그러한 예이다.

⑥ 허구적 사랑(fatuous love)

흔히 헐리우드식 사랑이라고 한다. 열정을 느껴 헌신하고 언약을 하나 친밀감을 형성하지 못함으로써 얼마 안 가서 헤어지기 쉽다. 이 경우에 열정적인 사랑에 빠져 곧바로 결혼도 하나 며칠 또는 몇 달 만에 이혼하는 식이다. 이러한 사랑은 오래 지속되기 어렵다.

⑦ 동료적 사랑(companionate love)

친밀감과 헌신(언약)이 있으나 열정이 식은 사랑으로 오랜 결혼생활을 해온 부부들의 관계가 좋은 예이다.

⑧ 완전한 사랑(consummate love)

사랑의 세 요소를 전부 갖춘 경우로 완벽하고 이상적인 사랑이다. 이러한 사랑은 불가능하지는 않지만 이루기가 매우 어려우며, 성취한 후에 유지하는 것은 더 어렵다.

이상과 같이 세 요소의 유무에 따른 사랑의 여덟 가지 유형은 실제로는 혼합된 형태거나 중간 유형으로 나타나기 쉽다. 이는 사랑의 어떤 요소가 전혀 없는 경우(불연속적)보다는 정도가 다른 비율(연속적)로 나타나기 때문이다. 스턴버그는 그의 사랑의 삼각형 이론에 바탕을 둔 척도를 개발하였다. 척도에 응답해 보고 지시에 따라 채점하여 자신의 사랑의 유형을 살펴보도록 하자.

표 4-1 사랑의 여덟 가지 유형

사랑의 유형	구성요소		
	친밀감	열정	언약/헌신
비사랑	−	−	−
우정	+	−	−
짝사랑	−	+	−
공허한 사랑	−	−	+
낭만적 사랑	+	+	−
허구적 사랑	−	+	+
동료적 사랑	+	−	+
완전한 사랑	+	+	+

+: 있음, −: 없음

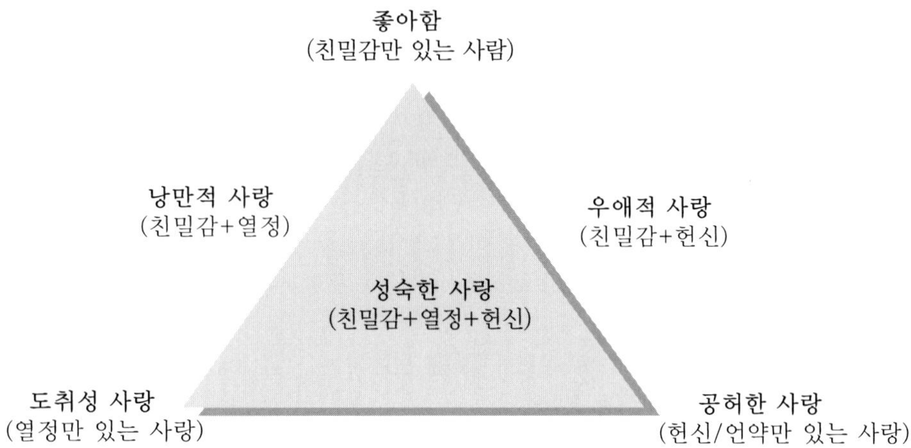

그림 4-2 세 가지 사랑의 요소를 조합한 사랑의 종류

출처: Sternberg et al.(2001). 사랑의 심리학. 하우. p. 46.

참고자료 4-1 열정적 사랑의 척도(PLS: Passionate Love Scale)

당신이 지금 가장 열정적으로 사랑하는 사람을 염두에 두고 다음 질문에 응답하시오. 만일 현재 사랑에 빠진 상태가 아니라면 최근 당신이 가장 열정적으로 사랑했던 사람을 생각해 주시오. 만일 당신이 한 번도 사랑에 빠진 경험이 없었다면 당신이 가장 열정적으로 가깝다고 느끼는 누군가를 생각하시오. 당신이 생각하는 그 사람을 대상으로 하여 다음의 질문지를 끝까지 마쳐 주기를 바랍니다. 당신이 생각하는 사람은 이성이어야 하며, 당신이 사랑하는 사람에 대해 감정이 가장 고조되었을 때 응답해 주시오. 응답은 1~9 중 표시해 주시오.

전혀 아니다				보통이다				대단히 그렇다
1	2	3	4	5	6	7	8	9

1. 내가 OO와 함께 한 이후로 나의 감정은 청룡열차를 탄 기분이다.	1 2 3 4 5 6 7 8 9
2. 만일 OO가 나를 떠난다면 깊은 절망감을 느낄 것이다.	1 2 3 4 5 6 7 8 9
3. 때때로 나는 OO가 나타나면 몸이 떨리는 기쁨을 느낀다.	1 2 3 4 5 6 7 8 9
4. 나는 OO의 움직임을 유심히 살펴보는 것이 즐겁다.	1 2 3 4 5 6 7 8 9
5. 때로 생각을 통제할 수 없을 정도로 온통 OO에 대한 생각뿐이다.	1 2 3 4 5 6 7 8 9
6. OO를 행복하게 만드는 일을 하고 있을 때 행복감을 느낀다.	1 2 3 4 5 6 7 8 9
7. 나는 다른 사람들보다도 OO와 함께 하고 싶다.	1 2 3 4 5 6 7 8 9
8. OO가 다른 사람과 사랑에 빠졌다고 상상하면 심한 질투심을 느낀다.	1 2 3 4 5 6 7 8 9
9. 어느 누구도 내가 사랑하는 만큼 OO를 사랑하지는 못한다.	1 2 3 4 5 6 7 8 9
10. 나는 OO에 관해 모든 것을 알고 있다.	1 2 3 4 5 6 7 8 9
11. 나는 육체적으로나 정신적으로 온전히 OO를 원한다.	1 2 3 4 5 6 7 8 9
12. 나는 OO를 영원히 사랑할 것이다.	1 2 3 4 5 6 7 8 9
13. 나는 OO의 눈을 들여다보면 내가 녹아드는 느낌이다.	1 2 3 4 5 6 7 8 9
14. 나는 OO가 내게 쏟는 애정을 끊임없이 갈구한다.	1 2 3 4 5 6 7 8 9
15. 나에게 있어 OO는 완벽한 낭만적 사랑의 파트너이다.	1 2 3 4 5 6 7 8 9
16. OO는 나를 가장 행복하게 만드는 사람이다.	1 2 3 4 5 6 7 8 9
17. 나는 OO가 나를 만질 때 내 몸이 떨림을 느낀다.	1 2 3 4 5 6 7 8 9
18. 나는 OO에게 매우 부드럽게 대한다.	1 2 3 4 5 6 7 8 9
19. OO는 항상 내 마음속에 있다.	1 2 3 4 5 6 7 8 9
20. 만일 내가 오랫동안 OO를 떠나 있게 되면 나는 아주 외로워질 것이다.	1 2 3 4 5 6 7 8 9

21. 나는 때때로 일에 몰두할 수 없음을 발견하는데 이것은 ○○에 대한 생각이 내 머릿속을 가득 채우고 있기 때문이다.	1 2 3 4 5 6 7 8 9
22. 나는 ○○가 나의 생각, 두려움, 소망에 대해 알기를 바란다.	1 2 3 4 5 6 7 8 9
23. ○○가 나를 염려한다는 것을 알 때 나는 충만감에 젖는다.	1 2 3 4 5 6 7 8 9
24. 나는 ○○가 나를 원한다는 표현을 해주기를 바란다.	1 2 3 4 5 6 7 8 9
25. 만일 ○○에게 안 좋은 일이 발생한다면 나는 ○○를 돕기 위해 온 정성을 쏟을 것이다.	1 2 3 4 5 6 7 8 9
26. ○○는 나를 활기차고 붕 뜨는 기분으로 만든다.	1 2 3 4 5 6 7 8 9
27. ○○와 함께 있으면 나는 ○○를 만지고 싶고 ○○로부터 애무받고 싶다.	1 2 3 4 5 6 7 8 9
28. ○○가 없는 세상은 암흑과 고통일 뿐이다.	1 2 3 4 5 6 7 8 9
29. 나는 ○○에 강력한 매력을 느낀다.	1 2 3 4 5 6 7 8 9
30. 나와 ○○와의 관계에서 일이 잘 풀려나가지 않을 때 깊은 절망감을 느낀다.	1 2 3 4 5 6 7 8 9

열정적 사랑의 척도(PLS: Passionate Love Scale)는 이러한 감정을 측정하기 위해 개발되었다. PLS는 '하나 됨에 대한 갈망'의 인지적·정서적·행동적 지표를 포함한다.

• 인지적 요소
① 상대방에 대한 과도한 생각이나 독점(5, 19, 21번 문항)
② 상대방이나 관계에 대한 이상화(7, 9, 15번 문항)
③ 상대방에 대해 알고자 하는 욕구(10번 문항)와 상대방에게 자신을 알리려는 욕구(22번 문항)

• 정서적 요소
① 상대방에 대한 매력인데, 특히 성적 매력과 모든 일이 잘되어 갈 때의 긍정적 감정(16, 18, 29번 문항)
② 모든 일이 잘되지 않을 때의 부정적 감정(1, 2, 8, 20, 28, 30번 문항)
③ 상호 교류에 대한 갈망과 상대방을 사랑할 뿐 아니라 상대방에게 사랑받고자 하는 감정(14번 문항)
④ 완전하고 영원한 함께 됨의 욕구(11, 12, 23, 27번 문항)
⑤ 생리적 흥분(3, 13, 17, 26번 문항)

• 행동적 요소: 열정적 사랑을 하는 사람들에 따라 다양한 형태를 나타낸다.
① 상대방의 행동을 결정짓는 방향으로의 행동(24번 문항)
② 상대방에 대한 유심한 관찰(4번 문항)
③ 상대방에 대한 서비스(6, 25번 문항)
④ 신체적 밀착의 유지(PLS 연구자는 이 항목을 포함시키고자 원했으나 열정적 사랑을 하는 사람들이 이 항목을 표시하지 않았고 척도의 마지막 개정판에서는 누락되었다.)

출처: Sternberg et al.(2001). 사랑의 심리학. 하우. pp. 123-124

4) 리(Lee)의 사랑의 스타일: 사랑의 색채분석

캐나다의 사회학자인 존 리(John Lee, 1977)는 사랑을 이데올로기에 비유하여 사랑의 이데올로기에는 여러 가지 스타일이 있으며, 사랑을 정의하려고 하기보다는 다른 색채를 가진 사랑을 구분할 수 있어야 한다고 하였다. 예컨대 갈색 톤의 옷이 가장 잘 어울리는 사람이 "갈색만이 진짜 색이야."라고 주장할 수 없는 것처럼 '진정한 사랑'을 이야기할 때도 "이런 사랑만이 진짜야."라고 주장할 수는 없는 것이다 (Lee, 1977).

리는 사랑을 기본 색과 이차 색으로 분류하여 사랑의 유형을 제시하였다. 사랑의 유형을 배합시킨 [그림 4-3]을 보면 기하학적인 방식으로 분류한 사랑의 색채를 볼 수 있다. [그림 4-3]에 따라 우리는 우리가 선호하는 사랑의 유형에 어울리는 상대를 찾을 수도 있다. 일반적으로 두 개의 사랑의 유형이 인접해 있을수록 두 사람은 서로 잘 어울린다고 볼 수 있는데, 이것을 '인접성의 법칙'이라고 한다(Lee, 1977).

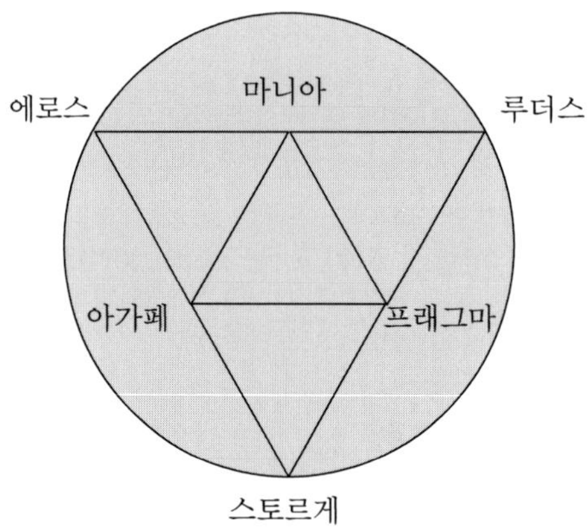

그림 4-3 기본 색+이차 색 도형

출처: Sternberg et al.(2001). 사랑의 심리학. 하우. p. 24.

예를 들어 스토르게와 프래그마 사랑의 관계는 서로를 만족시킬 만한 공통점을 가지고 있는 반면, 마니아 사랑과 스토르게 사랑의 유형의 결합은 상호 간에 오해와 비난으로 점철될 가능성이 크다. 그러나 인접성의 법칙에도 예외가 있는데 마니아와 루더스의 결합은 가까이 있으나 서로 어울리지 않는 유형들이다. 자신과 상대의 사랑의 유형을 알기 위해 우선 사랑의 기본 색과 이차 색을 이루는 각 유형들에 대해 살펴보도록 하자.

(1) 사랑의 기본 색

① 에로스(Eros: 낭만적 사랑 · 육제적 사랑)

그리스 신화에서 에로스의 화살에 맞은 사람을 처음 보게 되는 상대는 '한눈에 반한 사랑'을 하게 된다. 에로스의 사랑을 하는 사람은 상대에게 첫눈에 전류에 감전된 듯 반해 열정이 솟아난다. 이러한 사랑을 하는 사람들은 사랑을 위하여 위험을 감수할 준비가 되어 있다.

에로스는 상대의 육체적 매력에 강한 자극을 받아 성적으로 흥분하게 되는 감정이기도 하다. 때문에 에로스의 사랑은 쉽게 사그라들 것이라고 생각할 수도 있지만 오랜 세월을 함께 지낸 부부들 중에도 처음에 에로스에서 시작한 경우가 많다. 단, 이들의 사랑은 시간이 지나면서 에로스와 동료애가 혼합된 것이라고 볼 수 있다.

② 스토르게(Storge: 우애적 사랑)

소꿉친구 사이에서 세월과 함께 천천히 무르익는 사랑으로 '열정 없는 사랑'이다. 이러한 친구 같은 사랑은 농경시대에서는 이상적으로 보였을지 모르나 급변하는 현대사회에서는 발전되기 어려운 종류의 사랑이다. 열정적인 사랑을 선호하는 사람에게 스토르게 사랑은 사랑이 아닌 우정이나 애정으로 보일 수 있다. 스토르게 사랑을 하는 사람들은 서로 '사랑한다는 말을 하는 것조차 쑥스러우며, 상대가 '사랑하냐?'고 묻는다면 '그런 것을 왜 묻냐?'고 응대할 수 있다. 스토르게 사랑을 하는 사람은 이상적인 육체적 매력을 따지지도 않을 뿐더러 의식적으로 사랑할 상대를 찾지도 않는다.

③ 루더스(Ludus: 유희적 사랑)

루더스란 라틴어로 '놀이'나 '게임'을 의미하는 말로 루더스의 사랑은 돈주앙처럼 많은 상대와 사랑을 하지만 한 사람에게 정착하지 않는 유형이다. 이러한 사랑을 하는 사람들은 사랑을 유희로 생각하며, 많은 사랑의 경험을 수집하기를 즐긴다.

또한 동시에 여러 상대를 사랑하는 것에 대해 조금도 갈등이나 모순을 느끼지 않는다. 루더스의 사랑을 하는 사람은 상대가 자신에게 너무 몰입하는 것을 부담스러워하며 재미를 망친다고 생각한다. 성은 헌신의 표현이 아니라 재미를 위한 것이며 사랑이 인생에서 가장 중요한 것도 아니다. 이들에게는 사랑의 결과로 결혼을 기대하지 않는 것이 좋다.

(2) 사랑의 이차 색

① 마니아(Mania: 광적 사랑)

어원은 테이아 마니아(theia mania, 신으로부터 내려온 광기)로 에로스와 루더스의 특이한 결합 유형이다. 마니아의 사랑을 하는 사람은 대개 어린 시절을 불행했다고 기억하며, 외로움을 잘 타고 사랑할 필요는 느끼면서도 사랑하기를 두려워한다. 자신이 어떤 유형을 좋아하는지 확신이 없으며, 사랑하는 상대에게 강박적으로 집착하며 질투가 강하고 소유적이다. 때로는 자신만이 너무 사랑하는 것이 아닌가 하는 불안으로 머뭇거리기도 한다.

사랑의 상대와 친구가 될 수 없다면 광적인 사랑, 중독된 사랑이라고 할 수 있다. 마니아의 사랑을 하는 사람은 관계를 조종하기를 원하므로 약한(사랑받는) 입장보다 강한(사랑하는) 입장이 되기를 늘 원한다. 마니아 사랑의 사이클에서 벗어나지 못하는 사람은 그 자신이 사랑에 대한 절실한 욕구가 있기 때문으로 이러한 근원적 문제에 대한 해결 없이는 지속적으로 마니아의 사랑에 빠질 수 있다.

② 프래그마(Pragma: 실용적 사랑)

마니아의 사랑과는 매우 다르게 실용적인 사랑으로 루더스와 스토르게의 혼합이다. 사랑의 대상을 찾는 것이 마치 '쇼핑 목록'처럼 의식적으로 각 개인의 여러 측면(정치, 종교, 취미 등)을 신중히 고려하고 자신에게 잘 어울리는 상대를 고르는 식이다.

적당하다고 판단된 상대는 몇 가지 활동을 함께 하며 상대도 자신을 적절한 대상으로 평가하도록 한다. 상대를 제대로 알기 전까지는 미래에 대한 약속을 하기 꺼리며 과도한 감정의 노출을 주의한다.

중매결혼은 프래그마 사랑의 대표적인 예이다. 다른 사랑의 유형과는 달리 프래그마의 사랑을 하는 사람은 자신의 사랑의 선택에 대하여 친구나 부모와 상의하기도 한다.

③ 아가페(Agape: 이타적 사랑)

기독교 이데올로기이기도 한 아가페의 사랑은 에로스와 스토르게의 혼합으로 조건 없이 베풀어 주는 자기 희생적인 천사의 사랑이다. 아가페의 사랑을 하는 사람은 상대에게 사랑의 감정을 느끼지 않더라도 사랑의 의무가 있다고 생각하며 가슴보다 머리에 의해 인도된다. 사랑하는 상대에 대해 애정을 다해 보살펴야 한다는 강한 의무감을 가지나 상대는 사랑이 필요한 많은 사람 중의 한 명에 불과하다는 사실로 인해 갈등을 가질 수 있다. 우리 사회에서 아가페의 사랑을 가장 잘 실천하는 이들이 독신이거나 사랑하는 이성이 없다는 사실은 이와 관련이 있을 것이다.

3 낭만적 사랑

1) 낭만적 사랑의 특성

'사랑'이라고 하면 많은 사람들은 젊고 아름다운 남녀의 낭만적인 사랑을 떠올린다. 로미오와 줄리엣의 사랑, 이도령과 성춘향의 사랑이 그런 사랑이다. 실제로 이성 간의 낭만적 사랑은 몇 가지 독특한 특성을 갖는다(권석만, 1999).

첫째, 두 남녀의 독점적이고 배타적 관계라는 점이다. 상대에 대하여 소유적이므로 제삼자의 개입에 대해 강한 질투와 분노를 느껴 그를 제지한다. 둘째, 낭만적 사랑은 발전 속도가 매우 빠르다. '사랑에 빠진다(fall in love)'는 표현과 같이 때로는 전혀 모르는 사람끼리 첫눈에 강렬한 감정에 몰입되기도 한다. 셋째, 다른 인간관계에 비해 낭만적 사랑은 강렬한 감정, 즉 강한 애착을 유발한다. 따라서 사랑하는 상대도 나를 사랑한다는 것을 확인할 때 강한 기쁨과 환희를 경험할 뿐만 아니라

거부당하거나 헤어질 때의 슬픔과 고통 또한 강렬하다(권석만, 1999).

포프(Pope, 1980)는 낭만적 사랑을 하는 사람들의 공통적 심리상태 또는 증상을 다음과 같이 기술하고 있다(권석만, 1999에서 재인용).

① 사랑하는 사람에 대해 강렬하게 집착하고 몰두한다.
② 사랑하는 사람과 늘 함께 있고 싶은 강렬한 욕망을 느낀다.
③ 함께 있든 아니든 사랑하는 사람에 대해 끊임없이 생각한다.
④ 사랑하는 사람을 보거나 생각하면 강렬한 애정과 신체적 흥분을 느낀다.
⑤ 사랑하는 사람에게는 모든 것을 다 주어도 아깝지 않을 것 같은 느낌을 갖는다.
⑥ 사랑하는 사람으로부터 독점적인 관심과 애정을 받고자 한다.
⑦ 사랑하는 사람의 관심이 다른 사람에게 쏠리면 강렬한 질투를 느낀다.
⑧ 사랑하는 사람이 없이는 자신의 존재가 불완전해지는 느낌을 갖는다.
⑨ 사랑하는 사람이 자신을 거부할지도 모른다는 강한 두려움이 생긴다.
⑩ 사랑하는 사람과 이별하게 되면 깊은 슬픔과 절망감을 느끼게 된다.

이와 같이 낭만적 사랑은 정상적이며 아름다운 심리적 체험인 측면과 비정상적이고 신경증적이며 불안정한 심리상태라는 측면의 양면성을 갖는다. 정상적인 측면에서 사랑은 인간의 원초적인 애정욕구를 활발히 발현하고 충족하는 상태라고 볼 수 있다. 혹자는 낭만적 사랑이야말로 진정한 사랑의 모습으로 삶의 축복이라고 보기도 한다. 반면 낭만적 사랑에 몰두하면 일상생활의 기능 저하를 초래할 수 있고, 의존성, 성충동, 자기조절 능력 부족 등 인격의 미숙함을 드러내는 상태가 되기도 한다(권석만, 1999). 경우에 따라 개인의 열등감, 질투심, 거부에 대한 두려움 등 부정적 심리가 활성화되어 신경증적인 상태가 되기도 한다. 이러한 관점에서 보면 낭만적 사랑은 완전한 사랑이 아닌 미숙한 사랑일 뿐이다.

2) 낭만적 사랑의 위험

사랑은 '죽음보다 고통스럽고 독약보다도 쓰다.'는 표현처럼 기쁨과 환희 뒷면에는 갈등과 고통도 크다. 홍역이나 열병으로도 비유되는 사랑의 고통스러운 면은 어떠한 것들인지 살펴보도록 하겠다.

(1) 과민성 및 불안정성

사랑에 빠진 사람은 매우 예민해져 상대의 눈빛, 손짓 하나에도 주의를 기울이며 촉각을 세운다. 상대의 비언어적인 행동에도 나를 좋아하는 것인지, 거부하는 것인지 등의 의미를 찾으려 한다. 또한 과민성의 결과로 감정 변화의 폭이 커지고 감정 상태가 불안정해져 상대의 반응에 따라 환희 또는 절망과 불안의 양극을 오가기도 한다.

(2) 거부에 대한 두려움 및 열등감

사랑하는 상대에게 사랑을 고백하는 것이 어려운 이유는 바로 사랑하는 상대로부터 거부당할지도 모른다는 과도한 두려움 때문이다. 또한 사랑하는 상대 앞에서 자신이 초라하고 작게 느껴지는 등 억압되었던 열등감이 전면에 부각된다. 즉, 상대에 대해서는 과대평가하며 이상화하는 반면 자신에 대해서는 결점만 확대되어 보이는 경향이 있다.

(3) 의심 및 질투

사랑을 하면 의심이 늘어나 자꾸 확인하고 싶어진다. 상대가 진정으로 나를 사랑하는가? 다른 사람을 만나지 않는가? 이러한 의심은 사랑의 위험한 함정으로 자칫 불신과 오해를 낳아 파괴적 결과를 낳을 수 있다. 또한 '질투는 사랑의 자매'라는 비유가 있듯이 사랑에 빠진 사람은 사랑하는 상대에게 호의적인 사람들을 적대적으로 대하고 깎아내리고자 한다. 의심과 질투심은 표현하기 어려운 감정인 만큼 해소도 어렵다. 짜증이나 비아냥거림 등 다른 방식으로 의심과 질투를 표출하여 사랑하는 관계를 악화시킬 수 있다.

이러한 사랑의 부정적인 심리상태는 자신뿐만 아니라 사랑하는 상대까지 불행하게 만들 수 있는 요인들이다. 이렇듯 고통이 큰 낭만적 사랑은 집착적이고 비이성적인 경향이 있어 '강박적 사랑'이라고도 불린다(Tennov, 1979; 권석만, 1999에서 재인용). 그렇다면 고통만 주는 강박적 사랑의 원인은 무엇일까? 여러 가지 원인이 있겠지만 가장 큰 요인은 '사랑에 대한 환상과 편견'이라고 볼 수 있다.

인지치료자인 엘리스(Ellis)는 사랑에 대한 비합리적 사고가 친밀한 이성관계를 해치고 불행한 결과를 초래하는 미숙한 사랑의 원인이 된다고 주장하였다(〈참고자료 4-2〉 참고). 사랑에 대한 비합리적 신념은 현실에서 충족되기 어려운 기대로 사랑하는 사람과 자신에게 과도한 요구를 하게 되어 갈등과 고통을 초래하는 것이다.

현대인들은 영화, 드라마, 만화 등을 통해 사랑에 대해 '사랑은 ……해야 한다.'라는 당위적 기대를 갖기 쉽다. 그러나 이러한 기대들은 비현실적인 것이 많으며 지나치게 미화된 낭만적 사랑을 기대하도록 만든다. 비현실적인 환상과 상상은 미숙한 사랑으로 결국 실제의 이성관계에서 좌절과 갈등을 초래하게 한다. 낭만적 사랑에 대한 미신과 편견, 즉 비합리적 신념에서 벗어나 사랑에 대해 유연한 자세를 갖는 것은 건강하고 기쁨에 찬 낭만적 사랑을 위한 조건이 될 것이다.

참고자료 4-2 낭만적 사랑에 대한 비합리적 신념

- 사랑은 뜨겁고 열정적이어야 한다.
- 내가 열정적으로 사랑할 수 있는 대상은 한 명뿐이다. 진정한 사랑은 일생에 한 명뿐이다.
- 낭만적 사랑은 영원히 지속될 것이다. 결혼은 낭만적 사랑을 영원히 보장할 것이다.
- 나를 사랑한다면 사랑받고 있다고 항상 느낄 수 있어야 한다.
- 사랑하는 사람과 헤어지면 다시는 사랑을 못할 것이다. 실연의 고통으로부터 오랫동안 빠져나오지 못할 것이다.
- 낭만적 사랑을 느끼지 않고 결혼하는 것은 옳지 않다.
- 낭만적 사랑 없이 성관계를 갖는 것은 옳지 않다.
- 첫눈에 반한 사랑이 진짜 사랑이다.
- 진정한 사랑을 위해서는 모든 것을 희생해야 한다.

출처: 권석만(1999). 인간관계 심리학. 학지사. pp. 280-281.

3) 낭만적 사랑의 생리학적 요소

'당신이 특별한 사람을 만났다고 느끼는 순간, 심장이 두근두근 뛰고 손에서는 땀이 나며 얼굴은 화끈 거린다……. 그 사람이 나의 데이트 신청을 받아들이자 나의 몸은 구름처럼 둥실둥실 뜬 기분이다……. 그 사람과 첫 키스를 한 순간 온 몸은 녹아내리는 듯하였고 며칠간 밥을 안 먹어도 배가 고픈 줄 몰랐다.'

리보위츠(Liebowitz, 1983)에 의하면 '사랑 중독자'와 마약 중독자는 많은 부분에서 유사하다고 한다. 낭만적 사랑의 분위기를 띄우고 에너지를 주는 효과는 바로 암페타민 관련 복합체인 페닐알라민(PEA)으로 초콜릿에서도 발견되는 성분이다. 이 화학물질이 바로 심장을 뛰게 하고, 손에 땀을 나게 하며, 가슴을 울렁거리게 만드는 화학성분의 하나이다.

낭만적 사랑에 빠진 사람에게 자연스럽게 일어나는 대뇌의 화학적 작용은 코카인이나 암페타민과 같은 자극제에 의해 일어나는 작용과 매우 유사하며, 이러한 화학적 자극에 의해 사랑하는 상대에게 감정의 격발을 창출하게 된다(Sternberg et al., 2001). 또한 아드레날린과 엔돌핀도 분비되는데, 아드레날린은 맥박을 빠르게 하고, 정신을 맑게 하며(각성시키며), 황홀한 기분과 관련있으며, 엔돌핀의 분비는 면역체계를 강화시키는 역할을 한다. 흥분을 고조시키는 화학물질은(아드레날린, 옥시토신 등) 기분을 좋게 하나 주의 범위가 좁아져 사랑하는 상대에만 관심을 쏟게 되며, 따라서 상대의 결점도 눈에 들어오지 않는다.

반면 이별 뒤에 따르는 심적 고통은 암페타민을 비롯한 관련된 여러 화학물질의 감소와 관련이 있다. 따라서 대부분의 로맨스가 시간이 감에 따라 강도가 약해지는 것은 급증하였던 페닐알라민이 평소의 수준으로 돌아오는 정상적인 생리과정에 의한 것이다.

한편 낭만적·열정적 사랑은 성적 욕구와도 관련이 있는데, 이때에는 시상하부에서 성호르몬인 에스트로겐과 테스토스테론(CH-RF)의 분비가 증가하면서 모든 접촉이 성애로 바뀌어 성적 반응이 빨라진다. 사랑하는 사람의 향기나 모습, 소리, 감촉 등은 성적 욕구를 규제하는 대뇌의 신경 생리계에 물리적 효과를 작동시키게 된다. 에스트로겐은 피부를 윤택하게 하고 혈액순환을 도와 여성의 외모를 아름답게 변모시킨다(Sternberg et al, 2001).

따라서 '사랑에 빠진다'는 현상은 두뇌에서 벌어지는 일련의 생화학적 반응으로 볼 수 있으며, 이러한 생화학적 과정을 통해 연인들은 면역이 강화되어 더 좋은 건강을 유지할 수 있다.

4) 사랑의 기술

앞에서 살펴본 것처럼 낭만적 사랑은 따뜻한 친밀감과 열정을 경험할 수 있는 심리적 경험이면서도 그 안에 위험한 측면이 존재한다. 그렇다면 어떻게 하면 건강한 사랑을 할 수 있을까? 연구에 의하면 우리가 타인과 친밀하게 지내는 방법을 학습함으로써 사랑하는 사람과 더욱 친밀하면서도 건강한 관계를 유지할 수 있다고 한다. 여기서는 그 방법에 대해 탐색해 보기로 하자.

(1) 독립감의 유지

독립감을 유지한다는 것이 친밀감과 반대되는 성격 특성은 아니다. 오히려 친밀감과 독립감은 상호 연결된 대인기술로 독립감이 결여된 사람은 진정으로 친밀한 관계를 맺는 것이 불가능하다. 종종 상대에게 종속되어 자기정체감이 부족한 사람은 상대 없이는 생을 살아나갈 자신이 없으며, 상대가 떠나갈까 봐 자신의 분노나 불안, 두려움을 상대에게 나타내지 못한다. 독립감이 부족한 사람들은 진정으로 친밀한 관계를 맺는 것에도 두려움을 갖고 있다.

반면 독립적인 사람들은 친밀한 관계를 맺을 수 있다는 점에 대해 자신감을 갖고 있으며, 상대에게 고착되어 있지 않으므로 상대가 자신에게 귀 기울이지 않고 배려해 주지 않는다면 그를 떠날 수 있는 용기가 있다. 관계를 시작, 유지, 종결하는 과정에서 각자의 독립감을 유지하면서도 깊은 생각을 나누는 친밀감에 대해서도 용감하다. 진정한 친밀감을 발전시키고 싶다면 먼저 '홀로서기'를 해야 한다. 각자 독립된 인간으로 독립된 사고와 감정을 갖고 있음을 인정하고, 그럼에도 불구하고 서로 가까워질 수 있다는 점에 기대와 용기를 가질 수 있다.

(2) 친밀감의 기술

① 자신을 있는 그대로 받아들이기

친밀감과 독립감을 배우는 첫 단계는 자신을 있는 그대로 받아들이는 것이다. 인간은 신이 아니므로 완전한 존재가 아니다. 강점과 함께 단점을 가지고 있다. 인생의 다양성을 수용하고 즐거움을 발견하는 지혜가 필요하다.

② 상대를 있는 그대로 받아들이기

상대에 대해 자신의 관점대로 고정시켜 허황된 기대를 가지고 있지는 않은가? 자기에게도 엄격하지만 상대에게는 더욱 엄격한 것은 아닌가? 상대가 내가 원하는 그런 사람이 아니라 지금 보이는 이 사람이라는 것을 깨닫는다면 친밀한 관계에 한걸음 가까이 간 것이다.

③ 자신에 대해 표현하기

더욱 친밀해지기 위해서는 자기 노출이 필요하다. 더 정직하고 관대하며 인내하도록 노력해야 하며, 이성과 감정에 대해 표출할 수 있어야 한다. 사랑을 하다 보면 귀찮고 보기 싫고 불일치된 부정적인 면도 함께 있기 마련이다. 그러나 역설적으로 연인들은 자신들의 분노와 짜증, 양가감정 등을 토로하기 시작할 때 다시 정열적인 사랑의 감정을 느끼게 된다.

④ 상대의 반응을 잘 다루기

자신이 한 말에 상대가 어떻게 느낄지 곰곰이 생각해 보고 상대의 반응에 대해 다시 반응해 주는 것이 필요하다. 상대의 반응에 귀 기울여야 하며, 그의 느낌을 느끼려고 노력해 보고, 조용히 기다려야 할 수도 있다. 상대의 반응에 관심을 갖는 태도를 지속적으로 갖는다면 진정한 친밀감의 순간이 올 것이다(Sternberg et al, 2001).

5) 사이버 사랑

전쟁의 부산물인 인터넷은 이제 우리 생활의 일부가 되어 사회적 연결망을 넓히고 가상문명의 도래를 이끌고 있다. 예전에는 면 대 면의 상호작용을 통해 유지되는 낭만적 관계가 이제는 인터넷을 통해 온라인상에서 새로운 인간관계의 장르가 창출되고 있으며, 이를 통해 미래의 배우자 선택과 성적 욕구를 충족시킬 수 있게 되었다.

참고자료 4-3 사이버 사랑

사이버 공간에서 남녀가 만났다. 남자의 직업은 인터넷상의 수많은 포르노 사이트를 돌아다니며 등급을 매겨주는 이른바 '포르노 평론가'였고, 여자는 평범한 웹 서퍼(web surfer)였다. 두 사람은 인터넷을 통해 취미, 인생, 사람, 삶, 죽음에 이르기까지 온갖 주제를 놓고 대화를 나누었다. 이 세상 어느 누구와 나눈 것보다 더 진지한 대화였다. 둘은 빠르게 가까워졌고 급기야는 사랑이 싹텄다.

어느 날 남자는 여자에게 현실공간에서 만나자고 제의했다. 처음에 여자는 완강하게 거절했다. 그래도 남자가 줄기차게 설득하자 여자는 고백했다. "우리가 만난다면 당신은 틀림없이 나를 싫어하게 될 것입니다. 나는 키 작고, 못생기고, 끔찍할 정도로 뚱뚱하니까요." 이에 남자가 대답했다. "나는 당신의 외모가 아니라 당신의 마음과 정신을 사랑합니다. 당신이 어떻게 생겼는지는 내게 전혀 중요하지 않습니다."

이 이야기는 미국 뉴욕에서 있었던 실화이다. 사람들은 흔히 인터넷상의 만남을 즉흥적이고 지나치게 가볍다고 평가절하한다. 그러나 미국의 이 남녀는 인터넷을 통해 영혼의 대화 상대를 찾았다. 한편에서는 인터넷이 현대인을 자기만의 좁은 공간에 가두고 사람들 사이의 '관계'를 단절시킨다고 우려한다. 그러나 다른 한편에서는 인터넷이 새로운 차원의 '관계'를, 더 나아가 새로운 차원의 공동체를 건설하는 도구가 될 수 있다고 주장한다.〈중략〉

얼마 전 발표된 검찰 자료에는 원조교제를 위한 접촉수단의 67%가 인터넷이라는 통계가 나왔다. 이쯤되면 '사이버 사랑'도 양극을 치닫는 셈이다. 새로운 차원의 '관계'로 공동체를 풍성하게 하는 한국판 '사이버 사랑'을 우리는 언제쯤이나 볼 수 있을까?

출처: 동아일보(2001. 5. 9).

CMR(Computer Mediated Relationship)이란 용어는 말 그대로 컴퓨터가 개입된 인간관계를 의미하는 것으로 사이버 공간에서는 문자를 통해 마음을 전달하고 서로 호감을 갖게 되어 사랑을 하게 되기도 한다. 컴퓨터가 개입된 낭만적 관계는 어떠한 특징을 가질까? 연구에 의하면(Markle & Richardson, 2000) CMR에서는 상대방의 얼굴을 볼 수 없으므로 신체적 매력을 덜 강조하며 오히려 가치관이나 태도, 유사성 등을 더 중요시한다. 즉, CMR에서는 부담없이 여러 이야기를 하게 되므로 빠른 시간 내에 자기 노출을 많이 하게 되는 경향이 있고, 따라서 금방 상대의 관심을 파악하고 대화의 화제가 사적인 내용으로 옮겨지므로 강한 친밀감이 발생하게 된다(〈참고자료 4-3〉).

4 사랑의 종결: 실연

낭만적 사랑이 언제나 영원한 사랑이나 결혼으로 맺어지는 것은 아니다. 뜨겁게 사랑하던 연인들도 더러 여러 가지 이유로 헤어지게 되는데, 사랑의 기쁨만큼 사랑의 상처도 깊게 남는다. 아픈 실연을 더욱 고통스럽게 하는 요인들이 있다. 첫사랑인 경우, 예상치 못한 채(일방적으로) 갑자기 실연당한 경우, 상대방이 다른 사람을 사랑하게 되어 거부당한 경우, 거부당한 이유가 자신의 성격이나 능력, 외모 등 내적 조건 때문인 경우, 두 사람 관계가 주변에 잘 알려진 경우, 친구나 가족이 없는 외로운 사람인 경우 등은 실연의 고통을 더욱 크게 할 수 있는 요인들이다(권석만, 1999).

1) 실연의 유형

실연은 사랑의 종결 또는 해체를 의미하며, 그 유형도 여러 가지이다. 첫째, 사랑하던 연인이 일방적으로 관계의 종결을 통보하는 '일방적 실연'은 짝사랑의 결과일 수도 있고 더 나은 애정 상대의 출현으로 버림받는 경우일 수도 있다. '일방적 실연'의 결과로 거부당한 쪽은 깊은 자존감의 상처와 더불어 우울감, 복수심, 분노 등을 경험하게 된다. 둘째, '합의된 실연'은 서로 합의하고 관계를 종결하는 경우로 사랑하는 과정에서 생긴 갈등을 효과적으로 해결하지 못함으로써 애정이 식어 헤어지게 되는 경우가 많다. 이러한 경우에는 상대에 대한 불만이 있어 헤어지는 것이기 때문에 상대적으로 고통이 적지만 아쉬움이나 후회가 남기도 한다. 셋째, '강요된 실연'은 외부적 요인으로 관계가 중단되는 경우로 예컨대 부모의 반대나 한쪽의 죽음 등으로 사랑을 이루지 못하는 것을 들 수 있다. 이러한 경우 그리움과 아쉬움이 더욱 커져 관계가 중단되더라도 상대에 대한 사랑의 감정은 더 강해질 수 있다. 주변의 반대는 연인 간의 결속을 더욱 강화시키게 되는데, 이를 '로미오와 줄리엣 효과'라고 한다(권석만, 1999).

2) 실연의 후유증

실연은 사랑의 상실로써 사람이나 유형마다 다를 수는 있겠지만 여러 가지 심리적 후유증을 남길 수 있다. 상실경험으로 인해 정서적으로는 슬픔과 우울감이 나타난다. 헤어진 연인에 대한 미련과 후회, 거부당한 분노와 적개심·복수심이 복합적으로 나타나기도 한다. 인지적인 기능도 저하되는데, 기억력과 판단력도 일시적으로 저하되고 산만해져 정신집중이 안됨으로써 업무수행 능력이 떨어진다.

또한 자신에 대한 부정적인 생각에 휩싸이고 사랑에 대해서도 비관적이 되어 삶이 무의미하게 느껴지기도 한다. 행동상으로는 의욕과 흥미가 저하됨으로써 활동성이 떨어지고 대인관계가 위축된다. 식욕은 저하되고 술이나 담배가 늘어 무절제한 생활에 빠지기 쉽고, 불면증, 두통, 소화불량 등 신체적 증상과 건강에 이상이 나타날 수 있다(권석만, 1999). 극단적인 경우에는 사회적 부적응과 폭력, 자살 등의 역기능적 행동이 나타날 수도 있으며, 성급한 치유 수단으로 충동적인 연애나 결혼을 하기도 한다.

실연의 후유증을 줄이기 위해 어떤 사람들은 방어적 방법을 취하기도 한다. 예컨대 이떤 사람들은 실연당할 조짐이 보이면 먼저 상대와의 관계를 끊는다. 이는 거부당하는 것보다 거부하는 것이 아픔이 덜하기 때문이다. 또한 상대방의 가치를 평가절하하는 '신포도와 여우(이솝우화)' 방식을 취하는 사람도 있다. 한때 사랑했던 사람이지만 결함 많은 인간으로 평가함으로써 자기 합리화를 통해 실연의 아픔을 줄인다.

마지막으로 다른 이성과 애정관계를 맺음으로써 도피하는 방식이다. 고독감과 고통을 피하기 위해 별로 끌리지 않는 상대와 만나기도 한다. 이러한 방어적 노력들은 의식적 또는 무의식적으로 이루어진다.

3) 실연의 극복

실연의 고통에서 벗어나는 것은 쉬운 일이 아니다. 실연을 당한 사람은 아픔에서 벗어나지도, 다시 사랑할 수도 없을 것이라고 생각하기 쉽다. 그러나 대부분의 사람은 실연의 아픔을 극복하게 되며 이는 일반적으로 세 단계를 거치게 된다. 첫 단계는 충격과 고통의 시기로 실연 직후의 슬픔, 우울, 미련, 분노 등의 감정에 휩쓸리는 고통스러운 시간이다. 두 번째 단계는 치유의 시기로 여러 가지 노력(예: 여행, 일)을 통해 실연의 상처가 서서히 아물게 된다. 셋째, 성숙의 시기로 실연의 아픔을 극복하며 자기반성을 하게 되고 한층 성숙해지며 사랑에 대해 새로운 시각을 갖게 된다. 이러한 일련의 단계를 통해 보다 성숙한 이성관계를 위한 밑거름을 마련하게 된다.

실연의 상처를 극적으로 치유하는 묘약은 없다. 하지만 실연의 상처가 다소 빨리 아물도록 돕는 몇 가지 방법은 있다(권석만, 1999). 첫째, 충분히 아파하고 슬퍼하되 장기화되는 것은 주의해야 한다. 아픔과 슬픔은 정상적인 반응이며 치유의 과정임을 이해한다. 둘째, 가능하면 1~2주 정도 일상에서 벗어나 여행을 하거나 새로운 일을 해보는 것도 좋다. 환경의 변화는 일상의 업무 부담에서 벗어나게 하며 기분을 전환시킨다. 셋째, 실연의 원인과 과정을 생각하며 반성을 통해 교훈을 얻는다. 비현실적 기대나 환상은 없었는지 생각해 본다.

실연 극복의 과정은 가족의 죽음을 극복하는 과정과 유사하다. 둘 다 상실의 경험이기 때문이다. 애도의 과정을 통해 상실을 현실로 받아들이면 고통은 견딜 수 있는 수준이 되며, 충분히 아파한 후에는 일상의 궤도로 돌아와 본연의 인간관계와 일에 복귀할 수 있게 된다.

요 약

문화와 예술의 오랜 주제인 사랑에 대해 과학적인 연구를 시작한 것은 오래되지 않았다. 사랑에 대한 체계적 이해는 사랑의 신비감을 감소시킨다는 일각의 비판도 있지만 건강하고 행복한 사랑을 경험하기 위해서 현대의 젊은이들이 갖추어야 할 지식이라 할 수 있다.

사랑에 대한 이론적 관점은 다양하다. 유아기 때 부모와 초기 애착의 유형에 따라 성인기의 사랑의 유형이 결정된다는 심리학적 입장, 사랑은 자연 발생하는 것이 아니라 학습된다는 사회심리학적 입장이 있다. 스턴버그는 친밀감, 열정, 헌신(언약)이 사랑의 세 요소라는 삼각이론을 주장하였고, 리는 사랑을 기본 색과 이차 색으로 나누어 분류하며 사랑은 한 가지로 정의할 수 없는 것이라고 보았다.

이러한 관점들이 암시하는 것은 사람에 따라 선호하는 사랑의 유형이 다를 뿐만 아니라 한 개인의 사랑의 유형도 평생에 걸쳐 변화한다는 것이다. 특히 많은 사람들이 관심 있는 낭만적 사랑은 인생의 가장 아름다운 측면인 동시에 불안정하고 신경증적인 측면을 가지고 있다. 우리가 성숙한 사랑을 하기 위해서는 사랑에 대한 비합리적인 신념, 환상과 편견에서 벗어나 사랑에 대한 유연한 자세를 가져야 하며, 독립된 자기정체감과 친밀감을 동시에 개발할 수 있어야 한다.

사랑은 단지 마음에 담아 두는 것으로 부족할 때가 있다. 이심전심 전달되기도 하지만, 말과 행동으로 표현하지 않으면 상대가 사랑을 느끼지 못할 수 있기 때문에 사랑을 전달하는 기술도 익혀야 할 것이다. 사랑은 영원하지 않다. 실연으로 끝나기도 하고, 아무리 아름다운 사랑이라도 시간이 흐르면 이별의 순간을 맞이할 수밖에 없다. 실연은 상실의 경험이지만 애도의 과정을 통해 보다 성숙한 사랑을 준비할 수 있다.

참고자료 4-4 사랑에 대한 명언

- 사랑이란 우리가 사랑하는 것의 생명과 성장에 대한 적극적인 관심이다.

– Fromm

- 사랑이 오는 것은 보이지 않는다. 다만 가는 것만 보인다.

– Austin Dobson

- 그대가 사랑하는 사람을 보면 그대가 어떤 사람인지를 알 수 있다.

– Arsene Houssaye

- 사랑은 사람들을 치료한다. 사랑을 받는 사람, 사랑을 주는 사람 할 것 없이.

– Karl Menninger

- 당신이 한 여인에게 아무것도 숨길 수 없게 되었을 때 당신은 그녀를 사랑하는 것이다.

– Paul Geraldi

- 사랑은 게으른 사람에게는 일이지만 바쁜 사람에게는 게으름이다.

– Bulwer Lytton

- 사랑이란 말이 의미하는 것은 젊은이에게는 성적 흥분이며, 중년에게는 습관이며, 노부부에게는 상호 의지이다.

– John Ciardi

- 사랑은 홍역과 같다. 그것은 인생에서 늦게 올수록 나쁘다.

– D. J. Jerald

- 사랑이란 지성에 대한 상상력의 승리이다.

– 맨켄

- 사랑은 어떤 점에서 야수를 인간으로 만들고 또는 인간을 야수로 만들기도 한다.

– Unamuno Y. Jugo

- 사랑은 거울과 같다. 내가 다른 사람을 사랑하게 되면 그는 거울이 되고 나는 그의 거울이 된다. 그래서 우리는 서로의 거울 속에 비추어진 사랑을 보고 사랑이 무한하다는 것을 알게 된다.

– 미상

- 참사랑이란 평생 익는 과일이다.

– 라마르탄

연구과제

1 리(Lee)의 사랑의 스타일 분류에 의하면 자신의 취향에 가장 맞는 당신의 사랑의 스타일은 무엇인가? 이러한 사랑의 스타일을 선호하는 사람을 만나고 있거나 혹은 찾고 있는 중인가?

2 최근 우리 사회에도 서구의 개인주의가 확산되고 있다. 개인주의나 민주주의(예컨대 남녀의 평등사상)가 젊은이들의 낭만적 사랑의 양식에 어떠한 영향을 미친다고 생각하는가?

3 “만나지 않고도 사랑할 수 있을까?” 최근 사이버 공간에서의 사랑이 늘어나고 있고, 이러한 소재를 다룬 영화도 꾸준히 나오고 있다. 사이버 공간의 사랑이 갖는 장점과 한계점은 어떤 것들이 있는지 생각해 보자.

참 / 고 / 문 / 헌

권석만(1999). **인간관계 심리학**. 서울: 학지사.
김중술(1995). **사랑의 의미**. 서울: 서울대학교 출판부.
스턴버그. R. J. (2001). **사랑의 심리학**. 최연실(역). 서울: 하우.
홍성묵(1999). **아름다운 사랑과 성**. 서울: 학지사.

Lasswell, M. & Lobsexz, N. M.(1980). *Styles of loving*. N.Y.: *Doubleday*.
Lee, J. A.(1977). A typology of styles of love. *Personality and Social Psychology Bulletin*. 3, 173-182.
Markle, E. R. & Richardson, R. A.(2000). Digital dating and virtual relating. *Famiy Relations*, 49(2). 187-192.
Rossi, A. R. & Rossi, P. H.(1990). Of human bonding. N.Y.: Aldine de Gruyter.
Sternberg, R. J.(1986). A triangular theory of love. *Psychological Review*, 93, 119-135.
______________(1990). *A triangular theory of love scale*. Department of Psychology. Yale University. New Haven: Manuscript.

1부 결혼 준비

5장 성 이해하기

공 미 혜

난 당신의 육체와 함께 있을 때 내 몸이 좋아요. 그땐 굉장히 다르거든요.

근육도 더 좋고 신경조직도 더 많고 난 당신의 육체가 좋아요. 난 당신이 하는 것도 좋고, 하는 방법도 좋아요. 난 당신의 육체가, 뼈가 도는 것을 그리고 단단하면서도 부드러운 것이 떨리는 걸 느끼는 게 좋아요…….

E. E. Cummongs

1 성과 그 기능

성(sexuality, 性)이란 성적인 욕망, 정체성, 행동을 모두 포함하는 포괄적인 개념이다. 우리 사회에서 성에 대한 담론은 통제된 상태였고 이중적인 성규범, 즉 여성과 남성에게 다르게 적용되는 성규범과 이성애에 대한 강조는 여성과 남성의 성에 대한 그럴 듯한 사회통념을 합리화하였다. 여기에는 성에 대한 본질론적 관점이 작용하고 있다(조영미, 1999).

본질론자들이 보는 인간의 성은 타고날 뿐 아니라 생물학적 요소와 같이 불변하는 속성으로 본다. 즉, 남성과 여성이 보여주는 성적인 욕망이나 행동에서의 차이는 불가피하며 이는 바로 성기나 호르몬과 같은 생물학적 차이에 의해 결정된다는 것이다. 일반적으로 남성은 여성보다 강한 성적 욕망을 지니고 있어서 적극적이고 주도적인 성행동을 보이지만 여성은 성적 욕망이 약해서 수동적인 성행동을 나타내게 된다.

이와 같이 본질론은 문화와 시대적 흐름을 고려하지 않고 인간의 성에 대한 고정적인 관념을 유포시키고 있으며, 남녀의 성적 행동과 태도를 정당화하는 기능을 한다. 따라서 본질론은 남성의 강력한 성적 욕망으로 인한 성적 방종이나 성폭력을 유리한 관점에서 해석하도록 한다.

그러나 성적 욕망이나 정체성, 성행동 등은 시대와 문화에 따라 상당히 다르게 인식되고 있으며 또 개인별로 큰 차이를 보인다. 예를 들어 삼국유사에 의하면 신라인들의 혼전 성관계나 혼외 성관계에 대한 사항이 자주 언급되고 있으며, 고려도경에도 고려인들이 쉽게 결합하고 갈라선다는 내용이 기록되어 있다(윤가현, 1998). 또한 남태평양의 작은 섬인 만가이아에서는 혼전 성관계를 정상적인 성인이 되는 과정으로 인식하여 권장하고 있으며 혼외 성관계도 거의 당연하게 여기고 있다고 한다. 왜냐하면 이들의 삶에 있어서 성적 쾌락은 중요한 요소 중의 하나이기 때문이다(하재청 외, 1992).

성의 생물학적 결정론인 본질론을 비판하는 사회구성론은 인간의 성이 고정된 본질에 의해 규정되는 것이 아니라 개인이 속한 사회문화적 맥락에 의해 규정되고 의미를 지니는 것으로 해석한다. 따라서 성은 사회적으로 조직되며 친족체계, 정치경제적 분위기, 사회적 규제 등 모든 사회관계와 연결되어 있다. 사회구성론의 관점에서 본다면 최근 개방적인 성풍조는 모든 영역에 있어서 상품화를 조장하는 소비자본주의, 여성의 경제활동 참여의 증가, 피임기술의 발전, 자녀 수 감소와 핵가족화, 페미니즘 확산에 의한 여성의 권리신장 등과 같은 사회적 요인과 연관하여 설명될 수 있다.

성은 그 사회의 규범과 제도뿐 아니라 성별, 계급, 인종, 연령, 선호도에 따라 다양하게 달라지는 사회적인 구성물이지만 그 기능은 크게 두 가지로 구분된다(윤가현, 1998). 첫째는 종족보존(procreation)이고, 둘째는 즐거움(recreation)이다. 종족보존은 자녀를 출산하여 혈육을 잇는 기능을 의미하는 것이고, 즐거움의 기능은 친밀감을 조성하고 긴장을 해소하여 생활의 활력을 부여하는 역할을 한다. 보통 성행위에서는 이 두 가지 기능이 함께 나타나기도 하지만 시대와 문화권에 따라 한쪽 기능이 강조되기도 한다. 특히 현대에 이르러 소비자본주의가 확산되면서 즐거움의 기능이 확대되고 있는데 그 내용으로는 쾌락의 추구, 긴장이나 갈등의 완화, 욕구불만의 해소, 사랑의 확인, 재화의 획득 등으로 나누어진다.

2 성의 과학

인간은 성별에 따라 확실하게 구별되는 성기구조를 가지고 있지만 그렇다고 해서 남성은 남성호르몬만, 여성은 여성호르몬만 분비하는 것은 아니다. 대개 호르몬 생산의 상대적 비율 때문에 에스트로겐과 프로게스테론을 여성호르몬, 안드로겐을 남성호르몬이라고 부르는데 남녀 모두 이 세 가지 호르몬을 생성한다. 특히 여성들의 성욕이나 성적 쾌락을 느끼게 해주는 호르몬은 남성호르몬인 안드로겐으로 밝혀져 흥미롭다(하재청 외, 1992).

성호르몬 분비는 사춘기가 되면서 증가한다. 특히 성별 성호르몬의 중대한 차이는 연령에 따른 분비 정도이다. 남성들은 사춘기에 남성호르몬이 증가하여 20대 초반에 절정에 이르며, 그 이후 점차 감소하지만 중단되지는 않는다. 한편 여성도 사춘기 이후 호르몬의 양이 증가하지만 그 정도는 주기에 따라 다르게 나타나며 그 결과 생리현상이 일어난다. 또한 여성의 경우 성호르몬은 폐경기를 맞이하면서 생성이 중단된다(윤가현, 1998).

인간의 성반응에 대한 과학적 탐구는 약 40년 전 미국의 산부인과 의사인 마스터(Masters)와 존슨(Johnson) 박사 부부에 의해 이루어졌다. 이들은 여성이 성적으로 흥분하게 되면 질 내가 젖게 되고, 절정기인 오르가슴에 도달했을 때에는 질 입구 근처에 있는 오르가슴 융기가 0.8초 간격으로 수축이 반복되어 온몸으로 쾌감을 느낀다는 것을 알아내었다. 또한 남성의 경우 일단 오르가슴에 도달하여 사정하고 나면 어떤 성적 자극에도 반응할 수 없는 무반응기의 상태가 된다는 사실과 여성의 경우는 일단 오르가슴에 도달해도 성적 흥분이 낮아지지 않으면 자극에 의해 몇 번이고 반복해서 오르가슴에 도달한다는 것도 명확해졌다.

그리고 이들은 여성에게 있어서 음핵에 의한 오르가슴은 미숙한 것이고 질의 자극에 의한 오르가슴이 진짜라는 잘못된 사실을 바로잡았다. 오히려 여성은 음핵으로 성적 흥분을 고조시켜 질 내에서 오르가슴을 표현한다는 점을 밝혀냈다.

참고자료 5-1 성지식 테스트

다음 문항이 맞으면 ○표, 틀리면 ×표 하시오.

1. 보통 남자가 여자보다 오르가슴에 빨리 도달한다. ( )
2. 월경 중에 성교하는 것은 올바른 성행위가 아니다. ( )
3. 남자의 성기는 발기가 되어야 사정이 가능하다. ( )
4. 부부가 반드시 동시에 오르가슴에 도달하지 않아도 원만한 부부관계를 유지할 수 있다. ( )
5. 부부 중 한쪽이 자위행위를 하고 있다는 것은 결혼생활이 원만하지 않다는 징후이다. ( )
6. 자궁절제수술을 받은 여싱은 수술 후 성관게에서 오르가슴을 경험하지 못한다. ( )
7. 남성은 10대 후반에서 20대 초반에 성적 욕구가 절정에 이르고, 여성은 30대에 절정기를 이룬다. ( )

8. 여성은 월경 중에도 임신이 가능하다. ( )
9. 대부분의 남녀는 60세가 지나면 성에 대한 관심이 없어진다. ( )
10. 남성이 느끼는 오르가슴은 여성이 느끼는 것보다 쾌감이 더 크다. ( )
11. 콘돔을 사용하면 임신과 성병을 예방할 수 있다. ( )
12. 여성의 경우에 질액이 분비된다는 것은 남성의 발기 상태와 마찬가지로 성적으로 흥분했음을 나타낸다. ( )
13. 입으로 성기를 애무하는 행위는 성병에 걸릴 가능성이 많기 때문에 비위생적이다. ( )
14. 성교 중에 성적인 공상을 즐기는 여성은 자신의 성생활에 만족하지 못하기 때문이다. ( )
15. 성교의 빈도는 부부관계가 얼마나 좋은가를 알려주는 지표가 된다. ( )
16. 여성은 자신의 성기를 손으로 자극함으로써 오르가슴에 도달할 수 있다. ( )
17. 폐경기가 되면 여성은 성욕이 현저히 감소된다. ( )
18. 여성도 남성만큼 자주 성욕을 느낀다. ( )
19. 피임방법 중 가장 효과적인 방법은 성교 후에 여성의 질 속을 씻어내는 방법이다. ( )
20. 남성의 경우에는 성교를 하고 난 후 잠깐 동안은 성적 자극에 반응할 수 없는 시간이 있다. ( )
21. 여성은 한 번의 성교에서 여러 차례 오르가슴을 경험함으로써 성적 반응을 유지할 수 있다. ( )
22. 대부분의 여성들은 오르가슴을 경험하지 않고서도 섹스를 즐길 수 있다. ( )
23. 남성의 성기가 클수록 성교 때에 여성이 만족감을 느낀다. ( )
24. 여성은 일단 폐경기가 시작되면 더이상 임신이 불가능하다. ( )
25. 남성의 발기현상은 음경에 혈액이 들어 차기 때문에 생긴다. ( )
26. 클리토리스(음핵)가 여성 성기에서 가장 민감한 부위는 아니다. ( )

정답

1. ○ 2. × 3. × 4. ○ 5. × 6. × 7. ○ 8. ○ 9. × 10. ×
11. ○ 12. ○ 13. × 14. × 15. × 16. ○ 17. × 18. ○ 19. × 20. ○
21. ○ 22. ○ 23. × 24. × 25. ○ 26. ×

3 성혁명과 그 이후

1980년대 말부터 한국 사회에서 성에 대한 태도와 행동은 이전과는 매우 다르게 나타나고 있다. 성에 대한 태도와 행동에 대한 기준이 달라지는 현상을 성혁명(sexual revolution)이라고 하는데, 이미 서구에서는 1960년대에 시작된 것으로 평가되고 있다. 그러나 일부 학자들은 서구의 생활 철학인 기독교의 영향에 의해 성의 태도와 행동에 있어서 변화의 속도가 그다지 빠르지 않다는 점을 들어 성에 대한 자유로운 현상을 성진화(sexual evolution)로 보는 것이 옳다는 주장을 펴기도 한다.

성의 변화에 대한 입장이 어느 쪽이든 두 입장 모두 변화를 인정하고 있으며 그 방향 또한 자유롭고 진보적이라는 것에 동의하고 있다(윤가현, 1998). 성에 대한 태도와 행동의 진보성을 가늠하는 척도로서 자위행위, 혼전 성관계, 동성애에 관한 태도와 행동이 어떻게 변하고 있는가를 알아보도록 하겠다.

1) 자위행위

자위행위(masturbation)는 라틴어 마스터바리(masturbari)에서 유래된 것으로 손이라는 '마누스(manus)'와 휘젓는다는 '스투파레(stupare)'가 합해져 '생식기를 손으로 자극한다.', '손으로 오염시킨다.'는 의미를 지니고 있다. 20세기 초반까지도 자위행위는 질병이나 신경증의 원인, 미성숙의 징조로 보았다. 특히 종교지도자나 의학자들은 자위행위를 도덕적으로나 신체적으로 위험한 행위로 생각하여 이를 방지하는 지침서를 만들 정도로 부정적인 태도를 나타냈다. 그러나 성행위에 대한 과학적 탐구가 이루어지면서 자위행위는 거의 모든 문화권에서 나타나는 보편적인 현상이라는 점이 부각되고 있다.

킨제이(Kinsey)가 1940년대와 1950년대에 실시한 조사에 의하면 92%의 미국 남성과 63%의 여성들이 때때로 오르가슴에 도달하기 위해 자위행위를 하는 것으로 드러났다. 또한 그는 자위행위가 긴장감을 방출하는 데 필요한 것으로 신체적으로나 의학적으로 전혀 무해하며 여성의 경우에는 오히려 성적 만족감을 증진시켜 결혼생활에 도움을 줄 수 있다고 주장하였다. 1976년 하이트 역시 여성들이 남성과의 성교보다는 자위행위에서 더 오르가슴을 느끼는 비율이 높다고 밝히며, 여성이 성적으로 독립하는 데 자위행위가 중요한 역할을 한다고 주장하였다(부산여성사회교육원, 1997).

최근 들어 자위행위에 대한 사회문화적 허용도가 높아지면서 경험률도 전반적으로 높아지는 추세이다. 조사자에 따라 약간의 차이는 있지만 대개 일생 동안 남성의 90% 이상 그리고 여성의 60% 이상이 자위행위를 경험하며, 시작 연령도 점차 낮아지고 있고, 여성보다는 남성이 더 많이 그리고 자주 행하는 것으로 보고되었다(윤가현, 1998).

자위행위에 대한 금기는 사회의 부정적인 태도에서 비롯된 것으로 과학적인 근거는 없다. 오히려 자위행위는 남성의 경우 성기의 건전한 발육을 촉진하고 조루를 방지하며, 여성에게는 성감을 개발하고 불감증을 방지하는 데 효과적이라고 한다. 따라서 자위행위는 성에 대한 자연스러운 관심을 촉구할 수 있고 성행위에 대한 불안과 공포를 제거해 주는 긍정적인 역할을 한다(부산여성사회교육원, 1997).

그럼에도 불구하고 특히 여성들은 자위행위에 대해 죄의식을 느끼는 경우가 많다. 어떤 여성은 자위행위가 더럽고 천박하기 때문에 누구에게도 말하고 싶지 않았다고 한다. 이와 같이 자위행위를 포함한 성행위는 무엇보다 개인적이고 은밀한 면이 있으므로 쉽게 드러내 놓고 의논할 주제가 되지 못한다. 한 여성은 자신의 자위행위에 대한 죄의식을 극복하는데 많은 시간이 걸렸다고 한다.

> 남자들 자위하는 건 당연한 거고 여자들이 자위하는 건 무척이나 예외적이라고 이야기하는 거…… 불만이에요! 엄연히 성적 욕구가 있는데 그렇게 말하거나 묘사하면 곤란하다구요. 그런 것 때문에 죄책감으로 고통받았던 것도 사실이고요. 뭐…… 지금은 저 스스로 당연한 걸루 생각하지만……. 그렇게 생각하기까지는 많은 시간이 걸렸답니다.
>
> (한국성폭력상담소, 2006 재인용, p. 91)

이와 같이 자위행위는 공개적으로 이야기하지 않을 뿐 성적 관심의 첫 번째 단계이며 가장 지속적인 위안이고 노년기에는 성욕의 출구가 된다. 그러나 자위행위가 해가 될 때도 있다. 자신에게 즐거움을 준다고 해서 지나치게 탐닉하면 중독에 빠지듯이 자위행위로 인해 다른 활동에 지장을 주거나 꺼리게 되면 문제가 된다. 자위행위는 유아기부터 시작되는 자기 신체에 대한 탐구행위이며 성적인 관심과 지식을 갖게 하는 동기가 된다.

참고자료 5-2 여성들의 자위행위 기구

고대 여성들이 인조 남근을 이용하여 자위행위를 했다는 기록들은 여러 문화권에서 발견된다. 고대 그리스 여성들은 소아시아에서 전해졌다고 알려진 올리스보스(olisbos), 인도네시아의 발리족은 바나나, 그리고 필리핀의 바사야족 여성들은 인조 남근을 이용하여 자위행위를 했다. 중세기의 일본 여성들도 엔기라는 인조 남근을 이용했으며 상류층의 기생들은 린노다마라는 구슬을 이용하였다.

근래에는 여성들이 자위행위를 할 때 고무나 부드러운 플라스틱으로 만든 딜도우(dilddo)라고 불리는 여러 가지 형태의 인조 남근이나 진동기를 이용하는데, 딜도우라는 용어는 'delight'라는 뜻을 지닌 이탈리아 'diletto'에서 유래했다.

출처: 윤가현(1998). 성문화와 심리. 학지사. p. 123.

2) 혼전 성관계

"서로 사랑하면 할 수 있잖아."
"왜 우리만 할 수 없는지 모르겠어. 누구나 다 하는데."

"사랑하면 누구나 다한다." 이렇게 성에 대한 개방적인 생각은 혼전 성관계에 대한 태도에서도 잘 나타난다. 2003년 한국대학신문이 전국의 학생 1,200명을 대상으로 실시한 조사에 의하면 응답자의 73.3%가 혼전 성관계가 가능하다고 했으며, 2007년 부산·경남지역 대학생 1,000명을 대상으로 한 연구에서는 85.1%가 혼전 성관계에 대하여 긍정적인 태도를 보이는 것으로 나타났다(공미혜 외, 2008).

부모나 교사를 포함한 대부분의 어른들은 혼전 성관계를 부도덕한 것으로 생각하고 이를 방지하려고 애쓰고 있지만 일상생활에서 성은 대중매체를 통해 곳곳에 퍼져 있는 실정이다. 이렇다 보니 십대 청소년들에게 성행위는 또래집단에서 서로 즐기는 놀이의 일종이 되고 있는 상황이다(김은실 외, 1999).

이들에게 혼전순결이라는 단어는 시대에 뒤떨어진 낡은 생각으로 인식되고 있으며, 또래집단의 분위기 또한 성경험을 부추기는 상황이 되어 혼전 성관계는 어쩌면 자연스러운 이성관계의 일부분이 되고 있는 듯이 보인다. 다음 사례는 일부 십대 소녀들의 성행위에 대한 의식을 잘 드러내고 있다.

> 키스 정도는 애들이 거의 다 해봤을 거예요. 그리고 술 마시면 키스가 거의 인사예요. 안하는 게 이상한 거죠. 얼마나 이상한 애였으면 키스도 안했냐, 친구들이 이렇게 말해요. 분위기 깰까 봐서 키스하는 경우도 있지만 뭐 이상하게 생각하지 않아요. 그냥 게임이니까 당연히 하는 거죠. '게임인데 뭐 아무랑 하면 어때?' 이런 생각이 들어요.
>
> (여고생, 김은실 외, 1999: 55에서 재인용)

> 남자친구랑 성관계 해봤는데요, 그런 거 하면 더 친해지는 거 같아요. 성관계하면 서로 넌 내거라는 생각이 드니까 창피한 것도 없고 더 친해지죠. 그리고 중 3때까지 '아다(처녀)'로 있으면 쪽팔리는 거거든요. 선배들이 "넌 아직도 안 해봤냐?" 막 이러구. 그러면 쪽 팔리죠.…… 어른들이 성관계 같은 거 못하게 하는 거 이해하지 못하겠어요. 사랑하면 할 수 있잖아요. 불공평해요. 아이들도 스트레스 받으면 술도 먹고 담배도 필 수 있는데 자기들은 다하면서 우리만 못하게 하니까 짜증나요. 그러니까 더 반발심에서 하는 거 같아요.
>
> (여중생, 김은실 외, 1999: 55에서 재인용)

앞의 사례와 같이 일부 십대 소녀들은 전통적인 성규범을 많이 벗어나 진보적인 의식과 행동을 보여주기도 한다. 그러나 여전히 많은 여학생들은 전통적인 성규범을 수용하여 '실전'에서 몸을 사리는 편이다. 이는 이들이 혼전 성관계를 했을 때 떠안게 될 부담을 잘 알고 있기 때문이다(조혜정, 1998). 다음 사례는 바로 그런 입장을 잘 나타내고 있다.

> 남자 친구와 키스 정도는 괜찮지만 그 이상은 안 해요. 어차피 여자만 손해 아닌가요? 남자들이야 자기들 손해 볼 것 없으니까 막 하려고 그러죠.
>
> (여고생, 김은실 외, 1999: 56)

> 핸드폰비 내주는 오빠가 성관계하자고 그러죠. 근데 안 해요. 싸게 볼까 봐요. 한 번 하면 다 안다는 식으로 태도가 달라지니까요. 무시하고요. 만날 때마다 하자구 그래요. 싸구려로 보고. 그러니까 튕겨야죠.
>
> (여고생, 김은실 외, 1999: 56)

반면 남학생들은 여학생들과는 다른 성의식을 보인다. 이들에게 성은 쾌락을 의미하며, 쉽게 구할 수 있는 포르노에 의해 자극받고 거기서 성행위의 기술을 습득한다. 우리 사회에서 대부분의 남고생들은 기본적으로 성에 대해 다 아는 듯이 말하며 스스로 통제도 잘하고 있다고 생각한다. 이들은 현재 고등학생이라 참고 있지만 원하면 섹스 파트너는 쉽게 구할 수 있다고 생각하고 있다. 따라서 이들에게 혼전 성관계는 마음만 먹으면 쉽게 이루어지는 것으로 여기고 있다(조혜정, 1998). 다음 사례는 그런 상황을 잘 나타내 준다.

> 승주 반에는 한 접(100명) 정도와 관계를 가졌다는 아이가 주로 그 역할을 하고 있는데, 콘돔을 쓰면 쾌감이 오지 않으니까 체외사정을 하라거나, 여자 애들이 튕기지 않거나 옷을 막 벗으면 '냄새 나는' 아이니까 당장 그만두라는 등의 '조언'을 해준다. 그들에게는 순결한 여자와 더러운 '갈보' 개념이 분명하게 있다. 만약 임신을 시키게 되면 낙태할 돈을 마련해야 하는데 친한 친구들이 '노가다'를 뛰어서 돈을 마련해 주기도 한다.…… 영식은 수능시험만 보고 나면 성을 즐기겠다고 했다. 밤에 호프집 등에 가서 마음에 드는 상대를 만나면 잠자리를 함께 할 수 있다며 자신 있는 미소를 지었다는 것이다.
>
> (조혜정, 1998: 20)

혼전이든 혼후든 성관계는 상대방에 대한 사랑과 배려가 전제되어야 한다. 두 사람 중에서 누구라도 원하지 않거나 준비가 되어 있지 않은 성관계는 하지 말아야 한다. 단지 사랑한다는 이유로 또는 상대방이 원한다는 이유로 원하지 않는 성관계를 가져서는 안된다. 성관계에 대한 결정은 남녀 모두에게 중요한 결정이며 뜻하지 않은 결과를 가져올 수도 있으므로 무엇보다 자기 결정에 책임을 질 마음의 태세를 갖추어야 한다. 그러기 위해서는 우선 남녀가 평등하고 대등한 입장에서 서로를 이해하는 자세가 필요하다.

3) 동성애

일반적으로 기독교의 전통을 지닌 서구 사회에서 동성애는 죄악시되었으며 심지어는 범죄로 분류되어 엄격하게 금지되어 있었다. 그리고 1980년대 초반까지도 정신의학계에서 동성애를 '사회병리적 성격장애'로 취급하여 비정상적인 행위로 규정하였다.

참고자료 5-3 동성애 관련 용어

동성애에 관한 용어는 '호모'에서 '팸'까지 열개가 넘는다.

- 게이(gay): 원래 남녀 동성애자 모두를 지칭하는 용어인데, 우리나라에서는 남성 동성애자에 국한하여 사용하고 있다.
- 퀴어(queer): 남녀 동성애자를 포함해서 이성애 제도에서 소외된 성적 소수자들을 포함한다. 즉, 퀴어는 동성애자, 양성애자, 성전환자 등을 이야기한다.
- 이반: 한국의 동성애자들이 스스로를 일컬을 때 사용하는 단어이다.
- 드랙퀸(drag queen), 드랙킹(drag king): 여장 남자를 '드랙퀸', 남장 여자를 '드랙킹'이라고 칭한다.
- 트랜스(transsexual 혹은 transgender의 약자): 성전환자
- 동성애(homosexuality): 성 지향성(sexual orientation)이 자신과 같은 성향의 사람에게 향하는 것을 나타낸다.
- 동성연애: 동성과의 어떤 성적인 경험 내지는 성행위를 전제로 한 것을 말한다.
- 양성애자(bisexual): 성 지향성이 이성과 동성 모두에게 있는 사람들을 말한다.
- 레즈비언(lesbian), 다이크(dyke), 부치(butch), 펨므(fe-mme): 여성 동성애자를 가리키는 용어이다.
- 레인보우 깃발: 동성애자와 동성애 문화를 상징하는 대표적인 표식이다. 레인보우 깃발은 샌프란시스코에 살던 길버트 베이커라는 화가에 의해 1978년 처음 디자인되었는데, 여덟 가지 색(분홍, 빨강, 주황, 노랑, 녹색, 파랑, 남색, 보라)을 이용하여 깃발을 제작한다. 깃발의 색은 섹슈얼리티, 삶, 치유, 태양, 자연, 예술, 조화 그리고 영혼을 상징한다고 한다. 이후에 일곱 가지 색에서 현재의 여섯 가지 색 레인보우로 만들어지게 되었다.
- 분홍색 역삼각형: 레인보우 깃발보다 오래된 동성애 사회의 상징이다. 분홍색 역삼각형은 원래 나치 독일에 의해 수용소에서 동성애자를 식별해서 그 탄압을 유용하게 하기 위한 마크로 사용되었는데 그 이후로는 동성애 등과 게이 프라이드의 상징 마크로 널리 사용하게 되었다.

출처: 한겨레(2004. 5. 15).

그러나 동성애는 여러 문화권에서 아주 다양한 형태로 나타나고 있으며 서구 사회만큼 동성애에 대해 공포심이나 경멸감을 보이지 않는다고 한다. 예를 들어 기원전 500년경 그리스 문화의 전성기에는 페데레스티(pederesty)라는 관습이 있었는데, 보통 40세 미만 중년의 남성이 사춘기 전후 12~15세 정도의 소년과 관계를 맺는 것으로 이때 나이 든 남성은 육체적 접촉뿐 아니라 소년의 지적 · 도덕적 성장에 필요한 여러 가지 사항을 가르쳐 주는 교육적인 역할도 포함하는 것이었다(부산여성사회교육원, 1997).

미국인의 성생활에 대한 광범위한 조사를 행했던 킨제이(Kinsey)는 그 유명한 1940년대와 1950년대에 걸친 보고서에서 남성 세 명 중 한 명은 최소한 한 번의 동성애 경험을 갖고 있으며 여성은 남성의 절반 정도임을 밝혀냈다. 그는 성인의 10%가 1회 이상의 동성애를 경험한 적이 있다고 지적하면서 인간의 성적 선호도를 완전한 이성애나 동성애로 볼 수 없다면서 그 척도를 다음과 같이 여섯 단계로 분류하여 나타냈다.

다음의 [그림 5-1]에서 '0'은 순수한 이성애로 오직 이성과의 성행위를 선호하는

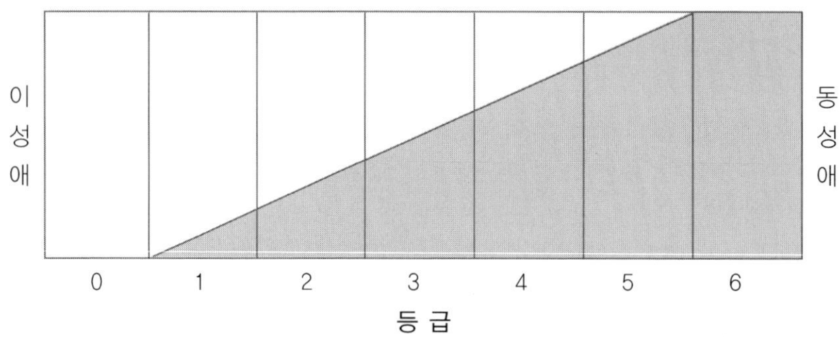

그림 5-1 킨제이의 동성애-이성애 척도

0: 전적으로 이성애
1: 주로 이성애, 약간의 동성애 경험
2: 주로 이성애, 상당한 동성애 경험
3: 동성애 · 이성애의 경험이나 경향이 거의 동일
4: 주로 동성애, 상당한 이성애 경험
5: 주로 동성애, 약간의 이성애 경험
6: 전적으로 동성애

출처: 윤가현(1998). 성문화와 심리. 학지사, p. 305.

경우이며, 반대로 '6'은 순수한 동성애를 나타낸다. 킨제이에 따르면 사춘기 이후 '6'에 해당하는 사람은 남성의 4%, 여성의 2%였다고 한다. 그리고 '1'부터 '5'까지는 상황에 따라 이성애에 가깝거나 또는 동성애에 가까운 양성애를 나타내는데, 그는 미국 인구의 약 10%가 여기에 속하는 것으로 추정하였다(윤가현, 1998). 최근 한국 대학생을 대상으로 한 연구(공미혜 외, 2008)에서는 동성애 충동을 느낀 적이 있는 비율이 남학생 1.1%, 여학생 5.2%로 나타나고 있다.

동성애자가 자신의 성적 선호를 공공에게 알리는 것을 커밍아웃(coming out)이라고 한다. 이 과정은 대부분의 동성애자들에게 고통과 어려움을 수반한다. 그럼에도 불구하고 이들은 자신의 인권과 일반인들의 잘못된 생각을 바로잡기 위해 커밍아웃을 시도한다. 다음 사례는 한국 최초로 동성애자 국회의원 후보로 출마했던 최현숙의 인터뷰 내용이다.

> 동성애자들은 우리 사회에서 많은 차별을 받고 있다. 이런 차별을 더 적극적으로 의제화하는 것은 한국 정치사에 매우 중요하다. 나의 총선 출마는 뿌리 깊은 가부장제와 이성애 중심의 사회 속에서 다양한 성 주체들이 부딪치게 되는 편견과 고정관념에 대한 정치적 도전이 될 것이다.
>
> (한계레, 2008. 3. 21)

많은 동성애자들은 사춘기 혹은 그 이전에 자신의 성적 선호가 다른 사람과 다르다는 것을 알지만 대부분은 그 사실을 쉽게 수용하지 못하거나 주위 사람들 때문에 숨기는 경우가 허다하다. 특히 부모는 자식이 동성애자임을 알았을 때 분노, 죄책감, 수치감에 시달린다. 그렇기 때문에 이들 동성애자들은 사회에서 소외된 채 자기들만의 공간을 확보하려고 노력하고 있다.

그러나 대중의 고정관념을 효과적으로 없애기 위해서는 소수집단으로서의 권리 찾기가 절대적으로 필요하다. 최근 이들을 위해 증가되고 있는 상담, 친목, 종교단체 등 지원체계는 무엇보다 동성애에 대한 편견을 없애려는 데 주력하고 있다.

> 많은 사람들은 동성애가 타락의 징후가 아니냐고 묻는다. 많은 사람들은 동성애를

우리 사회의 분열조짐으로 생각한다. 사회는 언제나 변하고 언제나 적응한다. 그런 의미에서 타락보다는 변화라는 용어를 사용하는 것이 변화를 올바르게 순용하는 자세가 될 것이다.

(인류학자, 부산여성사회교육원, 1997: 196에서 재인용)

개인의 성적 선호는 음식이나 옷에 대한 선호와 다를 바 없다. 변화에는 시간이 필요하다. 그동안 주어지는 갈등과 혼란은 다양성을 수용할 수 있는 그 사회의 성숙과 개방성에 달려 있다. 성적 선호도가 생리학, 성격, 가족, 문화 등과 복잡하게 얽혀 있는 상황이라면 자신과 다르다는 사실로 '비정상'이라고 간단하게 규정할 수 없을 것이다.

참고자료 5-4 동성애자에 대한 편견

- **누가 동성애자인지 알 수 있다.**
  대부분 동성애자는 외모나 행동 면에서 이성애자와 구별되지 않는다. 게이는 여성답고 레즈비언은 남성답다는 것도 고정관념에 불과하다.
- **예술가나 디자이너 중에는 동성애자가 많다.**
  예술 분야에 동성애자가 많은 것은 사실이다. 이는 동성애자가 더 창조적이라기보다는 예술 분야가 가지고 있는 개방성과 연관이 있다.
- **동성애자는 성적으로 문란하다.**
  일부 동성애자들은 성적인 대상을 만나기 위해 특정 장소를 찾는다. 사람들은 이것 때문에 이들이 문란하다고 생각한다. 그러나 이들은 사회에서 소수집단이므로 이성애자들만큼 선택이 자유롭지 못하기 때문에 그런 장소에 모인다.
- **동성애자들은 정상도 아니고 색다르게 행동하기를 좋아한다.**
  어떤 동성애자는 감정적으로 혼란스러운 사람이 있다. 그러나 자신의 삶을 즐기고, 열심히 일하며 친밀감을 나누면서 안정된 관계를 누리는 동성애자도 있다. 모든 동성애자를 한 유형으로 분류할 수 없다. 이들은 서로 다른 통로를 통해 동성애자가 된다.
- **동성애는 유전적이다.**
  동성애의 원인이 유전적이고 생리적인 경우도 있지만 아주 소수의 경우에만 여기에 해당된다. 사회과학자들은 성적 선호도를 결정하는 과정이 매우 복잡하기 때문에 한 가지 요인으로 설명될 수 없다는 데 동의하고 있다.

출처: 부산여성사회교육원(1997). 성 바로 알기. 의암출판. pp. 188-192.

4 우리의 일그러진 성문화

일반적으로 우리 사회의 성문화는 가부장적이고 이분화되어 있다. 즉, 여성과 남성에게 적용되고 있는 성윤리는 불평등하게 분리되어 있는데, 남성은 좀더 적극적으로 성행위를 즐길 수 있는 권리를 가지는 반면 여성은 성적 자율성이나 즐거움을 억압받는 경향이 있다. 이러한 성의 이중 적용은 다음과 같은 가부장적 성문화에서 비롯된다(공미혜, 2004). 우선 가부장적 성문화는 이중적인 성윤리를 제공한다. 실제 젊은 세대의 성의식과 행동이 급격하게 변하고 있음에도 불구하고 여전히 여성들에게는 순결과 성적인 정숙함이 요구되고 있다. 그러나 남성의 성적 활력은 남성적인 매력이며 왕성한 성욕은 선망의 대상이 된다.

두 번째로 이러한 이중적인 성윤리는 지배와 복종의 바탕에서 성행위를 구조화하기 때문에 평등한 입장에서 성적 교류를 불가능하게 한다. 결국 이러한 성관계는 사회에서 바람직한 것으로 규정한 정형화된 성역할을 강화하여 남성에게는 성적 주도권과 적극성, 여성에게는 성적 수동성과 순종성을 정당화한다. 남성의 성적 적극성은 최근 청소년들 사이에 유행하고 있는 사이버 강간 게임에서도 그대로 반영된다.

세 번째로 가부장적 성문화는 성기 중심적이고 남근숭배의 특성을 지닌다. 성적 경험은 육체와 감정을 동시에 교류할 수 있을 때 전인적이고 완전한 느낌을 지니게 된다. 그러나 배설 위주의 생리적인 행위를 강조하게 되면 상대방의 인격은 육체로만 환원되어 인간의 성을 대상화하는 결과를 낳는다.

네 번째로 소비자본주의가 확산되면서 일상생활에서 인간의 육체와 성이 상품화되고 있다. 특히 현대사회는 광고, 인터넷, 대중매체 등을 통해 상품화된 성을 확산시키고 있으며, 이는 전반적인 직장문화에 공식·비공식으로 영향을 주고 있다.

다음은 가부장적 성문화와 밀접하게 연관되어 있는 포르노그래피와 매매춘에 관해 좀더 상세하게 살펴보기로 하겠다.

1) 포르노그래피

포르노그래피(pornography, 이하 포르노)는 성행위에 대한 명시적인 묘사지만 이를 보는 관점에 따라 자유로운 성의 표현으로 보기도 하고 여성과 그 육체에 대한 폭력으로 보기도 한다. 우리 사회에서 포르노에 대한 공식적인 담론은 포르노가 여성 종속이나 비하와 연관되어 있어서 규제해야 한다는 입장이 다수를 차지하고 있으나 실제 포르노는 이미 우리의 일상생활에 깊숙이 침투한 상태이다.

포르노는 길거리에서 인터넷, 광고, 드라마, 영화, 문학작품 등을 통해서 인간의 욕망과 환상을 끊임없이 자극하고 형성하고 있다. 다음은 포르노를 통해 성과 여성의 몸을 인식했던 한 남학생의 사례이다.

> 아마 중학교에 가서 포르노 사진첩을 보고 확실하게 성을 인식하게 되었던 것 같다. 호기심으로 보게 된 사진첩에 많이 흥분했고 '정말 여자의 몸이 그렇게 생겼을까?'라는 의구심도 많았고 지저분하게도 느꼈다. 그리고 고등학교에 올라가서 처음으로 포르노 비디오를 보고는 속이 메스꺼웠고 참을 수 없는 성욕도 느꼈다. 보고 난 후 집에 가는 길거리에서 지나가는 여자들이 모두 비디오의 여자처럼 추하게 느껴졌다.
>
> (공미혜, 2004: 40)

최근 젠센(Jensen, 1996)은 자신의 경험을 토대로 포르노가 남성의 삶에 미쳤던 악영향을 크게 일곱 가지로 분석하고 있다. 그는 이 분석이 적어도 현대적 포르노 대중매체에 익숙한 전형적인 전후세대(일명 '플레이보이 세대')에 일반적으로 적용될 수 있는 현상이라고 지적한다. 물론 그의 의도는 포르노가 성을 혐오하거나 억압하기 위한 것도 아니고, 직접적으로 폭력을 유발한다는 점을 옹호하기 위한 것도 아니라고 강조한다. 그리고 그는 포르노를 보는 남성 모두가 남성지배 체계를 유지하기 위해 포르노를 사용하는 것은 아니라고 하지만 결국 결과는 마찬가지라고 지적한다. 또한 포르노는 남성이 여성을 성적으로 지배하는 이데올로기를 강화시키는 역할을 담당하고 있다는 점을 부각시킴으로써 포르노에 은폐되어 있는 권력관계를 명백하게 드러냈다고 지적한다.

첫째, 가정에서나 학교에서 제대로 된 성교육을 받지 못한 청소년들에게 포르노는 성기관과 성행위에 대한 구체적인 지식을 제공한다. 문제는 포르노가 담고 있는 메시지를 청소년들이 그대로 받아들인다는 점에 있다. 포르노는 남성지배의 틀 속에서 성행위를 구성하고 여성을 대상화함으로써 성에 대한 왜곡된 신념을 강화시킨다. 즉, 특정 신체의 여성을 바람직한 것으로 정형화하고 포르노에서 묘사된 대로 여성을 이용할 수 있다고 믿게 된다.

둘째, 포르노는 여성을 대상화하고 현실세계에서도 여성을 그렇게 보도록 부추긴다. 현재 우리 문화권에서 이성애는 남성의 성이 여성을 지배하면서 이루어진다. 남성은 때때로 거리에서나 일하는 장소에서 여성을 볼 때 포르노에서 묘사된 장면을 떠올림으로써 여성을 대상화하고 인격으로부터 분리시킨다.

셋째, 포르노는 대개 남성의 쾌락에 중점을 두고 있어서 여성에게 고통을 유발시키는 특정한 행위를 전혀 고려하지 않는 남성적인 욕망을 강화시킨다. 또한 욕망은 자연스러운 것으로 생각되기 쉽다. 하지만 성이 사회적 구성물이라는 점을 고려하면 어떤 욕망도 문화와 무관한 순수한 것으로 존재하지 않는다. 포르노는 남성이 여성을 비하하고 고통스럽게 하는 성적 욕망을 갖도록 강요한다.

넷째, 포르노는 성행위에 대한 정형화된 모습을 각인시키며 남성지배적이고 여성혐오의 성행위에 중점을 둠으로써 이를 초월하는 성적 상상력을 저해한다.

다섯째, 포르노는 유색 여성에 대한 정형화된 편견(즉, 동양 여성은 순종적이며 라틴 여성은 정열적이다 등)을 조장하고 경우에 따라서는 이들 여성이 남성의 원색적인 성욕을 자극하는 수단으로 묘사되기도 한다.

여섯째, 포르노에서는 폭력이 에로틱하게 묘사되는 경우가 많기 때문에 폭력의 가시성을 흐리게 한다. 포르노는 여성을 모욕해야 할 대상으로 묘사함으로써 여성에 대한 폭력, 특히 강간을 유발한다. 물론 포르노를 본 모든 남성이 여성을 강간하는 것도 아니고, 포르노 그 하나만이 강간의 원인이 되는 것은 아니지만 포르노는 여성지배를 에로틱하게 묘사하기 때문에 여성에 대한 폭력 또한 남성에게 에로틱한 환상을 부여한다. 따라서 남성들이 인식하고 있는 성규범은 포르노에서 제시된 것과 유사하다.

마지막으로 포르노에서 주된 개념 중의 하나는 남성의 여성에 대한 통제이다. 이는 두 가지 방법에 의해 이루어지는데, 먼저 여성의 행위는 남성의 쾌락을 위해 존재하는 것으로 그려진다. 다음으로 여성의 성은 일용품으로 취급되고 있으므로 남성들로 하여금 주체적인 결정권자가 되도록 만든다. 설령 현실세계에서는 그렇지 않다고 해도 포르노의 메시지는 남성에게 여성의 성에 대한 환상적인 통제권을 부여하도록 부추긴다.

> 나는 몇 편의 소프트 포르노 영화를 본 적이 있는데, 이 영화의 공통된 주제를 보면 많은 여성들이 정말로 강간당하기를 원하는 것처럼 보였어요. '섹스에 눈을 뜬다.'는 것은 도발적인 색골이 된다는 것을 의미하는 것이었죠. 그건 강간에 대한 일종의 정당성을 부여합니다. (강간은) "여성이 원하는 일이고, 어쨌든 그들이 진짜로 좋아하는 것을 하는 것이다."는 거죠.
>
> (남성 포르노 시청자, 러셀, 1993: 9)

> 난 그녀가 싫어하는지 몰랐어요. 우리는 서로의 환상을 실제로 해보는데 동의했다고 생각했어요. 그 다음날 아내가 쉼터에 고발할 때까지도 몰랐어요.
>
> (가해자 교육 참가자, Pence and Paymar, 1993: 72)

앞의 사례는 포르노를 시청한 남성이 강간에 대해 어떻게 생각하고 있는가를 잘 드러내고 있다. 특히 두 번째 사례는 아내의 손을 침대에 묶어 놓고 오럴섹스를 하도록 강요한 죄목으로 고발당한 남성의 경우로 일주일에도 몇 번씩 포르노를 시청한 경험이 있다는 사실이 밝혀졌다. 그는 그러한 성행위가 여성을 굴욕적으로 지배하는 방법이라는 사실에 동의하지는 않았지만 강간이 남성의 본성이라고 지적하였다(Pence and Paymar, 1993: 73).

포르노를 시청한 모든 남성이 강간에 대해 위와 같은 생각을 가지지는 않겠지만 제대로 된 성교육을 받지 못한 청소년이 여성과 성행위에 대해 갖게 될 편견을 생각하면 젠센(Jensen)의 분석은 포르노에 대한 포괄적인 비판을 이해하는 데 도움이 된다.

몇 년 전에 한 공원에서 여학생 한 명이 여러 명의 남학생에게 윤간을 당한 일이 기사화된 적이 있었다. 경찰에서 이들 남학생들은 그 행위가 폭력인 줄 몰랐으며, 포르노 장면을 모방한 것이라고 진술했다고 한다. 이렇게 포르노는 폭력과 성행위의 경계에 대한 판단을 흐리게 한다는 점에서 중대한 문제점을 내포하고 있는 것은 사실이다.

2) 성매매

우리 사회에서 남성의 성욕은 과대 포장되어 왔는데 성매매는 바로 남성의 왜곡된 성욕에 근거를 두고 있다. 남성에게 있어서 성매매의 경험은 숨겨야 할 은밀한 것이라기보다는 떠벌릴 만한 무용담이 된다. 그래서 남성에게 성·사랑·결혼은 일치되지 않으며 가부장적 성규범은 이를 하등 문제 삼지 않는다. 많은 남성은 자신의 비합법적인 성행위에 크게 죄의식을 느끼지도 않으며 성을 매매한다. 왜냐하면 '정숙한 여자'는 합법적인 성체계에서 아내로서 필요한 존재이지만 다양한 성체험과 쾌락은 '야한 여자'와 은밀하게 이루어질 수 있기 때문이다. 심지어는 결혼 후 아내에게 들키지 않고 바람을 피우는 것이 최소한 아내에 대한 예의라고까지 여기는 남성도 있다고 한다.

남성의 성문화에 대한 선행연구(장필화·조형, 1992)에 의하면 조사대상자의 63.7%가 성매매의 경험이 있는 것으로 밝혀졌다. 특히 대부분의 남성이 최초로 성경험을 하는 시기는 대학 1~2학년 시절이다. 이러한 대학 시기의 성경험은 주로 군입대와 밀접한 연관을 가지고 있는데, 이 사실은 군대를 갔다 오지 않은 남학생의 경우 성매매 경험이 32.7%인 데 반해 복학생의 경우는 72.0%라는 점에서도 입증된다.

이들의 성매매 동기는 남성다움을 표출하는 일종의 사회화 과정에 속하는 것으로 대학에 들어와 선배나 친구들과 술자리를 하며 어울리다가 '딱지떼기'라는 일종의 성인식을 치루면서 성매매를 경험하게 된다. 그리고 이 성인식은 군대라는 특수사회로 진입하는 시기에 더욱 빈번해진다. 또한 여성과 분리된 군대사회는 성행위를 일상화된 재밋거리로 드나들면서 여성의 성을 더욱 격하시킨다.

> 이제 그 지겨운 군대생활을 할 생각을 하면 앞길이 막막한데 아직 이 사회에 있을 때 실컷 해보고 들어가자는 생각으로 쉽게 응했다. 그 지겨운 보초시간을 때우려면 여자 생각 없이는 곤란하다. 이런 생각을 하면서 밤낮없이 하다가 휴가를 나오면 제일 먼저 드는 생각이 여자랑 그것을 하는 일이다.
>
> (하은경, 1994에서 재인용)

> 군대생활은 한창 이성교제가 활발한 시기의 남성을 외부 세계와 고립시킨 채 철저한 위계질서로 억압한다. 합리성과는 상관없이 하루라도 먼저 들어온 사람의 말에 복종해야 하고 전쟁 대비의 긴장감 속에서 생활해야 한다. 이러한 군대생활에서 휴가는 잠깐 동안이나마 남성에게 해방감을 부여하고 여자와 잘 수 있는 기회를 제공한다. 죄의식 없이 여자를 사도록 유도하는 군대문화에서 매춘여성은 '종군위안부'와 전혀 다를 바 없는 것이다.
>
> (하은경, 1994에서 재인용)

군대에서 사회화된 성매매 행위는 우리 사회의 독특한 직장문화로 지속된다. 상품을 정당한 방법으로 사고팔기보다는 술과 여자를 대접하여 적당하게 해결하려고 하는 접대경제도 그렇고, 가부장적 사회에서 남성에게 전적으로 주어지는 가족부양의 책임은 남성을 상품화된 성에 접근하도록 끊임없이 유혹한다.

> 나의 경우는 대개 회사의 동료들과 어울려 그런 집(여자가 나오는 집)에 가게 된다. …… (중략) …… 그런데 동료란 무엇일까? 가깝지도 않고 멀지도 않은 관계이다. 어떤 경우에는 냉혹한 경쟁관계이다. 술에 취해서 쓸데없이 말이 많거나 실수라도 했다가는 사회생활에 치명적인 손실을 불러올 수도 있다. 그러나 여자들과 어울려 음담패설이나 지껄이고 홍청거리는 것은 크게 흠이 되지 않을 뿐 아니라 호쾌하고 사나이답다는 평가를 얻을 수도 있다. 어쩌다 같이 어울려 오입이라도 했을 경우는 기묘한 친밀감을 가질 수도 있다.
>
> (김효선 · 허순희, 1988에서 재인용)

이와 같이 성매매는 남성에게 쌓인 스트레스의 해결책이자, 순결하게 보호해야 할 아내(또는 미래 아내감)에 대한 배려 행위이다. 남성은 성매매 여성과 부담 없이 성행위를 하지만 애인은 건드리지 않는 것이 진정한 사랑이라고 생각할 수도 있다. 또한 많은 여성조차도 남성의 감정이 배제된 성매매 여성과의 성행위는 모르는 척하며 넘어간다. 남성은 자신이 보호하고 먹여 살려야 하는 여성인 아내와는 달리 그렇지 않은 여성인 성매매 여성을 자본의 논리에 의해 착취하는 것이다. 그럼에도 불구하고 남성은 응분의 대가인 돈을 지불했기 때문에 죄의식에서 벗어나고 뒤돌아서면 깨끗

하게 잊어버린 채 똑같은 일을 반복하게 된다. 결국 남성도 타락한 성문화 속에서 의식하지 못하고 함께 추락하고 있는 것이다.

일부 학자들은 여성이 자유롭게 성매매를 직업으로 선택하는 한 이를 제한할 이유가 없다고 주장한다. 다만 여기서 자유로운 선택으로서의 성매매는 여성이 다른 종류의 일에 동등하게 참여할 수 있는 기회를 갖게 될 때를 의미한다. 그러나 노동시장의 불평등과 성 상품화 현상이 심화되는 상황에서 여성에게 주어지는 선택의 자유는 매우 제한적일 수밖에 없다. 따라서 이들이 주장하는 자유롭게 선택된 직업으로서의 성매매업은 이를 정당화하려는 가부장적 자본주의 논리에 악용될 소지가 있다는 점에서 위험하다.

5 행복하고 멋진 성

성은 인간이 누릴 수 있는 멋진 선물이다. 인간은 성을 통해 즐거움을 얻고 행복을 느끼며 가족을 이룬다. 성은 가장 본질적인 인간의 조건으로 인식되었지만 지금까지 제대로 알려져 있지도 않고 적절하게 이야기된 적도 드물다. 따라서 성은 두려움과 죄의식, 혼란의 원천지이기도 하다. 그러나 성은 매력적인 주제이다.

과학적으로나 사회적으로 인간의 성은 아직 탐구할 만한 부분이 많이 남아 있고, 그 다양성에 대해 열린 마음으로 수용해야 할 부분도 많다. 인간에게 주어진 선물인 성을 제대로 누리기 위해서는 여기에 대해 좀더 적극적으로 이야기하고 다양한 관점을 이해할 필요가 있다. 그럼으로써 우리는 다음과 같은 몇 가지 변화된 지식과 태도를 지니게 된다.

첫째, 자신과 다른 사람의 몸에서 일어나는 변화를 알게 되고 이로부터 비롯되는 혼란과 불안이 줄어들게 된다. 때때로 우리는 자신이 경험하는 몸의 변화와 행동이 정상인지 아닌지 불안한 경우가 있다. 신체 변화와 성행위의 다양성을 올바르게 안다면 그러한 변화를 자연스럽게 받아들일 수 있는 자신감을 갖게 될 것이다.

둘째, 이성을 잘 이해하고 조화로운 인간관계를 확대할 수 있다. 이성에 대한 올바른 지식을 지님으로써 왜곡된 이성관을 바로잡고 배우자 선택이나 부모역할에 실질적인 도움을 받을 수 있다.

셋째, 성에 대한 올바른 용어 사용으로 성의 부정적인 측면을 바로잡을 수 있다. 지금까지 성과 관련된 신체나 행위에 대한 용어는 비공식적인 농담 등에서 주로 은어나 비속어로 사용되어 왔기 때문에 부정적인 의미를 지니는 경우가 많았다. 이는 성에 대한 활발한 논의를 저해하는 이유가 되기도 했다.

넷째, 성과 관련된 사회문제를 올바르게 이해하는 기회를 제공한다. 성폭력, 낙태, 성매매와 같이 성과 관련된 사회문제는 그 사회의 규범과 개방성, 정치사회적 분위기가 복잡하게 얽혀 있는 경우가 많다. 성에 대한 풍부한 지식은 이러한 사회문제를 다각적인 시각으로 볼 수 있도록 관점을 넓혀주는 역할을 할 것이다.

가부장적 성규범 속에서 사회화된 여성의 성은 아직까지 이중성을 내포하는 은폐된 성이다. 즉, 여성은 성에 대하여 개방적인 생각을 가지고 있어도 실제 행동으로 옮기지 못하고 있으며, 설령 행동으로 옮겼다고 해도 죄의식이나 후회감에 휩싸이게 된다. 이는 기존의 성규범과 여성의 성의식이 괴리되기 때문이다. 결국 피해받지 않으려면 여성의 성은 은폐되어야 하는 것이다.

한편 남성에게 성은 남성다움의 표상이므로 사랑이나 결혼과 관계없이 이루어진다. 더욱이 올바른 성교육이 부재한 가운데 비공식적인 통로를 통해 전파된 성지식은 인간성을 경시하고 성을 상품화하도록 부추긴다. 여기서 성은 인격의 결합이 아닌 욕망 충족의 수단일 뿐이다.

성의 주체는 바로 우리 자신이다. 우리 자신이 성의 주체로 설 때 자유와 자율성을 누리게 된다. 자본주의에 편승하여 성을 상품화하고 성을 이분화하는 가부장적 사회구조에서 벗어나는 길은 이를 변화시키려는 의지에 달려 있다. 자유롭지만 방종하지 않고 다양하지만 타락하지 않는 성문화의 창조는 인간의 성과 삶을 더욱 풍부하게 해줄 것이다.

요 약

성은 성적인 욕망, 정체성, 행동을 모두 포함하는 포괄적인 개념이다. 인간의 성을 보는 입장은 크게 본질론과 사회구성론으로 분류된다. 본질론에 의하면 인간의 성은 신체와 같이 타고나기 때문에 변화될 수 없으며, 여성과 남성의 성욕이나 성행동은 다르다고 본다. 한편 사회구성론은 인간의 성이 사회문화적인 요인과 밀접하게 연관되어 있어서 시대와 문화에 따라 달라지는 것으로 본다.

성에 대한 지식은 20세기 후반이 되어서야 비로소 체계적으로 연구되기 시작했다. 특히 미국 사회에서는 킨제이(Kinsey)에 의해 일반인들의 성교 횟수, 자위행위나 동성애와 같은 구체적인 성행동에 대한 광범위한 조사가 이루어졌으며, 산부인과 의사였던 마스터(Masters)와 존슨(Johnson) 박사 부부는 인간의 성반응을 흥분기, 흥분 정체기, 절정기, 해소기 등의 네 단계로 체계화시키는 데 공헌하였다.

1980년 말부터 우리 사회에서 성에 대한 태도와 행동은 이전과 매우 다르게 나타나고 있는데 많은 학자들은 그 방향이 자유롭고 진보적이라는 것에 동의하고 있다. 이는 자위행위, 혼전 성관계, 동성애에 대한 태도와 행동의 변화에서 잘 나타나고 있다.

최근까지도 자위행위는 질병이나 정신병의 원인으로 보는 경향이 높았으나 자위행위가 거의 모든 문화권에서 나타나는 보편적인 행위라는 점이 밝혀지면서 이에 대한 사회문화적 허용도도 높아지는 추세이다. 혼전 성관계 역시 가능하다고 보는 젊은이들이 늘어나면서 자연스런 이성관계의 한 부분이 되고 있다. 동성애도 의외로 일반인들이 많이 경험하고 있다는 것이 드러나면서 인간의 성에 대한 다양성을 수용하는 태도로 바뀌고 있다.

그러나 가부장적인 성문화는 여전히 이중적인 성윤리를 제공하고 포르노그래피와 매매춘을 조장하는 일그러진 형태로 지속되고 있다. 포르노는 여성을 성적으로 지배하는 이데올로기를 강화시키는 역할을 담당하고 있으며, 매매춘은 인간의 성을 상품화하여 인격으로부터 소외시키기 때문에 문제가 된다.

성에 대한 가치관은 사회에 따라 또는 개인에 따라 매우 다르게 나타난다. 이는 그 사회와 개인이 처한 역사적 상황과 경험이 다르기 때문이다. 따라서 성에 대한 어떤 결정도 모든 사람들에게 그대로 적용될 수 없고 또 그렇게 되어서도 안된다. 선택은 개인이 하되 적어도 올바른 결정에 필요한 지식을 갖는 것은 개인의 노력과 앎의 의지에서 시작된다는 것을 잊지 말아야 한다.

연구과제

1 사랑과 성행위는 일치될 수 있는지 논의해 보자.

2 낙태와 연관된 논쟁에서 여성의 권리와 태아의 생명 중 어느 것이 우선될 수 있는지를 성폭력이나 근친강간의 상황과 연계하여 논의해 보자.

3 동성애부부에게 자녀양육권을 줄 수 있는지 토론해 보자.

4 성매매를 공식적인 직업으로 인정하자는 의견에 대한 찬반론과 그 이유를 토론해 보자.

참 / 고 / 문 / 헌

공미혜(2004). 성과 성정치학. 서울: 한울아카데미.

공미혜 · 구명숙 · 허미영(2008). 대학생의 sexuality 실태조사. 신라대 여성문제연구소 자료집 Ⅷ.

김은실 외(1999). 십대 여성의 향락산업 유입실태 및 방지대책 연구. 여성특별위원회.

김효선 · 허순희(1988). 한국 남자 낮에도 뛰고 밤에도 뛴다. 지배문화 남성문화. 또 하나의 문화 4호. 서울: 청하.

부산여성사회교육원(1997). 성 바로 알기. 서울: 의암출판.

오장교(1991). 아직도 군대에서 묻은 검맹이를 묻히고. 새로 쓰는 성 이야기. 또 하나의 문화 8호. 서울: 또문.

윤가현(1998). 성문화와 심리. 서울: 학지사.

장필화 · 조형(1992). 한국의 성문화: 남성 성문화를 중심으로. 여성학논집 8집. 이화여대여성문제연구소.

조영미(1999). 한국 페미니즘 성연구의 현황과 전망. 섹슈얼리티 강의. 서울: 동녘.

조혜정(1998). 청소년 성문화: 성적 주체로서의 인식을 중심으로. 한국여성학, 제14권 1호, 7-40.

하은경(1994). 그러나 매춘은 없다. 서울: 새길.

하재청 외(1992). 성의 과학. 서울: 아카데미서적.

한국성폭력상담소(2006). 섹슈얼리티 강의, 두번째. 서울: 동녘.

한겨레(2004. 5. 15).

한겨레(2008. 3. 21).

Jensen, R(1996). Knowing Pornography. *Violence Against Women*. Vol. 2-1: 82-102.

Masters W. and V. Johnson(1966). *Human Sexual Response*. Boston: Little Brown.

Pence Ellen and Michael Paymar(1993). *Education Groups for Men Who Batter*. N.Y.: Springer Publcation.

Russel, Diana(1993). *Against Pornography*. Berkeley: Russel Publication.

6장 연애와 배우자 고르기

손 태 홍

결혼 전에는 두 눈을 커다랗게 뜨고 보라. 결혼 후에는 한쪽 눈을 감아라.

T. 풀러

가장 매력 있는 상대가 반드시 가장 책임감 있는 사람은 아니며, 가장 책임감이 있는 사람은 종종 매력이 부족하다.

Sydney Harris, 저널리스트

1 이성교제

이성교제는 일반적으로 데이트(date)라고 불리는 남녀 간의 교제를 말한다. 구체적으로 개인이 스스로 선택한 사귐이고 이성에게 사랑을 구애하는 관계로 발전하는 관계이다(Olson & DeFrain, 1994). 현대에는 폭넓고 다양한 이성교제가 매우 보편적으로 일어나고 있지만 사실 이성교제의 역사는 그리 길지 않다. 자유로운 이성교제는 기껏해야 1세기도 되지 않으며, 우리나라의 경우 반세기도 되지 않은 짧은 역사를 가지고 있다. 우리나라를 비롯하여 서구도 마찬가지로 부모의 감시와 간섭에서 자유로울 수는 없었다. 결혼을 전제로 해서 사귀는 만남의 과정은 우리 전통사회에서는 금지되다시피 하였고, 서구의 경우에도 부모의 허락과 감독하에서 이루어졌다.

이러한 이성교제의 어려움은 산업혁명이 가져온 산업사회의 도래라는 사회적 변화를 맞이하면서 새로운 변화를 겪게 된다. 도시화 현상으로 많은 사람들이 도시로 몰리게 됨에 따라서 전통적인 연고(혈연, 지연)에 얽매이지 않고도 다양한 이성을 접촉할 기회가 많아졌다. 또한 도시의 팽창과 많은 인구는 사람을 만나는 데 있어서 익명성을 보장해 주었다. 산업화를 우리보다 빨리 겪은 미국의 경우 부모들이 집을 떠나 직장에 일을 하러 나가게 됨에 따라서 사춘기나 성인기 초기의 젊은이들은 부모의 감시와 감독으로부터 비교적 자유로워지기 시작하였고 보다 많은 자유시간을 누리게 되었다(Olson & DeFrain, 1994).

이러한 도시화로 인한 익명성의 증가와 늘어난 자유시간은 청년기 이성에 대한 관심이 증가하는 인간발달적 특성과 부합하여 데이트라는 새로운 문화를 만들어 내기에 이르렀다. 늘어난 자유시간에 이성과 사귄다는 것은 자연스럽게 사회적 비난과 눈치를 덜 의식하게 하였다. 20세기에 들어 산업화가 진행됨에 따라 과학기술이 발달하고, 매스미디어 또한 급속히 발달하였다. 라디오, TV, 영화로 대표되는 대중매체의 발달은 많은 정보를 신속하고 정확하게 전달하였다. 이러한 대중매체들은 남녀 간의 낭만적인 사랑을 강조하는 내용을 담아 사회에 전달하는 역할을 맡게 되었다.

1) 이성교제의 의의 및 기능

윈치(Winch)는 이성교제의 기능 여섯 가지를 제시하였다(Olson & DeFrain, 1994, p. 198 재인용). 첫째, 이성교제는 사춘기의 소년, 소녀들에게 성인기에 이르도록 하는 훈련을 시킨다. 사춘기가 지난 청년기에도 이성교제는 성인이 되는 훈련을 계속 담당한다. 사춘기에 사람들은 처음으로 이성과 사귀게 됨으로써 이성에 대해 눈을 뜨게 되고 상대방의 입장을 존중하고 이해하게 된다. 결과적으로 사회에 진출하여 건전한 인간관계를 맺는 훈련을 하는 것이며 내 자신이 어떠한 사람이라는 것을 더욱 알게 되는 것이다(김정옥, 1996).

둘째, 데이트는 하나의 사회활동이며 그 자체로 중요한 레크리에이션 활동의 의미를 지닌다. 데이트는 그 자체로 하나의 즐거움이다.

셋째, 젊은이들로 하여금 성인기에 담당하게 될 인간관계의 기술을 발전시키고, 데이트를 함으로써 또래 젊은이들에게 자기의 위치와 위세를 확립시키는 역할을 한다.

넷째, 젊은이들이 자신의 부모에게 향했던 감정적인 지향을 또래 친구나 이성에게로 전환하게 하여 자율적인 성인이 되도록 만든다.

다섯째, 결혼을 위한 배우자를 선택하는 도구적인 역할을 한다.

앞에서 언급한 대로 이성교제의 기능은 결국 본인으로 하여금 이성에게 눈을 뜨게 하고 결혼과 사회생활을 앞둔 시점에서 대인관계의 기술을 익히도록 도움을 주는 기능을 한다고 할 수 있다. 그러나 이성교제가 모두 처음부터 순탄하게 이루어지는 것은 아니다. 이성 간의 만남을 통해서 불만, 불안정, 열등감 등도 맛보게 되고 자기와 맞지 않는 상대방을 알아냄으로써 시행착오를 통해서 이성관계에 적응하게 된다(옥선화 · 정민자, 1992). 앞의 이성교제의 역사적 배경에서도 살펴보았듯이 집단적인 친족집단의 영향력이 약화되고 핵가족과 개인 위주의 생활이 점점 더 발달해 가는 현대사회에서는 이성교제는 배우자를 자기 스스로 선택하는 데 있어서 필요한 생애과정 중의 하나이다.

2) 이성교제의 단계

이성교제도 여러 단계를 거쳐 가면서 발달해 간다. 이러한 단계들을 모든 사람에게 적용할 수는 없지만 전형적인 데이트의 발달단계로 볼 수 있다.

첫째 단계는 그룹 데이트(group date)로 이성교제에 익숙하지 않은 사람들이 처음 시작하는 단계이다(옥선화·정민자, 1992; 이정우 외, 1992; 유영주 외, 1996). 데이트 경험이 없어서 여럿이 함께 만나는 형태이며, 주로 고교생이나 대학교 저학년에게 많이 나타난다. 흔히 미팅이라고 불리는 이성 간의 만남이다.

두 번째 단계는 임의로운 데이트(casual or random date) 단계로 특정의 상대를 정하지 않고 자유롭게 부담감 없이 교제하는 것을 말한다. 한번 데이트했다고 해서 그 이상의 교제의 의무는 없다. 이 과정은 오락이나 지속적인 데이트 상대자를 구하는 과도기적인 과정이라고 볼 수 있다. 이런 과정을 통해 나름대로 이성에 대한 판단능력도 생기게 된다.

세 번째 단계는 고정된 데이트(steady date) 단계로 여러 사람과 사귀는 시기가 끝나면 자기에게 가장 매력이 있는 한 사람에게 점차 열중하고 지속적인 관계를 형성하게 된다. 이 단계에서는 심리적 안정을 얻게 되고 상대방을 좀더 알게 된다. 그리고 이전 단계까지는 상대방에게 잘 보이려고 끊임없이 노력하였지만, 이 단계에서는 이런 점에 별로 신경을 쓰지 않아도 된다. 좀더 상대방에 대해서 현실적이 되고 장래성에 대해서도 생각하게 된다. 또한 이 단계에서는 최소 흥미의 원칙(principle of least interest)이 적용될 수도 있다(이정우 외, 1992, p. 109). 이 원칙에 따르면 데이트가 지속되기를 원하나 상대방은 별 흥미가 없을 때 지속되기를 바라는 쪽에서 그 관계의 지속을 위하여 계속 양보하므로 결국 흥미가 없는 쪽에서 영향력을 갖게 된다. 그러나 이런 관계는 갈등을 초래하고 오래가지 못한다.

다음은 결정적 교제단계(pinning)이다. 이 단계는 이성교제의 최종 단계로 구혼이 이루어지고 장래에 결혼한다는 전제가 이루어진다. 상대방의 가족과 친지와도 가까워지며 육체적인 친밀도도 증가한다. 어떤 의미에서는 약혼의 시기와 유사하다.

3) 데이팅 서비스: 어떻게 이성과 만나는가?

이성교제를 시작하고자 할 때 가장 먼저 직면하는 문제가 적절한 파트너를 어떻게 만나느냐가 될 것이다. 물론 일상생활 속에서 접촉을 하는 사람들 중에서 본인이 직접 선택하여 교제를 요청할 수 있을 것이다. 또는 친한 친구나 주위의 사람들이 소개하여 이루어진 경우도 있다. 이러한 두 가지 경우가 가장 흔하고 보편적이다.

그러나 또 다른 많은 사람들은 적절한 이성교제의 상대를 구하는 데 어려움을 겪고 있다. 결혼적령기가 지났거나 자기 일로 바쁜 사람들, 재혼 그리고 좀더 폭넓은 교제를 원하는 사람들이 그들이다. 이러한 집단에는 결혼을 전제로 하지 않은 이성 간의 만남을 원하는 사람도 있고, 배우자를 찾기 위해서 데이트 상대를 구하는 사람들도 있다. 이런 욕구를 충족시켜 주는 서비스가 데이팅 서비스인데, 최근에는 미디어와 정보화 기술의 발달로 인하여 다양한 형태로 나타난다.

데이팅 서비스에는 먼저 신문의 광고란을 이용하는 방법이 있다. 조그마한 광고란에 자기가 어떤 사람이고 어떠한 파트너를 원한다고 밝히는 것이다. 이 방법은 고전적인 방법에 속하며, 가장 비용이 적게 들지만 상대방에 대한 정보가 적기 때문이다. 가장 위험이 따르는 방법이기도 하다(Olson & DeFrain, 1994).

두 번째 방법은 전문적인 데이팅 주선회사를 이용하는 것이다. 오랜 전통을 가지고 많은 회원을 확보한 회사가 도움이 될 수 있다. 구체적으로 미국의 예를 들어 보면 미리 마련한 서류에 자기의 특징과 상대방에게 원하는 특징 등을 적는다. 또한 몇몇의 데이팅 서비스 회사들은 본인이 원하면 마련된 양식과 질문에 의하여 본인의 비디오 테이프를 녹화해 두기도 한다(Olson & DeFrain, 1994). 본인이 직접 화면상에서 질문에 답하고 자기의 특징과 희망사항을 말한다.

이러한 모든 자료가 모아지면 회원에 가입한 사람들에게만 제공된다. 회원들은 서류를 보고서 흥미가 있는 상대방을 선택하여 그 사람에 대한 비디오 테이프를 보고자 요청한다. 이때 사생활 보호를 위해 이름을 밝히지 않고 고유번호로만 불려지고 분류된다. 그리하여 관심이 있으면 회사에 만날 것을 요청할 수 있고 상대방이 응하면 데이트를 하게 된다(Olson & DeFrain, 1994, p. 194).

4) 이성교제 시 느끼는 어려움

앞에서도 언급하였지만 이성교제가 진행되는 과정은 항상 즐거움만 있는 것은 아니다. 데이트가 이성에 대한 이해의 폭을 넓혀 가는 과정이며, 이 과정에서 현실적인 어려움이 따르는 것도 사실이다. 또한 남성과 여성이라는 사회적 성역할에 따라 데이트의 준비와 진행과정에서도 남녀가 각각 느끼는 어려움이 다르다. 남성은 데이트를 어떻게 이끌어 갈 것인지, 대화는 어떻게 할 것인지에 대해서 어려움을 느끼고, 여성은 원하지 않는 성적 행동에 대한 압력이 주된 어려움이다.

이러한 어려움에 대처하는 하나의 방법은 자기 자신에 대한 신뢰감과 자신감을 회복하는 것이다. 좀더 느긋한 마음 자세로 이성교제에 임해야 한다는 것이다. 남성은 모든 것이 잘되어야만 한다는 부담감에서 벗어나서 긴장을 풀고 현실적인 기대를 미리하며 느긋하게 의사소통을 시도하는 것이 좋을 것이다(김정옥 외, 1996).

5) 바람직한 이성교제

이성교제에서 나타나는 보편적인 문제점들을 알게 되면 좀더 바람직하고 건전한 관계를 유지할 수 있다. 그러므로 이성교제의 문제점을 지적하면서 바람직한 방향에 대한 제언을 하고자 한다.

첫째, 부모의 이성교제에 대한 태도가 확립되어야 한다. 자녀의 독립성과 자유를 존중해야겠지만 어떠한 이성의 파트너와 사귀는지에 대해서 무관심할 수는 없다(유영주 외, 1996). 또한 사춘기나 대학생 시절에 부모의 이성교제에 대한 태도나 생각은 자녀에게 전달하기는 어려우므로 자녀가 성장할 때부터 바람직한 이성관에 대해서 이야기하고 부모의 생각도 자녀에게 전달하는 것이 좋다.

둘째, 데이트에 대한 올바른 행동규범이 마련되어야 한다. 우리 사회에서는 이성교제에 대한 전통이 근대에 이르기까지 없었고, 어려서부터 이성교제에 대한 훈련이 잘되어 있지 않아서 이성을 사귀는 방법이 일반적으로 서툴고 감정적으로 치우치기가 쉽다(유영주 외, 1996). 이성교제는 건전한 인격 대 인격의 만남이어야 하고 이성을 한층 더 심층 이해하고 대인관계의 기술을 배우는 기회로 생각한다면 본인의 내면세계의 성장에 많은 도움이 될 것이다.

셋째, 사춘기나 청년기는 신체적 변화가 많이 일어나는 것과 함께 성적인 욕구가 왕성해진다. 데이트를 하다가 관계가 가까워지면 서로 육체적으로도 친밀해지고 싶은 욕구를 느끼게 된다. 일단 신체적 접촉을 하게 되면 두 사람의 관계는 가까워질 수도 있지만 그 반대로 관계가 향락적이고 불건전한 방향으로 흐를 가능성도 있다. 실제 데이트를 하고 있는 대학생들을 대상으로 한 연구에서도 나타났듯이, 성에 대해서 생각하는 관점은 남학생과 여학생 간에 차이가 있었다. 남학생의 경우 데이트하는 관계에 대한 헌신의 수준이 낮아도 혼전 성행동에 관여하고, 여성은 헌신의 수준이 높은 경우에만 혼전 성행동에 깊이 관여하였다(윤경자, 1996)[1].

이러한 일반적인 경향을 인식하고 이성교제에 임하는 것이 바람직하며, 특히 여성의 경우 자신의 성에 대한 구체적이고 주체적인 생각을 상대방 남성에게 미리 분명하게 전달하는 것도 하나의 방법이 되겠다. 획일적으로 순결을 강조할 수는 없다. 그러나 혼전 성행위는 자칫하면 심리적인 갈등과 사회문제를 일으키기 때문에 이성교제가 무분별하게 성적 긴장이나 성욕을 해소하는 수단이 되어서는 안된다는 것은 분명하다(이정우 외, 1992).

넷째, 데이트가 배우자 선택에 도움을 준다고는 하나 데이트에서는 인간관계가 피상적으로 흐르기 쉽다. 데이트하는 동안 단순한 감정의 포로가 되어서 상대방을 올바르게 이해하기 힘들 수도 있고, 몇 시간 동안 좋은 모습만 보이고 꾸미는 것은 가능하기 때문에 상대방을 정확히 파악하지 못할 가능성이 존재한다(이정우 외, 1992). 배우자로 선택하는 과정에서는 실제로 상대방과의 성격 일치도 혹은 상호 보완성, 가치관, 남녀평등에 대한 생각 그리고 직업에 대한 안정성 등이 중요하므로 피상적인 겉모습보다는 좀더 면밀한 관찰과 대화가 필요하다(이정우 외, 1992).

---

1) 여기서 말하는 헌신(commitment)이란 현재 데이트하는 관계를 지속시킬 것인가의 여부와 다른 사람과 사귀지 않는 배타성 그리고 현재의 관계에 몰입하는 정도를 의미한다(윤경자, 1996).

2 배우자 선택

1) 배우자 선택의 의의

대부분의 사람들에게는 배우자 선택은 일생의 가장 중요한 선택 중 하나이다. 성인기 이후의 개인과 가족의 삶의 질은 이러한 배우자 선택에서 상당한 영향을 받는다고 하여도 과언은 아닐 것이다. 가족은 그 가족 내에서 발생하는 문제가 있음에도 불구하고 긴 안목에서 볼 때 혈연으로 맺어진 공동체라는 특성 때문에 친밀하고 지속적인 인간관계가 가능하며, 포괄적인 심리적 안정, 정서적 지지가 제공될 수 있는 곳이다(서선희, 1999). 이러한 점에서 결혼해서 가족을 형성하는 것이 현대사회에서도 여전히 중요하다.

따라서 이러한 배우자 선택의 중요성은 현대사회에서 더욱 커진다고 볼 수 있다. 과거의 결혼은 부모와 가문의 영향력이 존재하는 가운데 이루어진 중매혼이 대부분이었지만 지금은 본인의 자유의사가 증가하는 가운데 배우자 선택이 이루어지고 있기 때문이다. 더욱이 보편화된 핵가족구조는 결혼 후 부부간의 적응과 문제해결에 대해서 상당 부분 부부에게 의존할 수밖에 없는 가족구조이다. 그러므로 애정과 사랑, 성격, 개인적 능력 등을 바탕으로 하여 배우자 선택과정에 대한 지식과 판단력을 습득하는 것이 매우 중요하다(옥선화·정민자, 1992). 왜냐하면 현대사회의 배우자 선택과 결혼은 과거의 가문과 혈통 계승을 위한 수단이 아니라 개인의 애정과 개인의 주관적인 인생에 대한 기대수준을 만족시키는 점에서 더욱 중요하기 때문이다. 이러한 관점에서 배우자 선택에 대한 안목은 필요하고도 중요한 것이다.

2) 배우자 선택에 영향을 미치는 요인

(1) 신체적 매력

남녀가 서로 데이트하는 과정에서부터 최종적으로 배우자로 선택할 때까지 신체적 매력은 하나의 중요한 요인이다. 초기에 데이트가 이루어질 때 신체적 매력은 중요한 역할을 한다. 특히 젊은 남성의 경우 데이트 상대를 선택하는 데 있어서 신체적 매력은 하나의 중요한 기준이 된다. 또한 신체적 매력은 후광효과(halo effect)를 가지기도 한다(이기숙 외, 1998). 이 효과는 신체적인 매력이 있는 사람은 다른 좋은 특성도 가졌을 것이라고 믿는 경향을 말한다. 즉, 신체적으로 매력이 있으면 실력과 좋은 성품을 갖추고 있을 것이라고 기대하는 성향이다. 이러한 경향은 자연스럽게 행복한 결혼생활을 기대하는 심리와도 연결된다.

(2) 종교

배우자를 선택하는 데 있어서 종교를 믿는 대부분의 사람들은 타 종교와의 결혼을 반대하고 가능하면 같은 종교를 가진 사람을 찾는다. 이는 종교가 부부가 서로 적응해 가고 가족생활을 영위해 나가는 데 있어서 기본적인 가치관이나 생활태도에 영향을 미치기 때문이다(유영주 외, 1996). 또한 타 종교인과의 결혼은 신앙적인 헌신을 약화시키고, 부부간의 생활과 시가와의 관계에서 자주 갈등을 일으킨다고 보기 때문이다(이기숙 외, 1998).

(3) 연령

연령도 배우자를 선택하는 하나의 중요한 기준이다. 우리 사회에서 연령은 주로 배우자 선택에 있어서 하나의 내면화된 규범으로써 작용을 한다. 즉, 남자가 여자보다 서너 살 많게 서로 짝이 맺어져야 한다는 것이 보편적으로 받아들여지는 사회적 규칙이자 통념이다. 이러한 통념은 다분히 남성 위주의 관념으로 남자가 나이가 많고 상대방이 여동생처럼 여겨질 때 남자의 이해와 관용의 폭이 넓어질 수 있다는 데에 초점을 맞춘 것이다. 동갑이 좋다는 경우에는 부부가 서로 친구처럼 느껴져 친밀감이 더 생긴다는 데에 강조점을 둔 관점이라고 하겠다.

반면 여자가 남자보다 나이가 많으면 배우자로 선택되기가 어려운 것은 남자는 남편으로서 권위를 세우기가 힘들다는 다분히 권위주의적인 태도가 한 요소이다. 또한 여자가 남자보다 나이가 많으면 출산과 육아에 불리하다는 이유도 작용한다. 그러나 이러한 사회적 규범도 최근에는 변하고 있다. 연상의 여자 상대와 결혼하는 남자가 증가하고 있는 것이다. 2006년 혼인통계를 보면 초혼부부 중 연상의 여성과 연하의 남성이 결혼한 비율은 12.8%이다. 1996년에 이 비율은 9.3%이었다(통계청, 2006년 혼인통계 결과).

(4) 사회계층

배우자는 사회계층상 위치가 비슷한 사람들끼리 이루어지는 경우가 많다. 이는 사회계층상 같은 집단에 속하게 되면 접촉의 기회도 많아지고 비슷한 가치관과 생활방식을 가지게 되어 서로가 친화력을 가지기 때문이다(유영주 외, 1996). 상류층에 가까울수록 그들만의 생활방식을 향유하기 때문에 이러한 동류 집단 간의 배우자 선택은 더욱 빈번하다. 상류층의 경우에는 이러한 배우자 선택 경향은 자기 집단의 사회적 지위를 계속해서 유지하고 과시하는 하나의 중요한 수단이자 통로가 된다.

(5) 근접성

근접성, 즉 지리적으로 가깝다는 것은 서로 좋아하게 될 수 있는 기본적인 조건 중 하나이다. 왜냐하면 근접성은 서로 가까운 곳에서 살고 있으면서 자주 만날 수 있는 기회를 만들어 주기 때문이다. 즉, 빈번히 만나게 되는 많은 사람들 중에서 특별히 매력이 있고 호감이 가는 상대를 발견하게 되는 기회를 근접성이 만들어 주기 때문이다. 이러한 기회가 만들어진 이후에는 좋아하는 상대방을 만나서 즐거운 상호작용을 하게 되리라는 기대심리가 더욱 친근감을 상승시킨다(Myers, 1994). 이러한 의미에서 배우자 선택에 있어 근접성은 기본적이고도 중요한 조건이다.

3 배우자 선택 이론

1) 단일 요인 이론

(1) 동질혼 이론(Homogamy Principle)

동질혼 이론은 사람들은 자기와 비슷한 사람들을 배우자로 선택하는 경향이 있다고 주장한다(Olson & DeFrain, 1994, pp. 207-209). 실제로 이러한 경향은 많은 사람들이 자기와 비슷한 교육수준, 사회경제적 지위, 종교 그리고 가치관을 가진 배우자를 선택하는 데서 나타난다.

이렇게 동질혼이 유지되는 이유로 첫째, 유사한 가치관과 생활양식은 관계에서 갈등이 적으며, 따라서 관계 유지가 수월하기 때문이다. 둘째, 사회적 배경이나 속성이 유사할수록 서로 접촉할 기회가 많아지기 때문이다. 빈번한 상호작용은 배우자로 선택될 가능성을 높여준다. 셋째, 상류층으로 갈수록 같은 계급끼리 결혼하는 경향이 더욱 심화되는 계급내혼의 성격을 띠게 된다. 이러한 계급내혼의 성격은 애정만큼이나 사회적 조건이 중시되는 배우자 선택의 결과를 초래하기도 한다.

(2) 욕구보상성 이론(Complementary Needs Theory)

윈치(Olson & DeFrain, 1994, 재인용)는 배우자 선택에 있어서 상호 보완적 특성이 중요하다고 지적하였다. 사람들은 자기와 다른 성격을 가진 사람들에게 매력을 느끼는데, 이처럼 다른 부분이 자기의 부족한 부분을 채워주게 될 때 호감을 느끼고 결혼에 이르게 된다는 것이다. 구체적으로 상대가 나의 결점을 보완해 줄 때 배우자가 된다는 것이다. 예를 들어 지배력이 강한 자에게는 복종형, 모성적이고 양육적인 사람에게는 의존적인 사람이 맞으며, 성취지향적인 사람에게는 대리 성취를 하는 사람이 어울린다는 것이다(옥선화 · 정민자, 1992). 결국 이 이론에서 의미하는 핵심적인 주장은 서로가 최대 만족을 얻을 때에는 서로의 유사성보다는 욕구를 보완해 줄 때라는 것이다(옥선화 · 정민자, 1992).

그러나 윈치의 이론은 배우자 선택의 현상을 설명하는 데 제한점을 가진다. 기본적인 인생관과 가치관을 서로가 공유하는 가운데서 성격의 상호 보완을 추구해야 한다는 것이다. 상호 보완하는 관계라고 해서 성격의 큰 틀을 공유하지 못한 가운데 상반된 성격을 가진 사람이 배우자로 선택된다는 의미는 아니다.

(3) 사회교환 이론(Social Exchange Theory)

사회교환 이론에 따르면 사람은 합리적으로 이득을 추구하는 존재이다(Sabatelli & Shehan, 1993). 따라서 사회교환 이론은 사람들의 관계에서 나오는 선택적 행위에 관심이 많고 배우자 선택도 합리적이고 계산적인 행위라고 본다. 사회교환 이론의 기본적인 가정 중의 하나는 사람들은 행동을 하게 될 때 그에 따르는 비용과 보상을 계산하여 적어도 자기가 치러야 할 대가로써 비용과 얻게 될 이득으로써 보상이 어느 정도 균형이 이루어져야 실제 행동에 옮기게 된다는 것이다(Olson & DeFrain, 1994). 이런 과정을 거쳐야 둘만의 관계도 계속 유지되고 그렇지 않으면 깨어지게 마련이다.

이러한 사회교환 이론의 기본 가정하에서 배우자 선택과정은 다음과 같은 과정을 밟게 된다(Olson & DeFrain, 1994; Sabatelli & Shehan, 1993). 첫째, 사람들은 결혼을 통해서 얻게 되는 비용과 보상을 계산하게 된다. 즉, 독신으로 지내는 것보다 현재의 파트너와 결혼하는 것이 더 이득이라는 결론을 내리는 것을 의미한다. 둘째, 여러 사람들 중에서 자신에게 최대한의 만족을 줄 수 있는 사람, 즉 배우자를 고른다. 전형적으로 이러한 관계는 상당히 진전된 데이트를 하는 관계에서 볼 수 있다. 셋째, 현재 사귀고 있는 사람을 미래에 만날 수 있는 다른 파트너와 비교하여 현재의 사람이 낫다고 판단될 때 이 사람을 배우자로서 선택하게 된다.

(4) 경사진 배우자 선택(Marriage Gradient)

이 관점은 거시적인 관점으로 결혼을 하지 못한 이유를 인구학적으로 설명한 이론이다. 이 이론의 핵심적인 주장은 남성은 자기보다 사회적 지위가 한 단계 낮은 여자를 배우자로서 선택한다는 것이다. 남성 위주의 가부장제 사회에서는 남성은 결혼에서 권력을 가지기 위해서 자신보다 낮은 교육, 나이, 직업을 가진 여자와 결혼하는 경향이 있다(이기숙 외, 1998). 반면 여자는 자기보다 높은 수준의 남성에게 의존하고 싶어 한다. 이러한 배우자 선택의 결과로 사회의 하류층에 속하는 남자는 선택할 여자 배우자가 없고, 마찬가지로 사회의 상층에 속하는 여자는 마땅한 남자 상대가 없게 된다.

이 이론은 남자에게는 사회경제적 성공이 강조되고, 여성에게는 순종적이고 현모양처상이 기대되는 사회에서 남자와 여자가 결혼하지 못하는 이유를 설명하는 데 적절한 관점을 제시해 준다. 이 이론은 암묵적으로 남성이 가장·생계유지의 책임자로서 여성보다 우월하다는 사회적 통념이 배우자 선택에서 어떻게 나타나는지를 지적하고 있다. 마찬가지로 여성 측에 해당되는 사회적 통념도 잘 지적하고 있는데, 적극적인 자기실현보다는 능력 있는 남성에게 의존하여 다소 수동적이고 편의주의적으로 인생을 살아가는 여성의 이미지를 잘 반영하고 있다.

2) 단계이론

(1) 여과망 이론(Filter Theory)

컬코프와 데이비스(Kerkoff & Davis)는 이성 간의 관계에 있어서 발달적 단계를 도입하여 배우자 선택을 설명하였다(김명자, 1993; Olson & DeFrain, 1994). 서로의 관계가 진전되어 감에 따라서 친밀감과 사랑이 형성되는 데 작용하는 요인이 각각 다르다는 것이다. 구체적으로 살펴보면 다음과 같은 단계를 거치게 된다(김명자, 1993, pp. 173-174; Olson & DeFrain, 1994, pp. 209-210).

첫째 단계에서는 모든 가능한 데이트 상대에서 근접성의 여과망을 통과하게 된다. 즉, 가능성이 있는 수많은 파트너로부터 시간과 공간상 가까운 지역에 살면서 접촉하기가 쉬운 사람들만 선택하게 된다(〈그림 6-1〉 참고). 이 단계는 너무 멀리 떨어져 있어서 만날 수가 없다면 서로가 좋은 관계를 이룰 수 없다는 점을 의미한다.

둘째 단계는 사회적 배경의 여과망으로 앞에서 언급한 동질혼적인 요소를 지적하는 것이다. 많은 사람들은 인종, 사회계층, 연령과 같은 사회적 배경이 유사한 사람을 배우자로 선정한다. 사회적 배경이 다른 사람들은 이 단계에서 다시 한 번 걸러진다.

셋째 단계는 신체적 매력의 여과망으로 사람들은 자기와 비슷하거나 자기보다 더 나은 신체적 매력을 가진 상대방을 고르게 된다.

넷째 단계는 성격, 흥미 그리고 가치관이 합의가 되는 상호호완성(compatibility)의 여과망이다. 상호 간의 욕구와 필요를 서로 충족시켜 줄 수 있고, 어느 한 편의 단점을 다른 편에서 보완해 줄 수 있을 때 결혼 가능성이 높아진다. 즉, 이 단계의 여과망을 통과한다는 것은 상호 간에 성격이나 기본적인 가치관이 맞고 상대방을 수용할 수 있다는 의미이다. 여기에서 서로가 갈등을 일으키게 되면 관계는 더이상 진전이 되지 않는다.

마지막 단계는 대차대조표(the balance sheet) 여과망으로 사람들은 파트너와의 관계에서 무엇을 주고 무엇을 얻을 것인가를 평가하게 된다(Olson & DeFrain, 1994). 이러한 평가과정에서 대등한 주고받기(give-and-take)가 가능하다고 판단되면 서로 상호 간에 헌신적이고 항구적인 관계로 나아가게 된다. 이러한 과정의 구체적인 결과는 배우자로 선택하는 것이며 결혼이다.

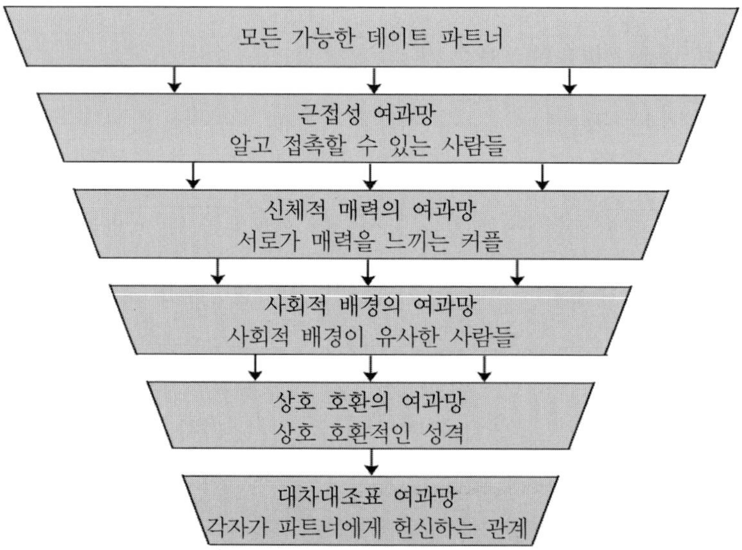

그림 6-1 여과망 이론

출처: Olson, David H, & DeFrain, John, 1994, Marriage and the Family: Diversity and Strengths, Mountain View: CA, Mayfield Publishing Company. p. 209.

(2) 자극-가치-역할 이론(SVR 이론, Stimulus-Value-Role Theory)

머스타인(Murstein)은 여과망 이론을 보완하여 자극-가치-역할 이론을 제안하였는데, 다분히 사회교환 이론적 관점을 취하고 있다. 단계마다 대가나 보상이 교환되는 것이 중요하며, 교환되는 과정에서 균형 또한 중요하다고 본다. 머스타인의 이론에서는 자극, 가치호환성, 역할호환성과 같은 세 가지 요소 중에서 자극은 다른 두 요소보다 다소 시간상 앞서지만 나머지 두 요소는 배우자가 선택되는데 같이 작용한다고 본다. 구체적으로 이 세 가지 요소를 살펴보면 다음과 같다(Olson & DeFrain, 1994, pp. 21-212).

첫 번째 요소는 자극(stimulus) 요소이다. 자극은 하나의 여과망으로 특정한 사람의 신체적 매력이나 명성 등에 다른 사람보다 더욱 이끌리고 매력을 느끼게 되는 것을 의미한다. 구체적으로 이러한 과정은 상대방 파트너의 개인적인 매력에 대해서 평가하여 호감을 느끼는 과정이다.

두 번째 요소는 가치호환성(value complementarity) 요소이다. 두 사람 간에 가치호환성을 비교・평가한다는 것은 서로가 긍정적으로 느끼는 자극을 주고받은 다음에 기본적인 신념이나 가치에서 상호 간 합의에 다다를 수 있는가를 알아보는 것이다. 예를 들어 두 사람은 종교나 정치에 대한 생각, 돈, 일 그리고 인간관계에 대한 태도, 좋아하는 생활방식과 여가활동 그리고 바람직한 성격에 대해서 이야기한다(Olson & DeFtain, 1994). 그다음 이러한 평가에서 나온 결과를 두고서 관계를 진전시키는 것이 본인에게 대가가 많은지, 손해가 많은지 비교・검토해 보기도 한다. 이 단계에서는 더이상 신체적 매력이 중요하지 않다. 왜냐하면 이러한 가치관이나 기본 생활철학이 다른 데서 생기는 갈등을 신체적인 매력이 해결해 줄 수 없기 때문이다.

세 번째 요소는 역할호환성(role complementarity)이다. 가치호환성을 비교・평가해 보는 가운데 두 사람은 동시에 역할호환성을 평가해 본다. 즉, 서로가 협동적인 역할관계를 정립할 수 있는지 검증해 보는 것이다. 서로 상호 간의 만남과 접촉을 통해서 권력과 권위(누가 주도권을 쥐게 되는가), 분업(실제로 누가 일을 수행하는가), 그리고 바람직한 관계에 대한 상대방의 생각이나 행동을 발견하는 것을 의미한다

(Olson & DeFrain, 1994). 여기에서 더욱 중요한 것은 모든 면에서 두 사람은 완벽한 의견의 일치를 볼 수는 없다는 점이다. 서로 간의 협상을 통해서 역동적인 관계를 확립하는 것이 더욱 중요한 과정이다.

SVR 이론은 세 가지의 여과망이 배우자 선택에서 중요하다고 주장한다. 초기 자극의 여과망을 거쳐서 가치와 역할의 여과망을 통과하면 최종적으로 배우자로서 선택된다는 것이다. 그러나 좀더 이 이론을 해석해 보면 자극 요소에서 나타나는 매력과 끌림은 초기의 관계에서 중요하지만 관계가 진전되면 가치와 역할에서 합의를 이루는 것이 더 중요하며, 매력과 끌림은 더이상 관계 발전에 공헌하지 못하는 요소라는 것을 제시하고 있다. 따라서 SVR 이론은 상호 보완성 이론, 여과망 이론 그리고 사회교환 이론의 장점을 잘 절충하여 설명하는 이론이라는 것을 알 수 있다.

4 배우자 선택의 유형

1) 자유혼

배우자를 선택하는 데 있어서 당사자의 의사대로 자유롭게 결정하며 부모의 간섭이나 승인을 요하지 않는 유형이다(유영주 외, 1996). 이러한 배우자 선택의 전형적인 예는 현대 미국 사회에서 정혼의 책임은 전적으로 본인들에게 있고, 사랑하기 때문에 결혼한다는 전제 조건이 강조되며 혼인 전 교제가 필수적이다(김모란, 1995). 그러므로 결혼을 하게 될 때 가문의 영속이나 혈통의 계승보다는 새롭게 이루는 가정의 행복과 서로 간의 애정이 중요시된다(유영주 외, 1996). 배우자를 선택하는 기준도 전통이나 가정적 배경에 얽매여서 본인의 의사가 반영되지 못한 채 결혼하는 것이 아니라 서로 간의 애정이 중요시되므로 낭만적인 사랑이 강조된다(기든스, 1998).

2) 중매혼

중매혼이란 배우자 선택의 권리가 당사자보다는 부모에게 있고, 배우자가 선택되는 과정에서 가문이나 동질적인 사회경제적 지위를 중요시하며, 정혼과정에서 중매인이 중요한 역할을 하는 결혼 유형이다(유영주 외, 1996).

중매혼 시 배우자 선택에서는 결혼 당사자들이 행할 수 있는 권리가 없으며, 선택된 배우자를 거부할 권리도 없다. 그러므로 이런 유형하에서 결혼은 애정을 기반으로 하는 것이 아니라 가문 대 가문의 결합이며, 가계와 혈통 계승이 주목적이다(기든스, 1998). 개인의 사생활이나 행복을 중시하기보다는 가족과 가문이 우선시되는 집단주의적 문화에서 중매혼은 보편적이다.

3) 절충혼

절충혼은 엄밀히 말하자면 자유혼도 아니고 중매혼도 아닌 그 중간의 배우자 선택 유형이다. 하나의 두드러진 특징은 배우자 선택의 권리가 부모에게서 점차 당사자에게로 옮겨가는 형태이다. 이러한 절충혼에는 두 가지 유형이 있는데, 하나는 '선 부모 결정 후 본인 동의'형이고, 다른 하나는 '선 본인 결정 후 부모 동의'형이다(김모란, 1995). 전자는 부모가 우선권을 가지고 배우자를 물색한 다음 본인이 최종적으로 결정하는 경우를 말한다. 후자는 자유교제를 통해 배우자를 내정한 다음 부모에게 동의를 얻는다.

앞에서 언급하지 않은 또 다른 절충혼의 유형은 '소개 후 본인 동의'형이다. 이 유형은 양 가정을 오래 전부터 알고 지내왔거나 혹은 한쪽 집안을 잘 아는 제삼자(주로 부모와 친밀하고 가까운 친척이나 친구)가 두 사람의 관계를 주선하면서 시작된다. 집안의 형편, 나이, 당사자의 성격 등을 적절히 고려하여 제삼자는 서로의 만남을 주선한다. 만난 이후에 당사자끼리의 사귐을 통하여 당사자 간에 배우자로서 최종적으로 선택되었다는 합의가 중요하다. 그러므로 부모로서는 당사자 간의 합의를 얻어내는 것이 마지막 과정이다.

이러한 소개 후 본인 동의형은 여러 가지 면에서 장점을 가지고 있다. 첫째, 직업적인 중매인의 소개로 인해서 배우자를 소개받을 때보다 훨씬 신분이 보장되고 경제적 지출이 적다(유영주 외, 1996). 둘째, 부모와 평소에 친한 친척이나 지인이 소개

참고자료 6-1 디지털 마담뚜가 뜬다

1990년대 중반부터 자본을 갖추고 체계적인 회원관리를 내세운 기업형 결혼정보회사가 생겨나기 시작하였다. 이 같은 기업형 결혼정보회사의 대열에 끼려면 회원 수 1만 명, 연간 1억 원 이상의 매출을 올려야 한다.

지난해 결혼정보업 시장 규모는 500억 원으로 5~6개 결혼정보회사들이 총 매출액의 25~30%가량을 차지하고 있다. 중매사업시장은 매년 30% 정도씩 신장되고 있어 2006년에는 약 2,600억 원 규모로 늘어날 전망이다. 전국에 이 범주에 드는 회사는 5~6개 정도가 있다. 결혼정보회사는 개방적이면서도 실리를 추구하는 요즘 젊은이의 배우자 선택 성향 그리고 인터넷 중매방식의 등장 등으로 각광받고 있다.

현재 결혼정보회사의 뚜렷한 특징 중의 하나는 귀족 마케팅이라고 불리는 이른바 'VIP 클럽'의 운영이다. 결혼정보회사들이 처음 시작할 때는 모든 청춘 남녀들을 대상으로 하였으나 IMF 위기 이후 결혼정보회사들은 이 같은 마케팅에 주력하고 있다. 이 VIP 클럽은 일종의 차별화된 서비스로 돈 많고 막강한 소비력을 갖춘 부자손님들만 모시는 마케팅 전략이 결혼중매업에도 도입되었다는 의미이다.

구체적으로 'VIP 클럽'은 능력 있고, 잘 살고, 가문 좋은 남성과 여성을 이어주는 역할을 한다. 물론 이 클럽에 들어가는 것은 모든 조건을 갖춘 소수의 배타적인 사람들이다. 남자의 경우 사회에서 인정해 주는 엘리트 직업(소위 사(士)자가 붙는 전문 직종, 벤처회사 대표 등)을 가지고 집안 배경도 좋아야 한다. 여자의 경우 전문 직종에 종사하는 경우는 물론 입회자격이 주어지고, 이외에도 외모가 뛰어나거나 부모가 매우 부자인 경우에도 등록자격이 주어진다. 구체적으로 전담 매니저가 각 개인별로 접촉해서 정확한 신상명세를 파악한 다음, 한 달에 1~2번 정도 이성 파트너를 소개받는 형식으로 진행된다.

연간 12회 정도 소개받고 회비는 VIP 회원의 경우 최소 100만 원이며 최고 350만 원까지 받는다. 결혼정보회사 피어리스의 경우 VIP 회원은 총 회원 1만 명 중 30%에 달하는 약 2,900명이 이 클럽 회원이다.

예전에 마담뚜를 통해 명문가나 전문직 사위를 얻으려는 부모들은 이제 엄청난 성혼 사례비와 신뢰도 때문에 결혼정보회사로 몰리고 있다. 이런 추세로 시중의 마담뚜들은 거의 설자리를 잃어 가고 있는 상황이다.

출처: 주간한국 1864호, 2001. 3. 29, pp. 10-12.

하는 배우자감이므로 어느 정도 당사자의 부모도 그 배우자감에 대해서 알고 동의한 상태에서 소개가 추진된다. 혼인 당사자가 미리 결정한 후에 부모의 동의를 요구할 때와는 달리 진행과정에서 훨씬 긴장과 갈등이 적다. 셋째, 아직 인생의 경험과 이성에 대한 안목이 부족한 젊은이들이 배우자를 선택하는 것보다 집안 어른의 경험과 안목을 활용할 수 있는 장점이 있다.

현재 우리 사회는 이와는 또 다른 배우자 선택과정을 선호한다. 정보사회를 살아가는 젊은이들답게, 이전에 전문적인 중매인이 하던 역할을 이제는 '결혼정보회사'라는 전문 서비스 회사가 맡아서 하고 있다(〈참고자료 6-1〉 참고).

4) 바람직한 배우자 선택을 위한 고려 사항

배우자를 선택하고 결혼하여 한 가족을 이룬다는 것은 인생에 있어서 가장 중요한 선택 중의 하나이다. 이러한 선택은 인생의 주기 중에서 청년기에 이루어져 그 이후의 삶의 질을 결정하게 된다고 할 수 있다. 과거와 달리 본인의 자유의지가 커질수록 선택에 대한 책임도 본인이 져야 하므로 그만큼 자신에게 맞는 이상적인 배우자를 고른다는 것은 수많은 요소들을 고려하는 복잡한 과정이 될 수밖에 없다. 다음과 같은 점을 고려한다면 배우자 선택에 있어서 도움이 될 것이다(옥선화 · 정민자, 1992, p. 125; 이선우 외 1992, pp. 163-164).

- 충분한 이성교제의 기회와 교제기간을 갖도록 하여 상대방의 내면적인 면을 이해하고 상호 협력하는 관계로 발전할 수 있어야 한다. 충분한 교제기간도 중요한데 이는 서로를 이해하고 파악한 후에 결혼하는 것이 결혼 적응에 도움이 되기 때문이다.
- 결혼은 현실이라는 점을 이해해야 한다. 사랑하여 결혼하기 때문에 다양한 책임과 의무를 실행해야 한다. 그러므로 결혼은 사랑한다는 감정만으로는 충분치 않다.
- 신체적 매력보다는 인생관, 가족관, 성격 그리고 습관 등의 내면적 요인들이 본인과 상호 조화를 이룰 수 있는지를 보아야 한다. 특히 상대방이 나쁜 습관을 가지고 있는지 면밀히 관찰하는 것도 필요하다. 결혼 후 부부간의 적응에 문제를 일으키는 커플의 경우를 보면 여성의 경우는 자기주장(독선적인 자기주장, 즉

상대방에 대한 이해 부족에 기인한 자기주장)이 강한 것이 특징이다(이시형, 1994). 남성의 경우는 정신적으로 나약하고 충동적인 것이 특징 중의 하나인데, 이런 사람은 쉽게 탐닉행동(바람피우는 것, 과음, 도박)과 같은 쾌락의 세계로 빠져든다(이시형, 1994). 이런 습관은 이성교제 시 발견하기가 어렵고 결혼 후 심각한 문제를 일으키므로 상대방의 행동을 잘 관찰하는 것이 중요하다.

- 친구 및 부모의 지지가 무시되어서는 안된다. 부모를 비롯하여 주위의 사람들이 반대한다면 시간을 두고 다시 한 번 생각해 보아야 한다. 부모의 반대가 비합리적이라면 그때에는 부모를 납득할 수 있도록 노력해야 한다.
- 상대방을 변화시키려고 생각하기보다는 상호 적응하는 노력이 필요하다. 사람의 성격은 변하기 어려우므로 성격을 고쳐보겠다는 시도보다는 상대방의 성격을 수용할 수 있는가를 생각한다.
- 한 사람을 배우자로 선택한다는 것은 좋은 점만 보고 결정한다는 것이 아니라 상대방의 약점, 부족한 면도 수용한다는 의미이다. 따라서 상대방에게 완벽함을 기대하지 않는 현실적인 안목과 지혜가 필요하다. 이와 동시에 본인의 성장과정에서 경험하였던 어려움으로 인해 지나치게 집착하는 점이 없는가도 살펴보아야 한다. 이런 경우 다른 성격적 결함을 잘 파악하지 못하는 경우가 종종 있다(좀더 자세한 설명은 〈참고자료 6-2〉 참고).
- 배우자 선택은 인간관계의 적응을 의미하므로 결국 본인의 정서적 · 심리적 성숙이 또한 중요한 요인이다. 결혼은 현실임이 분명한 사실이므로 수많은 어려움과 갈등을 슬기롭게 해결하기 위해서는 성숙됨을 갖추는 것이 중요하다.

참고자료 6-2 좋은 배우자 선택은 자기 콤플렉스 극복부터

"배우자를 선택하기 전에 먼저 자기 마음속에 있는 콤플렉스를 체크하라." 이는 정신과 전문의 박진생 씨가 《연인들이여 싸워보고 결혼하라》(해냄 간)는 책을 통해 제시하고 있는 현명한 배우자 선택 제1조이다. 자기가 가지고 있는 콤플렉스가 배우자를 선택할 때 눈을 가리는 맹점이 되지 않도록 미리 파악하는 것이다. 가령 돈 때문에 고생을 하며 자란 사람은 세상 어떤 것보다 돈의 가치를 우선하게 됨으로써 돈 많은 사람을 좋은 배우자감이라고 생각하기 십상이다.

어릴 때 부모나 형제에게 눌려 기를 펴지 못하고 자란 사람은 열등감이나 패배의식으로 똑똑하고 아름다운 상대를 만나면 주눅이 들어 '내게는 어울리지 않는다.'고 단정짓게 될 위험이 크다. 따라서 어린 시절에 받은 감정의 상처를 피하려다 오히려 더 큰 상처를 남기는 어처구니없는 선택을 할 우려가 있는 만큼 미리 그 콤플렉스를 파악해 감정의 흐름을 조절해야 배우자 선택에 실수가 없다는 것이다.

특히 부모는 배우자 선택에 영향을 미치는 가장 심각한 요소이다. 예를 들어 아버지가 술주정이 심해 어머니가 속상해 하는 것을 보고 자란 여성은 은연중에 '우리 아버지 같은 남자와는 절대 결혼하지 않겠다.'는 생각을 갖게 된다. 부모로부터 받는 영향이 긍정적일 경우 배우자 선택의 명확한 잣대를 갖게 되지만 그 반대 경우는 어떤 사람이 좋은지 알지 못해 그 잣대가 모호해지는 경우가 많다. 즉, 부모가 갖고 있는 장점을 무시하고 단점만을 해결하려고 하면서 자신도 모르게 오류에 빠지기 쉽다는 것이다.

박진생 씨는 성공적인 결혼의 7대 법칙으로 다음과 같은 점을 제시하고 있다. 다음의 사항들은 콤플렉스 극복에 도움이 될 것이다.

- 봄과 가을을 함께 보내기 전에는 결혼하지 말라.
- 부모로부터 정신적·육체적으로 독립하라.
- 시간에 쫓겨 결정하지 말라.
- 준비되지 않은 결혼을 서두르지 말라.
- 강요된 결혼을 피하라.
- 현재의 모습보다는 미래의 가능성을 보라.

출처: 박진생(1997), 연인들이여 싸워보고 결혼하라. 서울: 해냄. 정현숙·최연실·유계원(1999). 결혼학개론. 서울: 상명대학교 출판부. p. 207.

요 약

데이트는 산업사회의 발전과 더불어 배우자 선택의 전 단계로서 자리잡게 되었다. 산업화로 인한 도시화 현상과 부모의 취업은 이성교제에 대한 엄격한 부모의 간섭을 줄어들게 하였다. 데이트는 단순히 남녀가 만나서 사귀는 기회를 제공하는 데 그치지 않고, 이성(異性)이 가지고 있는 생각과 행동을 배우는 성역할 사회화의 기회를 제공한다.

젊은이들은 데이트를 시작할 때 대개 미팅과 같은 그룹 데이트 형식에서 시작하여 차츰 그 데이트 상대를 좁혀 가고 고정적으로 만들어 간다. 데이트를 시작할 때 남성들은 데이트 분위기를 주도하고 대화를 성공적으로 나누는 과업에 대하여 가장 어려움을 느끼고, 여자들은 남자들의 정직성과 성적 공격성에 대해서 염려한다. 데이트가 건전하고 배우자를 선택하는 데 있어서 도움을 주는 과정으로 정립되기 위해서는 성에 대한 남녀 간의 생각이 틀리다는 것을 인식하고 이를 이해하여야 한다.

배우자로 선택되는 과정에 영향을 미치는 다양한 요인들이 존재한다. 가장 보편적으로 친근감을 느끼게 만드는 신체적 매력, 종교, 연령, 사회계층 그리고 지리적 근접성 등이다. 구체적으로 배우자가 선택되는 과정을 설명하는 이론은 크게 두 가지로 나눌 수 있는데, 하나는 단일 요인을 중심으로 설명하는 이론이고, 다른 하나는 단계이론이다. 단일 요인 이론에는 동질혼 이론, 욕구보상성 이론, 사회교환 이론, 경사진 배우자 선택 등이 있다. 동질혼 이론은 유유상종과 같이 같은 부류의 사람들끼리 배우자로 선택된다는 것이며, 욕구보상성 이론은 이와 달리 서로의 욕구가 상호 보완적으로 충족될 때 만족이 극대화되며 배우자로 선택된다는 이론이다. 사회교환 이론은 배우자를 선택하는 과정에서 본인이 치러야 하는 대가와 얻게 되는 보상의 균형이 중요하다고 보는 이론이다. 경사진 배우자 선택은 사회에서 결혼하지 못하는 상류층의 여성과 하류층의 남성들을 설명하는 이론으로 남성의 경제력이 중시되는 사회에서 일어나는 배우자 선택의 유형이다.

단계이론은 여과망 이론과 자극-가치-역할 이론이 있다. 여과망 이론에서는 사회적 배경과 같은 외적 요소에서 가치관의 일치 같은 내적 요소로 진행되면서 관계는 깊어지고, 결국 상대방에게 헌신하는 관계로 발전하면서 배우자로 선택된다. 자극-가치-역할 이론은 관계가 깊어짐에 따라서 상호 간의 가치관과 역할에 대한 일치도가 중요하다고 지적하고 있다.

배우자 선택의 유형에는 자유혼, 중매혼 그리고 절충혼이 있다. 이 중에서 우리 사회에서 가장 보편적인 유형은 절충혼이다. 절충혼도 여러 다양한 하부유형이 있는데 가장 흔한 형태는 '선 본인 결정 후 부모 동의'형이다. 이외에 친근한 제삼자가 소개하여 만남이 이루어지고 이후 본인이 동의하여 결혼하는 형태도 있다.

배우자를 선택하는 것은 일생에 있어서 가장 중요한 결정 중의 하나이다. 따라서 배우자를 선택할 때에는 여러 가지 측면을 고려해야 한다. 그리고 관계에 대한 확신이 없을 때에는 전문가의 도움을 받거나 예비부부를 위한 교육 프로그램에 참여하는 것도 좋은 방법이다.

결론적으로 배우자 선택은 감정적이거나 외적 조건에 휘둘리지 않는 신중한 과정이어야 하며, 인간의 가장 자연스러운 사랑이라는 감정이 실현되고 자신의 자아가 성장하는 기회가 되어야 한다.

연구과제

1 다음과 같은 항목을 고려하여 본인이 원하는 이상적인 배우자상을 그려 보자. 아울러 나의 기대가 현실적으로 실현가능한지도 생각해 보자.

※ 항목: 성격(갖추어야 하는 성격, 싫어하는 성격), 직업, 돈과 재산, 취미 및 여가활동, 신체적 조건, 인생의 가치관, 결혼 후 여성의 취업에 대한 생각, 인생관 그리고 가치관

2 배우자를 선택하기 전 단계로서 데이트를 할 때 어떠한 문제가 일어날 수 있는가를 토론해 보자.

3 “데이트하는 관계는 피상적인 인간관계에 머무르기 쉽다.”는 주장은 무엇을 의미하는지 생각해 보자.

4 성에 대한 자기 자신의 확고한 생각과 관점이 데이트와 배우자 선택과정에서 필수적이다. 성(sex)과 순결에 대한 자기 자신의 관점과 기준은 무엇인지 생각해 보자.

참 / 고 / 문 / 헌

기든스, 앤터니(1998). **현대사회학**. 제3판. 김미숙 외 옮김. 서울: 을유문화사.

김경신 · 김오남 · 윤상희(1997). 미혼 남녀의 사랑과 성에 대한 태도 및 배우자 선택조건. **대한가정학회지**, 35(3).

김묘란(1995). 성, 사랑, 혼인. 여성한국사회연구회(편). 가족과 한국사회, pp. 129-171. 서울: 경 문사.

김명자(1993). 가족의 성립과 적응. 한국가족학연구회(편). **가족학**, pp. 167-200. 서울: 하우.

김정옥외(1996). **결혼과 가족**. 서울: 학지사.

옥선화 · 정민자(1992). **결혼과 가족**. 서울: 하우.

윤경자(1996). 데이트 관계에서 헌신의 역할. **대한가정학회지**, 34(4), 393-402.

서선희(999). 1970년대 이래의 한국 가족의 변화와 앞으로의 변화방향. **한국가족관계학회지**, 4, 147-163.

정현숙 · 최연실 · 유계숙(1999). **결혼학개론**. 서울: 상명대학교 출판부.

이기숙 · 손태홍 · 김수연 · 김예정 · 김상현 편저(1998). **결혼과 가족**. 부산: 서림출판사.

이시형(1994). 정신과 창구에 비친 가족위기. **위기에 선 가족: 한국 가족의 변화와 전망**, pp. 47-68. 서울: 다산출판사.

이정우 · 김명자 · 계선자(1992). **결혼과 가족관계**. 서울: 숙명여자대학교 출판부.

유영주 · 김경신 · 김순옥(1996). **가족관계학**. 경기: 교문사.

통계청(2006). 2006년 혼인통계 결과.

Lamanna, Mary Ann and Reidmann, Agnes(1988). *Mariages & Famiies Making Choices & Facing Change*. Third Edition. Belmont CA, Wadsworth Publshing Company.

Murstein, B.(1980). Mate Seection in the 1970s. *Journal of Marriage and the Family*, 42, 52-54.

__________(1987). A Classification and Extension of the SVR Theory of Dyadic Pairing. *Journal of Marriage and the Family*, 42, 777-792.

Myers, David, G.(1994) *Exploring Social Psychology*. New York McGraw - Hi Inc.

Olson, David, H. and DeFrain, John(994). *Marriage and the Family: Diversity and Strengths*. Mountain View, CA: Mayfield Publshing Company.

Sabateli, Ronald, M. and Shehan, Constance, L.(1993). Exchange and Resource Theories. In Pauline, G. Boss, Wilaim J. Doherty, Ralph LaRossa, Walter R. Schumm, and Suzanne, K. Steinmetz(Eds.) *Sourcebook of Family Theories and Methods: A Contextual Apprach,* pp. 385-411. New York: Plenum Press.

1부 결혼 준비

7장

결혼문화

이 기 숙

싸움터에 나갈 때에는 한 번 기도하라. 바다에 갈 때에는 두 번 기도하라. 그리고 결혼을 할 때에는 세 번 기도하라.

러시아 속담

1 결혼을 의례로 풀기

일반적으로 성인의 남녀가 이성교제를 통해 서로를 이해하고 서로가 원하는 선택이 이루어지면 결혼에 이르게 된다. 결혼이란 그 형식과 절차를 달리한다고 해도 세계 어느 곳에서나 볼 수 있는 인생의 한 부분이다.

현재 우리나라의 결혼제도는 일부일처제를 근본으로 한다. 그러나 이런 결혼제도가 법제화되고 받아들여진 역사는 그리 길지 않다. 조선 후기까지도 일부다처제 결혼제도가 있었다. 즉, 축첩이 공인되었던 점, 여성에게만 요구되는 엄격한 정조관, 집안과의 관계를 중시한 중매혼, 그리고 혼인의 목적이 가(家)의 유지와 가계계승을 위한 출산에 있었던 점 등이 그 예이다. 이런 전통적 결혼제도는 근대사상의 도입과 산업화에 따라 점차 변하였다.

일부일처제 결혼은 비록 두 남녀의 결합이지만 그 결합을 완성하는 방법에는 형식이 있다. 이런 형식이 있는 예의를 의식 혹은 의례(儀式, 儀禮, ritual)라 한다(배영기, 1994 · 1997). 따라서 의례를 치른다는 것은 결혼 당사자로서는 결혼의 사회적 기대를 수용하는 것이며, 가족들의 입장에서는 그 결혼을 승인한다는 도덕적 인식을 공유하는 것이다. 즉, 결혼의식을 통하여 가족과 친지, 이웃들에게 부부가 된다는 것을 공식적으로 알리고 인정받으며, 혼인신고를 통하여 법적으로 공인된다.

그러므로 어떻게 그 결혼의사를 나타내고, 가족의 인정을 받으며, 나아가 행복한 사건으로 그 결혼을 창출해 내야 하는가에서 결혼의례(결혼식을 포함함 혼인절차)가 만들어진다.

2 결혼문화의 변화와 다양한 혼인풍습

1) 한국의 전통혼례

전통혼례에 대한 다음의 자료는 고려대학교 민족연구소가 편찬한 한국문화사대계 IV(한국풍속과 예술사)의 내용을 쉽게 풀어서 정리한 것이다.

원래 혼인(婚姻)의 혼(婚) 자는 혼(昏)에서 유래한 것으로 혼례는 어두울 때 행하는 것이 예로 되어 있었다. 우리나라의 혼인제도는 시대의 흐름에 따라 대체로 입장제(入丈制)와 친영제(親迎制) 그리고 반친영제(反親迎制)로 구분할 수 있다. 입장제는 고려 말까지의 제도였고, 친영제는 조선 중기까지 상류층의 제도이며, 반친영제는 조선 중기부터 현재까지의 혼인제도였다. 지금 우리가 알고 있는 전통혼례란 반친영제를 말한다.

(1) 입장제

고려 이전의 가족제도는 엄격한 부계제가 아니다. 즉, 결혼 형태가 여자가 태어난 씨족을 떠나지 않았고, 남자가 여자 측을 방문하거나 사는 형태로 자녀는 모계 가족의 일원으로서 양육되고 상속을 받는다. 고구려의 서옥(胥屋)제도는 그 좋은 예로 고려, 조선 초까지 상당히 오랜 기간 그 모습이 남아 있다. 신랑 후보가 해가 진 뒤 신부 후보의 집 문밖에서 자기 이름을 대고 꿇어 엎드려서 재워 줄 것을 청하기를 세 번 거듭하면 여자의 부모가 이를 승낙하고 서옥(집 뒤편의 작은 집으로 사위가 머무는 집이란 의미)에 신부를 들여보내고 첫날밤을 보내게 한다. 다음날 신랑의 친구들이 무리를 지어 신부집에 가면 그 집에서 술과 음식을 대접한다. 사흘째 드디어 부부가 잔칫상을 받는다(즉, 혼인식을 치름).

이러한 잔치 중심의 혼인 관행은 조선시대까지 일부 상류층을 제외하고는 보편적이었다. 따라서 입장제는 남녀가 좋아하면 곧 맺어질 수 있으며, 신부집에서 신랑을 맞이하였고, 사흘째 공개적인 음식상을 차리고 잔치를 벌이는 혼인의례였으며, 남자 집에서 돼지고기와 술을 보낼 뿐 다른 예물(혼수)은 없는 것이 특징이었다. 그후에도 신랑은 처가에 머물러 살면서 자식을 낳아 성장시킨 뒤 아내를 데리고 자기 집으로 들어간다.

이러한 풍습은 조선 초까지 계속되며, 장가(丈家)든다는 입장(入丈)의 어원은 장인, 장모 집에 들어간다는 서류부가혼(胥留婦家婚)에서 나온 말이다.

(2) 친영제

고려 말 주자가례(朱子家禮)가 도입되고, 조선조의 억불숭유책에 따라 사대부층에서는 가례에 준한 혼례의 이상형을 제시하려는 노력이 나타났다. 조선 태조 때 학자 정도전을 중심으로 종전 혼인제도에 대한 대개혁이 단행됨으로써 기존의 입장제는 친영제로 바뀌었다. 지배계층은 혼인이 인륜의 바탕이므로 엄숙한 형식이 필요하다고 보았고, 한편으로는 전통적으로 내려온 민간 혼인의례가 경솔하다고 보아 천시하는 인식을 가졌다. 당시의 사례편람(四禮便覽)에는 중국의 혼례를 그대로 따르고자 하는 지배층의 의지가 반영되었다.

친영제란 결혼식 날 신랑이 신부집으로 가서 신부를 데리고 자기 집으로 돌아와 결혼식을 신랑집에서 거행하고, 신부는 그대로 시가에서 살게 되는 것으로 입장제와는 정반대의 혼인제도이다. 친영에 관한 본격적 논의는 조선조 3대 태종 때로 태종실록에는 다음과 같은 기록이 있다.

> 중국의 혼인례는 음이 양을 좇아 여자가 남자 집에 들어가서 살고, 그럼으로써 그 자손들이 친가에서 자라고, 본종(本宗)의 중함을 알고(생략)…… 우리나라에서는 그 반대로 남자가 여자집에 들어가 사니, 그 자손이 외가에서 자라는 까닭에 본종을 알지 못하고 어미의 신분에 따른다. 그래서 태종이 그 열세 번째 공주를 친영한 것이 우리 혼속상 친영의 효시이다. 그러나 민간의 혼례는 오랜 관행이 그대로 지속되어 신랑집에서 예를 올리는 중국의 혼례는 받아들여지지 않았다. 따라서 친영례가 실시된 계급은 양반 중에서도 극히 부유한 상류 집안임을 알 수 있다.

(3) 반친영제

조선 명종조에 와서 고유 풍속과 친영의 절충인 반친영의 운동이 일어났다. 점차 친영제가 일반 대중에게 확산되면서 취하게 된 제도가 반친영제인 것이다. 이는 고려시대의 입장제와 조선조 귀족층의 친영제의 장점만을 취한 것이다. 즉, 고유 풍습 그대로 여가(女家)에서 혼례가 치러지는 신부 측 중심의 입장제와 유교식 가례의 교배례 · 합근례로 치러지는 신랑 측 중심의 친영제를 혼합한 의식이다. 이것은 전통의 서류부가혼에 비해 처가에 머무는 시간을 단축시키게 하였다. 그밖에도 유교적인 요소 이외의 재래 가치관을 그대로 유지시키는 다양한 혼례 요소가 많은 부분에서 지켜져 왔다.

친영제는 중국의 육례(六禮)를 받아들여 축소한 사례(四禮)다. 사례는 의혼(議婚), 납채(納采), 납폐(納幣), 친영(親迎)으로 구성되었다. 혼례 준비과정에는 의혼, 납채, 납폐의 절차, 결합과정에는 친영의 절차 그리고 흡수과정에는 현구고례(見舅姑禮, 시부모를 뵙는 과정으로 지금의 폐백)가 포함된다.

① 의혼

가문, 학식, 인품 등을 조사하고, 두 사람의 궁합을 본 다음에 허혼 여부를 결정했는데 대개 신랑집의 청혼편지에 신부집이 허혼편지를 보냄으로써 의혼이 이루어진다. 이 과정에서 양가 부모들만이 신랑, 신부의 선을 보고 당사자들은 서로 얼굴을 보지 못했으며, 남녀 양가에서 혼담이 이루어지면 먼저 남자 측에서 청혼서를 보내고, 여자의 집에서 마음이 있으면 혼인을 허락하는 허혼서를 보내 혼인이 이루어졌다.

② 납채

혼약이 이루어져 사주(四周: 태어난 연월일시)를 보내고 연길(涓吉)을 청하는 절차이다. 신부집에서 허혼편지나 전갈이 오면 신랑집에서는 신랑의 사주와 납채문을 써서 홍색 보자기에 싸 보내며, 신부집에서는 사주를 받으면 신랑, 신부의 운세를 가늠해 보고 결혼식 날짜를 택하여 신랑 측에 통지한다. 이것을 연길이라 하며, 요즘에는 납채를 납폐로 대신하고 있다.

사주를 보낼 때 신랑집에서는 아침 일찍 일어나 신부집으로 보낼 편지를 받들고 사당에 고하며, 신부집에서도 주인이 의관을 정제하고 나와 신랑집에서 보내온 편지를 소반 위에 공손히 받은 다음 역시 사당에 고한다. 그리고 나서 편지에 답장을 써주고, 사주를 가져온 사람을 후하게 대접하며, 신랑집 주인은 답장을 받으면 다시 이것을 사당에 고한다. 사주를 받은 신부집에서 혼인 날짜를 받아 백지에 써서 연길편지와 함께 싸서 신랑집에 보내는 절차이다.

③ 납폐

연길과 의제장을 보내는 절차가 끝난 뒤 신랑집에서 보통 결혼식 전날 신부용 혼수(婚需)와 혼서(婚書) 및 물목(物目)을 넣은 혼수함을 보내는데, 이것을 납폐라 한다. 혼서는 신부에게는 무척 소중한 것으로 일부종사의 의미로 일생 동안 간직하였다가 죽을 때 관 속에 넣어 가지고 간다고 한다. 신랑집이 가난한 경우 혼서와 함께 채단(采緞: 청색과 홍색의 비단 치맛감)만을 보내며, 여유가 있는 집에서는 다른 옷감을 더 넣어 보내기도 하는데, 이를 봉채(封采, 봉치라고도 함)라 한다. 납폐에는 누가 누구에게 왜 보내는 예물인가를 정중하게 글로 써서 함께 보내야 한다. 그것을 혼서(장가들 때에 드리는 글)라 한다. 혼서는 함 속에 함께 넣으면 안되고 따로 상자에 넣어 붉은 보로 싼다.

④ 친영

신랑이 신부집에 가서 혼례를 치르고 신부를 맞아오는 예로 요즘의 결혼식이다. 친영은 전안례(奠雁禮), 교배례(交拜禮), 합근례(合巹禮)의 순서로 이루어지며, 주례자가 홀기(식순)에 따라 식을 진행한다. 전안례는 혼인식의 첫 번째 순서로 신랑이 기러기를 드리는 의식이다. 기러기의 세 가지 덕목(사랑의 약속을 영원히 지키고, 짝을 잃으면 결코 다른 짝을 찾지 않으며, 상하의 질서를 지켜 날아갈 때도 행렬을 맞추며 앞서 가는 놈이 울면 뒤따라가는 놈도 화답을 하여 예를 지키며 왔다는 흔적을 분명히 남기는 속성)을 사람이 본받자는 뜻이며, 훌륭한 삶의 업적을 남길 수 있는 사람이 되라는 뜻이다. 교배례는 신랑, 신부가 맞절하는 의식이다. 이 교배례로 두 사람은 상대방에

그림 7-1 전안례

그림 7-2 교배례

그림 7-3 교배례

그림 7-4 합근례

그림 7-5 합근례

그림 7-6 폐백

게 백년해로를 서약하는 것이다. 합근례는 신랑, 신부가 한 표주박을 둘로 나눈 잔에 술을 따른 후 세 번 나누어 마시는 의례를 말한다. 술은 부부로서의 인연을 맺는 것을 의미하며, 표주박에 따라 마시는 술은 부부의 화합을 의미한다. 표주박이 반으로 쪼개지면 그 짝은 이 세상에 하나밖에 없게 되며, 그 둘이 합쳐짐으로써 온전한 하나를 이룬다는 뜻이다. 그 첫째 잔은 지신에게 감사하는 뜻으로 '고시레'라는 잔이며, 둘째 잔과 셋째 잔은 표주박에 담아 나누어 마심으로써 부부의 화합을 기원하는 잔이다.

⑤ 폐백

폐백을 드리는 것은 우리 전통혼례의 한 부분이 남아 있는 것으로 신부의 집에서 혼례를 치르고 나서 1~3일이 지난 후 시댁으로 가서 친정 어머니가 싸준 대추와 밤(다산과 풍요의 의미), 마른안주 등을 차려 놓고 시부모와 시댁식구들에게 처음으로 인사를 드리는 예식을 말한다.

(4) 일제 강점기 이후의 혼인의식

한말 이후 개화기를 거치면서 생활문화도 크게 변화한다. 기독교와 새로운 외래 문화의 영향에 의해 서구식이 유행하기 시작하였다. 1890년대에 생긴 예배당 결혼식을 시초로 1900년대에는 불교계에서도 불식 화혼법이 등장하였다. 최초의 서구식 혼례는 1920년의 왕세자 이은과 방자 여사와의 혼인으로 혼례문화에 큰 영향을 미쳤다.

혼례 절차는 개화기를 거치면서 서구문화와 일제 식민지 시대의 영향을 받았을 뿐만 아니라 사회제도와 종교, 사상의 격동과 혼란에 의해 변모를 겪게 되었다. 무엇보다도 1934년 일제는 '의례준칙'을 발표하여 혼례 장소로는 신부집 이외에 교회, 절, 신사 등을 제시하였고, 혼례복으로는 양복 등을 제시하였다. 이는 혼례 변천사에 중요한 사건이 되었다. 여기에는 신부집에서 떠들썩하게 벌어지는 잔치라는 우리의 혼례문화가 공동체적 의식을 강화시키는 기능을 한다고 여긴 일제의 방해 의도가 담겨 있다고 볼 수 있다.

또한 혼례가 의식으로서의 무게를 가지지 못한 점 그리고 음식에 치우친 점 등을 개선점으로 들어 의례준칙이 농촌의 생활개선과 근대적인 생활 합리화를 표방한 듯하였으나 실제로는 식민통치의 일환으로 우리나라 고유성을 일방적으로 말살하려는 것이었다(박혜인, 1991). 이때부터 일본식의 피로연과 답례품 문화가 행해지기 시작하였고 오늘날의 음식점 피로연으로 변화되었다고 볼 수 있다.

2) 현대의 결혼문화

오늘날 혼례는 전통혼례의 많은 부분과 서구식 혼례가 절충한 형태이다. 맞선, 궁합, 사주, 택일, 함, 신랑 다루기, 신랑·신부의 맞절, 폐백까지 모두 전통혼례의 연장이다. 폐백 시에 밤·대추 던져주기, 예단 올리기 등은 모두 농경사회의 전통으로 풍요와 다산을 기원하는 의례의 지속적인 측면이다. 신부의 순결을 상징하는 웨딩드레스, 양복이 혼례복으로 보편화된 점, 신혼여행 등은 서양식 혼례에서 빌려온 것이다.

결혼식에서 신부의 보호자가 신부를 안내하여 신랑에게 신부를 넘겨주게 되는 것, 신부의 순결을 상징한 흰색 웨딩드레스, 남성 주례자 등의 의식은 모두 남성에 대한 여성의 종속을 구조화한 전근대적 서양 혼인의례를 그대로 모방한 것이다. 요즘에는 신랑, 신부의 동시 입장과 여성 주례자와 사회자가 등장하는 등 새로운 평등문화의 모습도 보이고 있다.

현대에 와서 함은 함팔기의 형식으로 변형된 신랑 친구들의 놀이마당으로 변화하였다. 동네가 시끄러울 정도로 함을 사라는 신랑 친구들과 이를 끌어당기는 신부측의 실랑이를 흔히 볼 수 있다. 재미있는 풍속이 남아 있다는 긍정적인 측면 이면에 턱없이 높은 함값을 요구하는 등 왜곡된 모습이 나타나고 있다. 이러한 폐단이 커짐에 따라 실속 있는 젊은이들은 함팔기를 생략하고 신랑이 직접 함을 매고 신부집에 전해주는 사례도 늘어가고 있다.

과거에는 주로 이웃과 친척이 신부집에 모여 혼례를 올린 반면 오늘날은 참석 범위가 넓어져 일가친척뿐 아니라 친구, 직장관계의 사람까지도 참석한다. 예식 장소도 예식장이나 호텔, 관공서, 종교기관에서 거의 모든 혼인식이 행해지고 있다. 하객의 편의를 위해 토요일 오후나 공휴일에 대부분의 예식이 몰리게 됨에 따라 예식장 부근의 교통난은 잘 알려진 사실이다.

우리 사회에서 혼례식에 참석하는 하객의 숫자는 마치 그 집안의 위세나 부모의 사회적 지위를 나타내는 지표로까지 여겨지는 경향이 있다. 관혼상제 중 가장 상업성을 띠기 쉬운 결혼의식은 과소비 풍조로 전락하는 수도 허다해졌다고 볼 수 있으며, 예식장이 취하는 폭리와 횡포는 이미 오래된 이야기이다. 이러한 결혼의식은 판에 박힌 식순에 따라 표준화되고 천편일률적인 예식 절차를 치르게 되는데, 이때 소요되는 시간은 보통 20분 내외이다.

최근에는 이런 복잡함을 피해서 다양한 장소와 시간을 택하고 있다(여성한국사회연구회, 1995). 단순히 우리나라 전통혼례의 실천형을 다시 복원시키는 것이 우리의 전통을 살리는 것이라고는 볼 수 없다. 우리나라의 고유문화 속에 있는 남녀 공존의 질서를 회복한다는 큰 맥락 안에서 혼인의식 문화를 형성하는 노력이 필요하다고 본다.

현재 많이 실시되는 형태의 결혼식은 〈참고자료 7-1〉과 같은 순서로 이루어진다. 물론 장소와 형식을 독자적으로 만드는 이색적인 결혼식도 있지만(〈참고자료 7-2〉 참고) 의례형식은 대체적으로 일반적 순서를 따르고 있다.

참고자료 7-1 결혼식 순서

① 사회자의 식이 시작됨을 알리는 안내방송
② 촛불 점화: 양가의 어머니가 식단 위에 있는 촛불에 불을 붙인다.
③ 개식 선언: 사회자는 좌석을 정돈하고 개식을 선언한 후에 식을 진행하고 주례 선생님을 소개한다.
④ 신랑, 신부 입장: 주례 앞에 다가가서 주례를 향해 고개 숙여 인사하고 하객석을 기준으로 했을 때 신랑은 왼쪽, 신부는 오른쪽에 선다.
⑤ 신랑, 신부의 맞절
⑥ 혼인 서약: 주례가 일정한 서약서를 읽고 물으면 신랑, 신부는 또렷한 목소리로 "예" 하고 대답한다.
⑦ 성혼 선언문: 주례가 성혼 선언문을 낭독하고, 결혼의 성립을 선언한다.
⑧ 주례사
⑨ 내빈께 인사: 신랑, 신부가 돌아서서 내빈을 향해 부부로서의 첫인사를 한다.
⑩ 신랑, 신부 행진
⑪ 폐식
⑫ 사진 촬영
⑬ 폐백: 요즘은 예식장에 폐백실이 갖추어져 있어 예식이 끝난 후에 곧바로 폐백실에 가서 폐백을 드리도록 되어 있다.
⑭ 하객 접대(피로연): 결혼식이 끝나면 결혼의 과정에서 격려하고 도와주신 분들과 직접 찾아와 축하해 주신 분들에게 감사의 뜻을 전하는 한 방법으로 피로연을 베푼다.

출처: 웨딩이오(http://weddingio.co.kr/info/infomain.htm).

참고자료 7-2 바뀌는 결혼 풍속도

봄, 가을이면 주말마다 예식장으로 몰려가 신랑 신부 얼굴에 '도장'을 찍고, 지루한 주례사를 듣다가 점심 먹고 돌아오는 결혼식, 판에 박힌 결혼 풍속도에 변화의 바람이 불어닥쳤다.

주 5일제가 되면서 주말 결혼보다는 평일 결혼을 좋아하는 사람들이 빠른 속도로 늘고 있다. 하객이 많을수록 좋다는 생각보다는 꼭 참석할 사람만 오면 된다는 실속 있는 결혼 풍속도도 차차 자리 잡고 있다. 대신 신랑 신부는 번갯불에 콩 구워먹듯 하는 결혼식보다는 시간을 넉넉히 가지며 여유 있는 예식을 원하고 있다. 그 때문에 일반 예식장보다 호텔이나 카페, 야외공원, 유람선 등이 새로운 예식장으로 각광받고 있다.

–지루한 주례 대신 하객들 덕담–

사회자의 진행 아래 신랑 신부가 등장하고 지루한 주례사가 이어지는 행사 순서에도 변화의 바람이 불고 있다. 주례 대신 신랑 신부를 잘 아는 하객들이 덕담을 한마디씩 해주는 시간을 갖거나 신랑 신부 스스로 결혼을 다짐하는 글을 낭독하는 순서를 갖는 등 결혼식이 하객 참여적인 행사로 바뀌고 있다. 하객들을 위해서 노래와 춤 등이 곁들여진 특별공연을 펼치며 예식을 축제의 장으로 만드는 커플도 늘어나고 있다.

양성 평등한 결혼식에 대한 기대가 높아지면서 신랑 신부가 동시 입장하여 결혼 후 서로의 실천항목을 구체적으로 써서 나누는 결혼 약정서도 선보이고 있다. 평등한 만남, 가사노동 분담, 출산 육아 공동책임 등 결혼 후의 구체적인 실천방향을 선언하는 식이다. 여성이 주례에 속속 등장하고 있으며, 부부가 함께 주례를 하는 모습도 선보이고 있다.

새로운 이벤트를 좋아하는 젊은이들 사이에 이벤트 결혼도 점차 자리 잡고 있다. 스킨스쿠버동호회 회원들이 수중결혼식을 올리는 것은 이미 새로운 사건이 아니다. 지난해 11월 결혼한 쇼호스트 박지호 씨는 러닝머신 100대를 동원해 이색 결혼식을 열어 관심을 모았다. 요즘에는 유람선에서 올리는 결혼식에 많은 젊은이들이 몰려들고 있다. 해 질 녘 결혼식을 올리고 야간에 불꽃놀이를 즐기며 여유 있는 시간을 보낼 수 있다는 점이 매력으로 꼽힌다.

–수중결혼식, 가면결혼식–

아직까지 많지는 않지만 튀는 결혼식을 원하는 이들은 신랑 신부 하객들 모두 가면을 쓰고 무도회처럼 올리는 '가면결혼식', 예비부부의 연애담을 연극으로 구성해서 하객 앞에서 신랑 신부가 공연을 하는 '무대결혼식', 결혼식장 전체에 신랑 신부의 사진이나 그림을 수십 장 전시해 대형 화랑처럼 꾸미는 '화랑결혼식' 등을 치르기도 한다.

출처: 경향신문(2003.10.1).

3 혼수와 결혼식 준비

교제를 통해 결혼을 결정하게 되면 혼수 준비와 결혼식에 관계된 계획을 짜게 된다. 먼저 결혼식 날짜를 선택하고 나면 혼수 준비와 결혼식에 관계된 계획을 일정에 따라 진행하는 것이 시간과 비용, 노력 면에서 규모 있는 결혼 준비라 볼 수 있다.

1) 혼수 준비

결혼이 자유로운 의사에 의해 사랑과 믿음을 근거로 이루어지는 선택적 결합이라고 했을 때 과다한 혼수는 인격과 인격의 결합에 오히려 해가 될 수 있다. 우리 사회에서 혼수는 점차 과다장만, 호화사치의 경향을 보이고 있어 신랑, 신부가 축복받고 행복해야 할 결혼식에 있어서 혼수문제로 상처를 주고받거나, 혼수예단의 교환과정에서 결혼이 깨지는 등 결혼의 본질이 왜곡되기도 한다.

이제 우리 사회는 '사회의 악'이라고까지 불리는 혼수문화에 대해 개인적·사회적 차원에서의 반성과 새로운 자리매김이 시도되어야 할 시점에 이르렀다. 혼수의 의미는 새로운 결혼문화에 대한 기념과 생활용품의 마련 및 선물의 개념이어야 한다. 그런 혼수가 결혼과정 및 결혼 후에도 계속 갈등의 요인이 된다면 큰 문제이다. 특히 일부 특수층의 과시적 소비풍조와 과다혼수는 근절되어야 한다. 또한 젊은 층일수록 혼수품을 더 많이 해가고, 재산증식의 기회와 재산상속의 기회로 만들려는 의식도 나타나고 있는데, 이러한 의식전환이 무엇보다 중요하다. 부모세대가 그들의 지위를 과시하려고 할지라도 우리는 건전한 혼인의식을 갖고 근면하고 성숙한 자세를 가져야 할 것이다(옥선화·정민자, 1992).

정부가 제시하는 건전한 혼수 실천방안은 다음과 같다.

① 신랑, 신부가 현재 갖고 있는 경제력을 먼저 합한 후 혼수 예상비용과 맞춘다.

② 신랑, 신부 예물은 신랑, 신부의 상징적인 기념품으로 하나씩 마련한다.

③ 예단은 시부모와 친정부모에게 옷 한 벌씩, 시가 형제자매에게는 간단한 선물

을 준비한다.

④ 살림살이는 침구, 살림도구, 그릇류를 마련한다.

⑤ 결혼식 장소에 따라 혼인잔치 규모를 정하고 음식을 계획한다.

⑥ 예물, 예단, 살림살이, 결혼식 비용의 총계가 혼인 당사자의 능력을 초과하지 않도록 한다.

⑦ 부조나 부모의 원조는 통장으로 만들어 주택마련에 보탠다.

또한 한국소비자보호원(1997)에서는 사회적으로 건전한 결혼문화의 정착을 위한 개선방향으로 다음과 같은 방법을 제시한다.

① 혼례 하객을 1백 명 이내로 제한하고 사전에 예약관행을 정착시킨다.

② 일정액 이상 결혼비용을 지원하는 부모에게는 증여세를 부과한다.

③ 결혼 비용 마련을 위한 장기 저리의 금융상품을 개발하는 것도 필요하다.

참고자료 7-3 400만 원에 치른 'IMF식 초절약 결혼식'

400만 원에 'IMF식 초절약 결혼식'(2월)을 올린 조태현(趙泰鉉, 29, 치과의사), 양은숙(楊恩淑, 29, 약사) 씨 부부가 한국여성단체협의회가 주최한 '새로운 혼례모델 공모전'에서 대상을 차지했다.

- 혼례: 약혼식, 야외촬영, 폐백 등 불필요하다고 생각되는 절차는 과감히 생략. 향교에서 전통혼례. 한복은 빌려 입고 결혼예복은 따로 장만하지 않았다.
- 함: 함을 들일 때 '말썽'을 피하기 위해 신랑 혼자 함을 들고 옴. 양가 음식 장만비용 합계 20만 원.
- 혼수: 5만 5천 원짜리 이불뿐. 친정에 새살림을 차렸다.
- 예물 · 예단: 신랑, 신부가 18K 금반지를 하나씩 장만, 17만 2천 원으로 해결. 예단비는 양가 어머니 한복 각 30만 원과 시누이 양장 25만 원으로 총 85만 원.
- 결혼식 당일 비용: 하객 식대 126만 원, 답례품으로 나눠 준 공중전화카드 비용 14만 4천 원, 신부화장, 사진촬영 등을 포함한 예식비 70만 원.
- 신혼여행: 수안보에서 스키를 타고 백암온천에서 온천욕. 콘도에서 밥을 지어 먹으며 29만 5천 원에 마쳤다.

출처: 동아일보(1998. 5. 11).

④ 공공기관들의 무료 결혼식장을 확대·운영한다.

⑤ 혼례 과소비문화는 사회지도층 인사들의 결혼에서 영향받는 바 크므로 사회지도층 가족의 결혼의 경우에는 비용 및 하객 수 신고제 도입을 관련 기관에 건의한다.

그러나 일부 젊은이들은 〈참고자료 7-3〉에서 보듯이 검소한 결혼식 문화를 만들고 있다.

2) 결혼 준비 일정

결혼을 결정하고 나면 혼수 준비 외에도 일정을 관리해야 할 일이 많다. 새 출발을 위한 마음다짐을 할 겨를도 없이 우왕좌왕 준비하다 보면 몸과 마음이 분주하기만 해 중요한 일을 빠뜨리고 당황할 수 있으므로 차분하게 조목조목 일정표를 만들어 계획하고 점검해 보도록 하는 것이 좋다. 일반적으로 신부 측에서 대부분의 준비와 계획을 세우는 것이 현실이나 신랑 측에서도 참여하는 것이 바람직하다고 여겨지며, 또한 부모의 힘에 의존하기보다는 결혼할 당사자인 두 사람이 주체적으로 준비와 계획을 공유하는 방향으로 나아가야 할 것이다.

결혼 3개월 전에는 ① 양가 부모님을 뵙고 상견례를 하고, 결혼 날짜를 잡는다. 결혼 날짜는 대개 신부 측에서 먼저 결정하고 신랑 측과 협의해 선정한다. ② 날짜를 정한 후에는 결혼식장을 예약한다. 예식장 비용은 양가가 함께 부담하는 것이 통례이다. ③ 결혼식장과 함께 내객을 접대할 피로연 장소도 선정하고 답례를 구상한다. ④ 혼수는 살림집을 결정한 후 그에 맞춰 장만하며 주택을 구입할 때는 계약하기 전에 토지대장·지적도·가옥대장 등의 서류를 점검하고 등기부등본을 떼어 집주인 여부와 담보관계를 확인해야 한다. 전세를 얻을 때도 등기부등본은 반드시 확인하고 전세권을 설정해야 한다. ⑤ 치아점검을 비롯한 종합건강진단도 필요하다. 신부의 경우에는 풍진 예방주사도 이 시기에 맞아두는 것이 좋다. ⑥ 신혼여행지를 선정한다. ⑦ 결혼의 의미를 되새겨 보도록 예비신랑, 신부가 함께 결혼준비교육에 참가하는 것도 좋다.

결혼 2개월 전에는 ① 결혼예산에 맞춰 혼수용품 리스트를 작성한다. ② 결혼식

주례자 · 사회자 등을 정한다. ③ 예단을 어떤 형식으로 할지 양가가 상의해서 결정한다.

결혼 1개월 전에는 ① 초대 손님의 명단을 작성하고 청첩장을 만든다. ② 신랑 · 신부의 예복 및 한복을 준비한다. ③ 침구류와 그릇 등을 구입하기 시작한다. ④ 이 시기에 친구들에게 결혼 상대를 소개해 두는 것도 좋다.

결혼 20일 전에는 ① 결혼식 청첩장을 돌린다. 청첩장은 늦어도 일주일 전에는 도착하도록 한다. ② 예물과 신혼여행 준비물을 구입한다. ③ 신랑 · 신부가 함께 주례자를 찾아 인사를 드린다. ④ 결혼식 · 신혼여행 예약사항을 최종 점검한다.

결혼 10일 전에는 ① 혼수용품을 최종 점검한다. ② 신혼여행 때 입을 옷을 정하고, 신혼여행 짐을 꾸리기 시작한다.

결혼 일주일 전에는 ① 함이 오간다. ② 신혼집에 짐을 들여 놓고 살림을 배치한다. ③ 웨딩드레스 · 예복, 결혼식에 쓸 자동차, 도와줄 친구 등의 세부사항을 점검한다. ④ 회사에 휴가원을 제출한다.

결혼식 전날에는 ① 그동안의 준비를 총점검해 본다. ② 가족들과 조용한 시간을 갖고, 일찍 잠자리에 들어 충분한 수면을 취한다.

3) 신혼여행

결혼식을 마치면 일반적으로 신혼여행을 가게 된다. 신혼여행은 서구 사회에서 오랜 전통을 지닌 행사 중의 하나이다. 신혼여행이란 두 사람의 애정이 마치 만월과 같다는 비유로 허니문(honeymoon)이라는 말을 사용한다. 신혼여행의 기능은 두 사람이 앞으로 공동생활을 하게 될 때의 적응관계를 용이하게 해줄 수 있는 전환기를 마련해 주는 데 있다.

참고자료 **7-4 혼수품 제1호는 바로 '건강검진'**

결혼을 앞둔 예비부부가 준비해야 할 것들이 한두 가지가 아니겠지만 의학적 측면에서는 건강진단을 함께 받아보는 게 중요하다. 결혼 후 태어날 자녀를 위해서도 그렇고 건강한 부부생활을 위해서도 서로의 건강상태와 질병 유무를 체크해 보는 것은 혼수 준비 차원에서 꼭 필요하다. 특히 전염성 질병이나 유전성 질병은 반드시 확인해야 결혼 후 불임이나 이혼 등 불행한 일을 사전에 예방할 수 있다.

결혼 전에 확인해야 할 것들 중 가장 기본적인 것은 혈액형과 B형간염 그리고 매독, 임질, 후천성 면역결핍증(AIDS) 등 성병, 가끔 자신의 혈액형을 잘못 알고 있는 사람들이 있어 나중에 아기가 태어났을 때 오해를 불러일으키는 원인이 되기도 한다. 드물기는 하지만 RH 혈액형을 가진 여성은 출산 때 유산을 일으키는 원인이 될 수 있으므로 ABO형 및 RH형 혈액형을 함께 확인하는 것이 필요하다.

임신을 앞둔 여성들이 확인해야 할 검사 항목에는 풍진, 방광염, 질염 등이 있다. 풍진은 피부발진과 열, 감기몸살 증상을 앓는 바이러스 감염 질환으로 임신 초기에 걸리면 태아에게 선천성 기형을 일으킬 수 있다. 항체검사를 받아 보고, 항체가 없다면 예방주사를 미리 맞아두는 것이 현명하다. 그러나 풍진 예방주사를 맞은 후 최소한 3개월 동안은 임신을 하면 안된다.

그외에도 각자의 비만도를 비롯한 신체적인 조건, 영양섭취나 식사습관의 문제, 당뇨나 고혈압, 콜레스테롤 수치 등의 일반적인 건강상태를 미리 확인하여 서로의 건강위험도를 알아 두면 건강하고 행복한 결혼생활에 큰 도움이 될 것이다.

4 결혼문화 비판

1) 잘못된 결혼관행

(1) 함팔기

함은 전통적으로는 사주단자를 전달하는 의미를 지니고 있는데, 이 속에는 신랑의 아버지가 직접 쓴 혼서와 청색과 홍색 치맛감의 채단이 들어 있다. 혼서는 신부의 일부종사를 의미하는 것으로 죽을 때에 관 속에 함께 가지고 갈 정도로 중요한 것이다.

현대에 와서는 함팔기의 형식으로 전통이 남아 동네에 한바탕 웃음을 선사해 주기도 한다. 얼굴에 오징어를 쓴 함진아비, 말을 끄는 마부, 청사초롱을 든 사람들은 함팔기에서 빼놓을 수 없는 등장인물이다. "함 사려!"를 외쳐 대는 신랑 친구들과 이들을 끌어당기는 처제들과 신부 친구들의 실랑이를 흔히 볼 수 있다.

이렇게 재미있는 우리의 민속행사가 살아 있다는 것은 고유문화 보존이라는 측면에서 긍적적으로 볼 수 있지만 갈수록 신랑 친구들이 더 많은 함값을 요구하는 등 폐단이 있다. 또한 함진아비는 결혼해서 첫아들을 낳은 사람이 해야 바람직하다고 여기는 풍속도 우리 사회가 안고 있는 남아선호사상을 드러내고 있다.

(2) 혼수 준비

예식과 관련된 과다지출은 특수한 계층만의 문제라고 보기에는 어렵다. 빚을 지면서까지 남들이 하는 모든 격식은 다 차려야 한다는 우리의 체면문화와 합쳐진 한국인 모두가 앓고 있는 혼수병은 심지어 《혼수전쟁(최성애, 1993)》이라는 책 제목이 보여주듯이 일그러진 결혼문화의 현실을 대변해 주고 있다. 이러한 우리 모두의 허영심을 이용하여 가전제품 업체나 대형 백화점은 혼수제품 판촉전을 벌여서 고급제품과 대형제품을 구입하도록 부추기고 있다. 결혼을 위한 이벤트 업체까지 합쳐져서 유망산업인 '결혼산업'에 적극적으로 일조를 가하고 있다. 부모들의 맹목적인 자식 사랑, 젊은이들의 이중성 그리고 상속 등이 맞물려 오늘날의 혼수문제를 야기한 것이다(〈참고자료 7-5〉 참고).

(3) 거대하고 화려해지는 예식 규모

예식 규모에서 가장 문제가 되는 것은 하객의 규모가 커지는 점이다. 과거에는 주로 이웃과 친척들이 신부집에 모여서 조촐한 혼례를 올렸는데, 오늘날에는 참석 범위가 넓어져서 일가친척뿐만 아니라 친구들 또는 직장관계로 아는 사람들까지도 참석하곤 한다.

그다음 문제는 판에 박힌 듯한 결혼식 과정으로 의례의 엄숙함과 예의가 사라지

참고자료 7-5 혼수문제 사례 모음

〈사례 1〉

서울지검 형사5부는 8일 결혼 후 혼수 등을 트집 잡아 아내에게 폭력을 휘두른 혐의(폭력행위 등 처벌에 관한 법률 위반)로 의사 최 모(32) 씨를 불구속 기소. 최 씨는 95년 2월 김 모(31) 씨와 연애결혼을 했으나 결혼 4개월이 지나면서부터 혼수와 지참금 8천만 원이 적다며 주먹을 휘두르는 등 지난해 3월까지 일곱 차례에 걸쳐 폭력을 행사한 혐의가 있다. 그러나 최 씨의 주장에 따르면 '반드시 지참금 문제 때문만은 아니었으며, 아내가 시부모를 잘 모시지 못해 문제가 생긴 것'이라지만 얼마큼 믿을 수 있는 말인지는 의문이다.

〈사례 2〉

서울 양천구 한 주택가, 임 씨는 둘째 딸의 혼수마련을 걱정하다 끝내 아파트 베란다에서 뛰어내려 목숨을 끊었다. 임 씨는 그날도 생활고와 혼수부담으로 무거워진 마음을 잠시라도 잊어 보려고 가볍게 술 한 잔을 했다. 집에 온 뒤에도 안방에서 조용히 자리를 한 채 자식에게 미안한 심정을 삭혔다. …… (중략) …… 10년이 넘도록 영업용 택시를 몰았지만 개인택시를 받지 못해 고민하던 임 씨, 딸들에게 조금이라도 더 잘해주려고 새벽까지 운전대를 놓지 않던 임 씨, 그런 임 씨는 더이상 현실의 무게를 견디지 못하고 차가운 영안실에 누웠다.

출처: 뉴스프라자(2007. 1, http: //www.newsplaza.co.kr).

고 있는 점이다. 예식 절차도 단순화되었거니와 식순도 어느 정도 일정한 형태로 표준화되었다. 예식을 치르는 것이 새로 탄생한 신혼부부에 대한 축하의 의미보다는 상업화되고 상품화된 절차를 따르는 통과의례로 자리 잡고 있는 느낌 또한 부인할 수 없다.

최근에는 이러한 복잡함을 피해서 아파트 정원이나 공원, 한강 고수부지, 종교단체 등에서 결혼식을 거행하거나, 복잡하지 않은 저녁시간에 결혼식을 올리는 등 예식장소와 시간에 있어서 다소 다양해진 모습을 보이고 있다. 또한 무료예식장을 대여하기도 한다.

2) 결혼과 계층의 관계

한국의 미혼여성들은 부모가 마련해 주지 못하면 본인이라도 반드시 혼수 준비를 한다. 그리고 혼수 준비를 못해서 동거를 하게 되었다 하더라도 이후에 여건만 된다면 반드시 결혼식, 피로연, 신혼여행을 하고 싶어 한다. 사랑과 결혼의 결합은 일반화되었지만 그 결합을 유지하고 깊이 있게 하기 위해서 두 사람 간의 조화에 힘을 쏟기보다는 이웃과 친지의 공인으로 결합의 영속성을 보장받고 싶어 하는 것이다.

1980년대 후반에 결혼한 중산층에 대한 한 연구(여성한국사회연구회 편, 1990)를 보면 중매혼이 22.7%인데 비해 연애혼이 77.3%이었다. 그러나 연애결혼을 한다 하더라도 중산층의 미혼 남녀들이 부모의 간섭으로부터 독립하기를 원하지만 부모의 경제적 원조를 당연히 여기는 태도라든지, 여전히 전문 중매꾼을 낀 결혼시장이 상류층만 아니라 중산층에도 20% 이상 형성되어 있다는 것은 한국의 젊은 세대가 경제적인 것뿐만 아니라 감정적으로 여전히 부모에 의존하는 경향이 있음을 보여준다.

반면에 한국 사회에서 가장 상류층인 100대 재벌가의 혼인에 대한 연구(공정자, 1990)를 보면 철저히 가문과 가문 간의 혼인으로 상류층의 인구를 제한하는 폐쇄적인 계급내혼을 유지하고 있다. 100대 재벌총수의 사돈들은 재벌 및 계열사 임원, 장차관을 지낸 고위 공무원, 국회의원, 군장성, 학계, 언론계, 금융계 그리고 의료계의 인사로 이루어져 있었다. 상류층에게 결혼의 의미는 가문과 가문의 결합을 통한 계급적 유대구조의 정착과 확장이다. 1960년대 처음 등장한 재벌이 1970년대와 1980년대 후반을 거치면서 확고한 상류사회 계급을 형성하여 중산층과의 분명한 사회적 구획을 이루는 데 있어서 결혼은 가장 직접적이고 확실한 방법으로 자리 잡았다. 노골적으로 상류층 혼사만을 전담하는 전문 중매꾼들이 1970~1980년대에 걸쳐 각광을 받게 된 것도 이 같은 이유에서다.

그러나 경제적 어려움을 겪고 있는 저소득층의 경우는 전혀 다른 양상을 가진다. 미혼의 남녀 노동자들이 생계비에도 미치지 못하는 저임금으로 인하여 주거비와 식생활비를 줄일 수 있는 한 방편으로 동거생활을 시작하는 경우도 더러 나타나고 있다. 이들 저소득층의 동거 남녀들도 자신의 가족 및 친지를 비롯하여 사회적으로 인정받고자 하는 의욕이 강하므로 결혼식을 꼭 치르고 싶어 하는 데도 불구하고 경제적인 이유로 원하는 대로 결혼식을 못하고 있는 실정이다(박숙자, 1991).

이와 같은 저소득층의 혼인 양상으로부터 우리 사회에서 계층 간의 격차가 크게 나타나고 있음을 알 수 있다. 호화예단과 혼수도 모자라서 집까지 장만해서 결혼을 하는 사례, 지참금이 적다는 이유로 며느리를 구박하는 가정이 있는가 하면 예단과 혼수는 고사하고 결혼 후 기거할 방 한 칸 마련하기도 힘든 사례들을 실제로 많이 볼 수 있으며, 심지어는 예식비용조차 없어서 결혼식을 미루는 사례 등이 모두 오늘날 우리 사회에서 '결혼문화'라는 같은 이름으로 공존하고 있다(여성한국사회연구회, 1995).

결국 한국 사회에서 사랑과 결혼의 결합방식을 요약한다면 지난 30여 년간의 산업화 과정을 거치면서 상류층과 일부 중산층을 제외하고는 연애결혼이 적어도 형식적·보편적으로 자리 잡았다고 할 수 있다. 그러나 생산직 여성에게 동거가 보편적이면서도 후에 반드시 결혼식을 치러야 실제로 결혼을 했음을 실감하게 되는 것이나 사무직 여성이 혼수 준비를 할 때 중산층을 모방하여 과다혼수를 하는 것, 중산층이 상류층의 중매혼을 모방하는 것 등은 전반적으로 한국 사회의 자율적인 계급문화가 아직 형성되지 못했음을 말해준다(조주현 외, 1993).

3) 결혼문화에 비친 젠더 체계

현대의 결혼예식은 서구 문화의 접목 형태이다. 전통혼례의 좋은 의미는 사라지고 기존의 혼례 형식은 서구 결혼식에 접목된 형태로 나타나고 있다. 즉, 청홍 배색의 혼례복은 여성의 순결을 상징하는 흰 웨딩드레스로 바뀌었고, 동등했던 신랑, 신부의 입장도 신부가 아버지에 의해 신랑 손에 넘겨지는 형식을 통해 여성의 종속성 및 삼종지도의 격식이 오히려 강화된 모습으로 변화되었다(정현숙 외, 1998).

결혼의 계약적·거래적 속성을 나타내는 대표적인 것이 신부값과 지참금이다. 원래 신부값은 신랑 측으로 이전되는 신부의 출산력, 노동력, 성적 가치에 대한 보상적 의미로 신랑 측이 신부 측에 지불하는 가치재이다. 그러나 최근에 와서는 지참금이 결혼 시 신부가 신랑에게 가져가는 재화나 화폐로, 생계활동에서 여성의 기여도가 낮은 고도로 계층화된 사회에서 나타난다. 지참금은 혼인을 해서 출가하는 여자에게 친족이 지불하는 일종의 상속재이다.

혼수를 문제점으로 지적하는 입장이나 혼수를 심각한 사회문제로 다루고 있는 대중매체의 보도나 연구에서는 신랑, 신부 간의 혼수비 격차로 인해 겪는 신부 측의 불리한 부담에 초점을 두고 있다. 주택비는 대출이나 융자로 얻는 경우가 많고, 그 빚 또한 새로이 시작한 가정에서 갚아 간다. 그러나 신부의 경우 혼수 준비로 빚을 진 경우 신부 측 부모가 갚아 나가는 것을 볼 때 석연치 않은 면을 발견하게 된다. 또한 집은 소유재가 분명하고 확고한 재산가치이지만, 혼수품은 사용하면서 가치가 점점 하락하는 소비재임이 또 다른 문제로 부각된다.

요 약

결혼을 치러 내는 형식은 사회적으로 거의 관행화되어 있으며, 이 관행은 시대적으로 조금씩 다르다. 한국의 결혼의례는 조선 후기부터 반친영제가 일상화되어 그 풍습이 지금까지 남아 있다. 택일, 폐백, 납폐 등이 그 예이다. 반면 해방 후 유입된 서구식 결혼의례에서 지금까지 관행으로 이루어지고 있는 것은 신부의 웨딩드레스, 신랑의 양복, 피로연, 신혼여행 등이다.

이러한 혼인관행은 주로 사회지배층이 먼저 받아들여 점차 일반화된 과정으로 형성되었다. 그래서 중류층과 하류층이 결혼식의 형식을 갖추기 위해 과도한 예산을 들이는 잘못된 결혼문화가 우리 사회에도 팽배하고 있다. 함팔기, 호화혼수, 상품화된 예식장, 비싼 피로연 등이 그것이다. 그리고 우리의 결혼문화 속에 감추어져 있는 소비적이고 상품화된 혼수관행, 계층별 위화감 그리고 남녀 차별 의식 등에 대한 반성과 비판이 필요하다.

연구과제

1 결혼을 한다고 가정하고, 10년 후 자신의 결혼식장의 모습과 진행방법, 가장 큰 주안점에 대해서 묘사해 보자.

2 자신의 결혼식에 사용될 초청장의 내용과 본인의 혼인서약서를 직접 작성해 보자.

3 현재의 혼수문제들을 지적하고, 그 문제의 해결방안을 토론해 보자.

참 / 고 / 문 / 헌

고려대학교 민족연구소(1970). 한국문화사대계 Ⅳ(한국풍속과 예술사). 고려대학교.

공정자(1990). 재벌가의 혼인유형. 여성한국사회연구회 편. 한국가족론. 서울: 까치.

박숙자(1990). 도시 저소득층의 혼인양태. 이효재 외. 자본주의 시장경제와 혼인. 서울: 또 하나의 문화.

박혜인(1988). 한국의 전통혼례 연구. 고려대 민족문화연구소.

______(1991). 한국 전통혼례의 연속과 단절: 이효재 외. 자본주의 시장경제와 혼인. 서울: 또 하나의 문화.

______(1993). 한국가족의 역사적 변화. 한국가족학연구회 편. 가족학. 서울: 하우.

배영기 · 손남숙(1994/1997). 결혼문화와 예절. 서울: 학문사.

사회문화연구소(1995). 한국가족문화의 오늘과 내일. 오롬시스템.

안정남(1991). 현대 결혼의례의 의미. 이효재 외. 자본주의의 시장경제와 혼인. 서울: 또 하나의 문화.

여성한국사회연구회 편(1990). 한국가족론. 서울: 까치.

____________________(1995). 가족과 한국사회. 서울: 경문사.

옥선화 · 정민자(1992). 결혼과 가족. 서울: 하우.

이기숙 외(1998). 결혼과 가족. 부산: 서림출판사.

이효재 외(1991). 자본주의의 시장경제와 혼인. 서울: 또 하나의 문화.

정현숙 외(1998). 결혼학개론. 상명대학교 출판부.

조주현 · 김정희 외(1993). 결혼이라는 이데올로기. 현실문화연구.

최재석(1983). 한국가족제도사. 서울: 일지사.

한국소비자보호원(1997). 우리나라 혼례 소비문화의 문제와 건전화 방안. 한국소비자보호원.

2부

결혼 적응

8장 결혼생활 계획하기 9장 안전한 의사소통과 공정한 싸움 10장 다양한 인생주기의 결혼생활 11장 가족이라는 다양한 이름으로 12장 부부: 헤어짐과 새로운 만남 13장 가족법 따라잡기 14장 결혼생활: 교육과 치료

8장

결혼생활 계획하기

이 기 숙

결혼의 성공은 적당한 짝을 찾는 데 있는 것이 아니라 적당한 짝이 되는 것이다.

Tendwoods

1 같이 산다는 것의 의미

신혼여행을 마치고 집으로 돌아온 남녀는 이제 '부부'라는 사회적 단위로 인식되고, 그에 맞는 적절한 사회적 임무를 지니게 된다. 그리고 당장 부부는 생활을 함께 하는 공동체로 살아가야 한다. 때로는 서로 근무지가 달라 별거를 하기도 하고, 어떤 부부는 남편의 가족과 혹은 아내의 가족과 동거하기도 하지만 기본적으로 이 부부가 이제 새로운 가족단위가 되었음은 분명한 일이다. 그리하여 이 부부는 가끔 데이트를 즐기던 때와는 다른 생활을 하게 되었다.

이들은 함께 생활계획을 수립해야 하고, 의식주 생활기능을 수행해야 하며, 자녀 출산에 대해 서로 깊이 의논해야 하고, 함께 양가 부모의 생일이나 집안일에 참석해야 한다. 일상이 좁은 공간에서 심히 겹쳐지다 보니 가끔 충돌이 일어나기도 하고, 그것을 풀고 사는 지혜가 요구되기도 한다. 그리고 부부는 점점 정신적·육체적 공동체로 변화되면서 이 속에서 새로운 행복이 만들어지기도 하지만 반면 점점 불행해지는 관계로 변화되기도 한다. 또 다른 측면에서 '부부'를 이렇게 설명하기도 한다. 즉, 부부란 사회적으로 승인된 성관계를 독점하며 상호 정조의 의무를 지닌다. 부부란 일상생활에 대한 상호 협조 및 부양의 권리와 의무를 갖는다. 또한 부부란 일상을 함께 하기 때문에 서로의 인격이 적나라하게 드러나게 되어 가장 가까운 친밀성의 대상이지만, 반면 갈등이 있을 때는 가장 심한 상처를 줄 수도 있는 대상이다(옥선화·정민자, 1992).

한 가족에서 각각 분리되어 나온 두 남녀가 기존의 각각 다른 생활양식을 서로 더하고 빼서 어떤 새로운 가족문화를 어떠한 방법으로 만들고, 그 부부만의 독특하고 영속적인 결혼생활이 될 것인가는 대단히 흥미롭고 도전적인 계획일 수도 있다. 젊은 신혼부부가 세월이 흘러 어머니, 아버지가 되고, 또 할머니, 할아버지가 되는 모습은 인생의 긴 흐름을 따라 큰 숨을 쉬며 넘는 산고개처럼 웅장하고 신비스럽다.

우리의 인생계획이 성공하기 위해서는 일상의 출발이 성실해야 한다. 남편과 아내로 서로에게 진실하고, 삶의 고통과 무거운 일들은 나누며, 사랑을 샘물이 솟듯이 새로이 만들어 나가는 그런 성실함이 결혼생활에 준비되지 않으면 안된다. 멋지게 한 달만 사는 게 결혼생활이 아니다. 먹고 자고 일하고 쉬는 것이 되풀이되면서 결혼생활은 견디기 힘든 일상이 될 수도 있다. 매일 보는 얼굴, 매일 듣는 잔소리들이 권태와 소외감을 준다. 그런 속에서 가끔 아이들의 웃음과 맛있는 반찬이 우리를 기쁘게 해주고, 또 일상의 숨가쁨 속에서 권태로움은 잊히고 우리는 웃으며 살아간다. 이 반복되는 삶, 그것이 결혼생활이지만 이 속에서 사람들은 날마다 보물찾기를 한다. 부부는 함께 결혼을 통한 성장, 자녀, 가사노동, 재정, 사회관계망, 성이라는 보물을 잘 발견할 수 있도록 구체적 계획을 수립하여야 한다.

2 부부, 함께 이루는 소망들

1) 결혼을 통한 성장

결혼한 부부가 지니는 첫째 과업은 그 결혼이 서로의 성장에 기여하도록 생활을 영위해 나가는 것이다. '결혼생활'이란 '두 성인남녀가 생리적·심리적·사회적 욕구를 충족시키기 위해 상호 적응하는 연속적 관계'이다. 생리적 욕구는 의식주 생활과 성생활을 통해, 심리적 욕구는 서로 사랑하고 위로하는 의사소통과 정서적 관계에서 그리고 사회적 욕구는 부부로 함께 존재가치를 느낄 때 주위 사람들과의 바른 관계망 속에서 충족된다. 또한 이런 욕구의 충족을 통해 부부는 점점 성장하고 성숙해지는 것이다.

그러나 결혼생활이 지속되면서 발생하는 생활상의 문제와 성격과 가치관의 차이들은 부부를 성장케 하기는커녕 오히려 생에 대한 회의와 불행한 나날을 감당하기 어려운 상태로 이끌고 가기도 한다. 특히 가정폭력과 알코올중독은 결혼생활을 황폐하게 만드는 주요 요인이 되고 있다.

쿠버와 해로프(Cuber와 Harroff, 1996)는 결혼기간 12년 이상의 33~55세 남녀 211명을 대상으로 5여 년에 걸쳐 그들의 개인적 생활체험담을 수집하여 분석한 결과 그들의 결혼생활은 상당히 다양한 모습으로 영위되고 있음을 발견하였다. 조사대상 부부의 80%가 갈등이 습관화된 부부(사랑이 없는 피상적인 관계의 부부), 공리주의적 부부(상호 필요에 의해 결혼한 부부로 부부 유대의 중요성을 인정하지 않는 부부)이고, 단지 20%의 부부만이 심리적으로 강하게 연결되어 있으며, 우리 의식과 높은 친밀감으로 서로를 지지하는 부부(생기 있는 부부 혹은 전면적 관계의 부부)였다.

원래 가족이라는 구조가 제도적으로 인간 억압적인 면모(반드시 남성은 가족의 생계를 부양해야 되는 일차적 책임을 지닌다든가, 여성은 반드시 모성을 가지고 자녀양육과 가사를 일차적으로 책임져야 된다는 우리 사회의 견고한 성역할 이데올로기는 때로는 남성과 여성 양자 모두에게 자신의 성정체성을 찾아나가는 데 큰 장애가 되고 있고, 이는 보다 유연한 역할을 요구하는 현대가족이 극복해야 되는 과제임)와 다소의 원천적 갈등구조(부부를 위시해 가족이라 일컬어지는 부모와 자녀들은 가장 일차적인 인간욕구 수행과정에 과도하게 노출되어 있어 서로 너무 쉽게 상처를 주고받는 체계 속에 놓여져 있음)를 가지고 있기 때문에 더욱 사랑과 헌신으로 서로를 잘 보살펴 주지 않으면 안된다. 더불어 사는 하나의 방식으로 결혼을 선택하였다면 보다 현명한 결혼생활을 영위해 나가기 위한 지혜가 필요하다. 〈참고자료 8-1〉 가족사랑법은 부부 혹은 부모자녀로 행복하게 살아갈 수 있는 평범한 방법을 제시하고 있다.

따라서 행복한 결혼생활은 서로 이해의 폭과 영역을 넓히고, 서로의 단점과 장점을 보완하면서 적응하려는 의지가 필요하다. 이를 '부부의 인격적 적응'이라고 불렀다(유영주, 1984). 부부의 인격적 적응은 외부에 나타나거나 객관적으로 평가할 수 있는 문제가 아니고 심리적으로 자신들만이 갖는 분위기에 대한 적응을 의미한다. 부부간의 인격적 적응이 잘되면 이를 바탕으로 다른 어떠한 문제라도 극복할 수 있는 힘의 기초가 되며, 또 원만한 부부생활을 할 수 있는 원동력이 되기도 한다. 그러나 이러한 부부의 인격적 적응 정도는 각 개인의 성숙, 정서적 안정감, 성격유형, 대화방식, 시간적 요소 등에 달려 있다. 따라서 미처 배우자의 제 요소를 알지 못한 부부는 결혼 이후라도 적절한 가족생활교육과 가족상담 등 지원을 받는 것이 필요하다.

참고자료 8-1 가족사랑법

건강한 가족은 어려운 상황에 처할수록 서로에게 힘이 된다. 지난 1997년 갑자기 닥쳤던 경제 위기는 많은 가족의 해체를 불러왔지만 동시에 우리의 가족문화를 되짚어 볼 수 있는 계기도 되었다. 평소 친밀감 형성이 부족했던 가정은 위기가 닥쳤을 때 그 해체 속도가 더 빨랐고, 반대로 사회적 위기에도 불구하고 오히려 가족들이 위안이 되어 위기를 헤쳐 나온 경우도 있었다. 부적절한 가족관계는 당대의 가족에서만 끝나는 것이 아니다. 가정폭력 같은 부정적 관계는 대를 이어 전이되기도 한다. 경제적 풍요나 사회적 지위가 가족의 친밀감과 비례하지는 않는다. 건강하고 화목한 가정이 되기 위하여 우리들은 어떻게 할 것인가?

- **가족은 무조건적인 사랑의 대상임을 명심하자.**
  평범하지만 생활 속에서 쉽게 잊어버리게 되는 사항이다. '결혼 전에는 두 눈을 뜨고 결혼 후에는 한 눈을 감아라.'라는 말이 있듯이 가족 간에 자신의 욕심을 강요하지 말고 현재에 만족하여 사랑하고 헌신해야 한다. 즉, 배우자에 대해서는 만족할 줄 알고 자녀에 대해서는 욕심을 버리는 자세가 필요하다.
- **가족구성원의 정서적 · 감성적 측면을 쓰다듬어 주어라.**
  건강하고 훌륭한 가족은 그 구성원이 위로받고 싶을 때를 알고 제때 위로해 줄 수 있다. 특히 직장이나 학교 등 사회에서 강요하는 질서에 구성원이 상처를 받았을 때 가정에서는 사회적 잣대를 들이대 그 질서를 다시 강조하기보다 상처받거나 허전한 구성원의 마음을 채워주어야 한다.
- **듣기와 말하기에는 기술이 필요하다.**
  듣기와 말하기는 비교적 쉬운 기술이지만 서로 각자의 주장을 펴기에만 급급하기 쉽다. 우선 들을 때는 상대방의 심정을 이해하도록 공감하려는 노력이 필요하다. 또한 말을 할 때도 상대방을 평가하고 해석하려 하지 말고 말하는 사람은 자신이 느끼는 감정이나 경험만을 표현하도록 한다.
- **가족만의 행사를 만들고 즐겨라.**
  생일이나 가족기념일 혹은 졸업식이나 입학식 등 삶의 단계를 거쳐 나가는 행사에는 가족이 모이고 서로 사랑을 느끼도록 조촐한 행사를 갖자. 구성원들이 모두 좋아한다면 촛불을 켜고 선물을 주고받거나 깜짝파티 등을 준비해도 좋다. 꼭 무슨 기념일이 아니라도 가족 간의 특별한 기념일을 정해 공유할 수 있는 추억, 기념거리를 만들자.
- **가족관계에 대한 책을 읽고, 서로 대화하라.**
  세대 간의 단절이 더 빨라지고 있다. 우리나라에서는 가족과의 관계에 대해 공부하는 걸 새삼스럽다고 생각하는 경향이 있다. 그러나 시간을 내서 각종 단체에서 마련하고 있는 부모역할교육이라든가 가족생활교육 등에 참여해 보자.

출처: 부산일보(2001. 1. 7). 이기숙 칼럼.

2) 자녀출산과 양육

결혼한 부부에게 있어 두 번째로 중요한 과업은 부모됨의 선택과 준비이다. 부모가 되는 것, 즉 자녀를 가지는 것은 부부에게 있어 대단히 중요한 의미를 지닌다. 첫 번째 의미는 부모됨을 통해 부부가 성장하고 가족이 확대되는 것이며, 두 번째로는 자녀양육과 교육이라는 주요한 사회적 책무를 부부가 지는 것이다.

의료과학기술의 발전은 임신을 우리가 스스로 선택할 수 있도록 하고 있다. 따라서 개인의 생애에서 자녀를 가지는 발달과업은 하나의 선택이 되고 있다. 더 나아가 결혼한 부부임에도 자발적으로 무자녀가족을 택하는 부부도 있다. 과거에 비해 현대사회는 부모됨마저도 선택할 수 있게 해준다.

이처럼 개인의 선택이 자유로워지는 만큼 부모됨에 대한 현명한 선택이 더욱 강조되고 있다. 자녀의 수뿐 아니라 자녀들을 어떻게 키울지, 그리고 바람직한 부모가 되기 위해서는 어떠한 준비와 교육이 필요한지에 대한 관심도 중요하다.

(1) 임신과 자녀 수에 대한 결정

결혼은 독점적 성관계가 허용된 제도인 만큼 임신과 출산이라는 생리적 현상이 쉽게 나타난다. 과거에 비해 더 빠른 시기에, 더 공개적으로 학교에서 성교육이 시행되는 만큼 이런 생리적 현상을 조절하는 능력(피임기술)을 부부들은 이미 지니고 있다. 그러나 부부로 시작된 한 가족단위에 다른 가족구성원이 증가한다는 사실이나 부부체계만 있던 가족에 또 다른 체계가 보태어진다는 것은 그 가족의 전반적 생활기능을 재구조화해야 될 만큼 복잡한 사건이다. 그럼에도 불구하고 많은 부부가 자녀출산을 결심하며, 부모역할을 선택하는 것에는 다음과 같은 의미가 있기 때문이다.

첫째, 많은 사람들이 부모가 되는 것을 도덕적 의무라고 생각한다. 특히 종교의 가르침을 믿고 따르는 사람들은 자녀출산이 도덕적 의무를 수행하는 것이라고 생각한다. 둘째, 어떤 사람들은 부모가 되는 것이 사회성원을 충원하는 시민의 의무를 수행하는 것이라고 생각한다. 따라서 이들은 경제적으로나 사회적으로 자녀를 가질 수 있는 커플이 자녀를 갖지 않는 것은 이기적이고 무책임하다고 비판한다. 셋째, 성인 남녀는 자녀출산을 통하여 자신이 아이를 낳을 수 있는 능력을 지닌 성인이라는 성정체성을 획득한다. 넷째, 자녀출산과 더불어 부부의 결혼만족도가 감소하고 결혼생활에 스트레스가 야기된다는 연구결과도 있지만 대다수의 사람들은 자녀가 결혼생활을 유지시키고, 부부관계를 향상시키며, 이혼을 방지한다고 믿는다. 실제로 자녀들로 인하여 부부관계가 연장되기도 한다. 이러한 커플들은 결혼생활을 '구원'하기 위한 방편으로 아이를 갖기도 한다. 다섯째, 일반적으로 자녀 갖기를 원하는 사람이 자발적으로 무자녀를 선택한 사람보다 정상적이라고 간주된다. 특히 자녀를 갖는 것은 남성보다도 여성의 역할을 더 완전하게 하는 의미가 있다(Veevers, 1973).

빙거(Binger, 1979)는 부모가 되려는 주요 동기에는 에릭슨(Erikson)이 주장한 생산성 발달과업의 수행욕구가 있기 때문이라고 하였다. 즉, 이러한 욕구를 충족시키기 위해 자녀를 출산하고, 부모역할을 한다는 것이다. 그러면서 성인들은 자신의 애정과 관심을 표현하고자 하는 비이기적인 행위가 증대되고 이타성이 확대되는 것이다(여성한국사회연구회 편, 1995). 그러나 이러한 의미들이 모든 사람들에게 일률적으로 적용되는 것은 아니다. 사회계층, 교육수준, 가치관 등 개인의 다양한 특성에 따라 부모됨의 의미에 대한 의견이나 태도를 달리하는 사람들도 있다.

부모됨의 의미를 자녀출산이라는 생물학적 측면에 초점을 두었던 과거와는 달리 오늘날 부모가 된 성인들은 심리적·경제적·사회적으로 매우 다양한 역할들을 수행해야 한다. 따라서 임신의 결정에 앞서서 다음과 같은 내용의 점검이 필요하다.

① 우리 부부는 자녀를 원하는가? 자녀를 원하는 이유를 부부가 진지하게 나눈다.
② 우리는 몇 명의 자녀와 자녀 터울은 어떻게 할 것인가?
③ 자녀의 성장에 따라 부가되는 가족과업을 수행할 계획의 수립은 가능한가?
④ 구체적으로 누가 아이를 돌볼 것인가?

그러나 자녀 갖기를 원하는데 임신이 되지 않는 부부도 있다. 이런 불임부부는 전체 부부의 약 10%로 현재 국내의 경우 임신을 원하나 임신이 되지 않는 부부를 약 100만 쌍으로 보고 있다. 그러나 발전된 의학기술은 이들을 도와주고 있으며,

실제 불임치료 성공률은 우리나라의 경우 40%로 다른 선진국의 20~30%에 비해 높은 편이다. 이런 성공률은 우리나라 사람들의 가계 계승을 위한 강한 혈통성에 근거한다.

출산 조절(birth control)이란 가족의 장기적 생활계획의 하나로 이 계획 수립과정에서 부부의 의견은 상호 존중되어야 하며, 자녀출산 문제로 인해 부부관계가 파경을 맞는 일들은 없어야 할 것이다. 불임치료를 하였지만 성공하지 못하였고, 그럼에도 자녀 가지기를 원한다면 입양, 수양부모 맺기 등의 방안을 고려해 볼 수 있으며(참고자료 〈8-2〉 참고), 최근 논의가 되고 있는 인간복제(불임치료를 목적으로 하는 인간배아 연구는 긍정적으로 평가되고 있으나 생명윤리의 측면에서 지속적인 논의가 필요한 부분임) 기술의 개발은 다른 방안을 제공해 줄 수도 있을 것이다. 그러나 보다 중요한 것은 가족 성립의 근거가 부부에 있는 것이지 결코 자녀에 우선적인 이유가 있는 것은 아니라는 점이다.

참고자료 8-2 남의 아이 기르는 것도 축복–사랑하는 아이야, 너가 있어 우리 눈이 밝아졌구나

앞을 볼 수 없는 희아가 전남 진도군 임회면 탄립마을에서 어머니 김해자(43) 씨의 품에 안긴 채 아침 일찍 밭으로 일을 하러 갔다가 점심을 먹으려고 집으로 돌아온 아버지 정성도(52) 씨를 맞이하고 있다. 날 때부터 시각장애를 안고 태어난 희아는 친부모가 양육을 포기하는 바람에 생후 보름 만에 정 씨 부부의 딸이 됐다. 김 씨는 "처음 희아를 만난 뒤 일주일 동안 아기가 너무 안쓰러워 매일 울었다."며 "엄마가 씩씩해야 희아도 밝게 큰다."는 맏딸 희라의 충고를 듣고 눈물을 그쳤다고 말했다. 이제 18개월이 된 희아는 생후 3개월 정도밖에 안되는 발육상태를 보여 걸음마는커녕 아직 기지도 못한다. 병원에서는 시각장애 외에도 다른 장애가 있는 것으로 보인다며 정밀진단을 권했다. 그래도 희아를 바라보는 가족의 시선은 따뜻하다. 정 씨 부부와 희라, 기업 남매, 홀로 지내다가 자원봉사지에서 만나 정 씨의 가족이 된 정양자 할머니, 일찍 부모를 여의고 가족처럼 지내고 있는 이영 군도 모두 희아의 든든한 울타리 노릇을 하고 있다.

출처: 대한입양콜센터(2008. 6. 13, 1577-5115, www.adoption.or.kr)

(2) 자녀양육과 교육의 방침 정하기

부모들이 어떠한 방식으로 자녀를 양육하는가는 직접적으로 자녀가 어떤 특성을 지닌 인간으로 자라게 하는 것과 연결된다. 다양한 양육방식이 가져오는 효과에 대한 연구는 많은 인간발달학자들의 주요 연구 주제 가운데 하나였다. 자녀양육에도 효과적인 방식과 비효과적인 방식이 있다. 물론 자녀 특성에 따라 그리고 부모자녀 관계가 발현되는 맥락에 따라 여러 가지 방식의 효과는 다르지만, 대체적으로 성공적인 인간으로 자녀를 키워내는 방식에 대한 학자들의 공통된 견해는 있다.

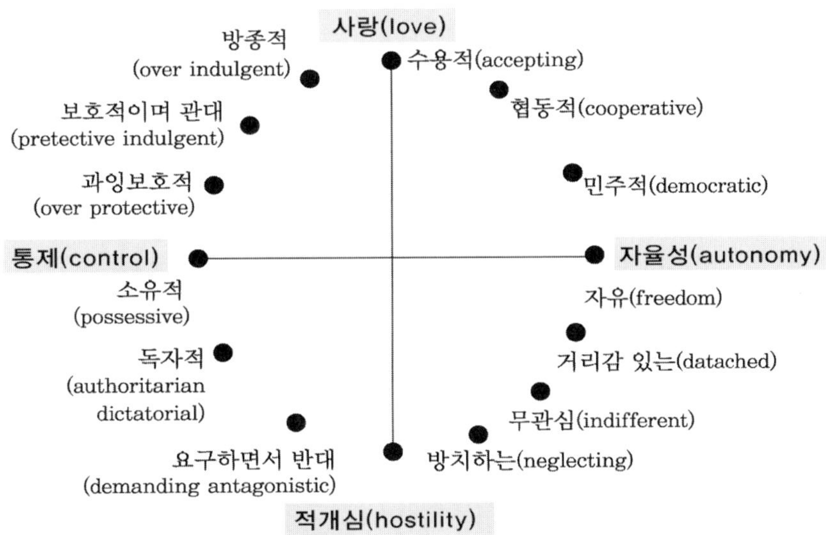

그림 8-1 자녀양육 행동구조 모델

섀이퍼(Schaefer, 1950)는 자녀양육에는 사랑(love) 대 적개심(hostility) 그리고 자율성(autonomy) 대 통제(control)라는 두 차원이 있다고 한다. [그림 8-1]에 의하면 민주적인 부모란 사랑함과 동시에 자율성을 격려하는 부모를 뜻하고, 무관심한 부모는 자녀의 자율성을 인정하지만 심정적으로 자녀를 거부하는, 즉 수용적이지 못한 부모를 뜻한다.

바움린드(Baumrind, 1971)는 자녀에 대한 부모의 통제 정도와 형태에 따라 독재형(authoritarian), 허용형(permissiveness), 권위형(authoritativeness)의 세 가지로 분류하

였다. 일반적으로 독재형인 부모들은 자녀의 절대적 복종을 요구하며, 종종 체벌을 자녀의 통제수단으로 사용하기도 한다. 또한 자녀를 종속적인 존재로 인식하여 자율성을 제한하고, 기성세대의 가치관을 강조하며 자녀와 대화의 교류를 억제하기도 한다. 이러한 부모에게서 자란 아동은 기가 죽고 독립심이 적으며 밝지 못한 아이로 자라게 된다. 허용형의 부모들은 자녀의 가치관이나 행동을 고치는 데 있어서 체벌보다는 긍정적이고 수용적이며 너그러운 태도로 대한다. 이 유형의 부모들은 매우 애정적이고 과잉보호적일 수도 있으며, 어떠한 측면에서는 자녀양육의 책임을 회피하려는 방책으로 자유를 줄 수도 있다. 허용적 부모에게서 자란 아동들은 자율성과 독립심이 적고 배우려는 의지가 부족한 아이로 자라게 된다. 부모의 권위를 이용하는 권위적 부모들은 자녀의 자율성을 인정하며 합리성과 논리적 사고에 근거하여 자녀를 통제한다. 따라서 부모의 권위를 이용하여 자녀를 통제하지만, 독재형의 부모처럼 일방적인 복종을 강요하거나 체벌을 사용하지는 않는다. 권위적 양육방식이 허용형과 독재형보다 아이들을 자율적이고 자기 자신에 만족하며, 자기 통제가 가능하고 배우려는 의지가 강한 아이로 자라게 한다. 그러므로 자녀양육 방식은 자녀양육에 대한 부모의 태도, 부모와 자녀의 성격, 자녀의 연령, 자녀 수, 사회적 규범 등 여러 가지 변인들에 의하여 형성된다.

부모와 자녀의 관계는 자녀의 잉태 순간부터 연결되며, 영원히 이어지는 관계로 상호 대단한 영향을 주고받는 관계이다. 자녀가 어린 시기에는 부모가 자녀에 대한 책임을 가져야 되는 관계이고, 자녀가 청년기에 이르면서부터 부모와 자녀는 상호 지지해 주는 동등한 관계로 변한다. 그리고 부모의 노후에는 자녀가 부모를 책임지는 관계가 된다. 그 책임의 방법과 한계는 시대에 따라 혹은 가족구조와 조건에 따라 다를 수는 있지만 기본적으로 서로에 대한 도덕적 책임과 충성에서 어느 부모와 자녀도 자유롭지 못하다.

참고자료 8-3 젊은 부모들에게

할머니 세대로 아주 고전적인 몇 가지 원칙을 이야기하고자 한다. 이 기본을 응용하는 것은 각 가정이 처한 환경에 따라 다소 다르리라 여겨지지만 혼돈스러우면 이 기본만을 기억하면 도움이 되리라 믿는다.

첫째, 자녀양육과 교육은 학교, 학원이 아닌 가정에서 이루어지는 것이다. 학교란 다양한 학생들이 민주시민으로 살아갈 수 있도록 지식과 태도를 함양시키는 정도로 여겨야 한다. 학생 개개인의 특성을 충분히 고려하는 교육이 한 반에 수십 명의 학생이 있는 현실에서는 어려운 일이다. 또래 친구를 만나고, 집단생활의 경험을 통해 사회성과 리더십을 함양하면서 바르게 성장한다는 측면에서 학교 교육을 바라보아야 한다. 물론 많은 교사가 학생을 위해 헌신하고 있지만 자녀양육과 교육의 일차적 의무를 지니고 있는 사람은 선생이 아니고 부모임을 잊어서는 안된다고 본다. 그리고 사이좋은 부모만큼 좋은 교사는 없다.

둘째, 아이들의 적성은 다 다르다. 그 아이가 하고 싶어 하는 일, 좋아하는 일을 하도록 격려해야 한다. 과거보다 직업의 높고 낮음이 많이 감소되었다. 학원에 안보내면 불안하다는 것은 자녀교육의 목표가 아직 설정되지 못했다는 의미이다. 성공한 CEO의 경력 등을 눈여겨볼 필요가 있다. 한국 사회가 학벌 중심 사회라는 것은 인정하지만 앞으로 이 부분도 많이 약화되리라 본다. 자녀의 적성이 어떤지를 찾아 주는 것이 아주 중요하고 이것도 부모의 몫이다. 자녀양육은 장거리 달리기와 같다. 어느 아이가 더 행복하고, 또 사회에 필요한 인재인지는 공부만으로 결정되지 않는다.

셋째, 영어는 중요하지만 가족들이 다른 것을 희생하면서까지 자녀 영어교육을 추진해야 하는 것은 아니다. 다문화 사회에서 다중 언어습득도 중요하지만 현재의 영어교육 방식을 바꾸는 정도로도 충분하다고 본다. 부모의 사랑이 필요한 어린 시절에 멀리 보내어져 정서적으로 상처를 받는 아이들이 많다. 부부의 입장에서도 기러기 상태로 지내는 것이 장기적으로 보아 부부 자신과 자녀들에게 무슨 이득이 있는 생활방식인지 검토할 필요가 있다. 외국 연수 경험들이 자녀들에게 긍정적 효과만을 주는 것도 아니다. 유행을 따라가는 것이 아닌, 내 아이의 장래와 진정한 필요성에 의해 선택을 하여야 한다.

넷째, 초등학교부터 체육시간을 늘려야 한다고 생각한다. 모름지기 아이란 뛰어놀고 웃고 그리고 온갖 상상력을 발휘하면서 자라야 한다. 이런 발산형 사고들은 땅을 밟고 자연과 더불어 공기를 마시며, 또래들과 몸을 부딪치면서 얻는 것이다. 매일 한 시간의 체육시간이 배정된 외국의 이야기는 참 부러울 뿐이다. 운동장이 둘, 실내체육관이 둘, 야외 코트가 둘씩 있어야만 전체 학생 체육시간이 원활히 돌아가리라 생각된다. 우리는 아이들을 키우는 것이 아니라 교실에 가두어 사육하고 있다. 학교 체육시간을 늘리자는 연대운동을 부모들이 하여야 한다.

결론적으로 공부보다 더 중요한 것은 남과 더불어 사는 것을 배우는 것이다. 초등학교까지의 공부란 다양한 책 읽기이고, 중·고등학교는 스스로 무엇을 하는 법을 터득하는 것이라고 단순하게 생각할 필요가 있다. 자녀와 대화하면서 삶의 지혜와 가치들을 가르쳐 주는 것, 그것이 자녀교육의 기본이다. 뭘 모른다고 여기지 말고 기본기를 탄탄히 하는 것이 장기적으로 보면 훌륭한 자녀교육법이다.

출처: 부산일보(www.busanilbo.com). 이기숙 칼럼(2008. 3. 18).

(3) 부모됨의 학습: 엄자부모 되기

'좋은 부모'란 부모의 권위를 잃지 않으면서 자녀를 독립된 인격체로 인정하고 존중함으로써 자녀와 친밀하고 상호 존중하는 관계를 지니는 부모를 말한다. 또 그러한 부모들은 자녀양육을 통해 사회적 기여를 실현하고 있다.

청소년상담원(1994)은 한국형 부모교육 프로그램 '자녀의 힘을 북돋우는 부모(Empowering Parents)'를 개발하면서 전통적으로 엄부자모(嚴父慈母)로 말해지던 우리의 부모관을 현대적으로 바꾸기를 제안하였다. 즉, 아버지는 엄하고 어머니는 자애로워야 한다는 분리된 부모역할이 아니라 부모가 다 일관되게 엄할 때는 엄해야 하고 자애로워야 할 때는 자애로워야 한다[엄자부모(嚴慈父母)]고 주장한다.

스콜닉(Skolnick, 1986)도 현대의 부모에게는 과거의 부모와는 다른 자질이 요구된다고 하였다. 첫째는 자녀와 좋은 인간관계를 맺을 수 있는 능력이다. 역할이나 의무수행 등 규범적인 부모-자녀 관계가 중시되었던 과거와는 달리 현대사회에서는 개인적이고 인격적인 관계에 기반한 애정과 정서적 유대감이 부모됨의 주요 능력이다. 둘째는 부모역할을 부부 사이에서 그리고 이웃 또는 공동체와 서로 나눌 수 있는 능력이다.

현대사회의 핵가족 속에서 부모들은 자녀양육이나 교육에 있어 과거보다 커다란 영향력을 행사하고 있으나 과거처럼 친족이나 이웃공동체의 지지와 도움을 받지 못하기 때문에 부모역할에 많은 부담을 느끼고 있다. 더욱이 맞벌이가족이 증가하고 있는 사회적 추세 속에서 자녀양육에 관련되는 가사노동과 책임감을 부부가 공동으로 받아들이는 태도는 중요하며, 개별 아동 위주의 가정보육에서 집단보육과 대리양육자에 의한 양육 등을 긍정적으로 받아들이려는 태도도 중요하다.

또 대다수의 부모들이 아이를 기르는데 한쪽 부모만으로는 충분하지 않다고 생각하며, 아버지역할의 중요성에 대한 인식이 높아짐에 따라 아버지역할을 제대로 잘 수행하기 위해 교육 프로그램을 찾는 아버지들이 부쩍 늘고 있다(〈참고자료 8-4〉 참조). 현대사회에서 요구되는 평등적 부모역할을 수행하기 위해서는 우선 전통적 성역할 인식이 변화되어야 하며, 아버지들도 가부장적 권위주의에서 탈피하여 보다 적극적으로 자녀양육에 참여해야 하고, 가족 중심의 생활을 뒷받침할 수 있는 가족 친화적 정책(출산휴가, 근무시간 조절, 직장에서의 아버지교육 등)이 마련되어야 할 것이다.

참고자료 8-4 작은 변화로 좋은 아버지 되기

"바쁘다는 핑계로 너와 놀아준 게 언제인지 모르겠다. 네가 바라는 게 장난감이 아니라 아빠랑 함께 뛰어노는 것이었는데……". 가족에게 보내는 편지를 읽던 아버지의 울먹거림은 어느새 흐느낌으로 바뀌었다. 지난 17일 두란노 동래아버지학교 '아버지교실'에서는 60여 명의 남성이 황금 같은 5월 한 달간 토요일마다 5시간씩을 투자해 좋은 아버지의 역할과 책임에 대해 공부하고 있다.

좋은 아빠 되기 '붐'은 우리나라만의 이야기는 아니다. 일본은 아빠를 위한 육아전문잡지와 육아용품 가게가 있고, 지난 3월에는 아빠들의 육아 지식을 뽐낼 수 있도록 '육아아빠 능력검정시험'까지 실시되기도 했다. 또 가사와 육아 분담이 일반화된 영국에서도 좋은 아빠가 되는 방법을 가르쳐 주는 '아빠학교'가 상한가를 치고 있다. '좋은 아빠'에 대한 관심과 기대가 높아지고 있지만 열악한 것이 현실이다. '아버지교실'이 운영되고 있지만 연중 진행되는 행사가 아니어서 교육을 받고 싶어도 참여할 수 없는 경우가 많다.

보건복지부도 남성들의 자연스러운 육아참여에 대한 사회적 분위기 확산을 위해 오는 31일 '아빠 놀이왕 대회'를 열기로 했다. 보건복지부는 '친구 같은 아빠(프래디 = Friend + Daddy)'가 될 수 있도록 아빠들에게 다양한 놀이법을 알려줄 계획이다.

좋은 아버지가 되기 위해 교육 프로그램에 참가하는 것도 좋지만 여러 가지 사정으로 어렵다면 책을 통해 공부해 보면 어떨까. 이상화의 《아빠 하루 10분이 아이의 공부 머리를 깨운다(명진출판사)》, 이해명 씨가 쓴 《이제는 아빠가 나서야 한다(동아일보사)》, 장경근・정채기의 《아버지가 나서면 딸의 인생이 바뀐다(황금부엉이)》 등은 참고할 만하다. 이들이 공통적으로 강조하고 있는 것은 하루에 10~30분이라도 가족에게 투자하고 TV를 끄고 사랑한다고 표현하는 것이다.

출처: 국제신문(2008. 5. 23, www. kookje.co.kr).

3) 가사노동

결혼한 부부가 원만하게 수행하기 어려운 과업이 가사노동의 수행과 평가이다. 일반적으로 가사노동은 반복적이며 무보수(무가치)로 인식된다. 이런 가사노동을 창의적이며 가치가 있는 노동으로 인식하기 위해서는 부부의 새로운 노력이 필요하다.

(1) 가사노동의 수행

부부는 동거의 의무를 지닌다. 함께 산다는 것은 일상의 자질구레한 모든 것을 함께 나누는 것으로 이 나눔에서 자원과 노동의 분배라는 문제가 발생한다. 홑벌이 가족에서는 누가 돈을 벌며 누가 가사를 수행하는가가 보다 쉬운 반면에 맞벌이가족에서는 부부가 다 사회적 노동을 담당하기에 당연히 가사노동은 분담하면 되는 것이나, 어느 정도로 또 어떤 일을 분담할 것인가가 성별 이데올로기에 의해 쉽게 해결되지 않는 것에 부부의 갈등이 있다(〈참고자료 8-5〉 참고).

'가사노동'은 '가족구성원들의 공동의 욕구충족을 위하여 가정 내에서 수행되는 모든 육체적 · 정신적 노동'을 의미한다(문숙재, 1990). 이 가사노동은 의생활에 관계되는 일, 식생활에 관계되는 일, 주생활에 관계되는 일, 가족 돌보기에 관계되는 일, 시장보기 및 재정관리에 관한 일로 크게 분류되며, 작업별로 나누면 200여 가지에 이른다. 가사노동은 전통적으로 여성의 일로 여겨져 왔다. 사회변동은 일부 여성의 경우 직업으로 인해 이 가사노동을 수행할 수 없는 경우를 만들고 있고, 사회적 혹은 개인적 이데올로기에 의해 당연히 여성이 해야 하는 일이라 할지라도 여성은 시간과 에너지의 부족으로 그 일을 수행할 수 없는 상태이다. 그러면 가사노동의 대행자가 필요하든지, 아니면 다른 가족구성원이 그 일을 전적으로 혹은 분담하는 형식을 택할 수밖에 없다.

부부간의 역할도 사회변화에 따라 달라지고 있다. 스콜닉(1987)은 부부역할의 변화 경향을 세 가지로 나누었으며, 3~4세대가 공존함으로써 이 유형들은 동시에 나타나고 있으나 전반적으로 평등주의형으로 가고 있다고 하였다. 전통주의형 부부역할은 부부간의 역할 구분이 뚜렷하여 남편과 부인은 각기 분리된 채 역할수행을 하게 되며 서로의 역할에 관여하지 않음을 뜻한다. 신전통주의형 부부역할은 부인의 사회 진출, 사회적 역할은 경우에 따라 인정하되 그에 따른 남편의 가족 내 역할부담은 일어나지 않으며, 근본적으로 남성 우위적인 가치의식이 지배적인 역할분담 형태를 말한다. 평등주의형 부부역할은 남편, 부인이기 이전에 한 사람의 인간으로서 자신의 삶의 목표나 능력에 따라 원하는 역할을 선택적으로 수행할 수 있는 것을 말하는 것으로 맞벌이(dual career), 역할공유(role sharing), 역할전환(role reversal)이 가능한 유형이다.

참고자료 8-5 기혼여성의 일터와 가정-힘든 두 가지

결혼 2년 6개월이 조금 넘은 아줌마에요. 늦은 나이에 결혼해 결혼생활이 너무 행복했습니다. 귀여운 딸도 낳고요, 맞벌이부부 공무원이라 딸을 친정에 맡겨 두고 연세 많은 친정엄마에게 미안해 직장생활에 필요한 시간을 제외한 모든 시간을 아이와 집안일에 다른 생각할 틈 없이 바쁘게 살았습니다. 그래도 행복했구요. 이제 아이도 크고 그동안 맞벌이해서 저축한 돈에 융자를 얻어 널찍한 아파트도 샀는데 요즘 저는 무척 우울합니다. 살도 많이 빠지고 하루하루가 힘이 부칩니다. 남편은 쉬기 위해 집으로 퇴근하는데 저는 또 다른 일을 하기 위해 직장에서 집으로 출근합니다.

아이를 데려와 변변치 않은 찬이지만 식사 준비를 해 먹고 씻기고, 피곤해서 잘 놀아주지도 못하고, 빨리 재울 궁리만 하고, 세탁하고, 다림질하고, 청소하고, 쓰레기 모아 치우고, 재활용을 분류해 버리고, 설거지하고…….

초기에는 곧잘 도와주던 남편도 요즘은 집에 들어오면 씻지도 않고 소파에 드러누워 버립니다. 누워서 텔레비전만 보다가 그냥 잡니다. 잔소리도 하루 이틀이지 요즘은 그냥 내버려 둡니다. 휴일에는 바깥에 나가고 싶어 환장하는 아이를 그냥 둔 채 낮잠을 잡니다. 밤에는 새벽까지 컴퓨터 게임을 합니다.

친정엄마는 힘에 부쳐 천방지축인 아이를 밖에 데리고 나가지도 못하고, 제 아빠는 잠자느라 못 데려가고, 불쌍한 아이는 하루 온종일 집 안을 어질러 놓다가 고작 엄마 등에 업혀 베란다에서 창밖을 내다보면서 지나가는 차들을 보며 분명치 않은 발음으로 “빠방이네, 빠빵”하고 말합니다. 운전이라도 하면 아이를 데리고 나가겠지만 나 또한 힘에 부쳐 엄두를 못 냅니다. 직장일도 요즘은 스트레스이고, 남편과의 관계도 이렇다 보니 하루하루가 괴롭습니다. 착한 남편이지만 게으른 그를 포기해야 할까요?

출처: 여성신문 627호(2001. 5. 19).

특히 맞벌이가족의 경우 가사노동에 있어서 다음과 같은 점이 중요하다. 첫째, 남편과 아내가 상대방의 역할에 대한 견해가 일치할수록 좋다. 특별히 남편은 전통적인 성역할 태도(즉, 가사는 전적으로 부인의 일)를 가지고 있고 아내는 근대적인 성역할 태도(즉, 가사란 당연히 나누어 하는 것)를 가지고 있다면 그 가정에는 가사를 둘러싼 역할갈등이 많을 것이다. 둘째, 가정일을 분담할 때 서로 즐기는 혹은 잘하는 기준에서 일을 나누고, 되도록 함께 공동으로 하는 것이 부부관계 향상에도 도움이 된다. 함께 장보기, 함께 청소하기 등이다. 역할의 분담 및 융통성 있는 역할수행을 위해서는 혼자 결정해서는 안되고 부부가 함께 의논하여 결정하는 것이 무엇보다 중요하다.

홑벌이가족의 경우 오랜 세월 가정 내에 여성이 너무 매몰되다 보면 사회성이 결여되고 자아정체성을 상실할 가능성이 있으므로 전업주부들도 적당한 사회참여(시간제 노동, 자원활동 등)가 절대적으로 필요하다. 나아가 평등한 부부역할에 흐름을 맞추어 다른 가족의 가사노동의 적극적 참여가 있어야만 부부관계가 향상된다.

〈참고자료 8-5〉에서 보았듯이 여성의 경우에는 더욱 심각한 문제들이 따른다. 어린 유아가 있는 기혼여성의 높은 직장 이직률은 결국 여성인력의 국가적 손실이라는 사회적 인력 개발상의 문제와 직결되며, 여성이 자발적으로 선택하지 않은 생애계획 등은 결국 여성의 낮은 자존감과 자아정체성 혼란을 가져올 수도 있다.

(2) 가사노동의 경제적 가치

최근 가사노동의 가치를 재평가하려는 노력과 함께 가사분담 및 사회화에 관한 논의 그리고 주부운동에 힘입어 자신의 직업을 전업주부 혹은 가정경영가로 칭하는 젊은 주부들이 늘고 있다(여성한국사회연구회 편, 1993). 특히 부부관계가 종료되거나 전업주부가 불의의 사고로 보험혜택을 받아야 할 경우 가사노동의 경제적 가치평

참고자료 8-6 아내의 재산증식 기여를 인정한 판례

서울가정법원은 아내가 남편과 함께 분식점 및 대중음식점 등을 운영하면서 처음에는 위 대중음식점에서 음식을 만드는 일 등을 직접 하다가 장사가 잘되어 규모를 확장하면서 종업원을 고용하여 관리하는 일과 대중음식점 영업에 주도적으로 참여하였다. 부부는 그 수입으로 여러 부동산을 취득했는데, 남편이 사망한 후 이 부동산에 대한 상속이 개시되자 아내가 기여분 평가를 청구한 사건에서 '아내가 가사를 전적으로 부담했을 뿐만 아니라 남편 사업에 노무를 제공함으로써 남편이 재산을 취득함에 있어 특별한 기여를 했다 할 것이고…….'라고 하여 아내의 기여분을 인정하고 있다. 그 기여분 비율에 관하여 20%를 인정하고 있다.

출처: 서울가정법원 (1995. 9. 7. 선고 94느2926 판결). 재인용: 한국여성개발원(1998). 부부재산관계 판례에 나타난 여성노동의 기여도 평가에 관한 연구. p. 101.

가를 필요로 한다. 〈참고자료 8-6〉은 이혼 시 남편 명의로 되어 있는 재산에 대한 부인의 분할요구를 법원이 승인한 예이다. 보통 배우자 명의의 재산에 대한 재산분할청구는 부부 각자의 기여 정도에 따라 결정되나 전업주부의 경우 30~40%의 기여 비율을 인정받고 있다.

4) 재정계획

결혼한 부부에게 있어 네 번째로 중요한 과업은 금전을 사용하는 방법에 대한 부부의 태도와 행동의 상호 이해와 조정력을 확보하는 것이다. 금전은 부부로 하여금 같은 공동목표를 향해 노력하게 하는 결합의 요소가 되기도 하지만 금전의 사용 때문에 부부간의 갈등이 유발되기도 한다. 그러므로 금전에 대한 건전한 사용방법과 적절한 태도를 획득하여 부부 모두가 현명하게 계획을 실천할 수 있어야 한다. 또한 부부는 그들 자신의 욕구에 맞도록 수입의 사용을 서로 협의하도록 노력해야 하며, 이러한 부부간의 경제적 적응을 위해서는 부부의 기호, 선택, 욕망을 적당히 판단하고, 수입 및 지출의 유형을 조절하여 최소한의 비용으로 최대한의 만족을 얻을 수 있도록 현명한 자세를 가져야 할 것이다.

가정의 장기적 재정 수립에는 부부가 함께 가족의 부양자라는 인식으로 계획을 수립하는 태도와 함께 가족생활에 사용되는 물품의 구매 등에 참여하여 물가동향, 소비의식을 공유하는 것이 바람직하다.

마지막으로 부부는 매년, 매달 예산 및 지출계획을 함께 수립한다. 특히 지출에 대해서는 기록(가계부 형식)을 남겨 상호 신뢰를 구축한다. 가계부를 작성하면 무절제한 소비태도를 줄일 수 있고, 금전으로 인한 부부싸움을 감소할 수 있다. 가정의 다양한 소비생활에 관한 정보를 얻을 수 있는 사이트 등도 있다.

5) 사회관계망 구축: 친인척과의 관계

결혼한 부부가 지녀야 되는 주요 과업 중 또 하나는 좋은 친인척관계를 형성하는 것이다. 현대 산업사회에서 핵가족의 고립과 개인의 소외를 방지하는 데 일차적 인간관계인 친족관계를 활용하는 것이 효과적이다. 친족관계는 핵가족에게 혈연, 혼인을 기반으로 한 소속감을 심어주며, 상호 협조를 통하여 경제적·정서적 유대관계를 갖도록 해준다. 따라서 가족의 행복은 부부, 부모-자녀 간의 관계와 같은 가족 내 관계뿐 아니라 친족관계에 의해서도 영향을 받는다고 할 수 있다(이효재, 1971). 특히 여성의 취업이 점차 증대되고, 노인인구가 증가하고 있는 현재의 상황에서 친족과의 교류(〈참고자료 8-7〉 참고)는 자녀가정뿐 아니라 노인가정의 복지에도 기여한다. 자녀가정과 부모가정이 서로 주고받을 수 있는 지원에는 물질적·도구적 지원(가사와 양육을 도움, 경제적 지원 등), 정서적 지원(대화, 방문, 유대감 형성 등), 정보적 지원(다양한 생활정보 제공), 사교적 지원(가족단란, 여가활동 공유 등) 등이 있다(이기숙, 1992). 가족단위들이 각각 처해진 상태에서 서로 상호작용하며 상호 지지적인 사회관계망(social network)을 형성하는 것은 다양한 사회지원체계가 갖추어지지 않은 현대가족에서는 대단히 필요한 과업이다.

한편 다양한 친족관계 중에서도 고부관계는 부계 중심 가족구조에서 갈등관계에 빠지기 쉽다. 고부관계도 인간관계인 만큼 개인의 성격과 환경에 따라서 모녀관계와 같이 친화적으로 협력적인 경우도 있지만 한 남성을 사이에 두고 삼각관계를 형성할 수도 있다. 오늘날의 고부관계는 노부모가 가진 권력자원이 감소하고, 젊은이들의 교환적 사고방식이 증가한 현상에서 며느리가 시부모 봉양을 당연한 도리로

참고자료 8-7 친인척이 서로 도와줄 수 있는 일들

- 나에게 고민이 있을 때 관심을 갖고 물어주며 상담해 준다.
- 나의 집에 일손이 필요하면 도와준다.
- 경제적 곤란 시 서로 도움을 준다.
- 자녀, 살림에 관한 정보를 제공해 준다.
- 함께 쇼핑이나 외식을 한다.
- 현실을 이해하고 사회생활에 적응할 수 있도록 적절한 충고를 해준다.
- 평소 잔일이나 가사일을 도와준다.
- 필요할 때 자녀를 돌보아 준다.
- 나의 집안의 중요한 결정사항을 상의한다.
- 자녀양육 및 교육에 대해 상의한다.

생각하기보다는 실질적인 이득을 고려하면서 부양에 임하는 선택적 태도를 보여 노부모의 불만이 높다(한국여성개발원, 1992). 고부간의 갈등은 가족 내에서 일어나는 갈등의 하나이기 때문에 결과적으로 부부관계에 악영향을 미치며, 모자관계 혹은 조부모-손자녀 관계의 단절, 주부의 정실질환, 노인들의 가출이나 방황 등 부정적인 결과를 초래할 수 있다.

고부간의 갈등은 그대로 방치되어서는 안되며 어느 한쪽의 입장만을 고려해서도 안된다. 또한 갈등의 원천이 아들 혹은 남편을 포함한 삼각관계에서 비롯된 것이므로 중간에 위치한 남성은 반드시 객관적인 태도를 지녀야 한다. 고부간의 갈등을 해결하는 출발점은 고부관계가 혈연으로 맺어진 관계가 아니므로 남남끼리 만나서 서로 친해지는 과정을 거쳐야 하며, 여성이라는 공통분모를 지닌 한 가족 내의 두 성원으로 자매애를 가지고 서로를 대한다면 고부관계의 적응도 쉬울 것이다. 원만한 시어머니-며느리 관계를 위해 몇 가지 제언하면 다음과 같다.

첫째, 모든 가족원들이 고부관계도 인간관계의 하나이기 때문에 갈등이 발생할 수도 있음을 자연스럽게 받아들이고, 고부지간이 모녀지간과 같아지기를 바라는 환상은 버려야 한다. 둘째, 시어머니와 며느리는 문제를 회피하거나 아들(남편)의 중재를 기다리기보다는 상호 대화와 타협을 통해 서로 갈등을 적절히 표출하고 문제의 원인을 해결하도록 노력해야 한다. 셋째, 시어머니는 자녀에게 간섭이나 권위, 지나친 기대나 의존 등을 지양하고, 아들과 며느리의 독립된 부부관계를 인정해 주어야 하며, 며느리는 노인의 특성과 요구를 이해하고, 시어머니에게 적절한 역할수행의 기회를 마련해 주어야 하며, 아들(남편)은 중립적인 입장에서 고부 서로가 편견과 오해 없이 상대방의 입장을 이해하도록 효율적인 중재를 해야 한다. 넷째, 노부모와 자녀세대 양측이 애정과 신뢰를 바탕으로 상호 독립적인 생활을 영위하기 위해서는 양측 모두 경제적 독립이 우선되어야 하고, 직계가족만을 고수할 것이 아니라 수정핵가족이나 수정확대가족과 같은 동거 형태, 장남 이외의 자녀들과의 동거 혹은 유료양로원의 이용 등 다양한 주거 형태를 모색해야 하며, 각자의 독립된 생활에 대하여 책임과 권한을 갖고 상호 협조하는 관계를 유지해야 할 것이다(정현숙 외, 1998).

산업화에 따른 핵가족화 현상과 전통 가족규범의 붕괴는 부계친족과의 관계가 약화되는 반면 모계(처계)친족과의 유대는 보다 돈독해지는 이중적 친족관계의 양상을 보이고 있다. 특히 도시에서는 인척들이 근거리에 모여 살면서 자녀양육과 가사노동 그리고 가족단란 등 다양한 기능을 통해 형식적이고 의무적인 관계에서 오는 의례적 기능보다는 일상생활에서 다양한 도움을 주고받는 경제적 · 정서적 · 복지적 기능을 하고 있다(이효재, 1971).

이런 현상은 우리 사회가 적극적으로 양계적 친족관계를 형성하는 것으로 볼 수 있다. 그러나 자녀가정과 양가 부모가정은 독립된 가족으로 서로를 인정하고 다른 생활방식과 가족가치를 존중해야 한다.

6) 결혼 속의 성

결혼생활에서 부부의 성생활은 자연스러운 일이며, 합법적인 성욕구의 충족 및 사회의 성에 대한 통제의 방법이기도 하다. 부부의 성생활 만족도는 결혼생활의 중요한 기본 요소로 전반적인 부부관계의 만족도를 좌우하는 주요 요인이 되고 있다.

성은 생식(출산), 쾌락, 애정의 기능을 갖고 있으며, 특히 인간의 기본적인 성욕구 충족이 부부 이외의 대상과 장소에서 행해질 때는 새로운 성규범과 성문제가 나타날 수밖에 없다. 지금까지 성에 대한 규제는 근친상간의 금지, 혼전성교의 금지, 간통의 금지 규정이 적용되어 왔다. 그중 부부간의 정절을 약속하는 간통의 금지가 현대 결혼생활의 유지기능을 담당한다. 즉, 과거에는 성을 통한 출산의 기능 강조, 가족 유지를 위한 엄격한 성 규제(근친상간 및 혼전성교의 금지)가 주를 이루어 여성의 성이 통제되었다면 근래에는 간통, 근친상간금지 조항이 강화되었다. 남성에 대해서만 허용적이었던 규제 조항도 이제는 부부로서 결혼생활을 하는 동안은 부부 상호 간의 성생활을 규제하는 것으로 그 추세가 변하였다. 따라서 부부간의 성적 적응은 남성뿐 아니라 여성에게도 중요한 과제이다(옥선화 외, 1992).

성적 독점성을 가진 부부관계에서 부부는 서로의 성적 욕망에 대한 이해와 관심이 필요하다. 부부의 성적 적응이 만족스럽게 되기 위해서는 다음 몇 가지 사항이 고려되어야 한다. 첫째, 부부간의 성생활 및 성에 대한 정확한 지식을 갖고, 그릇된 성에 대한 관념, 가치관을 버린다. 둘째, 부부간의 성은 지극히 동등하여야 한다.

성의 주도권을 남성이 가져야 된다거나 여성의 성에 대한 표현은 절제되어야 한다는 통념은 현대생활에 맞지 않는다. 부부 간에는 개방적인 성의 표현이 중요하며, 이것에 근거해 부부의 성 만족도는 증대될 수 있다. 셋째, 성은 기교만의 문제가 아니라 사랑 또는 정신, 인격체로서의 교류이다. 성생활은 부부의 가장 훌륭한 의사소통 수단이다. 상대방에 대한 불신이나 불만, 갈등 등이 있는 상태에서 완벽한 성의 만족이란 있을 수 없다. 항상 서로를 아끼는 마음과 인격의 교류를 통하여 성생활을 영위해야만 만족스런 성생활에 이르게 된다.

3 평등한 부부되기

점점 여성과 남성의 사회적 역할뿐 아니라 가정적 역할도 공유되어 가고 있는 변화 속에서 보다 올바른 부부, 보다 만족스러운 부부란 어떤 부부인가에 대한 우리의 정답 찾기는 가끔 혼란스러울 때가 있다. 더욱이 부모세대의 전형적 역할 분리 내지 엄격한 남성다움과 여성다움을 보면서 자란 자녀세대에게는 때로 현실 속에서 그 적합한 모델을 찾을 수가 없는 답답함도 있다. 여성의 높은 사회적 참여가 일차적으로 부부관계를 변화시켰지만 궁극적으로 부부는 서로 도우면서 살아가야 되는 존재이다. 시대적 변화와 함께 우리가 찾을 수 있는 대안이 보다 평등한 관계를 유지하는 부부가 되는 것이다.

여기서 평등한 관계란 일차적으로 부부 상호 의식에 평등성이 내재되어 있는가와 실제 부부가 일상의 생활행위에서 얼마나 공평하고 또 상호 존중적으로 일을 수행해 내는가에 달려 있다.

킴볼(Kimball, 1983)은 평등한 부부를 '돈벌이, 집안일, 육아, 의사결정을 50:50으로 함께 나누는 부부'로 정의하였다. 즉, 권리와 권력을 함께 소유하며 함께 책임을 지는 부부로 이런 부부의 특징은 권리, 책임, 의무가 분담되고 개방적인 대화, 상호 존중, 우애 등이 공유되고 있다. 이를 구체적으로 설명하면 첫째, 평등한 부부란 돈벌이, 집안일, 육아, 의사결정을 함께 한다. 업무, 책임, 혜택을 분담하고 업무 할당을 융통성 있게 한다. 그리고 책임감, 죄의식, 칭찬 등 보상과 부담도 함께 한다.

둘째, 평등한 부부는 서로의 생각을 잘 나누는 부부이다. 그래서 평등한 부부는 전통적 부부에 비해 말이 분명하고 개방적이며 확실한 자아감각을 소유하고 있다. 셋째, 평등한 부부는 서로 가장 좋은 친구이며, 서로에게 기대하는 것이 무엇인지를 알고 이를 함께 하려는 부부이다. 그래서 사랑을 기반으로 신뢰와 우정을 창출하며, 이 신뢰로 인해 친밀하고 밀접하며 생활의 모든 것과 인간관계망(친척, 친구, 이웃 등)을 나누려 한다. 넷째, 평등한 부부는 갈등해결을 힘(권위 혹은 권력)에 의지하지 않으며, 갈등의 원인을 밝혀내고 그것에 관해 대화하고 타협한다. 즉, 열린 마음으로 대화할 수 있는 것이 특징이다. 결론적으로 평등한 부부란 심리적으로 친밀한 관계일 뿐 아니라 제반 사회적 관계망과 활동이 공유되며 권력이나 책임 등이 평등하게 분배되어 있는 부부를 말한다.

〈표 8-1〉은 평등한 부부를 판단하는 몇 가지의 구체적 평가기준이다. 평등한 부부는 의사소통과 의사결정, 가사분담과 자녀양육, 경제적인 측면, 심리적·정서적 측면에서 어떤 의식을 가지고 있으며, 어떤 생활을 실천하고 있느냐에 의해 전통적 부부와 구별된다.

우리나라의 부부관계는 여전히 한국 가족생활의 고유한 가족문화와 양식이 부부관계를 지배하고 있고, 개인적 가족가치관보다는 가족집단적 가치가 존중되는 가족규범 속에서 평등한 부부되기가 개별부부의 의식만으로 실천되기 어려운 부분도 있다. 배우자 선정과정에서 개인 의지의 존중이라는 자유혼의 정신이 완전히 실현되고 있지 않으며, 특히 이혼과 재혼이 증가하고 있음에도 불구하고 여전히 남성 중심적, 여성 억압적 현상이 나타나고 있다. 자녀양육, 가사활동 등에서의 남편 참여가 증가하고 의사결정 과정에 남편의 참여가 증가하고는 있으나 부부가 서로 불만족을 느끼고 있으며, 부인지배형이 나타나 아내의 권력이 증대된 것처럼 보이지만 실제로는 가정 내 의사결정권은 단순히 남편으로부터 위임받은 결과로 해석되는 등 아직 한국 부부의 평등한 관계 확보에 다음과 같은 사회적 논의가 더 필요하다(이기숙, 1995).

표 8-1 평등한 부부의 평가범주와 세부항목

평 가 범 주	세 부 항 목
1. 의사소통/의사결정 면	• 존중하는 호칭과 언어를 사용하는가? • 솔직한 의견 제시를 하는가? • 폭력이 철저히 배제되고 있는가? • 상대방 의견을 존중하는가?
2. 가사분담/자녀양육(교육) 면	• 가사는 공동부담되는가? • 가사노동의 경제적 가치를 인정하는가? • 자녀양육(교육)에 공동책임을 가지는가? • 대외 활동에 함께 참여하는가? • 근대적 성역할 의식을 가지고 있는가?
3. 경제적인 면	• 가정경제를 공동운영하는가? • 부동산 소유·증식에 공동책임을 가지고 있는가? • 동산 소유·증식에 공동책임을 가지고 있는가? • 부부 공동명의의 경·부조금을 지출하는가? • 전업주부의 용돈지출 자율권을 인정하는가?
4. 심리적·정서적 걱정과 느낌에 대한 관심	• 유대면 성생활에서 상호 존중하는가? • 취미·여가활동을 이해하고 공유하는가? • 배우자 가족에 대한 이해와 관심을 가지고 있는가?

출처: 정무제2장관실(1994). 민주적 가족관계 정립을 위한 '평등한 부부'에 대한 의견조사.

첫째, 남성의 가족역할 참여가 확대되어야 한다. 우리나라 부부관계의 평등성에 가장 영향을 많이 미치는 요인은 남편의 성역할 관념이다. 성역할 관념이 비전통적일수록 남편이 가사노동에 더 많이 참여한다. 따라서 불평등한 부부관계 개선은 가정 내 역할의 비대칭성을 극복하는 데 있다. 남성의 가정 참여가 확대되기 위해서는 우선 직업구조가 그것을 가능하게끔 재정비되어야 하고, 남성이 자신의 직업에서 성공하는 것만이 남성의 정체감, 자아가치 평가의 핵심이 되어서는 안된다. 또한 '남성다움'에 관한 사회적 정의, 여성들의 기대 그리고 남성들 자신의 인식변화가 뒤따라야 한다.

둘째, 노동시장에서 여성의 지위가 향상되어야 한다. 가정 내에서 평등한 남녀관계의 실현은 가정 밖 노동시장의 남녀 평등성 확보에서 가능하다. 성별 직종 분리와 소득격차가 해소되어야 한다.

셋째, 여성의식의 변화가 꾸준히 이루어져야 한다. 학교 교육에서의 양성평등관에 입각한 교육방법의 개선, 사회교육에서의 양성평등관에 입각한 교육방법의 개선, 사회교육에서의 꾸준한 양성평등교육 프로그램이 가족발달 단계별, 직종별, 성장단계별로 실시되어 남녀 의식의 변화를 유도하여야 한다.

참고자료 8-8 부부 십계명

1. 가끔 둘이서 처음 만났을 때처럼 서로 대화하고 분위기를 바꾸어 본다.
2. 좋은 면으로 서로 같아지기를 노력한다.
3. 함께 할 수 있는 운동, 취미생활을 개발한다.
4. 부부싸움을 하더라도 한 방에서 잔다.
5. 서로 좋은 친구들을 사귄다.
6. 사람들 앞에서 서로를 깎아내리고 경쟁하는 모습은 보이지 않는다.
7. 함께 대화를 나누는 시간과 장소를 만들고자 노력한다.
8. 가끔씩 주말여행을 가거나 여가를 둘이서 보내는 여유를 갖는다.
9. 장래 계획은 항상 같이 만든다.
10. 가장 소중한 사람은 배우자란 점을 잊지 않는다.

요 약

결혼한 남녀는 '부부'라는 사회적 단위로 인식되고 그에 맞는 적절한 사회적 임무를 지니게 된다. 이들은 함께 성공적 결혼생활을 위해 생활계획을 수립하여야 하고 의식주 생활기능을 함께 수행해야 한다. 일상생활 속에서 부부가 기쁨을 가지고 함께 수행해야 되는 일들이 무수히 많지만 그중에서 중요한 것은 결혼생활을 통해 함께 성장하는 것, 가사노동, 가정의 재정부분, 친인척관계, 성생활 등이다. 이러한 것들은 협조적·상호 지지적 의식과 태도가 전제되어야만 행복한 결혼생활로 창조되어 나타날 수 있다.

현대사회가 요구하는 가장 이상적인 부부는 '평등한 부부'이다. 여성의 사회참여가 확대되면서 사회적·가정적으로 남녀 역할은 점점 그 경계가 모호해지고 있다. 평등한 부부는 의사결정, 가사노동, 자녀양육뿐 아니라 가정경제에서도 함께 의논하고 함께 참여하는 부부이다.

연구과제

1 현대가족은 특히 자녀양육에서 아버지의 역할을 강조하고 있다. 왜 남성의 역할, 특히 양육과 교육에서의 역할이 강조되고 있는지 생각해 보고, 주위에서 훌륭한 아버지역할을 하는 어른들을 찾아보자.

2 결혼한 부부가 본가 혹은 배우자 가족과 원만한 관계를 유지해 나가기 위해서는 어떤 노력이 필요한지 생각해 보고, 부모와 결혼한 자녀가 독립적인 관계로 경계 설정이 되어야 함을 방해하는 한국 가족의 특성을 찾아보자.

3 주위에서 평등한 부부를 찾아 그 부부의 일상을 들어보자.

참 / 고 / 문 / 헌

문숙재(1990). 가정생산-가정노동의 생산성과 평가를 위한 접근. 서울: 신광출판사.

여성한국사회연구회 편(1993). 여성과 한국사회. 사회문화연구소.

이기숙(1992). 도시 핵가족의 친족관계-시·친정 부모 가정과의 상호관계를 중심으로. 신라대 논문집, 제32집.

_____(1995). 부부평등론에 대한 소고. 신라대 생활과학연구소. 생활과학연구, 제3집.

이효재(1971). 도시인의 친족관계. 서울: 한국연구원.

정현숙·유계숙(1998). 결혼학개론. 상명여대 출판부.

한국여성개발원(1987). 가정주부: 보이지 않는 노동자들.

_____________(1992). 평등한 부부.

_____________(1998). 부부재산관계 판례에 나타난 여성노동의 기여도 평가에 관한 연구.

Baumrind, D.(1971). Harmonious parents and their preschool children. *Developmental Psychology*. 4. 재인용: 정현숙 외(1998). 275-284.

Bigner, J. L.(1979). *Parent-child relations: An introduction to parenting*. N.Y.: Macmillan.

Cuber, J. F. & Harroff, P. B.(1986). Five types of marriage. In A.S.Skolinck & J. H. Skolnick(Eds.). *Family transition*. Little Brown & Company.

Kimbaoo, G.(1983). *The 50:50 marriage*. Boston: Beacon Press: 한국여성 개발원(1992). 평등한 부부.

Kohn, M.(1997). *Class and conformity*. Chicago: University of Chicago Press. 재인용: 정현숙 외(1998). 275-284.

Schaefer, E. S.(1985). Parent and child correlations of parental modernity. In A. S. Sigel(eds.). *Parental belief systems: The psychological consequences* for children. N. J.: Hillsdale.

Skolnick, A. S.(1986). Early attachment and personal relationships. In P. Baltes, D. Feathermm & R. Lerner(Eds.). *Lifespan developmental behavior*. Vol. 7. 173-206.

Veevers, J.(1973). The social meanings of parenthood. *Psychiatry*, 36. 재인용: 정현숙 외(1998). 275-284.

2부 결혼 적응

9장 안전한 의사소통과 공정한 싸움

김 득 성

"우리는 우리에게 말해진 것의 반만 듣고, 들은 것의 반만 이해하고, 이해한 것의 반만 믿고, 믿은 것의 반만 기억한다.

Mignon McLaughlin

고슴도치들은 날씨가 추워지자 추위를 피해 보려고 다닥다닥 모여들었다. 그런데 몸에 있는 침이 서로를 찔러서 가까이 있을 수가 없었다. 그러다 추위로 고슴도치들은 다시 모였으나 똑같은 일이 벌어졌다. 고슴도치들은 계속 모였다가 흩어졌다가 한 뒤에야 서로 조금씩 떨어져 있는 것이 최선이라는 것을 터득하게 되었다.

Arthur Schopenhauer

1 안전한 의사소통

우리는 결혼식을 하고 결혼반지를 끼고 있기 때문에 결혼한 후에는 의사소통이 잘될 것이라고 생각한다. 하지만 의사소통 문제는 시간이 지날수록 증가한다. 우리는 일단 서로 익숙해지면 '좋은 행동'의 가면을 벗고, '현실적이 되는' 경향이 있다. 따라서 원활한 의사소통을 할 수 있도록 부지런히 연습하지 않으면 부부관계는 부정적인 의사소통으로 서서히 부식되기 쉽다. 우리는 수영이나 자전거 타기를 배우는 것처럼 효과적으로 의사소통하는 방법을 배울 수 있다. 다만 서로 간의 차이를 회피하지 않고 다루려는 자발성이 필요하다.

상대방을 배려하는 마음이 있다 할지라도 의사소통기술이 없다면 오해가 생길 수 있다. 또한 상대방을 배려하는 마음 없이 의사소통기술만 있다면 오히려 상대방을 교묘하게 조종하게 된다. 즉, 의사소통기술 획득은 관계 증진에 도움이 되지만,

의 사 소 통 퀴 즈

다음 내용에 대해 맞다고 생각하면 ○표, 틀리다고 생각하면 ×표 하시오.

1. 남성과 여성은 의사소통하는 방식에 차이가 있다. ( )
2. 비언어적 의사소통은 종종 언어적 의사소통이 감추고 있는 진정한 느낌을 드러낸다. ( )
3. 의사소통은 학습되고 개선될 수 있는 기술이다. ( )
4. '분명하게 말하기'는 자신이 원하고 요구하는 것을 다른 사람에게 알려주므로 가치가 있다. ( )
5. 부부는 말하지 않아도 상대방이 생각하고 느끼는 것을 종종 알아차린다. ( )
6. 데이트 과정에서 형성된 의사소통 방식은 결혼생활에도 이어질 것이다. ( )
7. 결혼 후에 부부의 의사소통은 종종 향상된다. ( )
8. 부부는 논쟁이나 의견 차이를 일으키는 주제에 대해 이야기하기를 종종 피한다. ( )
9. 대부분의 부부들은 그들의 관계에 대해 이야기하는 것을 어려워하지 않는다. ( )
10. 의사소통하지 않는 것은 가능하다. ( )

정 답 1. ○ 2. ○ 3. ○ 4. ○ 5. × 6. ○ 7. × 8. ○ 9. × 10. ×

출처: Olson, Defrain & Olson(1999).

상대방을 배려하는 마음이 없다면 관계를 파괴시킬 수도 있다. 그러므로 상대방을 배려하는 마음을 가지고 의사소통기술을 배우는 것이 배우자와 긍정적인 관계를 가지는 데 매우 중요하다.

1) 화자-청자 기법: 싸우지 않고 안전하게 말하는 방법

안전한 의사소통은 좋은 관계를 만들어 주는 활력소이며, 대부분의 부부들이 매일 겪는 장애물을 제거해 준다.

화자(話者)-청자(聽者) 기법[1]은 민감하거나 논쟁이 되는 사안에 대해 의사소통하는 대안적인 방법이다. 대부분의 부부들은 이 기법을 사용하지 않고도 중국집으로 외식하러 갈 것인지 아닌지 결정할 수 있다. 그러나 돈문제, 성문제 또는 시댁문제와 같이 감정적으로 민감한 문제들은 안전감을 보장해 주는 기법 없이는 다루기가 어렵다. 부부관계를 위해 할 수 있는 최선의 일 중 하나는 부부가 한 팀이 되어 두려워하지 않고 문제를 다룰 수 있다는 자신감을 키우는 것이다. 화자-청자 기법의 사용규칙은 다음과 같다(김득성 외, 2004).

(1) 부부가 지켜야 할 규칙

① 화자가 발언권을 가진다

발언권을 의미하는 물건을 정해서 사용한다. 텔레비전 리모콘, 펜이나 책 등 구체적인 물건이면 무엇이든 가능하다. 발언권을 쥐고 있지 않은 사람은 청자가 된다. 화자와 청자는 각자의 역할 규칙을 따라야 한다.

② 발언권을 교대로 사용한다

대화하는 과정에서 발언권을 교대로 사용한다. 발언권을 쥔 사람이 화자가 된다. 화자가 말한 후에는 발언권을 청자에게 넘겨서 역할을 서로 바꾼다. 그러면서 발언권을 규칙적으로 교환한다. 즉, 자신이 필요할 때 발언권을 가질 수 있고, 배우자가 필요할 때 배우자에게 발언권을 건넬 수 있다.

1) Markman H. J, Stanley S. M & Blumberg. S. L.(1994)가 개발한 의사소통기술.

③ 문제를 해결하려고 하지 않는다

이 기법을 사용할 때는 성급하게 해결책에 도달하려고 하지 말고 효율적으로 의논하는 것에만 집중한다. 문제해결에 초점을 두게 되면 문제에 대한 서로의 생각을 잘 들어보려고 하지 않게 되기 때문이다.

(2) 화자가 지켜야 할 규칙

① 자신에 대해 이야기한다

상대방의 마음을 짐작하지 않는다. 청자의 관점이나 동기에 대해 느낀 점을 이야기하지 말고 자기 자신의 생각, 감정, 고민에 대해 이야기한다. '나' 진술을 사용하고 자신의 소망과 감정에 대해서 이야기한다. '나는 우리가 데이트하는 것을 당신이 잊어버렸을 때 화가 났다.'는 것은 '나' 진술이고, '나는 당신이 나에게 관심이 없다고 생각해.'는 '나' 진술이 아니다.

② 계속 이야기하지 않는다

말하고 싶은 것을 모두 말할 기회는 많이 있다. 청자가 적극적 경청을 할 수 있도록 청자가 소화할 수 있을 정도로 끊어서 말하는 것이 매우 중요하다. 혼자 이야기를 길게 늘어놓는 습관이 있다면, 발언권을 쥐고 있는 동안에는 배우자가 끼어들 수 없다는 사실을 기억하고, 잠시 멈춰서 배우자가 자신의 말을 이해하는지 확인할 여유를 가진다.

③ 잠시 멈추고 청자에게 다시 말해보게 한다

어느 정도 이야기하고 나서 말을 멈추고 자신이 방금한 말을 청자가 다시 말해보도록 한다. 청자가 말한 내용이 정확하지 않다면, 청자가 이해할 수 있는 방식으로 고쳐서 자신이 전하려고 한 의미를 정중하고 부드럽게 이야기한다. 다시 말하기는 테스트가 아니라 배우자가 자신의 말을 가능한 한 잘 이해하도록 하기 위한 것이다.

(3) 청자가 지켜야 할 규칙

① 들은 내용을 청자가 다시 말해본다

청자는 화자가 말한 내용을 다시 말해야 한다. 즉, 화자로부터 들은 내용을 자신의 말로 바꾸어서 말해보고, 자신이 화자의 말을 이해했는지 확인해 본다. 다시 말하기(paraphrase)를 하면 자신이 화자의 말을 경청하고 있음을 화자에게 보여주게 된다. 만약 화자의 말이 이해되지 않는다면 화자에게 다시 분명하게 이야기 해 달라고 요청할 수 있다. 그러나 단순한 설명만 부탁해야 한다.

② 반박하지 말고 화자의 메시지에만 집중한다

청자 역할을 하는 동안에는 자신의 의견이나 생각을 말할 수 없다. 이 점이 훌륭한 청자 역할을 하는데 가장 어려운 부분이다. 만약 배우자의 말에 화가 난다면 화내지 말고 배우자가 말하는 것에만 주목해야 한다. 하고 싶은 말이 있으면 발언권이 올 때까지 기다린다. 말할 수 있는 기회가 올 것이다. 그리고 그때가 되면 자신이 했던 것처럼 배우자도 자신에게 예의를 갖추어 줄 것이다. 청자는 단지 화자의 말을 이해하기 위한 차원에서만 말할 수 있을 뿐이다. 자신의 의견을 나타내는 어떤 말이나 몸짓 또는 표정도 허용되지 않는다.

다시 말하기는 길거나 짧게 할 수도 있고, 자세하게 하거나 개괄적으로 할 수도 있다. 가끔 다시 말하기를 어떻게 시작해야 좋을지 모를 때에는 "내가 당신에게서 들은 말은……"이라고 시작하고, 그 다음에 방금 들었던 내용을 그대로 이야기하면 된다. 혹은 "당신은 ……라고 생각하는 것(느끼는 것, 원하는 것) 같아요."라고 표현해도 된다.

화자-청자 기법을 사용할 때 화자는 청자가 다시 말한 내용이 올바른지 들어본다. 화자만이 자신이 의도한 메시지가 무엇인지 알기 때문이다. 만약 배우자가 다시 말한 내용이 자신이 전달하려는 것과 다르다면, 잘못 이해한 부분을 부드럽고 분명하게 말해주는 것이 매우 중요하다. 이때 화를 내거나 비난하지 말아야 한다.

청자 역할을 할 때는 배우자의 말을 주의 깊게 존중하며 듣고 있다는 것을 보여

주어야 한다. 청자의 목표는 배우자의 관점을 존중하고 그것을 인정한다는 것을 보이는 것이므로 배우자의 말에 찬성하지 않을지라도 얼굴을 찡그리거나 화를 내지 말고 계속해서 존중하는 모습을 보여준다. 나중에 발언권을 받으면, 그때 자신이 하고 싶은 말을 할 수 있다. 누가 발언권을 갖고 있는지 보는 것, 즉 지금 누가 화자이고 누가 청자인지 분명히 해두는 것만으로도 부부를 안전한 대화 궤도로 돌아오게 한다.

화자-청자 기법과 같이 미리 합의해 둔 규칙들은 어느 정도 상황을 예상할 수 있으므로 불안감과 회피를 감소시키고, 갈등을 다룰 때 부부가 둘 다 이기도록 도와준다. 싸워 이겨야 할 상대는 배우자가 아니라 바로 부정적인 의사소통 유형이다.

참고자료 9-1 배우자의 불평 뒤에 자리하고 있는 '소망'에 귀를 기울인다

부부들이 불만을 토로하는 것은 보통 부부관계가 개선 혹은 회복되기를 바라기 때문이다. 다음은 부부들 사이에서 흔히 볼 수 있는 불만과 그 뒤에 자리하고 있는 긍정적인 소망의 사례이다.

불만 당신은 어째서 항상 이처럼 쓰레기를 쌓아놓는 거예요?
소망 집안일을 할 때 우리가 한 팀처럼 느껴지면 좋겠어요.

불만 당신은 하루 종일 내게 전화하지 않았어요.
소망 우리가 서로 떨어져 있어도 가까이 있는 느낌이 들면 좋겠어요.

불만 매일 저녁 식사 준비를 하려니 힘들어요.
소망 옛날에 데이트할 때처럼 당신과 함께 외식하고 싶어요.

이제 다음의 불만 이면에 자리하고 있는 긍정적인 소망을 상상해 보자. 자신이 불만을 큰 소리로 읽고, 배우자는 그 불만 이면에 있는 소망을 이야기하도록 해보자.

불만 함께 즐거운 시간을 보낸 지 너무 오래된 것 같아요.
소망

불만 몇 주 동안 섹스를 한 적이 없어요. 무슨 일 있어요?
소망

불만 내 생일에 개인적으로 선물을 받아본 적이 없는 것 같아요.
소망

불만 너무 피곤해서 식료품을 사러 갈 수가 없어요.
소망

불만 계속 이렇게 쓰다가는 파산하겠어요.
소망

불만 사전 연락도 없이, 당신 어머니가 이렇게 오시는 거 정말 싫어요.
소망

이제 자신이 배우자로부터 흔히 듣는 불만을 적어보자. 그리고 자신과 배우자는 각각 그 불만 이면에 자리하고 있는 소망을 적어보자.

출처: Gottman J. M., Gottman J. S., & Declare J.(2006).

2) 부드럽게 말을 시작하기

가트만(Gottman)은 부부가 문제에 대해 어떻게 이야기를 시작하는가에 따라 그 대화가 진행되는 과정이 결정된다고 하였다. 자신이 배우자에게 화를 내면서 문제를 제기한다면 배우자도 화를 내며 응답하기 쉽고, 둘 다 화내는 분위기에서 빠져나오기 어렵게 된다. 반대로 긍정적인 태도로 대화를 시작한다면 부부는 긍정적인 분위기 속에서 계속 대화할 수 있을 것이다.

또한 가트만은 문제를 부드럽게 제기하는 것이 매우 중요하다는 사실을 밝혔다. 이것을 '부드럽게 말을 시작하기'라고 명명하였고, 이러한 태도는 특히 아내가 남편에게 문제를 제기할 때 필요하고, 남편은 아내가 말한 것에 대해 관심을 보이며 반응하는 것이 중요하다고 하였다. 자신이 배우자에게 직접적으로 부드럽게 문제를 제기한다면 훨씬 더 좋은 대화를 할 수 있을 것이다. 또한 배우자가 제기한 문제를 진지하게 관심을 가지고 듣는다면 대화가 더 잘될 것이다. 그러나 이러한 태도로 대화하는 것이 언제나 좋은 결과를 가져오는 것은 아니다. 이야기를 꺼낼 적절한 시기를 선택하는 지혜가 있어야 한다.

가트만(1994)은 행복한 결혼생활에는 긍정적 행동(감정의 양)과 부정적 행동(감정의 양) 사이에 5 : 1의 마법의 비율이 있다고 하였다. 즉, 남편과 아내 사이에 긍정적인 면이 부정적인 면보다 다섯 배 더 많은 결혼이 행복하다는 것이다. 불행한 결혼생활에서는 이 비율이 0.8 : 1이었다.

2 부부간의 역기능적 의사소통 유형

◎ 계시록의 네 기수(The Four Horsemen of Apocalypse) 등장

가트만(1994)은 갈등상황에서 부부들이 의사소통할 때 네 가지의 해로운 상호작용 방법[계시록의 네 기수(旗手)]이 있다고 하였다. 그것은 각각 비난(criticism), 방어(defensiveness), 경멸(contempt) 및 냉담(stonewalling)이라 명명되는데, 이러한 행동들이 더 확고해질수록 남편과 아내는 점점 더 부정적인 감정을 가지게 되어 결혼생활에 긴장이 고조된다. 그리고 일단 한 가지 해로운 상호작용 방법에 익숙해지면 다음 단계로 진행하기가 더 쉬워진다. 특히 비난에서 냉담으로 옮겨갈수록 결혼생활에 더 치명적이다.

1) 첫 번째 기수: 비난

비난은 불평(complain)과 차이가 없어 보일 수 있다. 하지만 불평은 구체적인 행동을 책망하는 것인 반면 비난은 개인의 성격이나 특성을 공격하는 것이라는 점에서 다르다. 따라서 불평은 "나는 ……"이라는 말로 시작되며, 비난은 "당신은 ……"이라는 말로 시작된다. 비난의 특징은 다음과 같다.

첫째, 배우자에 대해 판단하는 것이다. 예를 들면 "당신은 한 번도 이불을 갠 적이 없어. 당신은 부끄럽게 생각해야 해."와 같은 것이다. 여기서 "…… 해야만 해."라는 것은 상대방에게 손가락질하는 것과 같은 강력한 의미를 전달한다.

둘째, 불평을 길게 하는 것이다. "당신은 내 말을 잘 듣지 않아. 그리고 내가 어떤 부탁을 해도 잘 들어 주지 않아. 나는 당신이 날 사랑하지 않는다는 걸 알고 있어." 이러한 긴 불평은 상대방을 주눅들게 하고 비난받는 것 같은 느낌이 들게 한다.

셋째, 배우자를 믿지 못할 사람이라고 비난하는 것이다. "당신이 이번 달 월급을 가불할 줄 몰랐어. 당신한테 실망했어. 당신은 전혀 책임감이 없어."

비난은 구체적이기보다는 보편적이고 일반화된 말을 한다. "당신은 한 번도 ……" 또는 "당신은 항상 ……"과 같은 표현을 강조하는 것은 불평에서 비난으로 나아가는 신호가 된다.

그런데 비난이 항상 나쁜 것만은 아니다. 부부들은 전혀 비난하지 않을 수 없기 때문에 계시록의 첫 번째 기수는 종종 건강한 결혼생활에도 장기간 머물러 있다. 화나 의견 차이를 표현하는 것이 즐거운 일은 아니지만, 불평을 억누르기보다는 표현하는 것이 결혼생활을 장기적으로 강화시켜 준다. 하지만 비난이 확산되거나 배우자가 비난에 너무 민감할 때는 문제가 생길 수 있다. 이때는 비난을 불평으로 만들기 위해 불만을 구체적으로 표현하는 훈련이 필요하다. 비난의 해독제는 불평을 말하는 것이고, 더욱 바람직하게는 자신이 원하는 소망을 말하는 것이다.

2) 두 번째 기수[2]: 방어

부부 중 한 사람이 비난을 할 때 다른 한 사람은 방어하게 되는데, 이것은 결혼생활을 더 어렵게 만든다. 두 사람은 끊임없이 자기는 죄가 없다고 변명하면서 상대방으로부터 모욕 공세를 당하면 자연스럽게 자신을 방어하게 된다. "나를 가만 내버려둬. 무엇 때문에 나를 괴롭히는 거지? 난 아무것도 잘못한 게 없어. 이건 내 잘못이 아니야." 이것은 마치 벌레가 바로 눈앞에서 윙윙거릴 때 눈을 깜박이는 것과 같은 반사작용이다. 두 사람은 상대방 때문에 희생되었다고 느끼고 아무도 일을 바로잡을 책임을 지지 않는다.

---

2) 가트만(1994)의 《Why marriage succeed or fail》 책에서 두 번째 기수가 경멸, 세 번째 기수가 방어로 되어 있는데, 후속 연구에 방어와 경멸의 순으로 기술되어 있고, 화자가 비난하거나 경멸할 때 청자는 자동적으로 방어하게 되므로 저자는 방어를 두 번째 기수로 경멸을 세 번째 기수로 제시하였다.

방어하는 사람은 자신이 방어하는 것이 잘못된 행동이라는 것을 모른다. 방어하는 태도는 갈등을 해결하기보다 단계적으로 상승시키는 경향이 있다. 만약 습관적으로 방어하거나 자기 입장이 전적으로 옳다고 느끼는 사람이 있다면 그 사람의 결혼 생활은 어려워질 것이다. 다양한 형태의 방어 신호들과 예를 살펴보면 다음과 같다(〈표 9-1〉).

표 9-1 다양한 형태의 방어 신호들

범 주	예
1. 책임 부정하기	"이건 내 잘못이 아니라 당신 잘못이야."
2. 변명하기	"개가 심부름할 쪽지를 먹어버렸어." "늦을 수밖에 없었어. 당신도 길에서 차를 고쳐야 했다면 늦었을 거야."
3. 부정적인 마음 읽기에 동의하지 않기	• 배우자: "당신은 항상 우리 어머니 앞에서 긴장해." • 방어적인 대답: "그렇지 않아. 당신 어머니가 나에게 비난할 때 당신이 내 옆에 있었더라면 그렇게 떨진 않았을 거야."
4. 엇갈린 불평	• 배우자의 불평: "당신은 더이상 나와 외출하지 않아." • 엇갈린 불평: "당신도 나와 성관계 갖길 전혀 원하지 않잖아." • 배우자의 불평: "난 당신 여동생이 토요일마다 오는 게 싫어." • 엇갈린 불평: "나도 당신이 격일로 저녁마다 운동하러 가는 것이 싫어."
5. 그래, 하지만…	• 남편: "당신은 차에 기름을 넣겠다고 말해놓고 하지 않았어!" • 아내: "그래. 하지만 당신 부모님 저녁식사 차리러 제시간에 집에 가야만 했어."
6. 자신의 입장만 되풀이하기	• 아내: "내 생각엔 골프를 일주일에 서너 번씩 저녁시간에 하는 것은 너무 많아요." • 남편: "많지 않아. 중간 정도라구." • 아내: "당신과 함께 집에서 저녁식사하고 싶어하는 두 아들이 없다면 말이죠." • 남편: "만약 당신이 골프를 한다 해도 정기적으로 해야만 한다구." • 아내: "당신은 서너 번이나 할 필요가 없다구요. 그건 어린 아이들이 있는 가정에는 너무 많은 횟수예요." • 남편: "난 골프를 자주 해야 해. 그러지 않으면 전혀 가치가 없어."
7. 푸념하기	• 자신이 불쌍하다고 느끼면서 결백한 희생자처럼 행동함으로써 소리 없이 푸념하는 것 • 푸념하기는 이런 메시지를 전달한다. "이건 공정하지 못해. 당신은 무엇 때문에 나를 괴롭히는 거지?"
8. 신체적 언어	가슴에 팔짱끼기, 손으로 목 만지기, 위장된 웃음(눈은 웃고 있지 않음)

이때 가장 먼저 할 일은 '진정하기'이다. 진정하기는 방어하고 방해하고 싶은 욕구를 진정시키고, 배우자와의 관계가 고통스럽다는 생각을 바꾸려고 노력하는 것이다. 즉, 방어하지 않는 방식으로 말하고 듣는 훈련을 해야 한다. 방어의 해독제는 일을 그르친 데 대해 자신의 역할을 솔직하게 인정하는 것이다.

3) 세 번째 기수: 경멸

경멸은 비난에 모욕이 부가된 것으로 배우자를 심리적으로 학대하는 것이다. 말과 신체를 사용하여 배우자에게 모욕을 준다. 이러한 모욕을 주는 행동을 하는 것은 배우자에 대한 부정적 생각(우둔하고, 혐오스럽고, 무능하고, 바보 같다) 때문이다.

경멸이 부부관계를 압도하기 시작하면 화가 나 있는 동안은 배우자의 긍정적인 특성을 완전히 잊어버리게 된다. 이렇게 되면 더이상 서로 칭찬하지 않게 되고, 상호 간의 매력이나 감사를 표현하지 않게 된다. 그러므로 경멸은 부부 상호작용에서 금지되어야 한다. 자신과 배우자가 경멸을 표현하고 있는 때를 깨닫기는 쉽다. 가장 흔히 나타나는 경멸의 표현은 다음과 같다.

(1) 모욕과 욕하기

개자식, 바보, 뚱보 등의 가시 돋친 말은 잊혀지지 않는다. 어떤 부부는 노골적으로, 어떤 부부들은 보다 은밀하게 표현한다. 결혼생활에서 이와 같은 말들은 부부관계를 해치는 위험한 무기이다.

(2) 적대적인 유머

이러한 경멸은 유머러스하게 표현되기 때문에 한 꺼풀 가려져 있다.

(3) 조롱

조롱은 경멸의 미묘한 기술이다. 조롱하는 말이나 행동은 상대방을 신뢰하지 않음을 보여주기 위한 것이다. 예를 들어 남편이 아내에게 "당신이 정말 걱정이 되는군."이라고 말할 때 아내가 "오, 물론이죠. 당신은 저를 정말로 걱정하죠."라고 빈

정거리는 것이다.

(4) 신체적 언어

경멸은 코웃음 치기, 눈동자 굴리기, 입 삐죽거리기, 왼쪽 입술 끝을 들어 올려 왼빰에 보조개 만들기, 눈을 위로 치켜뜨기 등 얼굴 근육의 빠른 변화로 미묘하게 전달된다. 가트만은 얼굴 표정이 부부 사이가 좋지 않다는 것을 나타내는 가장 분명한 단서라고 하였다. 예를 들어 남편이 불평을 늘어놓을 때 아내는 조용히 앉아 "계속해요. 듣고 있어요." 라고 말하지만 동시에 치마의 보푸라기를 떼면서 눈동자를 굴리고 있다면 아내의 진정한 감정인 경멸이 신체적 언어로 나타나는 것이다.

경멸의 해독제는 매일 작게나마 서로의 노고와 가치를 인정하고 존중해 주는 것이다. 배우자의 성격을 공격하기보다 배우자에게 구체적으로 불평하고, 경멸 대신에 약간의 존중을 표한다면 관계는 향상될 것이다. 경멸을 자주하는 배우자는 진심으로 존중하는 표현을 하는 습관을 길러야 하고, 칭찬 대 불평의 비율을 의도적으로 조절하는 훈련을 해야 한다. 다음은 불평과 비난 그리고 경멸을 설명하는 예이다.

- 불평은 분명히 하나의 상황에만 한정되며 자신이 어떻게 느끼는가 말하는 것이다.

  예1 "당신이 오늘밤에 쓰레기를 버리지 않아서 나는 화가 났어요."

- 비난은 보다 광범위한 편이며, 상대방의 성격을 비난한다. 비난에는 '항상' 또는 '한 번도'라는 단어가 자주 등장한다.

  예2 "당신은 항상 쓰레기를 버리지 않아. 쓰레기통이 꽉 차 있는데. 이건 당신 잘못이야. 당신을 못 믿겠어요."

- 경멸은 비난에 모욕이 부가된다. 상대방을 어리석고 무능한 사람으로 비난하는 언어적 인신공격이다.

  예3 "바보같이, 왜 쓰레기통 비우는 것을 늘 잊어버리는 거예요?"

4) 네 번째 기수: 냉담

"당신은 왜 아무 말도 하지 않지? 단지 거기 앉아 있기만 하잖아. 마치 벽하고 얘기하는 것 같아."와 같은 말이 언급되면, 네 번째 기수인 냉담이 나타난 것이다. 때때로 배우자가 전혀 반응하지 않거나 "난 당신과 할 말 없어. 당신이 항상 옳아."라고 말하고 방을 나가는 것이 전형적인 냉담의 예이다.

일반적으로 청자는 화자가 말할 때 쳐다보거나 '음' 또는 '아-'라고 말함으로써 자신이 듣고 있다는 것을 알게 한다. 하지만 냉담자는 돌처럼 차갑게 침묵으로 일관함으로써 이런 메시지들을 무시한다. 냉담자는 종종 중립적이 되고자 하며 일을 나쁘게 만들지 않으려고 침묵하지만 냉담 그 자체가 강력한 행동이라는 것을 깨닫지 못한다. 이것은 승인하지 않음, 차가운 거리감, 잘난 체함을 전달한다.

일반적으로 남자가 더 냉담한 유형이 되기 쉽다. 대부분의 남편은 아내가 자신에게 냉담할 때 신체적인 각성이 일어나지 않지만, 아내는 남편이 냉담할 때 심장박동이 매우 높아진다. 화자는 냉담한 청자에게 매우 화가 나게 되며, 또한 냉담자는 대부분 남자들(85%)이기 때문에 냉담은 아내가 남편에게 느끼는 주요한 문제이다.

배우자가 화을 낼 때 전혀 반응하지 않는 냉담자도 있고 투덜거리거나 주제를 재빨리 바꾸는 냉담자도 있다. 하지만 배우자에게 던지는 메시지는 "나는 당신과 어떤 의미 있는 상호작용도 철회하며 더이상 관여하지 않겠다."는 것이다. 갈등이 발생할 때마다 배우자 중 한쪽이 의사소통을 회피한다면 그 결혼은 구제하기 힘들 것이다. 의사소통이 이 정도까지 악화되었다면 부부는 관계의 부정성에 압도되어 이혼이나 별거로 끝나는 아주 위험한 지점에 와 있는 것이다. 냉담이 정기적으로 일어나는 결혼생활을 구제하려면 매우 힘든 작업이 필요하다. 하지만 긴장되는 갈등이 일어나는 동안에는 누구라도 냉담자가 될 수 있다. 여기서 중요한 단어는 '습관적인 것'이다. 배우자와의 관계가 고통스럽다고 지속적으로 생각할 때 돌처럼 굳어지게 된다. 이것은 결혼생활에 있어 매우 파괴적이다.

이때에는 침착하게 되는 방법을 배우고, 냉담이 아닌 다른 방식으로 말하고 듣는 것이 필요하며, 배우자와의 관계가 고통스럽다는 생각을 변화시킬 필요가 있다. 냉담의 해독제는 잠시 휴식을 취하여 진정한 후 적당한 시간 내에 배우자에게 다시 돌아가는 것이다. 마음을 열고 배우자의 말에 고개를 끄덕이거나 눈을 바라보기만 해도 관계가 변화하게 된다. 이런 몸짓은 상대방에게 동의하지 않더라도 상대방의 말을 끝까지 듣기 원한다는 것을 배우자에게 확신시켜 준다.

참고자료 9-2 부부간 역기능적 의사소통 행동 척도

부부싸움을 할 때 당신은 다음의 행동을 하셨습니까? 해당하는 숫자에 ○표해 주십시오.

나는 ……	전혀 아니다	대체로 아니다	보통 이다	대체로 그렇다	매우 그렇다
1. 길게 잔소리한다.	1	2	3	4	5
2. '당신은 항상, 또 문제'라는 식으로 말한다.	1	2	3	4	5
3. '당신은 한 번도 −한 적이 없다.'는 식으로 말한다.	1	2	3	4	5
4. 남편의 성격이나 인간성을 비판한다.	1	2	3	4	5
5. 남편이 잘못한 것을 알아야 한다는 말투로 말한다.	1	2	3	4	5
6. 경멸(멸시)하는 표정을 짓는다(예: 코웃음 치기).	1	2	3	4	5
7. 가시 돋친 욕설과 모욕을 주는 말을 한다. (예: '정말 정 떨어진다', '멍청하다')	1	2	3	4	5
8. 이혼, 별거를 하자고 위협한다.	1	2	3	4	5
9. 남편의 기를 꺾거나 자존심 상하게 하는 말을 한다.	1	2	3	4	5
10. 남편의 약점을 일부러 공격한다.	1	2	3	4	5
11. 변명하거나 거짓말을 한다.	1	2	3	4	5
12. 남편이 하는 말에 놀라서 펄쩍 뛰면서 전부 부인한다.	1	2	3	4	5
13. 내 입장만 반복해서 설명한다.	1	2	3	4	5
14. 남편의 말에 '모두 다 당신 때문'이라고 하며 나무란다.	1	2	3	4	5
15. 남편의 말에 '그럴 수도 있지. 그게 무슨 문제야.'라고 하면서 따지고 든다.	1	2	3	4	5
16. 대화하지 않겠다는 신호를 보낸다(예: TV 음량 높이기, 홱 돌아눕기).	1	2	3	4	5
17. 굳은 표정으로 침묵한다.	1	2	3	4	5
18. '됐으니까 그만 말하라.'고 한 후 더이상 말을 듣지 않는다.	1	2	3	4	5
19. 갑자기 자리를 박차고 나가버린다.	1	2	3	4	5

주: 문항은 아내용 설문지 형태로 제시함.
비난: 1~5번, 경멸: 6~10번, 방어: 11~15번, 냉담: 16~19번

출처: 권윤아·김득성(2008).

3 공정한 싸움

사람들도 고슴도치와 매우 비슷하다. 우리도 따뜻함과 안락함을 위해 서로 단결할 필요가 있다. 가족은 우리의 가장 친밀한 환경이고, 우리가 가장 가깝게 지내는 곳이다. 이런 이유로 부부와 가족관계는 다른 관계보다 갈등이 많다. 친밀한 관계에서 근접성은 습관 또는 차이를 더 분명하게 드러나게 하고, 이로 인해 불쾌해질 수 있다.

부부들이 갈등을 다루는 방식이 앞으로의 결혼생활의 향방을 결정하게 된다. 좋은 부부관계를 가지고 싶다면, 배우자와 어떤 차이점이 있는가보다는 배우자와의 차이점을 어떻게 다루는가가 훨씬 중요하다.

갈등해결 퀴즈

다음 내용에 대해 맞다고 생각하면 ○표, 틀리다고 생각하면 ×표 하시오.

1. 친밀한 관계에서는 갈등이 일어날 기회가 더 많다. ( )
2. 사람들은 주로 그들 관계에서 중요한 문제로 싸운다. ( )
3. 사람들은 서로 갈등을 회피해야 한다. ( )
4. 논쟁은 종종 관계를 강화시킬 수 있다. ( )
5. 어떤 일이 당신을 괴롭힐 때 다른 사람의 감정을 다치지 않게 하기 위해서 아무 말도 하지 않는 것이 최선의 방법이다. ( )
6. 문제들은 그냥 내버려두면 시간이 지나면서 해결이 된다. ( )
7. 사람들은 갈등이 있을 때 공정하게 싸우려는 경향이 있다. ( )
8. 논쟁을 끝내기 위해서는 양보하는 게 더 낫다. ( )
9. 과거 일을 들추어 내는 것은 종종 갈등을 일으킨다. ( )
10. 관계에서 문제가 생길 때 일반적으로 두 사람 모두에게 잘못이 있다. ( )

정 답 1. ○ 2. × 3. × 4. ○ 5. × 6. × 7. × 8. × 9. ○ 10. ○

출처: Olson, Defrain & Olson(1999).

사람들은 논쟁할 때 서로 신뢰할 필요가 있다. 상황을 통제할 방법만 안다면 불일치하는 것이 안전하게 느껴질 것이다. 고통과 상처주는 표현은 서로에게 이득이 없다. 다른 사람에게 정직하고 예의바르고 공명정대하게 행동하는 방법을 배울 필요가 있다. 이것은 매우 어렵지만 보다 나은 관계를 유지하기 위해서는 필수적이다. 불행하게도 다른 사람과 갈등이 생겼을 때 우리는 공정하기보다 비열하게 싸우는 경향이 있다.

1) 공정한 싸움을 위한 열여섯 가지 규칙

올슨(Olson, 1999) 등이 제시한 공정한 싸움을 위한 열여섯 가지 규칙은 다음과 같다.

① 성인 입장에서 협상하기[3)]

② 최후통첩하지 않기

③ 한 사람이 지게 되면 두 사람 모두 지는 것이다

④ 자신의 진심(소망)을 말하기

⑤ 비난과 공격을 피하기

⑥ 자기 감정을 '나 진술'을 사용하여 말하기

⑦ 항상 자신의 관점을 점검하기(자신이 알고 있는 것을 항상 상대방으로부터 확인하기)

⑧ 분명하고 직접적으로 자신이 원하는 것을 말하기

⑨ 불일치를 덮어두는 방법으로 애정을 이용하지 않기

⑩ 들은 메시지를 자기 말로 바꾸어 말하기

⑪ 비열한 싸움(마대자루에 넣기[4)], 수동적 공격행동, 속사포 같은 질문, 언어적 학대와 신체적 학대)은 하지 않기

⑫ 침묵에 대항하기

⑬ 문제와 현재 상황에 초점을 두기

---

3) 상대방의 말을 주의 깊게 듣고, 공격적이고 분별없기보다는 분명하고 이성적으로 말한다. 그리고 상대방과 함께 해결책을 찾기 위해 노력한다.

4) 마대자루(gunnysack)는 굵은 삼베 가방이지만 어떤 가족에서는 누군가에 대한 불만을 넣어 두는 무기이며, 누군가가 마지막 짚 한 오라기를 더해줄 때 그 사람에게 분노의 자루를 몽땅 퍼붓는 것이다.

⑭ 갈등이 상승되려고 할 때 '타임아웃[5](time-out)'을 요청하고, 상대방이 규칙을 위반했을 때 '반칙(foul)'이라고 말하기
⑮ 긴장완화로 유머 사용하기
⑯ 끝맺음을 잘하기

2) 갈등해결을 위한 열 단계

사람들은 좀처럼 갈등을 성공적으로 해결하지 못한다. 다음 예에서 이 가족은 서로 의사소통을 하여 모두가 동의하는 갈등해결 방안을 찾았다. 어머니와 열여섯 살 된 아들은 귀가시간에 대해 서로 의견이 대립되었다. 아들은 집에 늦게 귀가하였고, 어머니는 그것 때문에 화가 났다. 이들이 갈등을 어떻게 성공적으로 해결해 나가는지 열 단계를 사용하여 분석해 보자(Olson et al, 1999).

(1) 논의하기 위한 장소와 시간을 정한다

이 단계는 문제에 초점을 맞추는 것이 중요하다. 다음 상황에서 점심식사 전에 어머니는 아들이 자기 방에서 음악을 듣고 있는 것을 보았다.

"오늘 저녁에 네 귀가시간에 대해 같이 이야기할 수 있겠니?" 어머니가 이야기했다.

"저는 저녁에 야구게임을 해야 해요."라고 아들이 대답했다.

두 사람은 월요일 저녁 8시에 거실에서 이야기하기로 하였다. 동생은 아버지와 외출할 것이므로 두 사람이 방해받지 않고 문제를 해결할 수 있는 시간을 가질 수 있을 것이다.

---

5) 타임아웃은 운동경기에서 코치들이 하는 것과 같은 것으로 갈등이 상승되려고 할 때 두 손을 들거나 상대방에게 잠시 쉴 시간임을 알리는 것이다. 약 30분 정도 시간이 지나고 마음이 진정된 후에 다시 되돌아와서 보다 나은 대화를 한다. 휴식하는 동안 자신을 달랠 수 있는 일을 한다. 예를 들어 방을 나가기, 심호흡, 음악감상, 목욕, 드라이브, 친구에게 전화하기, 멋진 장소에 있는 것처럼 생각하기 등이다.
화자가 이야기를 너무 길게 할 때 청자가 타임아웃 신호를 보내면 다시 말하기를 더 정확하게 할 수 있다. 또한 청자가 자기 의견을 내놓거나 반박하기 시작할 때 화자가 반칙을 외치고 청자에게 규칙을 상기시켜 줄 수 있다. 잠시 정지하면 생각할 시간이 생기고 악순환의 고리가 끊어지면서 대화를 보다 긍정적인 방향으로 돌릴 수 있다.

(2) 문제 또는 불일치하는 쟁점을 명확하게 한다

두 사람이 같은 문제에 대해서 이야기한다는 것을 알도록 문제를 분명하게 정하는 것이 중요하다.

"나는 네가 약속한 시간까지 집에 오지 않아서 화가 났어."라고 어머니가 말했다.

"어머니는 제가 민수와 병규와 나가서 화난 게 아니에요?" 하고 아들이 물었다.

"아니야." 어머니가 대답했다.

"엄마가 그 애들을 좋아하지 않는다는 것을 알아요."라고 아들이 말했다.

"아니야, 나는 그들이 좋은 애들이라고 생각해. 특히 민수는 유머가 있고, 병규는 나에게 항상 예의 바르게 행동하기 때문에 좋아해. 나는 단지 네가 집에 11시까지 오겠다고 하고는 12시 30분에 왔기 때문에 화가 난 거야."라고 어머니가 말했다.

(3) 문제에 대한 자신의 책임을 말한다

책임을 서로 공유하면 상대방에게 손가락질하지 않게 된다. 관계에 문제가 있을 때 전적으로 한 사람에게 잘못이 있는 경우는 거의 없다.

"예, 이해해요." 아들이 계속해서 이야기한다. "엄마가 옳아요. 제가 11시까지 오겠다고 했어요. 민수네 집에서 이야기하며 노느라고 시간이 그렇게 되었는지 몰랐어요."

"그래, 나도 네가 어디에 있는지 엄마에게 말해야 한다는 것을 분명히 말하지 않았어."라고 어머니가 인정한다.

(4) 문제해결에 실패했던 이전의 시도들을 재검토한다

과거에 실패한 접근법을 되돌아보는 것은 새로운 해결책을 찾는 데 도움이 된다.

"이런 일이 2주 전에도 일어났어. 너도 기억하지?"

"네, 엄마."

"바로 2주 전이야. 그때 내가 얼마나 화 났었는지 기억나니?"

"네, 어머니가 저를 가볍게 때린 기억이 나요." 아들이 웃었다.

"내가 잠깐 이성을 잃었다고 생각해." 어머니도 웃었다.

"너도 알다시피 우리는 그 일이 일어난 후에 같이 앉아서 이야기하지 못했어. 너는 네 일로, 나는 나대로 너무 바빴어."

"왜 엄마는 그렇게 화가 많이 나셨어요? 저를 믿지 못하나요?"

"아니야! 난 너를 믿어. 나는 너에게 무슨 일이 생길까 걱정이 되어서 그래."

(5) 갈등을 해결하기 위해 새로운 방식으로 아이디어를 찾는다

가능한 한 모든 해결책을 적고 창의적으로 생각한다. 아이디어를 찾는 동안 어떤 아이디어도 평가하지 말라. 왜냐하면 평가하기 위해서는 아이디어가 먼저 필요하기 때문이다. 아이디어는 그다음 단계에서 토론하고 평가한다.

"그럼 이 문제에 대한 해결책을 찾아보자." 어머니가 이야기했다. "아이디어를 찾아보자."

"좋아요, 엄마는 제가 연락 없이 늦게 귀가하면 제 외출을 금지시키세요."

"그게 좋겠다." 어머니는 만족스러운 표정을 지었다. "그리고 또 뭐가 있니?"

"또 엄마는 수면제를 사세요. 제가 지난번에 늦게 들어왔을 때 많이 놀라셨죠. 편히 주무시려면 그게 필요할 거예요."

"만약 내가 너에게 휴대폰을 사주면 10시 30분에 울리도록 할 수 있겠니?"

어머니와 아들은 잠시 동안 이러한 방식으로 아이디어를 계속 찾는다. 그들은 서로 동료처럼 말하면서 마침내 열 가지 목록을 만들었다.

(6) 가능한 해결책을 의논하고 평가한다

각자 문제해결을 위해 할 수 있는 일에 대해 서로 이야기한다.

"엄마, 11시는 정말 너무 빨라요. 제 친구들은 모두 12시 또는 새벽 1시가 귀가 시간이에요."

"그래. 조금 늦춰 줄 수도 있지만 엄마는 걱정스러워."

"제가 어디에 있는지 엄마가 알고 싶다면 전화드릴게요."

"그 방법이 확실히 도움이 되겠구나."

(7) 하나의 해결책에 동의한다

어머니와 아들은 자정으로 귀가시간을 조정하였다. 그리고 아들은 자신이 어디에 있는지 어머니께 전화하는 데 동의하였다.

(8) 각자가 이 해결책을 수행할 방법에 동의한다

각자가 이러한 갈등을 해결하는데 도움이 되도록 구체적으로 논의하고 가능한 한 기록한다.

"좋아, 우리가 해야 할 일을 적어 보자." 어머니가 말했다.

"나는 너에게 이것을 분명히 해둘 필요가 있다고 생각해. 나는 네가 평일에는 저녁 9시까지, 주말에는 자정까지 집에 들어오기 바란다."

"그렇게 하는데 동의하지만 가끔은 더 오래 있고 싶을 때가 있어요. 제가 병규와 민수네 집에서 신나게 시간을 보낼 때는 자정 전에 엄마에게 전화하고 좀더 늦게 들어와도 되죠?"

"좋아, 네가 안전하게 어디에 있다는 것을 나에게 알려줘."

(9) 진행사항을 알아보기 위해 다음 모임을 계획한다

자신들이 정한 문제해결 방법이 효과가 있는지 이야기하기 위해 다음에 만날 시간과 장소를 정한다.

"우리가 잘하고 있는지 이야기하기 위해 한 달 뒤에 저녁식사 하러 같이 나가자. 저녁식사는 내가 살게!"

(10) 각자가 해결책에 기여한 것에 대해 서로 칭찬해 준다

상대방이 한 작은 일에 대해 칭찬하는 것은 문제해결을 쉽게 만든다. 그러한 노력에 대해 감사하고 칭찬을 한다.

"애야, 어젯밤 11시 30분에 엄마에게 전화해 주어서 고마웠다."

"엄마가 저에게 가외로 한 시간 반을 더 허락해 주셔서 감사해요. 우리는 게임

중반부에 있었는데, 제가 이겼어요.”

이 어머니와 아들은 그들의 관계를 파괴할 수도 있는 갈등을 어떻게 해결하였는가? 서로 존중하면서 들어 주고 서로 바라는 것을 분명하게 말하고, 비난하지 않고 정직하게 말하고 감사함으로써 가능하였다. 즉, 그들은 서로 사랑과 친절로 대했는데, 이것이 건강한 가족이 되는 방법이다.

요 약

의사소통은 친밀한 관계의 핵심이며, 모든 관계의 기초가 된다. 의사소통은 언어적으로나 비언어적으로 의미를 창출하고 공유하는 방법이다. 안전한 의사소통은 친밀한 관계를 맺기 원한다면 반드시 습득해야 하는 필수적인 기술의 하나이다. 실제로 의사소통 능력과 자발성은 만족스러운 관계를 유지하는 가장 중요한 요소이다.

우리가 말하거나 행동하는 모든 것은 상대방에게 무언가를 전달한다. 이것은 우리가 항상 의사소통을 한다는 의미이다. “행동이 말보다 더 많은 것을 이야기한다.”라는 말을 들어 보았을 것이다. 즉, 비언어적인 의사소통이 종종 진정한 메시지를 보낸다는 것이다. 예를 들어 우리는 침묵하면 의사소통하지 않았다고 생각한다. 하지만 당신을 관찰하고 있는 사람은 당신이 화가 났다고 생각할 것이다. 실제로 의사소통하지 않는다는 것은 불가능하다.

좋은 의사소통은 좋은 화자와 청자가 있어야 하기 때문에 좋은 의사소통은 한 팀으로서 노력할 때 가능하다. 의사소통을 하는 능력은 자연스럽게 주어지지 않는다. 우리는 서로에게서 그것을 배운다. 좋은 의사소통을 하는 사람에게서 능숙하고 효과적인 의사소통을 배우고, 나쁜 의사소통을 하는 사람에게서 비효율적인 의사소통 습관을 배우게 될 수 있다.

갈등은 모든 인간관계에서 피할 수 없는 것이다. 두 사람이 가까워질수록 더 많은 갈등을 경험하게 된다. 우리는 가족구성원과 배우자와 가까이 살고 있다. 친밀한 관계에서 근접성은 습관 또는 차이가 더 분명하게 나타나게 되어 이것으로 인해 불쾌해질 수 있다. 이것을 바라보는 건강한 방법은 우리 모두에게 존재하고 있는 개인차를 깨닫는 것이다.

이 장에서는 안전한 의사소통을 하기 위한 화자-청자 기법을 설명하고, 부부간의 역기능적 의사소통 유형을 가트만(Gottman)의 연구를 중심으로 살펴보았다. 그리고 공정한 싸움을 하기 위한 올슨(Olson) 등의 열여섯 가지 규칙과 갈등해결을 위한 열 단계를 제시하였다.

연구과제

1 이 장을 배우기 전과 후에 의사소통과 갈등해결 퀴즈를 풀어 보자. 그리고 나서 주위 사람들과 이것에 대해 이야기해 보자.

2 부부간의 역기능적 의사소통 유형의 역할놀이를 해보고, 좋은 의사소통으로 바꾸는 연습을 해보자.

3 〈장미의 전쟁〉 비디오를 감상한 후 부정적 의사소통과 공정하지 못한 싸움의 예를 찾아 토론해 보자.

4 '화자-청자 기법'을 처음에는 갈등을 일으키지 않을 주제로 연습하고, 다음에는 약간 갈등이 있는 주제를 선택해서 연습해 보자.

참 / 고 / 문 / 헌

김득성 · 김정옥 · 김영희 · 박충선 · 송정아 · 권윤아 역(2004). **행복한 결혼생활 만들기**. 서울: 시그마프레스.

권윤아 · 김득성(2008). 부부간 역기능적 의사소통 행동척도 개발-Gottman의 네 기수(騎手) 개념을 중심으로. **대한가정학회지**, 46(6), 101-113.

김양희 · 이형실(1997). **결혼과 가족**. 중앙대학교 출판부.

김정옥 외(1995). **결혼과 가족**. 서울: 신정.

유영주 · 김순옥 · 김경신(1996). **가족관계학**. 경기: 교문사.

유영주 · 서동인 · 홍숙자 · 전영자 · 이정연 · 오윤자 · 이인수(2000). **현대 결혼과 가족-건강 가족적 접근**. 서울: 신광출판사.

Galvin, K. M. & Brommel, B. J.(1996). *Family Communication: Cohesion and change(2nd)*. Illinois: Scott, Foreman and Company.

Gottman, J.(1994). *Why Marriage Succeed or Fail*. Simon & Schuster Inc.

Markman, H., Stanley, S., & Blumberg S. L.(1994). *Fighting for Your Marriage*. Jossey-Bass Inc.

Matthew, M. & Davis, M. 임철일 · 최정임 역(1999). **효과적인 의사소통을 위한 기술**. 커뮤니케이션북스.

Noller, P. & Fitzpatrick, M.(1993). Communication in Family Relationships. Prentice-Hall. Inc.

Olson, D. H., DeFrain, J., & Olson, A. K. (1999). *Building Relationships: Developing Skills for Life*. Life Innovations, Inc.

Satir, V.(1972). Peoplemaking. 성민선 · 송준 역(1988). **가족의사소통의 새로운 기법**. 홍익제.

Markman, H. J., Stanley, S. M., & Blumberg, S. L.(2001). *Fighting for your marriage(New & Revised)*: San Francisco Jossey-Bass, Inc.

2부 결혼 적응

10장 다양한 인생주기의 결혼생활

김 득 성

해가 뜨고 해가 지고, 해가 뜨고 해가 지고
날들은 빨리도 지나가네.
키 작은 나무들이 밤새 해바라기가 되었네.
우리가 보고 있는 그 짧은 사이에 봉우리를 맺네.
해가 뜨고 해가 지고, 해가 뜨고 해가 지고
한 해는 빨리도 지나가네.
계절 뒤에 또 다른 계절이 따르고
그 위에 행복과 눈물을 싣고 가네.

〈해가 뜨고 해가 지고〉, 영화 '지붕 위의 바이올린'에서 가족은 남녀의 결혼으로 성립되어 자녀가 출생하여 성장함에 따라 확대되었다가 자녀가 결혼하여 분가함으로써 축소되고 다시 두 사람의 가정이 되는 과정을 밟게 되는데, 이와 같은 시간적 연속의 과정을 가족생활주기라고 한다. 즉, 개인이 가족생활에서 경험하는 미혼, 결혼, 출산, 육아 및 노후의 각 단계에 걸친 시간적 연속을 말한다.

가족생활주기의 의의는 가족생활을 장기적 안목에서 고찰하여 각 단계에 따라 잠재된 문제, 취약점 및 강점 등을 시간적 차원에서 연구하는 데 중요한 기초 자료를 제공해 줄 뿐 아니라 각 단계에서 가족들이 기대하고 있는 욕구들을 알게 해주는 역할을 하기도 한다. 또한 가족생활의 변화를 이해하고 가족행동의 다양한 양상을 설명하고 예측하게 한다. 개인적인 측면에서는 각 개인이 가족생활주기를 이해하여 자신의 삶에 적용해 볼 수 있을 것이다.

원만한 가정생활을 유지하기 위해서 각 가정은 가족의 신체적 부양, 자원의 분배, 가사노동의 분담, 자녀의 출산 및 양육 등 기본적으로 성취해야 하는 과업이 있다. 개인과 가족은 이러한 과업을 가족생활주기에 따라서 단계적으로 획득해야 만족감을 느끼고 살아갈 수 있다. 발달과업이란 인간이 성장하면서 발달해 나가는 각 단계에서 획득해야 할 행동형태로 이를 획득하면 그 시기에 잘 적응할 수 있고 획득하지 못하면 적응이 잘 안되며, 다음 시기의 행동발달까지도 지장을 가져오게 된다(Havighurst, 1953). 특히 발달과업은 그것을 성취해야 하는 결정적인 시기가 있으므로 가족은 각 단계에 따른 발달과업을 신중하게 달성해야 할 것이다.

이 장에서는 다양한 인생주기에 따른 결혼생활을 살펴보기 위해 신혼기 가족, 자녀출산 및 양육기 가족, 아동기 자녀 가족, 청소년기 자녀 가족, 독립기 자녀 가족, 중년기 가족 그리고 노년기 가족의 일곱 단계로 분류하였다. 각 가족생활주기의 특성과 발달과업을 살펴보면 다음과 같다.

1 신혼기 가족

신혼기는 결혼한 이후부터 아내가 첫 자녀를 임신할 때까지의 시기이다. 남편과 아내는 이전의 혼자만의 생활에서 벗어나 부부 두 사람의 새로운 생활에 적응해야 하는데, 다음과 같은 영역에서 적응이 요구된다.

첫째, 성격적 적응이 이루어져야 한다. 이것은 결혼생활의 적응에 가장 중요한 측면으로 상대방의 성격과 행동특성 및 생활습관을 이해하는 것이다. 많은 부부들은 결혼 후 배우자의 새로운 습관이나 성격을 발견하고 그것 때문에 놀란다. 결혼하기 전에 배우자의 그런 부분이 존재하지 않았던 것이 아니라 단지 인식하지 못했던 것이다. '사랑한다는 것'은 선택적으로 보게 하고, 또 본 것을 무시하거나 잘못 해석하게 한다. 따라서 부부는 자신과 상대방의 성격과 행동 특성의 차이를 인정하고 수용해야 한다. 그리고 부부 각자는 서로 다른 인격체로서 상대방을 존중하는 태도가 필요하며, 상대방의 자율성과 독립성을 인정해야 한다. 또한 개인적 목표와 함께 부부공동의 목표(예를 들어 내 집을 장만하기 위해 저축하는 것, 특별한 휴가여행을 계획하는 것 등)를 함께 추구하는 협력이 필요하다. 공동의 목표를 향해 부부로서 협력하는 것은 부부가 서로를 소중하게 생각하도록 하며 친밀감도 증가시킨다.

둘째, 성적 적응이 필요하다. 부부의 성관계는 부부생활에 있어서 중요한 측면이며, 예전과 달리 남편의 성적 만족뿐만 아니라 아내의 만족도 중요시되고 있다. 따라서 부부가 성관계에서 상호 만족을 얻도록 의사소통을 하고 함께 노력할 필요가 있다. 또한 부부간 성적 적응에는 시간과 노력이 요구된다는 것을 인식해야 한다. 성관계는 부부간의 애정과 서로에 대한 이해에 영향을 주고 또 그것에 의해 영향을 받는다. 부부간의 성관계는 가장 친밀하고 민감한 부분이며, 상대방에 대한 애정과 신뢰가 전제되지 않고서는 만족스럽게 이루어지기 어렵다.

셋째, 부부간의 경제적 적응이 필요하다. 이것은 소득의 많고 적음이 문제가 아니라 부부의 경제생활, 특히 소비지출에 대한 태도가 문제가 된다. 부부는 서로의 욕구와 능력을 고려하여 합리적인 경제생활을 하는데 서로 협조해야 한다. 또한 상호 수용적인 생활양식을 수립하고, 서로의 역할에 대한 기대를 이해하고 타협할 필요가 있다.

넷째, 부부는 각기 독립적이고 성숙된 개인으로서 원가족으로부터 독립해야 한다. 부부간에 갈등이나 문제가 생길 때마다 친정이나 본가로 달려가는 신혼부부들이 종종 있다. 신혼부부는 부부관계의 형성과 더불어 원가족과 어떤 관계를 유지해야 하는가 하는 문제에 직면하게 된다.

다섯째, 결혼으로 맺어지는 시댁 및 처가와 원만한 관계를 형성하는 것이 중요하다. 결혼 초기의 적응문제는 결혼에 대해 가지고 있는 긍정적이고 낭만적인 견해 때문에 소홀해지기 쉽다. 결혼에 대한 환상과 기대가 실현되지 않으면 실망감과 분노가 그 어느 시기보다 신혼기에 더 심각할 수 있다. 서로 다른 성장배경과 경험을 가진 남편과 아내는 부부로서 결혼생활을 공유하고 만족스러운 관계를 유지하기 위해 끊임없이 노력해야 한다.

참고자료 10-1 결혼 전의 환상과 결혼 후의 실제 비교

- 그녀는 그가 매우 단호하고 남자다워서 결혼하였다.
- 그녀는 그가 너무 독선적이고 지배적이어서 헤어졌다.

- 그는 그녀가 매우 작고 아담하고 부드러워서 결혼하였다.
- 그는 그녀가 너무 보잘것없고 약해서 헤어졌다.

- 그녀는 그가 매우 돈을 잘 벌어서 결혼하였다.
- 그녀는 그가 너무 일만 하는 일중독자라서 헤어졌다.

- 그는 그녀가 항상 매력적이어서 결혼하였다.
- 그는 그녀가 거울 앞에서 너무 많은 시간을 허비하는 것이 싫어서 헤어졌다.

- 그는 그녀가 매우 조용하고 순종적이어서 결혼하였다.
- 그는 그녀가 지루하고 너무 그에게 집착하는 것이 싫어서 헤어졌다.

- 그녀는 그가 운동을 잘해서 결혼하였다.
- 그녀는 그가 놀거나 그렇지 않으면 스포츠 관람만 하는 것이 싫어서 헤어졌다.

출처: Olson(1994); 유영주 외(1995)에서 재인용.

발달과업

- 결혼생활에 대해 현실적인 기대를 가지고, 부부는 서로 가장 좋은 친구가 되어야 한다. 애정을 돈독히 할 수 있는 기회를 마련하고 배우자의 성격과 특징 중에 좋은 점을 찾아내어 의식적으로 칭찬한다.
- 자기 역할에 충실하고 책임감을 가지며, 멋진 성생활을 유지한다.
- 안전한 방식으로 대화하고, 함께 안전한 부부관계를 만들어 간다.
- 원가족으로부터 독립하여 친족과 원만한 관계를 형성한다.
- 자녀를 가질 시기에 대해 합의하고, 부모됨으로 인해 개인생활과 결혼생활에서 발생할 수 있는 변화에 대해 준비한다. 임신 중 결혼관계의 질이 아기의 기질을 형성하므로 좋은 부부관계와 인척관계를 수립한다.
- 안정된 거주지를 확보하여 가정의 기반을 확립하고, 소득과 지출의 만족스런 체계를 수립한다.

참고자료 10-2 결혼 초기 갈등, 성장배경 다른 탓

"참, 시작은 별일이 아니었는데……." 결혼 3년째라는 30대 초반의 남성은 쑥스럽다는 듯 머뭇거리며 말을 꺼냈다. 일의 발단은 부부가 집안 행사로 큰댁에 다녀오면서 시작되었다. 집으로 돌아오는 차 안에서부터 부어 있던 아내가 무슨 일이 있었느냐는 말에 기다렸다는 듯이 마구 퍼부어대기 시작했다는 것이다. 아내 말에 의하면 집안 식구들이 모인 자리에서 시어머니가 며느리들의 살림 솜씨며 남편 뒷바라지, 아이 건사하기 등을 은근히 비교하면서 자신을 무안하게 했으며, 이런 일이 결혼 이후 매번 되풀이되고 있다. …… (중략) ……

"어머니 성격을 알잖아. 노인네가 별 뜻 없이 한 말인데 흘려버리지, 뭘 그걸 가지고." 흥분한 아내는 대뜸 "그래, 자기 엄마는 괜찮은데 나만 잘못했다는 말이지."라고 되받았고, 서로 상대 집 식구 이야기로까지 번져 급기야는 결혼할 무렵 서로 상대방 집안에 섭섭했던 이야기까지 들먹이며 큰 싸움이 벌어졌다. …… (중략) ……

사랑으로 시작된 결혼생활이 초기일수록 갈등으로 점철된다는 것은 참으로 아이러니하다. 그러나 대부분 결혼생활 초기의 갈등은 서로 다른 배경과 특성을 가진 두 사람과 양쪽 집안이 서로 적응해 가면서 치러야 할 통과비용과도 같은 것이다. 그리고 이 과정을 상대방을 배려하는 자세로 예절 바르고 슬기롭게 해결하면 '너희 엄마, 너희 집'이 '우리 어머니, 우리 집'이 될 수도 있고 그렇지 못하면 사소한 시비가 결혼생활 자체를 위협하는 잠재적인 앙금이 되어 남을 수도 있다.

출처: 한겨레신문 가족클리닉, 강완숙, 한국가족상담교육연구소 사무국장(2000. 7. 10).

참고자료 10-3 서로의 배경을 이해하자!

'부부의 침대에 여섯 사람이 누워 있다.'라는 표현은 두 사람의 결혼생활이 각자가 성장한 가족적 배경에 의해 상당히 영향받고 있음을 나타내는 말이다. 겉으로 잘 드러나지는 않지만 결혼생활에 양가 부모가 미치는 영향은 우리가 생각하는 것보다 훨씬 크고 복잡하다.

...... (중략) ......

결혼한 지 2년 된 전업주부 A 씨의 경우도 그랬다. "남편은 생활비 외에 돈이 필요하면 언제든지 얘기하라고 하지만 왠지 자꾸 치사한 생각이 들고 남처럼 느껴져요. 내가 사치라도 하면 차라리 덜 억울하겠어요." 이 경우 A 씨는 어머니에게 지독하게 인색했던 친정아버지를 연상하며 남편을 판단한 것이다. 그런데 A 씨의 남편은 부모님이 함께 장사를 하며 공동으로 금전관리를 하는 가정에서 자랐다.

그는 부모를 통하여 부부간의 돈이란 '내 것'이나 '네 것'이 아닌 '우리'의 것이며, 금전관리는 서로에 대한 신뢰를 바탕으로 해야 한다는 믿음을 갖게 되었다. 저축이나 주식운용을 위해 편의상 자신이 통장을 관리하고 있을 뿐 금전문제에 관한 한 자신은 아내와 평등하기 위해 노력하는 좋은 남편이라고 자부하고 있었다.

결국 A 씨 부부는 금전문제에 관하여 서로의 가족적 배경을 이해하지 못한 것이다. 이처럼 신혼기의 부부관계에서 돈문제는 두 사람의 오해나 갈등을 일으키는 주요 원인이 된다. 특히 두 사람이 성장한 가정환경의 생활수준에 차이가 있거나 각자의 부모들이 가지고 있는 소비 및 저축습관이 다를 경우 신혼부부가 갈등을 겪을 가능성은 그렇지 않은 경우에 비해서 더 크다. ...... (중략) ......

신혼기 적응과정에서 극복해야 할 과제들은 주로 배우자와의 성격 및 습관 차이, 부부의 성생활, 시댁 및 처가 친족과의 관계, 경제적 부담, 가사분담 그리고 자녀양육 문제 등인 것으로 나타났다. 따라서 결혼 전 이러한 예측 가능한 문제들과 관련하여 두 사람이 각자의 가족적 배경을 충분히 이해하고 대화를 통하여 합의를 이끌어 낸다면, 결혼 후 불필요한 오해나 갈등을 겪지 않아도 될 뿐만 아니라 부부 각자가 원래의 가족으로부터 독립하여 '우리'라는 공동의식을 갖게 될 것이다.

출처: 한겨레신문 가족클리닉, 유계숙, 한국가족상담교육연구소 선임연구원(2000. 3. 27).

2 자녀출산 및 양육기 가족

첫 자녀출산에서부터 첫 자녀가 초등학교에 입학하기 전까지의 시기이다. 이 시기는 자녀의 출산으로 인해 세탁, 육아 등 가사노동이 크게 증가하여 시간적·신체적으로 에너지 소모가 크다. 자녀출산 및 양육기는 신혼부부 두 사람만의 가족에서 자녀를 포함하는 가족으로 변화함에 따라 부부관계에 변화가 생기며, 부모라는 새로운 역할이 주어지게 된다. 자녀양육기의 부부는 부부관계를 계속 발달시키고, 또한 부모로서 양육에 필요한 역할과 발달과업을 수행해야 한다. 이 시기는 부부만이 함께 가질 수 있는 시간이 줄어들고, 부부가 각자의 역할에 몰두하느라 신체적·심리적으로 피곤하기 때문에 결혼생활에 대한 만족도가 대체로 감소한다.

일반적으로 남편들은 이 시기에 직장에서 요구가 많아지고, 상대적으로 아내들은 자녀양육 역할을 주도적으로 담당하게 되기 때문에 부부간의 친밀감이 낮아지며, 활동공유와 대화가 적어지게 된다. 특히 취업여성의 경우 직업역할과 가족역할(자녀양육 및 가사일)을 동시에 수행해야 하는 역할 과중의 어려움이 따르게 된다. 따라서 이 시기에는 부부의 역할을 서로 많이 공유할수록 부부간의 만족도가 높아진다.

거의 모든 가족활동이 자녀를 중심으로 행해지며 부부의 관심사나 대화의 내용도 자녀의 양육과 교육에 관련된다. 부부의 행복한 결혼생활이 자녀에게 최고의 선물이며, 아버지가 자녀에게 정서적으로 다가갈 때 큰 잠재력을 발휘하게 된다(최성애·조벽, 2008).

발달과업

- 임신과 분만에 따른 신체적·생리적 변화를 자연현상으로 인지하고 아내의 정서불안 상태를 이해하며, '나'에서 '우리'로 변화하는 팀워크를 만든다.
- 자녀의 발달을 위한 적절한 자극과 기회를 제공해야 한다. 자녀양육에는 어머니뿐만 아니라 아버지의 역할(다정다감한 아버지 되기)도 중요하므로 부부가 함께 자녀를 돌보는 데 필요한 지식과 기술을 갖추어야 한다.
- 부모는 자녀의 감정에 공감하고 자녀가 분노, 슬픔, 두려움 등의 부정적 감정

을 극복하도록 이끄는 '감정 코치'의 역할을 함께 담당한다. 감정 코치는 상당한 헌신과 인내심이 필요하다(남은영, 2007). 이 시기는 자녀의 성격이 대부분 형성되는 중요한 시기이므로 충분한 사랑과 배려로서 정서발달과 성격형성에 유의하여야 하며, 마음으로 다가가는 양육태도로 자녀를 지도해야 한다.

- 풍부한 정신적 유산을 만들고 가치와 믿음을 공유한다.
- 남편과 함께 가사노동을 간소화시키고, 가사노동이나 자녀양육에 따른 가족의 시간관리를 재조정한다.
- 자녀 수나 터울에 대한 가족계획을 세우고, 자녀의 성장이나 가족 수의 증감에 따라서 거주공간을 재분배한다.
- 직업과 가정생활의 균형을 유지하기 위해서 노력한다.

참고자료 10-4 감정 코치형 부모

- 아이의 부정적 감정은 부모 자식 간의 친밀도를 높일 기회를 제공한다고 생각한다.
- 슬퍼하거나 화를 내거나 두려워하는 아이와 시간을 보내는 것을 참을 수 있다.
- 아이의 감정에 인내심을 보인다.
- 아이의 감정을 파악하고 그것에 초점에 맞춰 대응하는 일이 의미 있다고 생각한다.
- 아이의 부정적 감정의 세계가 양육방식의 중요한 영역이라고 생각한다.
- 아이의 감정상태를 알기 힘들 때도 예민하게 감정을 포착한다.
- 아이의 감정 표현에 당황하거나 걱정하지 않는다. 어떤 행동을 취해야 하는지 잘 알기 때문이다.
- 아이의 감정을 존중한다.
- 아이의 부정적 감정을 놀리거나 무시하지 않는다.
- 아이가 어떻게 느껴야 하는지 지시하지 않는다.
- 아이를 위해 자신이 모든 문제를 해결해야 한다고 느끼지 않는다.
- 감정적인 순간을 다음과 같은 기회로 본다.
  - 아이의 말에 귀를 기울일 기회
  - 위로의 말과 애정으로 공감대를 형성할 기회
  - 아이가 자신이 느끼는 감정에 이름을 붙이도록 도울 기회
  - 감정 조절에 대한 지침을 제공할 기회
  - 한계를 정하고 수용 가능한 감정 표현이 무엇인지 가르칠 기회
  - 문제해결 기법을 가르칠 기회

*이런 유형의 양육방식이 아이에게 미치는 영향
아이는 자신의 감정을 신뢰하게 된다. 감정을 조절하고 문제를 해결하는 방법을 터득한다. 자아존중감이 높고 학습능력이 뛰어나며 다른 사람과의 관계도 원만하다.

출처: Gottman, J.(1997); 남은영(2007).

3 아동기 자녀 가족

첫 자녀의 연령이 6~12세로 초등학교에 다니는 시기를 말한다. 자녀가 정규학교 교육을 받게 되고, 사회와 독립적인 접촉도 하게 된다. 이 시기에는 신체발달이나 감각운동보다는 이미 획득된 지각 · 운동 기능을 보다 기술적으로 사용하는 능력을 키우며, 인지적 측면에서도 사물을 판단할 때 지각 의존성과 자기 중심성을 점차 극복해 간다. 또한 아동의 활동범위도 상당히 넓어져 가정에서 학교와 이웃으로 확대되며, 사회적 환경의 범위도 확대된다. 즉, 아동은 가족뿐만 아니라 친구, 책 그리고 TV 등의 매스컴의 영향을 받게 되므로 아동의 교육장이 가정의 범위를 넘어선다. 아동은 학교에서 받는 집중적인 학습을 통해서 여러 면의 발달이 이루어진다. 아동기는 교사나 부모에 대한 동일시를 통해서 또는 주위의 성인이나 또래들에 의한 강화에 의해서 개성을 발달시키는 시기이다(유영주 · 이순형 · 홍숙자, 1990).

경제적으로는 자녀의 교육비가 차츰 증가되는 시기이나 자녀의 고등교육기에 비하면 지출 규모가 적은 편이다. 이때는 가구 및 기타 내구소비재가 어느 정도 축적이 된 상태이고, 가정생활도 비교적 안정된 시기이다.

발달과업

- 부모는 자녀가 안정된 소속감을 가지고 생활할 수 있는 분위기를 조성해 준다.
- 부모는 자녀의 건강 및 교육에도 세심한 관심을 가져야 한다. 또한 자녀의 신체적 성장을 격려하며, 자녀가 스스로 신체조절 능력을 키우도록 배려해야 한다.
- 자녀가 열심히 일과 기술을 배우고 해봄으로써 성취감을 느껴보려는 시기이므

로 많은 경험을 할 수 있도록 자연스런 학습 분위기를 조성해 주어야 한다.

- 자녀가 스스로 문제를 해결하도록 이끌면서 행동의 한계와 표준을 정해주어야 한다.
- 자녀가 학교생활에서 기쁨과 흥미를 느낄 수 있도록 호기심과 창의성을 격려해 주고, 자녀에 대한 과도한 기대치를 버린다.
- 자녀가 사용하는 방을 스스로 청소하고 관리하도록 하는 등 집안일에 참여할 수 있는 기회를 제공한다.
- 형제자매 관계를 공평하게 다루어 형제자매간 친밀감을 돈독하게 유지하며 자율적으로 협동하게 한다.
- 친구와의 교우관계를 원만하게 유지할 수 있도록 지도해야 한다.
- 정서적 유대감을 위한 매일, 매월의 가족의례, 계절적 축하의례 및 특별한 행사와 공동체 참여를 통해서 다양하고 건전한 가족의례를 의도적으로 만든다.

참고자료 10-5 예절 바른 아이로 키우기

• 핵가족화에 따른 아이 중심 문화가 '왕자, 공주' 양산

요즘 대부분의 가정이 아이들 중심으로 되고 있다. 소비나 여가생활, 하다 못해 무엇을 먹을까 하는 결정권까지도 아이들 입맛에 우선한다. 이렇게 우리 가족에게 자녀가 모두 '왕자와 공주'로 군림한 까닭은 자꾸 적어져만 가는 자녀 수와 무관하지 않다. …… (중략) ……

또한 할아버지가 손자에게, 아버지가 아들에게 일렀던 집안의 가풍이나 사람됨의 도리 등의 인성교육보다는 일등을 향한 학습교육이 무엇보다도 우선하기 때문에 이러한 상황은 아이들에게 공부만 잘하면 능사라는 생각을 갖게 해 아이들을 더욱 자기만 생각하는 개인주의로 만들었다.

첨단과학이 빠르게 발전하는 새 시대를 잘 이끌어 갈 수 있는 열쇠는 계산적이고 기계적인 것이 아니라 감성이 살아 있는 인간 중심의 회복이다. 즉, 남과 더불어 사는 공동체 의식이 무엇보다도 필요하다. 남에게 피해를 주든 말든 나만 편안하고 행복하면 그만이라는 안하무인격의 아이들은 더이상 창의적이며 민주시민 의식을 요구하는 새 시대의 주인이 될 자격이 없다.

• 엄하게 규제하고 자애롭게 품어주어야

이제 부모들은 정말 머리를 싸매고 생각해 봐야 한다. 진정 무엇이 우리 아이들을 위하는 것인가를 …… (중략) ……

아이를 키우면서 어디까지 통제해야 하고 어디까지 수용해야 하나 그 적정선을 찾기란 쉽지 않다. 이렇게까지 제재하면 우리 애가 기가 죽지 않을까? 우리 애가 어떤 아이인데…….

자녀의 기를 죽이지 않으면서 잘못된 행동을 바로잡기란 하나밖에 없는 아이를 노심초사 바라보는 부모에게는 무척 힘든 일이다. 그렇지만 중요한 한 가지를 기억해야 한다. 우리 아이들은 새 시대를 살아가야 할 주인공이고, 새 시대는 함께 살아갈 주인을 기다리고 있다는 것을. 그렇기 때문에 규제할 것은 엄하게 규제하고 또 자애롭게 품어주어야 할 것은 그렇게 해야 한다는 평범한 엄자부모의 지혜를 한껏 우리의 자녀들에게 보여주어야 한다.

출처: 한겨레신문 가족클리닉, 김양호, 한국가족상담교육연구소 책임연구원(2001. 6. 8).

4 청소년기 자녀 가족

첫 자녀가 12~18세로 중・고등학교에 다니는 시기이다. 자아정체감과 신념・논리・가치가 형성되며, 신체적으로 급격히 성장하여 생리적 변화뿐 아니라 심리적 변화가 일어나는 사춘기를 경험하게 된다. 특히 동성친구로부터 점차 이성친구에게로 관심을 갖게 되고, 영웅이나 위인들을 자신과 동일시하며 장래의 꿈을 키워나가게 된다. 청소년은 자기도취 상태로부터 서서히 벗어나는 과정에 있으며, 자기 중심적 태도에서 타인을 고려하는 태도로 이동하는 것을 배운다. 또한 청소년은 타인을 고려하는 태도를 가지게 되면서 타인의 관점을 수용하는 능력과 진실된 감정이입을 발전시키기 시작한다. 그러한 능력이 생기면 성인수준에서 부모와 상호작용하는 것이 가능하게 된다.

청소년기는 가족체계의 적응력을 가장 잘 시험해 볼 수 있는 시기이다. 청소년은 어느 날은 잘 기능하고 다음 날에는 제대로 기능하지 못한다. 이렇게 변덕스러운 행동은 가족체계에 영향을 미친다. 매우 강했던 부모-자녀 간의 유대가 일시적으로 약화되며, 부모에게 과거의 의사소통 방식이 더이상 적합하지 못하다는 표현을 한다. 청소년은 분명하고 개방적인 의사소통을 할 수 있으며 융통성이 있고 부모가 자신의 가치를 존중해 준다는 것을 느낄 때 부모의 지침을 받아들이기 쉽다.

발달과업

- 부모는 자녀를 한 성인으로서 인격적 대우를 해주어야 하며, 자녀에게 지지적인 가족 분위기를 제공하고 자율성을 인정함으로써 자연스럽게 자녀의 독립을 촉진시킨다.
- 부모는 자녀에게 온정적이고 수용적으로 대하고, 자녀의 성취와 자아존중감 향상을 격려한다. 아버지는 청소년기 자녀의 자아개념 형성이나 도덕성 발달에 많은 영향을 미치기 때문에 아버지의 역할이 매우 중요하다.
- 부모는 감정 코치로서 자녀가 스트레스에 잘 대처해 나갈 수 있는 자기 신뢰감을 형성하도록 도와준다. 자녀의 부정적인 행동을 처벌하기보다는 가능한 긍정적인 행동을 찾아 격려해 주고 보상해 주도록 한다.
- 자녀가 가족의 의사결정에 참여하고, 부모와 함께 가족문제를 해결해 나가도록 격려한다.
- 자녀의 적성과 꿈을 고려하여 진로를 지도하고 직업 선택을 조언한다.
- 자녀의 교육비와 그밖의 비용에 대한 가계의 지출 규모가 점차 커지게 된다. 따라서 각 가정은 지출계획을 잘 세워야 하며, 자녀의 용돈관리나 소비생활에도 많은 관심을 가지고 지도해야 한다(이정우 · 김명자 · 계선자, 1996).
- 청소년의 발달특성을 고려하여 가족의례를 융통성 있게 변화시키고, 이전과는 다른 부모-자녀 관계관을 정립해야 한다.

참고자료 10-6 청소년기 자녀 훈계는 약효 없어

자던 아이도 다시 본다는 십대 자녀를 둔 부모 가운데 상당수는 갑작스럽게 변한 아이 때문에 마음을 졸일 것이다. 십대 문제가 여기저기서 보도되어도 '설마 내 아이가 …… '하고 방심하던 부모들이 막상 자기 자녀의 반항에 맞닥뜨리면 어쩔 줄 몰라 하며 자녀를 바로잡아 보려다가 오히려 자녀의 잘못된 행동을 부채질하거나 자녀와의 관계를 악화시키는 경우를 종종 접하게 된다. …… (중략) ……

어릴 때에는 부모에 대한 의존이 절대적이고, 부모의 칭찬이 감로수 같아서 자녀는 부모가 원하는 방향으로 행동한다. 그러나 청소년기에는 부모로부터 점차 독립을 추구해 가는 시기이므로 전과는 다르게 조금 이상해지는 것이 당연하다. 독립된 성인으로 성장하기 위해 점차 부모의 슬하를 떠나야 하는 '심리적 이유(離乳)'의 시기가 온 것이다. 아기의 성장속도가 빨라져서 어머니의 젖만으로는 영양을 충당하기 어려울 때 자연스럽게 이유의 시기가 다가오는 것과 같은 이치이다. 사랑스럽다고 언제까지나 젖을 먹일 수는 없는 것과 같이, 진정으로 자녀가 제 앞길을 가릴 수 있는 똑똑한 사람이 되기를 원한다면 부모도 자녀들이 더이상 말 잘 듣기를 요구하지 말고 스스로 판단하고 실천하도록 격려해야 한다.

또 청소년기 자녀들이 걷잡을 수 없이 위태로워 보이는 것은 흔히 제 발로 처음 걸음을 떼었을 때의 비틀거림에 비유할 수 있다. 결국 비틀거리다가 넘어지기도 하고 무릎도 깨져 보면서 능숙하게 걷고 마침내는 달리기까지 할 수 있게 되는 것처럼 청소년기 자녀들도 어느 정도의 방황을 거쳐야만 홀로서기를 할 수 있다. 그러니 이미 약효 없음을 확인한 훈계와 설득 대신 차라리 진지하게 들어주는 자세로 '네가 어디 있든 나는 항상 너를 믿고 기다린다.'는 마음을 전달하는 것으로 이 시기를 함께 극복하는 것이 필요하다.

출처: 한겨레신문 가족클리닉, 강완숙, 한국가족상담교육연구소 사무국장(2000. 6. 19).

5 독립기 자녀 가족

첫 자녀가 대학, 군입대, 취업이나 결혼 등으로 가정을 떠나 독립하면서부터 막내 자녀가 독립할 때까지의 시기이며, 이 시기를 진수기라고도 부른다.

부모와 성인 자녀와의 관계는 아동기로부터 시작하여 청소년기를 거쳐 대학이나 직장으로 물리적 독립을 하게 될 때까지 계속되는 점진적이고 장기적인 '떠나보내기' 과정이다. 이것은 '진수'라는 과정을 통해 완성된다. 성인 초기에 성공적인 분리를 나타내는 지표는 일이나 전문직에 종사할 수 있는 기술 습득(독립적인 생활계획), 안정적인 동료와의 관계 및 이성과의 친밀한 관계를 발달시키는 것이다.

발달과업

- 부모는 자녀가 대학시기에 체계적 지식을 습득하여 스스로 직업을 준비하고, 독립된 한 개인으로서 행동할 수 있는 방향으로 유도해야 하며, 또한 자녀가 올바른 생활태도와 가치관을 형성해 나갈 수 있도록 유의해서 지도해야 한다.
- 자녀가 이성에 대해 관심을 가지고 적극적으로 교제를 시작하므로 이성교제를 통하여 현명하게 배우자를 선택할 수 있도록 조언해 주어야 한다.
- 자녀가 새로운 생활이나 환경으로 인해 불안해 할 수도 있으므로 정신적 뒷받침을 해 주어야 한다.
- 부모는 자녀가 원가족으로부터 정서적 이유(離乳)를 하도록 촉진시켜 주고, 부모도 스스로 자녀를 떠나보낼 마음의 준비를 하고 자녀로부터 독립해야 한다(정현숙 외, 2002).
- 직업에 따라서는 경제적인 지원이 필요할 수도 있고, 또한 자녀를 결혼시킬 때 특별 지출이 있게 되므로 이에 대한 계획을 세워야 한다. 경제적 준비가 이전 단계에서 이루어져 있지 않으면 이 시기에 심각한 경제적 어려움을 겪게 된다. 이를 위해 신혼기부터 꾸준하게 저축을 하여야 한다(이정우 외, 1996).

6 중년기 가족

중년기는 막내 자녀를 독립시킨 후부터 부부가 은퇴할 때까지의 시기이다. 예전에 비해 자녀를 적게 낳고 평균수명이 늘어나므로 중년기의 기간이 길어짐으로써 이 시기의 결혼적응이 중요하게 되었다. 그러므로 중년기를 새로운 기회와 인생의 확장기로 강조하는 사회적 변화가 일어나고 있다.

중년기는 신혼기 이후 다시 부부만이 남게 되는 시기로 새로운 부부관계에 대한 적응이 필요하다. 자녀를 떠나보낸 후 부부간 상호작용이 다시 중요해진다. 자녀양육 역할에서 벗어나 시간적·경제적 여유가 생기므로 부부만이 함께 하는 시간이나 개인적 시간이 증가하게 된다. 따라서 부부관계가 더욱 친밀해지기도 하나 이전에 자녀양육으로 인하여 드러나지 않았던 부부간의 문제가 발생하기도 한다. 대부분의 부부들은 자녀의 독립에 잘 적응하는 반면 일부 부부들은 부부관계에 대한 불만족이나 자녀에 대한 지나친 애착 등으로 어려움을 겪기도 한다(김양희 외, 1997). 이 시기의 부부관계도 이전까지의 결혼생활의 질에 의해 많은 영향을 받는다. 이전에 해결되지 못한 부부간의 갈등이 재발되기도 하며, 종종 이러한 갈등과 더불어 배우자에 대한 불만과 분노 때문에 중년기 부부가 이혼하는 경우도 있다.

중년기에는 남편과 아내 모두 개인적 발달 면에서 많은 변화를 경험한다. 중년기에 자신의 목표나 이상이 지금까지 성취되어 왔는가 또는 앞으로 성취될 것인가 하는 의문에 직면한다. 점차적으로 신체적・심리적 노화가 진행되며 가족역할, 직업역할, 건강 면에서 전환과 위기를 겪기도 한다. 이때 일부 중년기 남편과 아내들은 자신의 존재가치를 느끼기 위하여 외도를 하기도 한다.

일부 아내들은 오랫동안 가족을 돌보는 데 몰입되어 있었기 때문에 자녀를 떠나보낸 후 심한 공허감을 느끼기도 한다(빈 둥지 증후군). 만일 배우자가 이러한 중년기 위기나 갈등을 겪고 있다면 부부는 서로 상대방을 이해하고 배려하며 위기를 극복하도록 도와줄 필요가 있다. 또한 중년기 세대로서 노부모의 질병, 부양, 사망에 대처해야 한다.

한편으로 중년기는 개인적・직업적・경제적・사회적으로 안정되고 원숙해지는 시기이기도 하다. 자녀가 독립한 후 부부간 애정이 증가하고 자녀의 만족스러운 독립으로 부모로서의 성취감을 느끼기도 하며, 경제적인 여유가 생기므로 부부 두 사람만의 새로운 생활을 즐길 수 있게 된다.

◎ 발달과업

- 중년기 부부는 젊은 세대와 노부모 세대의 중간 세대이므로 세대 간의 통로와 교량역할을 하며, 일인다역의 복합적인 역할을 수행하고 가족 결속력을 강화시킨다.
- 가정 안과 밖의 사회적 역할을 수행한다. 자신의 행동과 결단에 책임을 지고 주위 사람들에게도 상담과 조언 및 멘토 역할을 담당한다.
- 갱년기의 신체 생리적인 변화를 수용한다. 규칙적인 운동, 절제된 흡연과 음

주, 정기적인 건강진단, 체중조절 및 스트레스 관리 등 건강에 대한 대책을 세운다. 갱년기 우울증을 극복하고 이제부터 새로운 시작이라는 긍정적인 마음가짐을 가진다.

- 부부간 상호 보완적인 역할을 발전시켜 서로 인정하고 격려하며 새로운 역할을 분담하고 수행한다.
- 부부가 함께 즐기는 공동의 활동에 참여하는 동시에 부부 각자의 독립된 영역을 유지・발전시킨다.
- 인생의 선배로서 결혼한 자녀가 새 가정생활에서 직면하는 여러 가지 어려움에 현명하게 대처할 수 있도록 상담과 조언을 해 준다.
- 경제적으로는 전 단계들에 비해 약간의 경제적 여유가 있으므로 자신들의 노후생활을 보람있게 보낼 수 있도록 생활설계를 하고, 노후를 위한 저축도 꾸준히 해야 한다(유영주 외 6인, 1998).
- 조심스러운 숙고의 자세로 자기 내면의 소리에 관심을 기울이며, 삶의 방식과 철학을 재확립한다.

참고자료 10-7 중년 주부의 우울, 자기 찾기 과정

마흔이 넘어가면서 주부들은 쉽게 우울증에 빠져들게 된다. …… (중략) ……

이런 상황에서 사십 대 주부들은 그동안 가족들과 엉겨 지내면서 자신을 돌아볼 경황이 없었음을 알게 된다. …… (중략) ……

가족과의 관계 속에서 자아를 발달시켜 왔던 관계 내적 자아로부터 분리되기 위해 긴 터널을 빠져나와야 한다. 그런 자신을 돌봐야 할 때가 되었음을 알리는 신호탄이 중년기 주부들의 우울이다. '이제는 나를 보호해 주세요.', '이제는 나를 존중해 주세요.', '이제는 나의 가치를 인정해 주세요.' 하는 최초의 외침인 것이다.

이럴 때일수록 주부들은 현실감각을 키우는 것이 중요하다. 즉, 자기의 현실을 직시하고, 그러한 현실을 인정하고 받아들여야만 한다. 그리고 지금까지 잘 버티고 지내왔던 자신의 인생을 사랑할 수 있어야 한다. 지금까지의 모든 자책으로부터 합리성・당위성을 찾아야만 한다. 또 가족들은 우리를 위해 헌신해 준 아내, 어머니로서의 가치를 인정해 주고, 그녀가 스스로 자아를 찾아나갈 수 있도록 애정 어린 관심을 갖고 격려하며 지지해 주어야 한다. 진정한 자기 이해와 자기 사랑만이 중년의 우울증에서 벗어날 수 있는 유일한 탈출구가 될 테니까.

출처: 한겨레신문 가족클리닉, 박정희, 한국가족상담교육연구소 책임연구원(2000. 5. 1).

7 노년기 가족

노년기는 부부가 직업에서 은퇴한 이후부터 한쪽 배우자가 사망하고 나머지 배우자가 사망할 때까지이다. 특히 남편의 은퇴로 인해 부부간 역할기대와 상호작용의 질이 변화하고, 은퇴 후 직업역할의 상실로 인해 역할적응 문제를 경험하기도 한다. 부부가 함께 은퇴하게 되면 부부는 남은 시간을 함께 공유하게 되며, 이전에는 불가능했던 활동과 취미들을 추구할 수 있다. 이러한 변화로 인해 부부관계가 더 친밀해질 수 있다. 그러나 일부 부부들은 노년기 이전에 쌓였던 부부간 갈등이 다시 표출되어 황혼이혼을 하게 되기도 한다. 경제적으로는 신체기능의 감퇴로 건강이 약화되어 의료비 지출이 과다하게 될 수 있다. 이 시기의 건강악화는 부부관계의 변화를 초래하기도 하며, 한쪽 배우자를 사별한 후에 남은 배우자는 홀로 지내는 것에 적응하거나 재혼으로 새로운 노후를 설계하기도 한다.

발달과업

- 자녀가 독립해서 살 수 있는 능력을 길러주고, 자신이 늙어서 자녀에게 전적으로 의존하지 않아도 좋을 여건이 되도록 지출을 합리적으로 관리하여 경제적 계획을 면밀하게 세워야 한다.
- 젊은 세대와 노인 세대가 함께 살 것인가 아니면 가까운 거리에서 떨어져 살거나 은퇴노인의 유료시설 등 노인 특수 거주환경에서 살 것인가 하는 결정을 내린다.
- 정신적이고 신체적인 건강을 유지하기 위해 노력한다. 질병을 조기 발견하고 예방하도록 정기검진을 받으며, 치아와 시력관리, 안경과 보청기, 틀니 등의 기능보조기를 사용한다. 또한 식습관을 개선하고 규칙적인 운동을 하며, 건강염려증으로 인한 과잉 약복용을 삼가한다.
- 전통적인 부부역할을 고집하기보다는 융통성 있는 부부 공동의 협력체제로 가사일을 해결해 나가고, 부부 서로의 책임 여부와 일의 협력 및 분담에 대한 역할 재조정이 필요하다.
- 노년기에는 부부가 보다 정서적·심리적으로 친밀한 관계가 되도록 노력한다.

사랑과 애정, 동료감을 중요시하며 상대방의 자존심이 상하지 않도록 서로 격려하고 인정해 준다.

- 노년기는 사회적 관계가 감소됨에 따라 가족관계가 더욱 중요하게 된다. 따라서 장성한 자녀들과 자주 접촉하고, 세대 간의 상이한 이해관계를 알고 수용하며, 동시에 친족과의 관계도 활성화시켜 정서적·사회적 지지를 받고 위기상황에서 도움을 주고받도록 한다.
- 바람직한 조부모역할을 담당한다. 조부모로서 자식과 손자 가까이에서 의미있는 접촉을 가짐으로써 경험과 연륜에서 터득된 지혜와 지식을 가르치거나 인간됨의 인격성장을 지도한다. 또한 바쁜 부모가 해주지 못하는 역할을 조부모가 대신 담당하여 자손에게 심리적인 안정감을 부여한다.
- 노인의 성생활에 대한 사회의 편견, 정신적·신체적 피로감이나 실패에 대한 두려움, 배우자에 대한 무료함이나 오해, 무관심 등이 노인의 성생활에 부정적인 영향을 준다. 연령이 증가함에 따라 성행위는 점진적으로 감소하지만 성기능을 경감시키는 원인은 정서적·심리적 측면이라고 할 수 있다.
- 죽음을 필연적이고 자연스러운 과정의 하나로 이해하여 배우자나 자신의 죽음을 침착하게 받아들인다. 배우자 혹은 주위 친구들의 죽음을 현실적으로 인정하고 감내하며, 자신의 죽음에 대해서도 긍정적인 자세를 가진다.
- 지나간 생을 돌이켜 반성하고 정리하며 새 생활에 적응을 잘할 수 있도록 인생관과 가치관을 새롭게 한다. 자신을 필요하고 유용한 존재로서 자각하고 인생의 황혼기를 자연스럽게 맞이하고 수용한다(유영주 외 6인, 1998).

참고자료 10-8 남편 퇴직 후 또 시집살이라니……

요즘에는 노인들이 자식들과 살기보다는 노부부만 사는 경우가 점점 많아지고 있다. 부부애가 접착제가 되는 젊은 세대와는 달리 결혼해 먹고 사는 데 온 힘을 쏟으며 살아온 노인세대가 자녀들을 출가시키고 그들만의 생활을 시작하면 많은 어려움에 부딪치게 된다. 설상가상으로 이때 남편이 은퇴를 하면 지금까지의 삶의 패턴이 송두리째 바뀌게 된다.

그동안 전문직으로 활발한 활동을 하다가 62세에 정년퇴직을 한 C 할아버지와 전업주부로 2남 2녀를 길러낸 L 할머니의 경우도 마찬가지다. 외형적으로는 한적한 삶이지만 두 사람은 눈에 보이지 않는 갈등으로 전쟁을 치르고 있다. 할아버지가 일에 파묻혀 지내는 동안 나름대로 친구들과의 관계나 취미생활을 충실히 해왔던 할머니는 자녀를 출가시킨 뒤로는 하지 않아도 됐던 세 끼 식사를 준비해야 할 뿐 아니라 집안일에 사사건건 간섭하고 참견하는 할아버지 때문에 때 아닌 시집살이를 하게 된 것이다.

퇴직 후 사람들이 자신을 제대로 대접해 주지 않는다며 집에만 있는 할아버지는 자식이나 부인마저 자신을 무시한다고 속상해 한다. …… (중략) ……

많은 싸움과 시행착오를 거치면서 10년이 흘렀고 이제야 비로소 문화센터를 같이 다니고 하루의 대부분을 함께 보내며, 정말 새로운 신혼기를 맞고 있다. 이 부부는 젊었을 때부터 부부관계를 돈독히 했더라면 은퇴 후 맞는 이 시기를 훨씬 더 즐겁게 보낼 수 있었을 것이다. 젊었을 때부터 하루에 단 5분만이라도 서로에게 집중할 수 있는 시간이 필요하며, 이러한 시간은 노년기의 즐거운 삶을 위한 예방주사가 될 수 있을 것이다. 배우자가 내 마음을 알아줬으면 하고 기대하지 말고, 내가 원하는 것을 소신껏 요구하는 것도 필요한 일이다.

출처: 한국일보, 정현숙, 한국가족상담교육연구소 총무이사(2000. 8. 29).

참고자료 10-9 노년부부 둘만의 관계 새로 만들어라!

최근 10여 년 사이에 가족과 관련된 법령이 개정되거나 새로 발효되어 많은 사람의 관심을 끌고 있다. 가족법 개정이나 가정폭력 방지법, 남녀차별 금지법, 성폭력 방지법 신설 등이 그것이다. 또한 가족과 관련한 많은 문제들이 언론보도를 통해 전해지며 과거 어느 때보다 우리에게 가까운 문제로 떠오르고 있다.

이러한 가족문제 중의 하나가 황혼이혼이다. 가까운 이웃 나라 일본에서 10여 년 전부터 급증하고 있는 황혼이혼이 우리나라에서도 지난 수년간 심심치 않게 거론되고 있다 최근 국내 한 노인상담단체의 통계에서도 황혼이혼과 관련한 상담이 늘었다는 보도도 있었다. …… (중략) ……

일본의 예에서 보듯이 황혼이혼을 요구하는 쪽은 대부분 아내다. 지난 20~30년 이상 한 지붕 아래에서 한솥밥을 먹고 살아온 노부부가 한 팀을 이루어서 자식을 다 키워 내보내고 이제 와서 갈라 서고자 하는 것은 왜인가?

무엇보다도 지나치게 남성우월적인 가부장적 의식과 태도가 문제가 된다. 자신의 배우자를 동등한 인격자로서 인생의 동반자로 대해 주고 부부 사이의 진솔한 대화를 통해 두 사람의 관계를 개선할 필요가 있다. 바로 이것이 해결의 실마리이기도 하다. 부부싸움이나 황혼이혼의 문제가 아니더라도 노령에 따른 다른 스트레스가 얼마나 많은가? 가족관계 특히 부부관계에 만족한 노인들이 전반적인 인생 만족도도 높다는 사실을 지적해 두고 싶다.

출처: 한겨레신문 가족클리닉, 김용미, 한국가족상담연구소 이사(2000. 6. 26).

다음으로 가족생활주기에 따른 발달과업을 간략하게 파악하기 위해서 카터(Carter)와 맥골드릭(McGoldrick, 1980)의 가족생활주기 및 발달과업을 〈표 10-1〉에 제시하였다. 이들은 가족생활주기에 결혼 전기를 포함시키고, 자녀출산 및 양육기 가족과 중년기 가족을 따로 분리시키지 않은 것이 이 장에서 제시한 단계와 차이점이다.

표 10-1 가족생활주기 및 발달과업

가족생활 주기 단계	전환의 정서적 과정 : 주요 원리	발달을 위해 필요한 가족 지위의 이차적 변화
1. 결혼 전기	자신에 대한 정서적·재정적 책임을 수용	• 원가족과의 관계로부터 분화 • 친밀한 이성관계의 발달 • 일과 재정적 독립 측면에서 자신을 확립
2. 신혼기 가족	새로운 체계에 대한 수립	• 부부체계의 형성 • 배우자가 포함되도록 확대가족, 친구와의 관계 재정비
3. 아동기 자녀 가족	새로운 가족성원을 수용	• 부부체계에 자녀를 위한 공간 만들기 • 자녀양육, 재정, 가사일에 공동참여 • 부모, 조부모역할이 포함되도록 확대가족과의 관계 재정비
4. 청소년기 자녀 가족	자녀의 독립과 조부모의 허약을 고려하여 가족경계의 융통성을 증가	• 청소년 자녀가 가족체계에서 출입이 자유롭도록 부모-자녀 관계를 변화 • 중년기 부부의 결혼 및 진로문제에 재초점 • 노인세대를 돌보기 위한 준비 시작
5. 독립기 자녀 가족	가족성원의 증감을 수용	• 부부체계를 2인군 관계로 재조정 • 성장한 자녀와 부모와의 관계를 성인 대 성인의 관계로 발전 • 사돈과 며느리, 사위 손자녀가 포함되도록 관계 재정비 • 부모 또는 조부모의 무능력과 죽음에 대처
6. 노년기 가족	역할 변화를 수용	• 신체적 쇠퇴에 직면하면서 자신과 부부의 기능과 관심사를 유지 • 다음 세대가 중추적 역할을 하도록 지원 • 연장자가 할 수 있는 일을 대신하지 않으면서 자신의 지혜와 경험이 활용될 수 있는 여지를 마련 • 배우자, 형제, 친구의 죽음에 대처하면서 자신의 죽음을 대비하며 삶을 되돌아보고 통합

출처: Carter, E. A. & McGoldrick, M.(Eds)(1980).

요 약

가족에 관한 발달적 전망은 가족체계 이론에 바탕을 둔 가장 영향력 있는 가족 접근 방식의 하나이다. 가족체계는 시간 경과에 따라 변화하기 때문에 개인에 관한 발달심리학적 접근을 가족에 적용함으로써 가족체계의 변화를 추적하고자 하는 것이 발달적 전망의 목적이다.

가족생활주기는 가족의 성장과 변화를 장기적으로 고찰해서 각 단계가 가지고 있는 가능성과 문제점을 파악하고, 생활 속에서 흐르고 있는 리듬과 생활의 조화를 이해할 수 있도록 가족생활을 단계별로 유형화한 것이다. 이 장에서는 다양한 인생주기의 결혼생활을 살펴보기 위해서 신혼기 가족, 자녀출산 및 양육기 가족, 아동기 자녀 가족, 청소년기 자녀 가족, 독립기 자녀 가족, 중년기 가족 그리고 노년기 가족의 일곱 단계로 분류하여 각 시기의 특징 및 발달과업을 살펴보았다.

그런데 오늘날 많은 가족들은 이러한 발달단계를 질서정연하게 따라가는 경우가 줄어들고 있다. 즉, 이혼이나 재혼 또는 사별 등으로 다른 인생주기를 경험하게 되기도 한다. 이러한 가족들에서는 다른 발달과업이 요구된다. 가족생활의 변화를 이해하고 가족행동의 다양한 양상을 살펴봄으로써 미래에 경험하게 되는 가족생활을 예측해 보고 미리 준비하는 데 많은 도움을 얻을 수 있기를 기대한다.

연구과제

1 〈The Story of Us〉 비디오를 감상한 후 원가족이 신혼부부에게 미치는 영향에 대해 토론해 보자.

2 자신, 같은 性의 부모 및 조부모의 인생주기를 가족사(家族史)를 중심으로 시대별로 기록해서 비교해 보자.

3 자신의 중 · 노년기 모습을 예측해 보고, 이를 위해 지금부터 준비할 것이 무엇인지 생각해 보자.

4 《모리와 함께한 화요일》 책을 읽고, 인생과 죽음의 의미에 대해 토론해 보자.

참 / 고 / 문 / 헌

김양희 · 이형실(1997). 결혼과 가족. 중앙대 출판부.

김정옥 외 공저(1999). 새로 보는 결혼과 가족. 서울: 신정.

남은영 역(2007). 내 아이를 위한 사랑의 기술: 감정 코치. 한국경제신문.

웨슬리 비어 외. 최연실 외 공역(1995). 새로 보는 가족관계학. 서울: 하우.

유영주 · 서동인 · 홍숙자 · 전영자 · 이정연 · 오윤자 · 이인수(1998). 결혼과 가족. 경희대학교 출판부.

유영주 · 서동인 · 홍숙자 · 전영자 · 이정연 · 오윤자 · 이인수(2000). 현대 결혼과 가족-건강가족적 접근. 서울: 신광출판사.

유영주 · 이순형 · 홍숙자(1990). 가족발달학. 경기: 교문사.

이정우 · 김명자 · 계선자(1996). 결혼과 가족관계. 숙명여자대학교 출판부.

정문자 역(1997). 가족생활주기와 가족치료. 부산: 중앙적성출판사.

정현숙 · 유계숙 · 어주경 · 전혜정 · 박주희(2002). 부모학. 서울: 신정.

한남제(1999). 현대가족의 이해. 서울: 일지사.

Aldous, J.(1996). *Family careers: Rethinking the developmental perspective.* Sage Publications.

Carter, B. & McGoldrick, M.(1989). *The changing family life cycle(2nd Ed.).*

Carter, E. A. & McGoldrick, M.(Eds). (1980) *The family life cycle: A framework for family therapy.*

Gottman, J. M., Gottman, J. S., & Declare, J.(2006). *10 lessons to transform your marriage.* Brockman Inc. 정준희 역(2007). 부부를 위한 사랑의 기술. 서울: 해냄.

Gottman, J. M. & Gottman, J. S.(2007). *And baby makes three.* Brockman Inc. 최성애 · 조벽 역(2008). 우리 아이를 위한 부부 사랑의 기술. 서울: 해냄.

Gottman, J.(1997). *Raising an emotionally intelligent child: The heart parenting.*

11장

가족이라는 다양한 이름으로

오 경 희

아내는 나의 몸종이 아니고
평등하게 사랑하는 친구이며 부부라는 것을
우리의 모든 관계는 신뢰와 존중과 민주주의적이어야 한다는 것을
잔업 끝내고 돌아올 아내를 기다리며
이불 홑청을 꿰매면서
아픈 각성의 바늘을 찌른다.

박노해, 〈이불을 꿰매면서〉에서

21세기에도 우리는 20세기형 가족 형태를 이루고 살아갈 것인가? '가족'이라고 하면 흔히 능력 있는 남편, 아름다운 아내, 귀여운 자녀들이 함께 있는 모습을 떠올린다. 가족의 부양자로서의 아버지, 자녀양육과 가사담당자로서의 어머니와 미성숙한 자녀로 이루어진 양친부모가족의 모습은 오랜 세월을 거치면서 자연스럽게 형성되어 왔고, 이런 모습을 '전형적'인 가족으로 생각해 왔다. 그러나 오늘날 우리 사회의 가족구조와 기능은 다양하게 변화하고 있다.

1970년대 이후 우리나라는 산업화가 급속히 진행되면서 가족의 규모나 가족원 간의 역할관계에 많은 변화가 일어났다. 2007년 인구센서스 결과에 의하면 우리나라의 가구당 가족 수는 평균 2.83명으로 나타난다. 1960년 5.56명, 1980년 4.62명, 1995년 3.34명에서 꾸준히 감소하고 있다.

통계청은 인구센서스와 장래인구 추계 등의 자료를 기초로 저출산과 가족의 분화, 이혼 증가 등의 사회현상으로 1인 또는 2인 가구가 계속 증가해 2030년에는 전체 가구의 절반 이상을 차지할 것으로 예상했으며, 또한 고령화 현상이 심화되면서 2030년 고령자 가구주가 전체의 3분의 1에 이르고, 독신과 이혼의 증가로 여성 가구주의 비율도 늘어날 것으로 추정하고 있다.

부모와 두 명의 자녀로 구성된 전형적인 모습이 가족의 표준 모델이 아니며, 이제 가족의 형태는 보다 더 다양하게 나타난다. 대부분의 사람들이 결혼을 선택하지만 자녀를 갖지 않는 경우도 있고, 이혼해서 혼자 자녀를 키우게 되는 경우도 생기며, 재혼해서 새로운 가족을 꾸미기도 한다. 일부는 독신으로 살거나 동거하기도 한다. 공동체를 이루어 함께 살기도 하고, 소수이지만 동성애가족도 있다.

1 한부모가족

1) 한부모가족의 개념과 실태

한부모가족은 부모 중 한 사람과 한 명 이상의 자녀로 구성된 가족을 말한다. 한부모가족은 결합 형태에 따라 부와 자녀로 이루어진 부자가족과 모와 자녀로 이루어진 모자가족으로 나눌 수 있다. 여기서 '한'은 '하나로 온전하다, 가득차다'라는 뜻이며, 아버지와 어머니가 맡은 부모의 역할을 한 사람이 맡는다는 의미이기도 하다.

배우자와 사별, 이혼, 별거로 인하여 한부모가 되거나 또는 미혼모나 미혼부로서 배우자 없이 혼자서 자녀를 양육하게 되는 경우에도 한부모가족이 된다. 과거에는 주로 사별로 인하여 한부모가족이 되는 경우가 많았지만 최근에는 이혼이 한부모가족의 주요한 요인이 되고 있다. 우리나라의 이혼율은 1970년 이후 해마다 증가세를 보여 왔으며, 지난 30년 동안 열 배 가까이 늘어난 것으로 나타나고 있다.

한편 한쪽 부모가 없는 한부모가족은 전국에 94만여 가구로 나타나고 있다. 가출이나 별거가정이 수만 가구에 이르는 것으로 추산되는 것을 고려하면 실제로 한부모가족이 1백만 가구를 웃돌 것으로 예상된다. 한부모가족은 부나 모 중의 한 사람이 단독으로 부모의 역할을 수행하게 되므로 한쪽 부모의 부재로 인하여 복합적인 문제에 처하게 될 가능성이 높다. 또한 자녀교육과 양육, 경제적인 빈곤 등에서 어려운 상황에 놓이게 될 가능성이 상대적으로 높고, 이런 문제를 해결하지 못하는 경우 가정이 해체되는 상황까지도 이르게 된다.

2) 한부모가족의 문제

(1) 정서적 문제

한부모가족은 배우자 또는 한쪽 부모와의 이별로 인한 외로움과 갈등 등 정서적으로 어려운 상황에 놓이게 되고, 양부모가족이 이상적이라는 일반적인 이미지로 인하여 사회적인 어려움도 겪게 된다. 부모와 자녀로 이루어진 핵가족을 정상적인 가족으로 규정하여 한부모가족은 흔히 '결손가족', '문제가족' 혹은 '불안정한 가족'으로 인식되어 왔다. 이것은 결손, 무언가 모자라는 가족이라는 뜻으로 부정적인 의미를 가지고 있다. 사별이나 이혼으로 혼자서 자녀를 키우는 여성들은 우리 사회에서 흔히 '팔자 드센 여자'로 치부되는 경향도 있었다. 많은 여성들이 이혼의 원인이 무엇이든 자신이 잘못해서 혹은 팔자가 사나워서, 남편복이 없어서 이혼을 당했다는 자괴감과 우울증에 빠지기도 한다. 또 우리 사회에서는 여자 혼자 산다고 하면 이상한 시선으로 보거나 함부로 대하는 경향이 있어서 사회활동에 제약을 받을 수도 있다. 남성도 이런 점에서 예외일 수는 없다. 남성은 여성보다 결혼에 더 의존적이기 때문에 이혼의 충격이 더 큰 것으로 나타난다.

미혼모나 미혼부의 경우에도 사회의 뿌리 깊은 편견에 시달리게 된다. 이런 편견이 미혼모로 하여금 아이를 버리게 하는 요인으로 작용한다. 미혼모는 있어도 미혼모가족이라는 말은 생소하게 들리는 이유가 여기서 기인한다고도 볼 수 있을 것이다. 특히 한부모가족의 자녀들은 사회적으로도 한쪽 부모가 없다는 이유만으로 문제청소년이 될 가능성이 높다는 편견에 시달리게 된다.

(2) 자녀양육문제

한부모가족의 다른 문제점은 자녀양육의 문제이다. 자녀양육비용이 부족하거나, 자녀를 돌볼 사람이 없거나, 교육상의 문제 등에서 한부모 혼자 감당하기가 양부모가족과 비교하여 벅찬 상황이 될 가능성이 높다. 부모의 갈등이나 지속적인 불화 속에서 성장하는 것보다 오히려 한쪽 부모 아래에서 성장하는 편이 자녀에게 긍정적인 영향을 준다고는 하지만, 한쪽 부모가 어머니로서의 역할과 아버지로서의 역

참고자료 11-1 이혼, 사별가정 비정상이라 생각마세요

"5년 전에 남편이 갑자기 심장마비로 사망했어요……. 남편의 죽음이 마치 내 책임인 것처럼 시어머니는 나를 보려 하지도 않고……. 친정어머니는 네가 팔자가 세서 그렇다, 박복해서 그렇다며 눈물을 흘리시곤 해요. 남편의 죽음으로 힘든 것보다 가족들의 이런저런 이야기를 듣는 게 더욱 고통스러워요."

"직장에서 회식할 경우 보통 여직원들은 늦은 시간이 되면 모두 당연히 집에 가는 걸로 생각하는데 나는 집에 가도 별로 할 일이 없는 사람으로 생각해요. 집에 가도 애들만 있는데 할 일이 뭐가 있느냐, 더 놀다 가라는 식으로 대할 때면 너무 기가 막혀요."

"남편이 재혼을 하게 되자 새 아내와의 불화를 핑계로 나에게 애들을 만나지 못하게 해요."

사별이건, 이혼이건 우리 사회에서 한부모로 살아가는 건 쉬운 일이 아니다. 동사무소에 서류를 떼러 가면 "아빠는 없어요?"라고 툭 던지는 호기심 어린 질문부터 아이들이 한부모의 자녀라고 혹여 따돌림을 당하지 않을까 하는 조바심까지. 특히 이혼의 경우 헤어지기로 결정하는 과정보다 그 이후 더 힘든 상황에 내몰리기도 한다.

4년 전부터 한부모를 위한 활동을 활발히 펼쳐온 여성민우회의 '가족과 성 상담소'가 최근 펴낸 《한부모를 위한 가이드》는 "초조함을 갖는 자체가 당신 스스로 한부모가족을 비정상가족으로 생각하는 건 아닌가?"라고 묻는다. 무엇보다 본인들이 스스로 건강한 가족이라는 자신감을 가져야 한다는 것이다.

가이드는 그동안 상담소를 방문한 30~40대 여성 한부모들의 사례를 바탕으로 꾸며졌지만 남성 한부모의 경우도 포함시켰으며, 단순히 '자신감을 가져라.' 라는 위로의 말에 그치지 않고 다양한 사례에 대한 처방을 담고 있어 한부모들에게 실질적인 도움이 될 만하다. 새로운 변화를 받아들이기, 부당한 시선에 대처하기, 전 시집식구와의 관계 설정, 많이 지쳤을 때, 새로운 사랑 등의 주제들을 담았다. 이 가이드는 특히 이혼 뒤 아이들과 함께 살지 못하고 가끔 만나는 경우 귀중한 짧은 만남의 시간 동안에 그동안 못다한 사랑과 관심을 한꺼번에 몽땅 아이들에게 확인시켜 주기 위해 과도한 '슈퍼 스페셜 사랑'을 주려고 하지 말고 평상의 관계를 유지할 것'을 강조한다. 아이들이 현재 함께 살고 있는 아버지나 어머니의 가정에 불만을 갖게 만들어 결과적으로 불행감을 증폭시킬 수 있기 때문이다.

그밖에 아이와 더불어 살기 한부모가족에게 도움이 되는 법과 제도 등도 실려 있다. 상담소는 이 가이드와 함께 한부모자녀들을 대상으로 한 책자 《우리도 알건 다 알아요》라는 책도 펴냈으며 한부모 홈페이지도 개설했다.

출처: 주간한국(2001. 2. 26).

할을 제대로 잘 해내기란 쉽지 않다. 자녀를 제대로 양육하고 교육할 수 있는 환경을 가지는 것도 쉽지 않다. 특히 보육시설의 부족으로 취학 전의 자녀를 둔 한부모가 믿고 맡길 곳이 없거나 과중된 업무로 자녀를 제대로 돌볼 시간도 부족한 실정이다. 한부모가족의 자녀양육에 대한 사회적 지원체계가 제대로 갖추어지지 않은 데서 오는 문제이다.

(3) 경제적 문제

한부모는 경제적인 자립과 자녀양육을 위하여 직업을 가지는 것은 필연적이지만 경제적으로 열악한 상황에 놓여지는 경우가 많다. 특히 모자가족의 경우 주 수입원이었던 부의 부재로 소득이·감소하게 되고, 이로 인하여 소득과 생계유지를 위해 모가 직업을 구하게 된다. 그러나 대부분 비정규직・일용직에 종사하게 되고, 소득은 일반가정의 평균소득보다 현저하게 낮은 실정이다. 저축은 고사하고 양육비・생활비도 빠듯한 상황이다. 또한 저소득 한부모가족에 대한 사회적 지원도 충분하지 못하다. 더구나 부자가족에 대한 지원은 더 미미하다. 몇 년 전만 해도 남자들은 쉽게 재혼할 수 있었기 때문에 사회적 지원대상이 되지 못했다. 그러나 최근 부자가정은 실업, 알코올중독 등의 문제까지 더해 사회적 지원이 더욱 필요하다.

3) 한부모가족에 대한 지원대책

우리나라의 이혼율은 1990년대 이후 급속한 증가추세를 보이고 있으며, 이혼율은 쉽게 감소하지 않을 것으로 예상된다. 더불어 한부모가족도 계속 증가하게 될 것이다. 따라서 한부모가족이 어려움을 극복하고 자활할 수 있도록 제도적・정책적인 지원이 강화되어야 한다. 또한 탁아시설, 임대주택사업, 생계비 지원, 취업훈련 등 사회적・경제적인 지원정책이 강화되어야 할 것이다. 심리적 지원도 필요하다. 한부모를 위한 심리적 지원 프로그램으로 한국가정법률상담소의 기러기교실(이혼, 사별로 인해 홀로된 여성세대주들을 위한 모임), 이혼 혹은 별거한 남녀를 대상으로 하는 모임인 한국이혼자클럽, 한국여성민우회의 한부모교실 등이 있다.

1997년부터 시작된 한국여성민우회의 한부모교실은 한부모가족에게 정기적인 만남의 장을 제공하고 정서적 유대감과 실질적 도움을 줄 수 있는 사업을 하고 있다. 자녀와의 대화방법, 자기 긍정 프로그램, 재혼문제까지 다루고 있으며, 이밖에도 명절을 함께 보내기, 가족캠프 등 행사를 통해 한부모들의 유대감을 높이고 있다.

참고자료 11-2 한부모를 위한 가이드

- **현실을 인정하고 변화를 결심하라.**
  사별이나 이혼 등 원치 않은 상황에 직면했을 때 이제까지 살아왔던 삶의 방식과는 다른 현실을 받아들여라. 지난 삶에 집착하지 않고 한부모로서 새로운 삶을 살기 위해 첫 번째로 반드시 해야 할 일이다.
- **혼자서 무슨 일을 어떻게 해야 할지 혼란스럽고 짜증날 때**
  제풀에 지치거나 공연히 아이에게 짜증을 부리지 말고 할 수 있는 일과 포기해야 하는 일, 하고 싶지 않지만 해야 하는 일을 분류, 정리해 본다. 그리고 가장 먼저 해야 하는 일부터 차례대로 목록을 만들어 하나씩 처리한다.
- **새로운 사람을 만날 때**
  데이트를 배우자 찾기 위한 과정으로 생각하지 말라. 자신의 나이나 상황을 거짓으로 꾸미지 말고 있는 그대로를 보여 주어라. 전 남편·아내에 대한 분노가 완전히 없어지지 않았다고 해서 이를 새로 만나는 사람에게 쏟아 붓지 말라.
- **아이와 더불어 살아라.**
  대개의 한부모들은 아이에게 미안한 마음에서 완벽한 부모가 되려고 하거나 자녀를 지나치게 가엾게 여기기 쉽다. 그러나 아이들이 한부모와의 새로운 생활에 잘 적응하기 위해서는 한부모가 자녀의 모든 것을 책임지고 기르려 하기보다는 아이와 문제를 함께 풀면서 더불어 살려고 하는 것이 중요하다.
- **자녀교육의 세 가지 원칙**
  한부모이기 때문에 자녀가 잘못될지도 모른다고 생각하지 말라. 자신감을 갖고 아이와의 관계를 풀어라. 구체적으로 자녀와의 갈등을 이해하려 하고 자녀가 잘못된 행동을 할 때 화내거나 비난, 보복하려 들지 말고 긍정적인 행동에 관심과 선의를 보이며, 자녀가 자신감을 가질 수 있도록 항상 칭찬하고 격려하도록 하라.

출처: 한국여성민우회(2001. 2).

2 재혼가족

1) 재혼가족의 실태

이혼율의 증가로 인하여 재혼가족도 보편화되고 있다. 최근에는 재혼전문정보회사 등을 통하여 공개적인 만남을 가지고 재혼을 하는 일도 흔해지고 있다. 그동안 재혼가족이라는 사실을 숨기려는 경향도 보였으나 이제는 굳이 숨기려 하지 않는다. 초혼과 같이 양가 친척, 친구들과 함께 결혼식을 올리는 것도 젊은 층에서는 일반적인 현상이다.

2006년 총혼인에 대한 재혼 비율은 여성 18.0%, 남성 16.7%로 나타나고 있다. 특히 여성의 재혼율도 과거에 비해 높아지고 있다. 1994년까지는 남성의 재혼건수가 많았으나 1995년에는 동일한 건수이며, 1996년부터는 여성의 재혼건수가 남성보다 높게 나타나고 있다. 전체 혼인 중 재혼이 차지하는 비율은 지난 20년간 남성의 경우 두 배 이상, 여성의 경우 세 배 이상 늘어났다.

표 11-1 재혼건수 및 재혼 비율(1985~2006)

	재혼 수		총혼인에 대한 재혼의 비율	
	여성	남성	여성	남성
1985	21,558	29,025	5.7	7.7
1990	28,153	33,348	7.1	8.4
1995	39,843	39,838	10.0	10.0
2000	48,324	43,617	14.5	13.1
2005	66,666	59,772	21.1	17.9
2006	66,700	59,800	18.0	16.7

출처: 통계청. 인구동태통계연보. 각 연도

2) 재혼가족의 특징

재혼가족의 모습은 자녀의 유무에 따라 다르게 나타난다. 양쪽 배우자에게 모두 자녀가 없는 재혼가족은 배우자의 결혼경험을 제외하고는 초혼부부와 유사하다. 재혼가족이라고 하면 대개 계부모가족을 떠올리게 되는데, 다른 가족에 비해 아주 복잡한 구조를 가지고 있다. 계부모가족은 재혼부부 중 어느 한쪽에 전혼(前婚)자녀가 있거나 양쪽 모두에게 전혼자녀가 있는 경우로 재구성가족, 혼합가족, 복합가족이라고 불리기도 한다. 계부모가족의 특징은 다음과 같다(Galvin · Brme, 이재연 · 최영희 공역, 1990, p. 382.)

① 가족은 처음부터 부부 두 사람으로 시작하지 않고 과거 배우자의 관계에서 이미 이루어진 부모-자녀 관계에서 출발한다.
② 한 사람 또는 두 사람의 친부모가 계부모가족에 영향을 준다.
③ 자녀는 두 가족의 구성원으로서 기능하기도 한다.
④ 가족은 복잡하고 확장된 가족관계망을 가진다.
⑤ 계부모가족에 영향을 주는 친부모, 즉 이전의 배우자와 관련된 삼각관계가 존재한다.
⑥ 계부모와 의붓자녀 간에는 법적 관계가 없다.

3) 재혼가족의 문제

재혼가족은 부부관계, 자녀와의 정서적 교감, 확대된 친족관계 기타 가족규범 등 여러 가지 면에서 초혼가족에 비해 해결해야 할 과제가 과중하다. 특히 재혼 후 계부모와 계자녀가 함께 사는 경우에 더 큰 문제가 된다.

(1) 부부관계

배우자를 선택하는 기준은 여러 가지가 있을 수 있지만 상대에 대한 사랑이나 호감이 바탕이 된다. 그러나 재혼부부의 경우에는 초혼인 경우보다 현실적인 동기에서 출발하게 될 가능성이 높다. 자녀양육, 사회적 안정, 경제적 안정, 외로움 그리고 편리함 등 현실적인 문제의 해결로써 재혼하기로 결정하는 경우가 많다. 특히 여성의 경우에는 경제적으로 독립할 수 없어서 재혼하는 경우도 있다.

남성들의 경우에는 자녀양육 문제의 해결책으로 재혼하는 예가 많은데, 이 경우 '훌륭한 부모가 될 수 있을 것인가?' 하는 것이 배우자를 선택하는 기준이 되기도 한다. 이런 목적을 가진 재혼은 기대가 충족되지 않을 때 결혼 자체가 불안정해지고, 부부관계가 해체될 가능성이 높아진다. 또 재혼부부는 과거의 결혼경험과 현재 상황을 비교·해석함으로써 오히려 부부관계에 나쁜 영향을 끼칠 가능성도 있다. 이처럼 부부관계가 외부적인 요인에 의해 영향을 많이 받게 되는 것이다. 실제로 재혼한 부부는 초혼부부에 비하여 이혼을 쉽게 결정하는 경향이 있는 것으로 나타난다.

(2) 자녀와의 관계

계부모가족에서 해결해야 될 최대의 과제는 계부모와 계자녀가 어떻게 적응하느냐가 될 것이다. 계부모와 자녀관계는 친부모와 자녀관계처럼 정서적으로 친밀한 관계를 처음부터 가지기는 힘들다. 계부모가족에 대한 고정관념은 동서양의 동화에서도 대체로 부정적으로 묘사되고 있다.

> 어느 고을에 콩쥐라는 예쁜 소녀가 살았습니다. 그런데 콩쥐가 태어난 지 백일만에 어머니가 갑자기 돌아가셨습니다. 얼마 후 아버지는 새엄마를 맞아들였습니다. 새엄마는 팥쥐라는 딸 하나를 데리고 왔습니다. 새엄마와 팥쥐는 콩쥐를 미워했습니다. 아버지가 계시지 않으면 둘이서 콩쥐를 마구 구박했습니다. 콩쥐는 돌아가신 어머니를 생각하며 마구 울었습니다.
>
> (전래동화 《콩쥐팥쥐》)

《콩쥐팥쥐전》, 《장화홍련전》, 《심청전》, 《신데렐라》, 《백설공주》 등에서 계모는 항상 무섭고 악독하며 전처자녀를 학대한다. 계모에 대한 이런 고정관념은 계모 또는 계부와 안정되고 행복한 가족을 이루기는 불가능한 것처럼 인식시키기 쉽다. 계부모가족의 가장 어려운 점이 계부모와 자녀 사이의 문제라는 것을 보여주는 예가 될 것이다.

계부모가족에서는 자녀의 구성 형태에 따라 다양한 갈등 양상이 나타나게 된다. 계부모와 계자녀와의 관계, 남편의 자녀와 아내의 자녀들 사이의 관계, 같이 동거하고 있지 않는 배우자의 자녀들과의 관계 등 각각의 구체적인 경우에 서로 다른 문제가 발생할 수 있다. 대개 초혼가족에서는 부부관계가 원만할 때 성공적인 가족관계가 형성되는 것으로 나타나지만 재혼가족이 성공하기 위해서는 계부모와 자녀관계가 성공적으로 이루어져야 한다.

재혼하여 남편의 두 자녀와 함께 살고 있는 한 여성은 남편과는 별 어려움이 없지만 두 자녀와 친해지는 것이 유일한 숙제라고 말한다. 가정법률상담소를 찾은 재혼가족의 여성들이 꼽는 어려움도 자녀와 관련된 것이 많다. 남편이 전처자식만 아끼고 재혼 중에 태어난 자녀에게는 소홀히 대하는 것이 불만인 경우, 이혼 후 전혼자녀를 데리고 재혼했는데 남편이 자녀를 구타하여 차라리 이혼하고 싶다고 하는 경우, 전혼자녀를 제대로 보살펴 주지 않는 것이 불만인 경우 등 자녀문제로 인하여 가정불화가 초래되는 사례가 많은 비중을 차지하고 있다.

(3) 기타 문제

재혼가족이 불안정한 데에는 초혼가족에 비해 일상생활에서 사회적인 지지를 받지 못하고 있기 때문이기도 하다. 재혼가족의 생활은 주변 사람들의 호기심의 대상이면서 이야깃거리가 된다. 그래서 종종 우려의 눈초리를 피하기 위하여 재혼가족이라는 사실을 숨기려는 경향도 나타난다. 특히 재혼한 여성에 대해서는 사회적인 평가가 낮은 경향을 보면서, 재혼한 후에도 재혼부부간에 자녀를 출산하여 가정 내에서 안정적인 지위를 확보하려고 하고, 어떤 경우에는 자녀를 출산하지 않고 전처소생의 자녀만을 잘 키우겠다는 선언을 하게도 된다.

경제적인 면, 특히 상속과 관련하여 자녀들과 경쟁적 관계에 놓일 수도 있다. 법률적인 면에서도 재혼가족은 그 유대감이 떨어질 수밖에 없는데, 현행법상 계부모와 계자녀관계는 인척관계이다. 인척관계라는 말은 법적으로 부모-자녀 관계로서의 결속력이 약하다는 것이다. 부모로서 법률적인 권리를 행사할 수 없다. 이런 점도 재혼가족의 일체감을 방해하는 요소로 작용할 것이다.

4) 재혼가족의 대책

재혼가족이 급격히 늘어나고 있음에도 불구하고 재혼가족을 바라보는 사회의 시각은 과거와 달라지지 않고 있으며 또 이율배반적이다. 재혼가족의 자녀들이 계부모로부터 친부모와 같은 양육을 받아 잘 성장할 것을 기대하면서도 사회적으로는 이들 가족을 비정상적인 가족으로 인식한다. 또한 법적으로도 이들의 관계를 인정하지 않는다.

재혼가족이 가지는 문제점을 극복하고 성공적인 가족생활을 이루기 위해서는 재혼부부의 부부강화 훈련은 물론 자녀와의 관계를 위한 부모역할의 훈련 등 개인적 차원의 노력과 상담소 등의 사회적 지원체계가 필요하며, 재혼가족에 대한 수용적인 사회분위기도 만들어져야 한다. 또 계부모가족을 가족정책의 범주 안에 포함시켜서 계부모가 계자녀에게 친권을 행사할 수 있는 방안 등 법적인 면에서도 새롭게 구성된 가족의 복리를 위한 대책이 마련되어야 할 것이다.

3 맞벌이가족

1) 맞벌이가족의 실태

전통적인 가정에서 가족의 역할은 남편이 가족을 부양하고, 아내는 가사일만 담당하는 것이었다. 그러나 산업화 이후 기혼여성의 취업률이 높아지면서 맞벌이가족은 우리 사회의 일반적인 가정의 모습으로 자리 잡게 되었다.

2007년 여성근로자의 혼인상태에 대한 통계자료를 보면 미혼여성에 비해 기혼여성의 비율이 더 높게 나타나고 있다. 배우자가 있는 맞벌이여성의 비율이 76%에 이르고 있다. 현재 배우자가 있는 가구의 3분의 2가 맞벌이가족인 셈이다. 기혼여성이 취업을 하는 동기는 크게 두 가지로 나눌 수 있다. 하나는 가정경제에 도움이 되기 위한 것이고, 다른 하나는 개인적인 성취동기로서 자아실현을 위한 것이다.

표 11-2 혼인상태별 여성취업자 구성비 (단위: 천 명, %)

연도	여성취업자 수	미혼	기혼
1980	5,222	28.0	72.0
1990	7,376	24.5	75.5
2000	8,707	22.2	77.8
2004	9,364	25.5	74.5
2007	9,826	24.0	76.0

출처: 통계청. 경제활동연보. 각 연도.

그외에 가사노동의 부담을 덜어주는 각종 기계의 발달, 자녀 수의 감소 등도 기혼 여성의 취업 원인이 될 수 있다.

2) 맞벌이가족의 문제

기혼 취업여성은 아내, 어머니, 가사관리자 그리고 직업인으로서의 다중적 부담을 감수해야 한다. 가사노동, 자녀양육과 교육 등 가정일은 여성에게 일차적인 책임이 주어져 있기 때문에 가정과 직업이라는 이중적 역할 사이에서 동분서주하게 되고, 이로 인하여 가족 간에도 갈등이 일어나게 된다. 따라서 맞벌이가족의 문제는 기혼 취업여성 개인의 문제라기보다는 가족원 전체의 문제로 보아야 한다. 맞벌이가족의 가장 어려운 점은 자녀양육, 가사노동, 가족관계, 직업상의 문제 등이다.

(1) 자녀양육의 문제

맞벌이가족의 가장 큰 문제점은 자녀양육과 교육의 문제이다. 2006년 통계청의 사회통계조사에 따르면 여성취업의 장애요인으로 육아부담이 45.9%, 사회적 편견과 관행이 18.5%인 것으로 조사되었으며, 이 결과에 따르면 육아에 대한 부담이 취업을 방해하는 일차적 요인으로 나타난다.

참고자료 11-3 육아에 발목…"날마다 퇴직 생각"

A 항공사 김 모 과장(38)은 "아이 하나까지는 어떻게 버텼는데, 둘째를 낳고 나니 이건 사는 게 아니에요." 라고 말한다. 8세와 3세 아이를 둔 맞벌이주부로 직장에서 유능하다는 평가를 받고 사회생활을 지속하고 싶지만 둘째를 낳은 후부터는 날마다 퇴직을 생각한다. 친가와 시가가 모두 지방에 있어 평소에 전혀 도움을 받을 수 없는 그는 요즘 첫아이는 학교, 둘째는 어린이집에 보내고 있다. 어린이집에서 자녀를 데려와야 할 시간에 퇴근을 못하는 일이 다반사. 초등학교 형이 어린이집에서 동생을 데려와 부모가 퇴근하기를 기다리기도 한다.

'일과 가정의 양립'은 직장여성의 상당수가 꿈꾸는 화두. 출산과 육아의 부담 속에 줄타기하듯 아슬아슬하게 생활하는 경우가 적지 않다. 출산과 육아부담이 한국 여성들에게 어느 정도 영향을 미치는가는 세계 여성들의 경제활동률을 연령대별로 비교하면 알 수 있다. 한국의 경우 25~35세 여성의 경제활동이 급격히 낮아지는 M커브 현상이 두드러진다. 출산과 육아가 집중되는 시기다. 여성들은 결혼과 육아부담 때문에 직장을 떠나거나 직장으로부터 외면당하게 된다. 물론 육아 또는 자아실현의 가치관에 따라 자발적으로 가정으로 돌아가는 경우도 많다.

출처: 동아일보(2001. 7. 3).

맞벌이부부들은 자녀양육 문제의 해결방법으로 친가나 시가의 부모님에게 맡기거나, 어린이집 등의 탁아시설을 이용하게 된다. 그런데 탁아시설을 이용하는 경우에도 탁아시간을 유동적으로 이용할 수 없기 때문에 일을 마치지 못하고 자녀를 데리러 가야 되는 등 직장생활에 부정적인 영향을 미친다. 가사일과 직장일로 여유시간이 절대적으로 부족하기 때문에 자녀교육에도 충실할 수 없다.

(2) 역할부담의 문제

맞벌이주부가 가진 다른 문제는 가사노동 및 가사관리의 문제이다. 남편의 경우 취업을 해도 가사노동의 책임을 지지 않지만 취업주부에게는 가사관리자로서의 역할이 남아 있다. 이러한 이중적 역할에 대한 부담은 남편이 가사노동의 분담이나 정서적인 응원 등 아내의 취업에 대해 지지적인 태도를 보이지 않을 때 더욱 크게 나타난다.

참고자료 11-4 7년째 주말부부 아이돌보기

조영호(35), 김선미(39) 씨 부부는 7년차 주말부부다. 남부지원 예비판사인 아빠는 유빈(7), 성빈(4)이와 서울에 살며, 광주대 교수이자 서울대 박사과정에 재학 중인 엄마는 주중에는 광주에서 학생을 가르치고 주말에는 서울에 와서 엄마와 학생이 된다. 막내 승우(2)는 제주도에서 친할아버지, 할머니와 산다.

2주 전 한국방송공사의 다큐멘터리 〈인간극장〉에 출연했던 이들의 생활은 방송국 게시판을 뜨겁게 달궜다. "아이들의 희생을 볼모로 하는 것이 진정한 행복인가?", "불쌍한 남편"이라는 것부터 "진짜 열심히 사는 부부"라는 반응까지 1천 건에 가까운 의견이 올라왔다. 게시판의 논란은 육아의 사회적 책임과 다양한 삶의 형태에 대한 우리 사회의 인식수준을 그대로 드러냈다.

조 씨의 말대로 아침 7시 반에서 저녁 7시 반 사이에 자유롭게 아이들을 데려다 주고 데려올 수 있는 어린이집이 근처에 있다는 것은 우리 사회 맞벌이부부로서는 '행운' 이다. 조 씨 부부도 둘째가 태어나자마자 대기명단에 올린 뒤 2년 넘게 기다려 지난해 8월에 큰 애, 11월에 둘째를 이 어린이집에 보낼 수 있었다. 그전까지 맞벌이부부의 애 키우기는 완전히 개별가족의 책임이었다. "유빈이가 태어났을 때 제가 고시준비생인 상태여서 아내가 전남 영암 처가에 머물면서 7개월 동안 모유를 먹였습니다. 그동안 아내는 매일 광주로 출퇴근을 해야 했고, 아이가 아빠의 정을 느끼지 못할까 봐 매주 아이를 데리고 서울로 왔고요."

점차 사회적으로 여성취업이 대세로 자리 잡아 가지만 육아는 개별가족에 그대로 맡겨져 있다. 아이는 반드시 엄마가 길러야 한다고 생각하는 현실은 취업주부에게는 육아를 제대로 못할 바에는 일을 그만두라고 하고, 전업주부들에게는 원하든 원치 않든 가정만을 지키라고 한다. "꼭 일하는 여성을 위해서가 아니에요. 아이들이 엄마뿐 아니라 다른 가족 구성원과도 어울려 자라는 게 당연하다는 생각을 모든 구성원들이 갖게 되고, 여성의 취업이 자유로워진다면 여성들의 삶도 선택의 폭이 넓어지겠죠."라고 김 씨는 말한다. 그 전제는 사회가 육아를 함께 책임지는 것이다. "지금은 우리 가족의 형성기다. 이때 엄마와 아빠가 함께 아이들의 성장에 깊이 개입해 가족의 얼개를 짜나가야 한다."는 것이다. 남들이 보기에 버거워 보일 정도의 육아, 가사일을 조 씨가 하는 이유도 바로 그 때문이다. "엄마노릇과 아빠노릇을 그만 가르자."는 시청자의 의견도 그런 뜻일 것이다.

게시판에는 조 씨가 그렇게 가사와 육아에 지쳐서야 제대로 일을 하겠느냐는 의견도 있었다. 조 씨는 그건 "심지어 모든 일하는 여성에 대한 모욕이 아닌가요?"라고 반문한다. 그런 의견이 나오는 것은 일하는 여성들이 가정일에 지쳐 직장일을 제대로 하지 못할 것이라는 편견 탓이 아닌가 하는 것이다. 조 씨 부부는 어쩌면 가족생활주기에서 가장 바쁘고 힘든 시기에 놓여 있다. 조 씨 부부의 과거와 지향하는 미래를 감안한다면 지금 주말부부로 힘겹게 살아가는 생활이 자신들의 말대로 '최선'인 것이다.

출처: 인터넷 한겨레(2001. 6. 10).

우리나라 남편들은 대체로 가정 내에서의 가사분담에 대해 긍정적인 태도를 보인다. 그러나 실제로 가사를 전담하거나 분담하는 경우는 아주 드물다. 통계청의 사회조사에 따르면 2006년 가사분담 상태는 부인이 주로 가사를 담당하는 경우가 89%로 나타났다.

같은 해 기혼여성의 취업률로 볼 때 취업주부 자신이 전적으로 가사를 전담하는 경우가 대부분이다. 특히 전문직종의 여성들은 파출부 등의 도움을 받고 있는 경우가 많은 것으로 나타나고 있지만, 저소득층의 취업여성은 대부분 힘든 일에 종사하면서 가사도 전적으로 부담하는 것으로 보인다.

3) 맞벌이가족을 위한 대책

남편이 가사를 분담하고, 자녀를 자유롭게 맡길 수 있는 어린이집이 주변에 있거나 탁아비용을 부담할 수 있는 경제적 여유가 있는 가족은 그나마 형편이 나은 편이지만 그렇다고 하여 문제가 해결되는 것은 아니다. 개별가족단위로 맞벌이가족의 모든 문제를 해결하기에는 역부족으로 가정과 직장을 양립할 수 있도록 보다 사회적인 해결책이 마련되어야 한다. 주 5일 근무제, 업무의 시작과 종료를 노동자가 결정하는 선택적 시차 근무시간제, 근무시간의 단축 등 고용 형태를 변화시키는 방안이 실현되어야 한다. 취업여성을 위하여 장기 육아휴직이나 지역 또는 직장탁아소의 증설, 탁아비용을 부담하기 어려운 저소득층을 위한 경제적 지원문제 등 구체적이고 활용 가능한 대책이 마련되어야 한다. 특히 남성의 육아휴직제는 적극적으로 활용되어야 하겠다.

참고자료 11-5 취업주부를 위한 현행법의 실태

모성보호와 사회적 지원을 보장하는 현행법상의 제도는 모성보호, 육아휴직, 직장보육시설, 보육시설, 육아휴직, 가족간호휴직, 출산휴가, 수유시간, 생리휴가(근로기준법) 등을 보장하고 있고, 육아휴직 시 임금의 일부를 받을 수도 있게 되었다. 육아문제에 관한 법규는 선진국수준이라고 말할 수 있다. 그러나 이들 법규가 어느 정도 실효성을 가지고 있는지는 의문이다. 법규 준수 실태에 대한 조사도 부족한 실정이며, 전국에 어린이집과 놀이방 등

탁아시설이 막상 직장여성들에게 큰 도움이 되지 않는다. 놀이방과 어린이집 이용자의 51.8%가 직장에 나가지 않는 전업주부인 것으로 나타나고 있다(보건사회연구원, 영유아보육서비스 실태 분석과 종합대책 수립 연구). 육아휴직제도를 활용한 맞벌이여성도 드물다.

여성의 경제활동 참여는 사회 발전을 위해서도 필요하다는 의견이 최근 많이 제기되고 있다. 세계적 컨설팅사인 매킨지는 최근 경제협력개발기구(OECD) 회원국 중 최하위 수준인 한국의 대졸 이상 여성의 경제활동 참여율을 90%대로 끌어올리는 노력이 한국 경제의 미래를 좌우할 수 있다는 연구결과를 내놓았다.

출처: 동알일보(2001. 7. 3).

참고자료 11-6 외국의 육아휴직정책

• 스웨덴

육아휴직의 경우 아이가 8세가 될 때까지 탄력적으로 사용 가능한 480일의 육아휴직을 보장하고, 이 중 두 달은 아버지가 사용해야 한다. 보육서비스는 12세 이하의 아동을 위한 교육 및 보호시설을 마련하여 공립 가정보육시설 등을 포함한 공립 보육시설 중심으로 제공한다.

• 독일

아동수당은 18세 미만의 아동에게 지급(실업자인 경우는 자녀 연령이 21세 미만까지 장애인인 경우는 연령 제한 없음)한다. 출산휴가는 출산 전 6주 및 출산 후 8주의 모성보호기간 동안 고용주가 세금을 제외한 실질 임금을 지불하고, 자녀가 3세가 될 때까지 직접 양육할 수 있는 부모시간제도를 시행한다. 보육서비스의 경우 3세 아동까지 유아원, 유치원, 방과후 보육시설, 가정 내 보육 등을 장려하고 3~6세 모든 아동에게는 유치원에 취원할 권리를 부여한다.

• 일본

1991년 아동수당법 개정으로 지급대상을 두 자녀 이상에서 한 자녀까지 확대한 아동수당은 소득보장정책 및 아동의 건전 육성을 위한 아동복지의 차원에서 월단위로 지급하고 사업주와 국가 및 지방 공공단체가 공동으로 부담한다. 1991년 육아휴직법 제정으로 기존의 모성휴직에 출산 후 최대 1년까지 모 또는 부에게 육아휴직을 제공한다. 기업들도 근로시간 단축제, 탄력적 근무제, 시차 출퇴근제, 시간 외 근로금지, 사업체 내 육아서비스 제공 및 보육시설 운영, 가족 관련 퇴직근로자 재고용 등 가족친화적 제도를 시행하고 있다.

출처: 경남신문(2008. 3).

4 무자녀가족

1) 무자녀가족의 출현

결혼을 하면 자녀를 갖는 것이 당연하게 생각된다. 1960년대에 여성들은 생기는 대로 또는 아들을 출산할 때까지 자녀를 낳아왔다. 한 가족에 자녀가 5~6명 정도가 보통이었다. 1970~1980년대로 오면서 '아들딸 구별 말고 둘만 낳아 잘 기르자', '둘도 많다'는 정부 주도의 산아제한운동으로 아들 하나, 딸 하나는 우리나라 보통 가족의 일반적인 모습이 되었다. 1960년대의 자녀출산이나 '아들 하나 딸 하나'가 자녀출산에 대한 사회적인 법칙이었다. 굳이 자녀출산에 대한 약속을 부부간에 하지 않더라도 이런 법칙에 의해 자녀를 가져왔다.

그러나 요즘 부부들은 자녀출산에 대하여 서로 의논하고 계획한다. 몇 명을 가질 것이며, 언제 가질 것인가를 결정한다. 출산의 시기를 미루거나 자녀를 갖지 말자는 약속도 가능하다. 특히 자녀출산이나 양육에서 벗어나 구속받지 않는 자유로운 생활을 위하여 자녀를 갖지 않는 부부도 늘어나는 추세다. 이전에는 무자녀가족이라 하면 불임이나 자녀사망 등의 이유로 인한 비자발적인 무자녀가족을 떠올리게 되고, 이들 가족을 흔히 불행한 가족으로 받아들였다. 하지만 여기서 무자녀가족은 자발적인 무자녀가족을 의미하는 것으로 자발적인 무자녀가족(child-free)은 불임이나 생식능력 등의 이유로 '자녀를 갖지 못하는' 무자녀가족(childless)의 경우와는 구별된다. 자발적인 무자녀가족은 주로 결혼 전이나 결혼 초기에 자녀를 갖지 않겠다고 결정하는 경우를 의미하지만 자녀출산을 연기하다가 무자녀가족으로 남게 될 수도 있다.

최근 한 조사에 의하면 우리나라의 가임여성의 평균 자녀 수를 보면 1970년에는 일생 동안 평균 4.3명의 자녀를 낳았으나, 1984년 1.76명을 기점으로 2명 이하로 감소하였으며, 2007년에는 1.26명으로 프랑스보다 낮은 것으로 나타나고 있다. 무자녀가족이 늘어나고 있는 것도 평균출산율이 낮아진 원인일 것이다.

표 11-3 우리나라 가임여성 평균출산율 (단위: 명)

연도	1970	1980	1990	2000	2005	2007
합계 출산율	4.53	2.83	1.59	1.47	1.08	1.26

출처: 통계청. 인구동태통계연보. 각 연도.

2) 무자녀가족의 선택동기

자녀를 가지지 않겠다고 결정하는 이유는 대체로 자녀출산으로 인한 개인적·경제적 부담에서 벗어나 자신과 부부관계에만 충실하겠다는 경우가 많다. 사교육비가 많이 들어가는 우리나라에서 자녀의 출산은 경제적인 부담이 가중된다. 따라서 무자녀가족 부부는 부부의 개인 중심적인 사고가 강하고, 부부 상호 간의 결속력이 강하게 나타난다. 물론 무자녀가족을 선택하는 동기가 개인적인 이유에만 있는 것은 아니다. 이는 가정의 모든 것이 아이를 중심으로 돌아가고, 내 아이에 대한 욕심이 지나쳐 이런 사회 분위기가 가족이기주의를 낳는다는 문제의식에서 출발하는 경우도 있다.

이런 동기에서 출발하는 사람들은 입양을 생각하기도 한다. 무자녀를 선택하는 사람들은 대체로 고학력, 전문직으로 직업적 성취욕구가 강하며, 부부 평등한 성역할 태도를 지닌 사람들에게서 나타난다.

우리나라에서의 무자녀가족은 아직 일반적이라고 말할 수는 없지만 아주 예외적인 것도 아니다. 그러나 부부가 무자녀에 합의했다고 해도 우리 사회에서 무자녀가족으로 살아가기란 쉽지 않다. 손주를 기다리는 부모, 대를 이을 아들을 낳아야 한다고 생각하는 시부모 등 무자녀가족들은 예외 없이 부모의 기대나 압력을 경험하게 되고, '왜 아이를 낳지 않느냐?'는 사회의 시선을 견뎌내야 한다. 무자녀가족을 바람직하지 않다고 생각하는 사람들은 부부가 자녀를 갖는 것이 인간의 정상적인 발달과정의 일부라고 생각하며, 종종 노후의 쓸쓸함에 대한 우려를 나타낸다. 이런 우려에도 불구하고 무자녀가족이 자녀를 가진 가족보다 불행하다는 가정은 근거가 없는 것이며, 보다 평등한 부부관계를 유지하고 문화생활의 기회도 많이 갖고 있는 것으로 나타나고 있다. 다음 사례의 무자녀부부도 보다 더 부부 중심적이고, 독립적이며, 문화적인 생활을 영위하는 것으로 보인다.

예술과 관련한 개인사업을 하는 최 모(40) 씨. 독신을 고집했던 그는 같은 철학을 가진 정 모(35, 여, 디자이너) 씨를 만나 사귀다 5년 전에 결혼했다. 아이를 갖지 않는다는 게 이들의 결혼조건이었다. 최 씨 부부의 생활은 완벽한 부부 중심이다. 아이가 없다 보니 동호회 등 취미활동이 많은 편인데 서로의 여가나 사생활에 대해 간섭하지 않는다. "아내라기보다는 여자친구, 배우자라기보다는 인생의 동반자이죠. 후회는 없어요. 입양도 생각하지 않아요." 최 씨는 인생에 대한 가치관이 보통 사람들과 다를 뿐 '신가족'이라고 불리고 싶지는 않다고 말한다.

(한국일보, 2001. 1. 12)

1970년대 산아제한운동을 거친 우리나라는 30년 동안 급격하게 출산율이 감소되어 왔다. 무자녀 선호 현상으로 인한 출산율의 감소는 우리나라 인구구조상의 불균형을 초래하게 됨으로써 여타 사회문제가 수반될 것으로 보인다. 출산율은 줄어들고 평균수명은 높아짐에 따라 노인인구의 비율이 계속 증가하게 될 것이다. 장기적으로는 경제활동인구가 감소하게 되고 고령인구가 증가함으로써 부양비가 가중되는 등 심각한 사회문제를 초래하게 될 것으로 예상된다. 이런 문제는 이미 서유럽 나라들이 공통적으로 직면하고 있다. 프랑스 정부가 수당을 주면서까지 산아격려정책을 펴고 있는 것도 그런 이유이다.

참고자료 11-7 자녀 없는 가족의 반란

'아이가 싫다고?' 불임으로 고통받는 사람들이 넘쳐나지만 미국에서는 옆집 아이의 우는 소리를 참을 수 없다며 무자녀가족의 권리 찾기에 나선 사람들도 있다. 이들은 이제까지 붙어왔던 '아이 없는' 커플이라는 딱지 대신 '아이로부터 자유로운' 커플이라고 자신들을 분류한다.

최근 미국 일간지 〈크리스천 사이언스 모니터〉는 이 같은 움직임이 결국 새로운 가족개념과 가족가치를 만들어 낼 것이라고 전망했다. '아이로부터 자유로운' 커플들은 아이를 가진 부모들이 세금감면이나 육아휴직의 혜택을 누림으로써 자신들이 차별받고 있다고 주장한다. 친가족적인 사회가 아이들을 더 버릇없게 만든다고도 이야기한다. 페미니즘과 피임을 배경으로 확산되기 시작한 1,300만 명에 이르는 아이 없는 베이비 붐 세대들이 세력의 기반이다.

자신들이 직장이나 사회에서 차별받고 있다는 의식에서 출발했지만 이런 움직임은 종종 아이들을 적대시하는 모임으로 번지기도 한다. "나는 숫제 토스트기와 얘기하겠다." 거나 "자녀출산 방지를 위한 모임" 같은 이름을 단 사이트들이 인터넷에서 빠르게 번져가고 있다. 이들에겐 에리노어 버켓 이 쓴 《아기혜택: 친가족적인 미국이 어떻게 무자녀가족을 사기치는가?》가 필독서이다.

콜비대 린 미켈 브라운 교수는 그간 '가족'이라는 의미를 아이와 부모가 있는 가정으로만 좁게 한정해 온 건 사실이라며, 하지만 사회적 측면에서 아이 키우기의 가치가 부정되어선 안된다고 말한다. 사회의 재생산이라는 면을 생각한다면 사회는 아이 있는 부모에게 '빚을 지고' 있는 셈이기 때문이다. 결국 이런 논란은 한 꺼풀 벗겨 보면 개인의 권리와 사회에 대한 책임의 대립으로 읽힐 수도 있다.

전국 부모협회의 회장 루스 우든은 "헌법은 개인의 권리를 보호하는 동시에 공동선에 대해서도 말하고 있다."며 "결국은 모든 사람들이 공감할 공통의 문화가치를 찾는 게 문제"라고 말한다. 아이들이 중요하다는 생각에 공공장소에서 최소한의 예절도 내팽개치는 부모나 '아이로부터 자유'를 주장하며 아무런 사회적 부담도 지지 않으려는 아이 없는 커플은 모두 자기도취에 빠져 있다는 것이다.

출처: http: //tulipcity.new21.net

5 독신가족

최근 우리 사회도 독신가정이 늘어나고 있다. 2007년 통계청의 인구주택총조사, 장래인구추계 등을 토대로 2030까지의 장래가구추이를 전망한 '2005~2030 장래가구추계 결과'에 의하면 우리나라의 가구 수 증가율은 연평균 2~3%로 인구증가보다 상대적으로 높은 수준으로 나타나고 있다. 인구 증가 속도의 감소에도 불구하고 가구 수가 증가하는 것은 1인 가구의 증가와 같은 가구 분화(分化)로 인한 현상이다. 장래인구추계에 의하면 인구는 감소할 것으로 전망되나 가구는 적어도 2030년까지는 지속적으로 증가할 것으로 전망된다.

통계청 인구주택총조사 결과를 보면 2005년 기준으로 우리 사회의 비혼(非婚) 가구는 1995년 144만 가구에서 2005년 280만 가구로 10년 동안의 증가율은 59%에 이른다. 기러기아빠, 주말부부 등도 일부 포함된 1인 가구 통계를 보면 1인 가구가 전체 가구에서 차지하는 비율은 1980년 4.8%, 1990년 19.0%, 2000년 15.5%, 2005년 20.2%로 늘었다. 2007년 기준 1인 가구 비율이 49%인 덴마크의 경우 1인 가구가 두 배로 늘어나는 데 30년이 걸렸던 것과 비교하면 한국은 세계 어느 나라보다 '독신화 사회'로의 이행 속도가 빠른 셈이다. 한국 사회에서 결혼과 가족제도에 대한 전통적 관념이 급속도로 해체되는 이유가 여기에 있다.

독신가족이 늘어나고 있는 이유는 개인주의 성향, 가부장제 가족제도에 대한 반발, 여성의 경제적 자립, 적절한 배우자감의 부재 등이 작용한 것으로 보인다. 특히 만혼으로 독신기간이 장기화면서 혼자 미혼으로 지내다가 적당한 상대가 나타나지 않으면 굳이 결혼을 하지 않고 혼자 사는 생활을 계속하겠다는 젊은 층이 증가하고 있다. 과거와 같이 주변 사람들의 시선을 의식하고, 사회적 규범에 얽매여서 원하지 않는 결혼을 강행하지는 않는 추세다. 결혼은 더이상 의무사항이 아니라 선택사항일 수 있다고 여긴다.

독신은 결혼하지 않은 비혼(非婚)뿐만 아니라 이혼이나 사별이 그 원인이 되기도 한다. 미혼, 이혼, 사별 등 독신의 원인에 따라 독신의 의미는 각각 다를 것이다. 결혼의 전 단계로 독신을 바라볼 수도 있지만 이제 많은 사람들이 자신의 라이프스타일로 독신을 선택하고 있다.

참고자료 11-8 자유를 택한 화려한 싱글

"난 졸리면 자고 심심하면 놀아. 아, 외롭다. 나 단순하게 살았어. 맛있으면 마셔." 요즘 한창 인기리에 방영되고 있는 한 음료광고의 카피다. '잘 나가는' 노총각임을 자신의 이미지로 내세우는 가수 이현우가 내뱉는 대사는 자유와 외로움이라는 독신의 특성을 강조해 혼자 살기를 꿈꾸는 불특정 다수의 젊은 세대들에게 어필하고 있다.

이현우의 대사가 아니더라도 독신의 가장 큰 매력이 자유라는 것을 부정할 사람은 없다. 독신자들 스스로는 물론이고 독신을 부러워하는 기혼자들이 가장 먼저 떠올리는 것도 자유다. 가족으로부터의 자유, 관습으로 부터의 자유 그리고 자기로부터의 자유. 그것은 원하는 일을 원하는 때에 하고 동시에 하고 싶지 않은 일은 남의 눈치를 보지 않고 하지 않아도 되는 자유를 뜻한다.

출처: 주간한국(2001. 5. 10).

'자유롭지만 고독하다.' 이 말은 독신생활을 그대로 나타내는 말인지도 모른다. 대개 결혼은 사회활동의 범위를 좁히고 젊음과 창의성에도 마침표를 찍게 만든다. 반면에 독신생활은 자유롭고 타인의 통제를 받지 않고 자기정체성을 계속 정비하며 창의와 모험을 즐길 수도 있다. 성공적인 독신자들이 자아실현이나 성취도가 높다. 하지만 안정감의 결핍, 고독, 권태감에 빠져 버릴 수도 있다.

그러나 결혼, 가족이라는 법칙이 지배하는 우리 사회에서 독신은 여전히 비주류이다. 정작 독신을 불편하게 하는 것은 고독이 아니라 혼자 사는 사람들에 대한 지나친 관심과 편견이다. "너무 콧대가 높은 거 아냐?" 서른 살이 넘도록 결혼하지 않은 사람들은 이런 말을 흔히 듣게 된다. "무슨 문제가 있는 거 아냐?" 이런 말에서 자유로울 수 없다.

특히 결혼하지 않으면 인간으로서 성숙할 수 없다는 사회 인식도 여전히 존재한다. 그러나 결혼이 삶을 결정하는 개인의 선택이라면 독신도 하나의 선택일 뿐이다. 최근에는 독신모임이 늘어나고 있는데, 경제력과 낙천적인 성격의 소유자라면 독신으로 사는 것도 나쁘지 않다고 이들은 말한다. 독신은 가족을 해체하는 존재가 아니라 다양한 가족 형태를 실천하는 사람들로 보아야 한다고 말한다.

6 공동체가족

1) 공동체가족의 의미

공동체가족은 혈연이나 결혼을 기초로 하지 않는 새로운 가족으로 함께 살면서 경제적・정서적 지원을 공유한다. 대부분의 공동체 가족은 동일한 가치관이나 이념 혹은 종교적 신념을 기초로 조직되어 가족적 공동체를 구성한다. 따라서 공동체가족이 함께 생활해 나가기 위해서는 집단적인 상호관계가 절대적으로 중요시된다. 공동체가족은 그 목적에 따라 다양한 형태로 구성될 수 있고, 그 규모도 다양하여 하나의 가족처럼 5~6명으로 구성될 수도 있으며, 수십 명 또는 그 이상으로 구성될 수도 있다. 이스라엘의 키부츠가 공동체가족의 전형적인 예가 된다. 키부츠는 생산적 기능과 소비적 기능, 자녀양육 등의 기능을 함께 한다. 공동체 전체가 하나의 가족을 이루어 구성원들이 분업화하여 공동으로 노동하고, 공동의 수입으로 공동의 가계를 운영한다. 생산활동이 분업화되어 있고 취사, 세탁 등 가사노동도 분업화됨으로써 일의 능률을 기한다. 일반가족과 같이 성역할이 수직적이고 강제적인 것이 아니어서 남녀평등이 실현되고 있다. 우리나라에서도 이런 유형의 공동체가 나타나고 있는데, 주로 농촌에서 농업에 공동으로 종사하거나 농장을 운영하는 경우에 주로 나타나고 있다.

2) 우리나라의 공동체

산업화와 핵가족화로 인한 자녀양육 문제, 노인문제, 환경오염, 청소년 비행 등의 문제를 개별가족의 힘만으로 해결하기에는 벅차다. 이럴 때 이웃끼리 혹은 같은 문제를 가진 사람들이 모여서 공통적으로 해결책을 찾아본다면 좀더 쉬워질 것이다. 우리 사회의 공동체는 이러한 문제들을 함께 해결할 필요에 의해 탄생하였다. 그래서 공동체운동은 새로운 '이웃사촌' 운동이다. 따라서 공동체가족은 현대가족이 개

참고자료 11-9 공동체가족-들꽃 피는 마을

부모로부터 버림받은 어린이들이 소규모 그룹으로 나뉘어 생활하는 '들꽃 피는 마을'은 일종의 공동체가족 형태이다. 45명의 어린이와 청소년들이 경기 안산시, 충북 진천군, 전북 장수군 등의 열 가구에 나뉘어 함께 생활하고 있다. '아이를 키우는 데 가장 좋은 환경은 가정'이라는 철학을 실천하기 위해 6년 전에 시작됐다.

아이들은 부모역할을 하는 생활교사로부터 충분한 관심과 애정을 받고 있다. 물론 생활교사들은 아이가 없는 가정이 대부분이다. '들꽃 피는 마을'을 운영하는 김현수 목사는 "문제아로 몰렸던 아이들도 따뜻한 가정을 맛보게 되면 금방 어린이의 천진함으로 돌아간다. 어떤 이유에서든 공동체를 이루어 살아가는 가족의 형태는 앞으로 늘어나지 않겠느냐?"고 말했다.

출처: 한국일보(2001. 1. 2).

별적으로 해결할 수 없는 여러 가지 문제들을 이웃과 함께 해결하기 위하여 나온 개인 및 가족들의 조직체다. 핵가족의 소외, 가족이기주의, 다양한 사회문제의 해결책을 모색하는 대안적 가족 모습이다. 공동체가족이라고 하면 흔히 공동체를 이루어 함께 사는 형태이지만 우리나라의 경우 다양한 형태로 나타나고 있다.

먼저 가족적 역할을 보충해 주는 공동체가족을 예로 들 수 있다. 대체로 가족과 함께 살지 못하게 된 어린아이와 장애인들은 보호시설로 보내지게 된다. 그러나 보호시설에서 가정의 따뜻함을 기대하기는 어렵고, 특히 가정의 역할을 충분히 누릴 수 없는 아이들이 함께 모여서 공동체가족을 이루고 있는 경우가 많다. 공동체가족을 통하여 단절된 인간관계를 회복하고 더불어 살고자 하는 운동이 확산된다면 건강한 미래 사회와 미래 가족이 이룩될 것이다.

가족적 역할을 보충해 주는 공동체가족 외에도 다양한 목적을 위한 공동체가족이 형성되어 있다. 공동체의 성격에 따라 다섯 가지 유형, 즉 가족모임 공동체, 합동가족 공동체, 협동조합 공동체, 이웃사랑 공동체, 사회변혁 공동체로 나누어진다. 가족이기주의에서 벗어나 이웃 가족과의 관계를 회복하여 건강한 가족을 이루고, 사회 전반에 관심을 가지자는 취지의 모임이 '가족모임 공동체'로 대표적으로는 〈좋은 아버지가 되려는 사람들의 모임〉, 〈한부모 모임〉 등이 있다.

전통적인 대가족제도와 핵가족의 한계를 극복하고자 두 가족 이상이 같이 모여 살면서 생활의 일부만을 공동으로 해결하는 공동체로서 '합동가족 공동체'가 있다. 육아만을 공동으로 하는 공동체가 하나의 예가 될 수 있다.

또 우리 먹거리에 관심을 가지고 무공해농산물, 유기농법농산물 생산자와 소비자를 연결하여 중간 상인의 이익을 배제하여 농민을 살리자는 모임도 활발하다. 〈한살림운동〉, 〈우리 밀 살리기 운동〉 등은 상호 이익을 얻기 위한 모임으로 '협동조합 공동체'이다.

기타 이웃사랑을 실천하는 자원봉사모임 등의 '이웃사랑 공동체'도 늘어나고 있으며, 사회변혁을 위한 시민운동의 성격을 가지는 환경운동 모임이나 〈참교육학부모회〉의 '사회변혁 공동체'도 있다.

참고자료 11-10 좋은 아버지가 되려는 사람들의 모임

1992년 5월 1일 우리나라의 아버지날이 처음 만들어졌다. 이 날은 젊은 아버지들이 가장으로서의 책임과 의무를 재확인하고 스스로의 위상을 재정립하기로 다짐한 날이다. 좋은 아버지가 되려는 사람들이 주축이 되어 5월 1일을 '아버지날'로 정하고 다음과 같이 '좋은 아버지 선언'을 하였다.

첫째, 우리는 모든 부모를 공경하고 자녀사랑의 마음을 널리 실천해 가면서 가정과 사회에 화목하고 평화로운 환경을 만드는 데 힘쓴다.

둘째, 우리는 정정당당한 삶의 틀 속에서 서로를 존중하고 격려하며 창조적인 생활문화의 멋을 찾아내 이웃과 함께 나누는 데 힘쓴다.

셋째, 우리는 미래에 존경받을 정직한 어른을 지향하여 가정과 사회에서 좋은 아버지의 모습을 실천해 보이는 데 힘쓴다.

아버지날은 어버이날이나 스승의 날처럼 수고를 위로받고 은혜를 깨우치고자 한 날이 아니다. 오늘의 가정을 이끄는 가장 본연의 역할을 제대로 해 나가자는 뜻에서 만들어진 것이다. 따라서 아버지날은 단순히 하나의 기념일이 아니라 '정당한 삶'의 가치를 생활 속에서 실천하자는 의지를 표현했다는 데 의미가 크다. 자녀들이 마음 놓고 닮아도 좋을 그런 인간상을 보여 주고, 또 이를 위해서는 평소에 자녀와 창조적인 삶을 열어가는 문화적인 노력이 수반되어야 하며, 부부간에도 상호 보완적인 평등을 실현하여 가정의 평화를 이루는 이러한 모습을 사회 곳곳으로 번져가게 하려는 뜻이 있었다. 그런 점에서 아버지날은 이 땅의 많은 아버지들이 가족이기주의를 벗어나 공동 삶을 실현하기 위한 새로운 미래 선언이기도 하다. 아버지의 위상을 시대감각의 변화에 맞도록 다시 세우자는 데 의미를 두고, 아버지 스스로 자녀의 눈높이에 맞게 몸을 구부리자는 겸손한 실천의지와 자기 쇄신을 통해 이웃과의 선린관계를 재정리하려는 의지가 함축되어 있기도 하다.

7 동거가족

동거가족은 결혼식의 여부에 상관없이 법적인 혼인신고가 되어 있지 않은 가족으로 흔히 '사실혼'이라고 한다. 서구사회에서는 1970년대에 젊은 계층에서 급속히 확산되었다. 서구에서 동거는 결혼에 대한 대안적 형태로 인식되고 있으며, 오히려 법적인 제재에서 자유롭기 때문에 결혼보다 동거를 선호하는 경향을 가진다. 특히 유럽에서는 결혼의 준비단계로 인식되고 있다. 프랑스에서는 1970년대 말에 동거부부에게 혼인한 부부와 같은 법적인 권리가 인정되었다.

최근 우리나라에서도 '동거'에 대하여 관심이 높아지면서 상당히 수용적인 태도를 보이고 있다. 동거는 정서적 교류, 경제적 협력이나 성욕충족 등 생활의 편의를 위해서 행해지는 경우가 많다. 특히 젊은 층의 동거는 결혼의 전 단계로 과연 결혼하여 잘 살 수 있을 것인지를 시험하는 단계로서의 성격을 가지기도 한다. 그런데 우리나라의

참고자료 11-11 우린 당당히 동거한다

최근 젊은 세대들 사이에서 동거에 대한 사회적 관심이 높아지고 있다. 혈연 중심적 가족제도에 반기를 드는 일부 젊은 세대들이 동거를 대안적 가족 형태로 인식하는 추세가 확산되는 가운데 인터넷상에서도 동거 사이트, 각종 포털사이트의 동거 동호회가 인기를 끌고 있다.

동거에 대한 인식의 변화는 동거인구가 증가하고 있는 가운데 동거를 선택하는 동기 등 동거양상도 변화하고 있다. 과거에는 동거를 대부분 경제적인 이유 등 결혼의 전 단계로 불가피하게 선택했다면 최근의 동거는 결혼 여부와 무관하게 자신의 가치관에 따라 주체적으로 선택하는 하나의 가족 형태로 바뀌고 있다.

이와 함께 동거를 하는 사람들의 인식도 달라져 과거처럼 동거를 은폐하기보다는 주위에 당당히 밝히고 자신들의 권리를 위해 싸워 나가고 있다는 점도 특기할 만하다. 실제로 지난 달 한 스포츠지가 최근 동거문화를 다소 부정적으로 기사화하자 한 온라인 동호회가 강하게 문제제기하여 언론사로부터 반론보도, 기사삭제 등을 약속받기도 했다.

동거커플들은 "각자 독립성을 인정하면서도 일상을 공유할 수 있다."거나 "서로에 대해 더 잘 알 수 있다." 혹은 "관계를 지속시키기 위해 늘 긴장감을 늦추지 않으며 자기 개발에 신경을 쓰게 된다." 등의 경험을 근거로 '동거' 를 전통적 가족 패러다임을 변화시킬 대안적 가족 형태로 인정해야 한다고 주장한다. 또 동거를 선택하는 이들 가운데는 '가족제도 안의 가부장성이 싫어서' 등의 이유로 결혼보다 자유롭고 평등한 동거관계를 선택하는 경우도 있다.

이러한 대안적 동거커플의 확산현상에 대해 한국여성개발원의 변화순 수석연구위원은 '여성들의 교육수준이 향상됨에 따라 경제적 독립이 가능해졌고, 여성의 주체성에 대한 자각과 성적 자기결정권이 확대된 데 따른 결과'라고 분석했다.

출처: 여성신문(2001. 3. 9).

경우 '가부장적인 가족제도가 싫어서' 동거를 선택하는 경우도 있다. 기존의 가족구조에서 벗어나 보다 자유롭고 평등한 관계를 원하는 것이다.

대개 실험결혼 단계의 동거가족은 전통적인 성역할에서 벗어나 남녀 동등한 역할 공유현상이 나타난다. 하지만 동거가 결혼생활의 실험이기 때문에 서로 간의 갈등이나 불화가 나타날 때에는 쉽게 무너지기 쉬운 속성을 가지고 있다. 따라서 결혼 안정성이 매우 낮다.

젊은 층의 경우와는 달리 재혼의 경우, 특히 노년재혼의 경우에는 혼인신고를 하지 않고 사실상의 동거를 선택하는 경우도 늘어나고 있다. 이 경우에는 노년기의 정서적인 안정을 위하여 재혼을 결정하지만 상속 등의 법적 구속이 부부 상호 간이나 자녀들과의 관계에서 부담스러울 수 있기 때문에 이런 법적인 제약에서 자유로운 동거를 선택하기도 한다.

우리나라에서는 동거부부에 대한 인식이 대체로 부정적이다. 그러나 동거가족이 늘어나고 있는 상황에서 정서적, 경제적으로 생활공동체로서의 모습을 유지하고 있는 이들의 관계를 법적으로 어느 정도까지 인정할 것인가는 우리 사회가 해결해야 할 과제이다. 어느 정도까지 자유롭고 어느 정도까지 구속할 것인가? 동거와 사실혼의 경계는 불분명하다. 부부로서의 의사와 실체를 가지고 있느냐, 단순히 계약동거냐에 따라 법적인 구속력은 달라진다. 그러나 동거가족이라고 말할 때 그 의미는 남녀가 부부로서의 의사를 가지고 있는 것으로 보아야 하므로 사실혼부부, 사실혼가족으로 이해해야 할 것이다. 법적으로는 사실혼부부에게 어느 정도 부부로서의 법적 권리를 인정하고 있다. 다만 혼인신고가 되어 있지 않기 때문에 친족관계가 발생하지 않고, 상속권이 인정되지 않을 뿐이다.

혼인신고를 해야 하고 확대된 친족관계에서 발생된 새로운 역할을 하겠다는 묵시적 동의를 뛰어넘은, 법적 구속력에서 자유롭지만 결혼생활에서 불안정한 동거가족은 새로운 미래 가족의 모습으로서 그 가능성을 짚어 보아야 하겠다.

참고자료 11-12 동거부부 법적 지위 보장 '시민연대협약' 통과

'동거'가 자연스럽게 받아들여지지 않고 있는 우리나라와는 달리 외국의 경우 동거를 결혼만큼이나 자연스런 가족 형태로 인정, 동거부부에게 법률혼부부와 같은 법적 지위를 보장하는 나라도 적지 않다.

프랑스가 지난 1999년 10월 13일 결혼하지 않은 모든 형태의 동거부부에게 법적 지위를 부여하여 이들이 각종 법률이나 사회보장혜택에서 불이익을 당하지 않도록 하자는 내용의 시민연대협약(PACS)을 통과시켰다. 프랑스에서는 지난해 28만 5천여 쌍이 결혼했고, 250만여 쌍이 동거부부인 것으로 보도됐다. PACS에는 3만여 쌍이 등록했다. 프랑스에서는 결혼보다 동거가 훨씬 일반적인 가족 형태인 것이다. 이런 현상은 미국이나 유럽 등지도 마찬가지다.

일본의 경우 우리와 비슷하게 동거를 젊은 시절 철부지들의 불장난 혹은 결혼으로 가기 위한 전 단계로 인식하는 경우가 대부분이다. 〈여성데이터북(1999)〉에 따르면 '남녀가 같이 산다면 결혼해야 한다.'는 질문에 미혼여성의 36%, 미혼남성의 25%가 동의하는 것으로 조사됐다. 그러나 사사키 노리코(릿쿄대 가족사회학 박사과정)에 따르면 일본에서는 최근 들어 동거하는 사람들이 늘고 있으며, 더이상 그늘에 가려 있기보다는 자기들의 권리를 요구하는 젊은이들이 늘고 있다고 전한다.

이 가운데 부부별성을 희망하는 사람들이 많아지고 있는 것이 특징이다. 일본에서는 민법 제750조에 '부부는 혼인했을 때 정하는 대로 남편 또는 아내의 성에 따라야 한다.' 고 명시하고 있다. 남녀 어느 쪽이든 한쪽 성만 써야 한다는 것이다. 대부분의 경우 남편 성을 쓰는데 1980년대 후반부터 '부부별성'을 인정하라는 운동이 일고 있다. 아직 법개정은 이루어지지 않았지만 호적에는 남편 성을 따르면서 일상에서는 자기 성을 그대로 쓰는 여성들이 늘어나고, 자기 성을 쓰기 위해서 서류상 이혼이나 동거를 택하는 여성도 있다고 전한다.

출처: 여성신문(2001. 3. 9).

요 약

시대와 사회에 따라 가족의 구조와 기능은 지속적으로 변화하고 있다. 여성취업의 증가와 이혼율의 급증, 가치관의 변화 등으로 이미 우리 사회도 다양한 가족의 모습이 나타나고 있다. 맞벌이가족은 결혼한 부부의 일반적인 모습이 되었다. 이혼율의 급증으로 한부모가족이나 재혼가족도 늘어나고 있다. 가족가치관의 변화로 독신가족, 공동체가족 등 새로운 형태의 대안적 가족이 늘어나고 있다.

가족의 모습이 다양한 만큼 내포하고 있는 문제도 다양해지지만 이러한 변화에도 불구하고 이들을 수용할 수 있는 사회 인식이나 문제해결을 위한 국가 정책은 이를 따라가지 못하는 형편이다. 맞벌이가족이 일반화되어 있지만 맞벌이가족의 자녀양육 문제를 해결할 사회적 지원체계가 여전히 부족하다. 다른 형태의 가족의 경우에도 마찬가지이다.

부부와 자녀로 구성된 전통적인 가족만이 정상적이고 안정적인 '행복한 가정'이라는 사회적 통념도 변하지 않고 있다. 예를 들어 대개 한부모가족은 결손가정 취급을 받고, 한부모가족의 자녀는 비행청소년이 될 가능성이 높다고 가정해 버린다. 비정상적이고 일탈된 가족으로 규정하는 것이다. 다른 형태의 삶을 인정하지 않는 전통적인 가족만이 정상적이라는 닫힌 가족문화가 여전히 우리 사회의 지배적 가치로 작용하여 현대사회의 다양한 가족 형태를 수용하지 못하는 경향을 보인다.

가족의 형태가 어떤 것이건 가족의 기능만은 제대로 수행되어야 가족이 행복하고 우리 사회도 건강해질 것이다. 다양한 가족에 대한 사회 인식의 변화 그리고 이들 가족에 대한 실태 파악과 함께 적절한 복지정책이 마련되어야 할 것으로 본다.

연구과제

1 농경사회에서의 우리나라 가족구조와 장단점을 알아보자.

2 자신이 알고 있는 계부모가족이 현실적으로 어떤 어려움을 겪고 있으며, 사회적으로 받는 불이익을 생각해 보자.

3 맞벌이가족의 자녀양육 실태와 효과적인 방안을 제시해 보자.

4 자신은 어떤 유형의 가족을 꿈꾸고 있으며, 행복한 가족을 어떻게 영위할 것인지 계획해 보자.

참 / 고 / 문 / 헌

김태홍 · 주재선(1998). 맞벌이부부의 가구특성과 고용구조. 한국여성개발원. 여성연구.
김정옥 외(1999). 새로 보는 결혼과 가족. 서울: 학지사.
박영호(1993). 가족학. 서울: 삼성출판사.
박호강 · 박충선 · 정영숙(1999). 현대사회의 성 · 결혼 · 가족. 대구대학교 출판부.
변화순(1996). 이혼가족을 위한 대책 연구. 한국여성개발원.
이경희 · 이소희 · 방은영(1998). 가족복지. 서울: 형설출판사.
이소희 외(1998). 현대가족복지론. 경기: 양서원.
이영숙 · 박경란 · 전귀연(1999). 가족문제론. 서울: 학지사.
유계숙 · 최연실 · 성미애(1999). 가족학이론. 서울: 문음사.
이동원 · 김모란 · 윤옥경(1999). 변화하는 가족. 이화여자대학교 출판부.
이재연 · 최영희 공역(1990). Kathleen M. Galvin · Berard J Brmmel. 의사소통과 가족관계. 서울: 형설출판사.
정현숙 · 최연실 · 유계숙(1998). 결혼학개론. 상명대학교 출판부.
여성한국사회연구회 편저(1995). 가족과 한국사회. 경기: 경문사.
통계청(2000). 인구동태통계연보.

12장

부부: 헤어짐과 새로운 만남

김 은 경

"니가 언젠가 말했지. 우리 어머니들은 딸들에게는 어머니 같은 사람은 되지 말아라 하고 가르치고, 아들에게는 어머니 같은 여자를 얻어라 하고 가르치고, 우리 세대는 그런 딸들과 아들들이 만나 끝없이 갈등하는 세대라고……."

"……사실 누군가 결혼을 할 때 왜 결혼하세요?" 하고 묻는 사람은 없잖아. 대답은 뻔하니까. 하지만 이혼할 때 사람들은 물어……. 왜냐면 이혼하고 싶은 이유가 수만 가지 있어도 못하고 사는 게 보통 사람들이거든……. 애도 딸려 있고, 애들 인생도 있잖아."

공지영, 〈무소의 뿔처럼 혼자서 가라〉에서

1 헤어짐

20세기의 가족생활의 변화 중에서 가장 급진적인 것이 이혼율의 증가이다. 최근 이혼은 불행한 결혼생활에서 벗어나기 위한 대안으로 그려지고 있다. 2007년 한 해 동안 12만 4천 6백 쌍이 이혼을 하였다. 2008년 사회통계조사 결과에 의하면 조사대상의 29.4%가 이혼을 할 수 있다는 견해를 보였으며, 남자(32.6%)보다는 여자(44.1%)가 이혼에 대해 더 긍정적인 태도를 나타냈다(2008 사회통계, www.kosis.kr).

이제 이혼은 불행한 결혼에 대한 최후의 수단이 아니라 보다 나은 삶이나 행복의 추구를 위한 새로운 돌파구로 여겨진다. 이혼에 대한 사회적 시각의 변화와 그로 인한 이혼의 급속한 증가는 우리 사회만의 현상은 아니며 전 세계적인 현상이다.

프랑스의 지성 자크 아탈리는 그의 저서 《21세기 사전》에서 결혼을 처음부터 잠정적인 것으로 정의하면서 개인주의를 최고 가치로 신봉하는 21세기 인간은 감정도 하나의 소비상품으로 취급하게 되어 감정의 변화를 상품과 바꾸는 정도로 밖에는 여기지 않아 이혼이 지금보다 훨씬 더 간편해질 것이고, 그에 따라 이혼을 실패가 아닌 '자유행위'로 여기게 될 것이라고 주장한다. 그렇다면 우리 사회에서 이혼이 얼마나 발생하고 있으며, 이혼이 이처럼 증가하는 이유는 무엇인지, 이혼이 당사자들에게 어떤 영향을 미치는지, 그리고 이혼에 대한 대책은 무엇인지를 살펴보기로 하자.

1) 이혼의 실태와 변화 경향

통계청의 2007년 이혼통계결과에 의하면 한 해 동안 하루 평균 341쌍이 헤어져 총 12만 4천 6백 쌍이 이혼을 하였는데, 이는 1997년의 91만 2천 쌍에 비해 네 배 가까이 증가한 숫자이다(통계청, 2008). 그러나 우리나라의 이혼건수 및 조이혼율은 2004년 이후 계속 감소하고 있는 추세이다. 인구 천 명당 이혼건수를 나타내는 조이혼율은(〈표 12-1〉 참고) 1993년의 1.3건, 외환 위기가 발생한 1998년 2.5건, 2003년에 3.5건으로 최고치를 기록한 후 감소하여 2005년부터 2007년까지는 거의 비슷한 수준을 유지하고 있다(통계청, 2008).

표 12-1 이혼건수와 조이혼율 변동 추이

	1993	1998	2003	2004	2005	2006	2007
이혼건수 (천 건)	59.3	116.7	167.1	139.4	128.5	125.0	124.6
조이혼율	1.3	2.3	3.5	2.9	2.0	2.6	2.5

출처: 통계청(2008). 2007년 이혼통계 결과.

최근 이혼과 관련된 통계를 살펴보면 다섯 가지 중요한 변화의 경향을 살펴볼 수 있다.

첫째, 2003년 이후 이혼이 계속해서 감소하고 있다. 이는 1997년 이후 계속된 혼인의 감소로 인해 유배우 인구가 줄어들고, IMF 외환 위기에서 회복 됨으로 인한 경제적 안정의 증가와 이혼숙려제도의 도입 등에 기인한 것으로 보인다.

둘째, 이혼의 사유가 변하고 있다. 우리나라 부부의 이혼사유를 보면, 1960년대에는 존속학대 등이 주요한 사유였으나 성격차이로 인한 이혼이 2000년 이후 계속 증가하고 있다. 통계청이 보고한 2007년도 이혼사유 중에서도 성격차이(46.8%)가 가장 많아 현대사회에 들어서면서 부부관계가 더욱 중요해지고 있다는 것을 알 수 있다(〈표 12-2〉 참고). 성격차이 다음으로는 경제문제가 주요한 이혼사유로 부각되고 있다. 경제문제는 1970년에 이혼사유의 5.1%를 차지한 이후 계속 감소하였으

표 12-2 이혼사유별 이혼구성비 (단위: %)

연도	성격차이	경제문제	건강문제	가족 간 불화	기타	계
1991	–	2.0	1.4	84.9*	11.4	100
2000	40.1	10.7	0.9	21.9	12.1	100
2002	44.7	13.6	0.6	14.4	13.3	100
2005	49.2	14.9	0.6	9.5	13.8	100
2007	46.8	13.6	0.8	8.0	18.2	100

출처: 통계청(2008). 2007년 이혼통계 결과.

*부부 불화 포함.

나 1991년(2.0%)을 기점으로 지속적으로 증가하여 2007년에는 13.6%로 1991년에 비해 무려 일곱 배나 증가하였다. 또한 최근에는 배우자의 인터넷 채팅 중독이나 사이버 불륜, 부인의 남편구타 그리고 여성의 부정행위 같은 예전에는 상상하기 힘들었던 이혼사유들이 등장하고 있다. 이외에도 혼수, 부인의 흡연, 건강문제, 신용카드 과다사용과 같은 사소한 문제로 이혼하는 사례도 나타나고 있어 결혼의 소중함이 점차 희박해지고 있음을 알 수 있다.

셋째, 이혼자들의 평균연령이 높아지고 있다. 이혼자들의 평균연령은 남자 43.2세, 여자 39.5세로 1997년의 남자 39.1세, 여자 35.3세에 비해 각각 4.1세와 4.2세가 높아진 것으로 나타났다(〈표 12-3〉 참고). 2007년에 이혼한 부부의 평균 동거기간은 11.5년으로 1997년의 9.8년에 비해 2년 가까이 증가하였는데, 이는 장기 동거부부의 이혼이 증가한 것에 기인한다. 동거기간별 이혼 비율을 살펴보면 5년 미만이 27.1%, 5~9년이 20.5%로 높은 비율을 차지하지만 15년 이상 동거한 부부의 이혼율은 지속적으로 증가하여 1997년에는 전체 이혼의 24.4%였으나 2007년에는 34.9%나 되어 이혼부부 열 쌍 중 네 쌍이 15년 이상 결혼생활자로 나타났다. 20년 이상 결혼생활을 유지한 중·장년층의 '황혼이혼'도 20.2%나 된다(〈표 12-4〉 참고). 장기 동거부부의 이혼 증가는 부모의 이혼에 비자발적으로 참여하는 자녀의 수가 증가하고 있음을 의미하며, 이에 따라 이혼의 부작용도 과거보다 커질 것으로 예상된다.

표 12-3 평균 이혼연령 (단위: 세)

성 별	1997년	2000년	2003년	2005년	2007년
남 자	39.1	40.1	41.3	42.1	43.2
여 자	35.3	36.6	37.9	38.6	39.5

출처: 통계청(2008). 2007년 이혼통계 결과.

표 12-4 동거기간별 이혼구성비

(단위: %)

기 간	1997년	2000년	2003년	2005년	2007년
0~4년	31.0	29.3	24.6	25.9	27.1
5~9년	24.3	22.3	23.1	22.2	20.5
10~14년	19.5	18.7	19.6	18.4	17.5
15~19년	14.6	15.3	14.9	14.8	14.7
20년 이상	9.8	8.9	17.8	18.7	20.2

출처: 통계청(2008). 2007년 이혼통계 결과.

넷째, 협의이혼이 증가하고 있다. 1960년에서 1990년에서 사이에 재판이혼(288호-1)이 70배나 증가한데 반해 협의이혼(9,164건→70,269건)은 7.6배 정도 증가하는데 그쳤다. 그러나 최근에 들어서면서 재판상의 이혼건수가 1997년 1만 6천 8백 건에서 2007년 1만 8천 9백 건으로 12.5% 증가한 반면에 협의이혼은 1997년의 7만 3천 9백 건에서 2007년에 10만 5천 5백 건으로 10년 사이에 43%가 증가되었다. 재판이혼은 복잡한 소송절차를 거쳐야 하지만 협의이혼은 부부가 이혼신청서를 법원에 제출하고 판사 앞에 출석하여 이혼의사만 확인하면 몇 분 이내에 모든 절차가 마무리된다. 협의이혼의 편리함 때문에 이혼의 증가 추세가 계속되었으나 최근 이혼숙려제도의 도입은 급속하게 증가하고 있는 이혼에 영향을 미칠 것으로 보인다.

다섯째, 한국인과 외국인 배우자의 이혼이 빠르게 증가하고 있다. 한국인과 외국인의 결혼이 급속하게 증가하면서 이들의 이혼도 계속해서 증가하고 있다. 2002년 전체 이혼의 1.3%에 불과하던 한국인과 외국인 배우자의 이혼은 매년 증가하여 2007년에는 전체 이혼의 7.1%로 급증하였다. 특히 한국인 남편과 외국인 아내의 이혼 중 동거기간이 4년 이하인 부부가 90.2%에 달해 이들의 결혼 초기 적응을 위한 사회적 지원이 필요함을 알 수 있다.

2) 이혼의 증가 원인

(1) 결혼과 이혼에 대한 가치관의 변화

근대화 과정에서 나타난 남녀평등사상과 자유 및 개인주의적 가치관의 형성으로 결혼과 이혼에 대한 가치관이 변화하고 있다. 근대교육을 받은 젊은 세대들은 가족이 개인에 우선한다는 유교적 관념의 가족가치관에서 벗어나 불평등적으로 묶여진 가족의 유지보다는 개인의 행복이 우선이라는 개인주의적 가치관을 추구함에 따라 이혼에 대한 태도가 허용적이 되고 있다. 또한 가족관계의 중심이 부자관계에서 부부관계로 바뀌어짐에 따라 결혼생활을 통해 기대했던 욕구가 충족되지 못할 경우 이혼도 가능하다고 여기게 된 것이다.

(2) 부부간의 경제적 의존도의 약화

과거의 여성들은 경제적인 압력 때문에 불행한 결혼을 지속하였다. 그러나 여성의 교육수준이 높아지면서 취업기회가 증가되었고, 이로 인한 경제적인 자립능력은 이혼의 선택에 영향을 미친다.

(3) 법제도의 변화

무과실 이혼법이나 협의이혼의 허용을 통해 법이 이혼을 억제하는 기능을 수행하는 데에 한계가 나타났다. 법제도의 변화가 이혼의 증가에 영향을 미치는 것은 최근에 재판상의 이혼보다는 협의이혼의 수가 급속하게 증가하고 있는 것에서도 알 수 있다.

이와 더불어 과거에 문제시되던 가족법 중 이혼과 관련된 불평등한 법 조항들이 개정되면서(이혼 시 재산분할청구권으로 여성의 가사노동 가치 인정, 면접교섭권 신설, 자녀양육권의 선택 및 조정) 여성들이 과거보다 쉽게 이혼을 할 수 있게 되었다.

그러나 부부가 협의이혼을 신청 시 자녀가 있을 경우 3개월, 없는 경우 1개월 동안 이혼에 대해 생각할 시간을 주는 이혼숙려기간제가 2008년 6월부터 시행됨으로써 급속하게 증가하고 있는 이혼에 영향을 미칠 것으로 보인다. 실제 이혼숙려제를 도입한 창원지법의 경우 이혼숙려제 도입 이후 이혼 비율이 22.4%나 감소하였으며(부산일보, 2008. 7. 15), 춘천지원도 이혼숙려제도 시범 실시 이후 이혼신청 취하율이 이전의 5%에서 23.7%로 크게 늘어난 것으로 나타나서(강원일보, 2008. 6. 25) 이혼숙려제가 정착되면 이혼율의 감소에 기여할 것으로 보인다.

(4) 성역할 변화에 대한 남녀 간의 수용의 차이

사회의 급속한 변화에 따른 성역할 변화를 여성들은 빠르게 받아들인 데 반해 남성들은 변화를 받아들이는 속도에서 여성들과는 상당한 차이를 보인다. 남성들은 전통적인 가부장제도하의 남성적인 역할이 가진 편의성을 포기하기를 원하지 않는다. 또한 부모로부터 답습한 남성역할에 익숙해 있어 가정 내의 남녀평등에 반발하면서 집안의 강력한 주인으로 남기를 원하는 전통적 의식을 가지고 있다. 따라서 아내의 직업은 허용하지만 가사나 육아는 분담할 수 없으며, 남편의 직업이 아내의 직업에 우선한다는 신전통주의적 사고를 가진 남편과 가사분담, 자녀양육에서 동등함을 주장하는 아내는 마찰과 갈등이 일어나게 되고 이혼에 이르기도 한다.

(5) 친족 및 지역사회 기능의 약화

전통사회에서는 친족과 지역공동체의 영향이 강하여 이혼하기 전에 지역공동체의 조정이나 제재를 통해 갈등이 중재되었다. 그러나 사회가 산업화·도시화되면서 나타난 지리적 이동에 의해 친족 및 지역사회의 유대가 약해지고 도시의 익명성으로 인해 개인의 자유선택이 강해짐에 따라 이혼의 선택이 용이해지고 있다.

(6) 자녀 수의 감소

2007년 우리나라 가임여성의 합계 출산율은 1.26명으로 자녀 수는 점차적으로 감소해 가고 있다. 이러한 자녀 수의 감소는 부부가 이혼을 결정할 때 부담을 줄여주게 되어 이혼율 증가의 또 다른 요인으로 작용한다.

참고자료 12-1 "당당해진 여성" 빛과 그림자

이혼 공화국 한국에서 이혼은 더이상 특별한 일이 아니다. 세상이 변하고 생각이 바뀌면서 이혼 세태도 변하고 있다. 이혼 전문 변호사들이 본 우리의 이혼 실태를 살펴보았다. 남편이 바람을 피워 이혼할 때 여성은 아무런 대책 없이 아이들의 양육권만 넘겨달라고 애원하던 시절이 있었다. 그러나 지금은 반대로 눈물을 흘리는 남편을 보는 것이 어려운 일이 아니다. 여성들의 사회적·경제적 지위 향상으로 아내의 부정행위가 늘어나면서 남편이 이혼 소송을 신청하는 경우가 크게 늘었다. 이혼 전문 변호사인 안미영 씨는 "지금 여자들은 남자와 동등한 입장에서 일할 수 있게 되고, 사교육비를 벌기 위해 부업을 하는 경우도 많아서 그만큼 외도할 가능성이 많아진 것"이라고 설명했다. 김수진 변호사는 "우리 사회에서 전통적으로 가장 많은 비율을 차지하는 이혼사유는 배우자의 외도와 가정폭력"이라며 "그러나 최근에는 배우자에 대한 부당한 대우와 경제문제 등도 이혼사유로 급부상하고 있다."고 말했다. 전문가들은 배우자의 부정행위와 관련한 이혼 청구가 여성에서 남성으로 '역전'되는 날도 멀지 않았다고 입을 모은다.

부부의 기본은 서로에 대한 믿음과 대화이다. 전문가들은 이혼의 본질은 부부 신뢰관계의 파괴라고 강조하고 있다. 불신과 미움으로 가득 찬 부부가 결혼생활을 이어가는 것은 고통이자 불행이기 때문이다. 이 같은 불신은 이혼 조정과정에서 더욱 심화한다. 위자료나 재산분할, 양육권 등을 둘러싼 갈등은 되돌릴 수 없는 감정싸움으로 발전한다. 신은숙 변호사는 "이혼을 결심한 부부가 절차를 밟게 되면 각자의 입장에서 한 치의 양보를 하지 않는 것을 볼 수 있다."며 "상대를 극도로 불신해 합의가 어렵고, 조정이혼이나 재판상 이혼으로 가는 경우가 많다."고 아쉬워했다. 그는 "양육권과 양육비 조정과 관련해 무조건 거부하거나 재산을 은닉하는 경우도 많다."고 털어놓았다.

최근 우리나라 이혼의 뚜렷한 추세는 '청년이혼'과 '황혼이혼'이 급격히 늘고 있다는 것이다. 이러한 현상에 대해 김수진 변호사는 "황혼이혼은 자신보다 자녀와 가정을 우선했던 과거 가정문화가 바뀌면서 나타나기 시작했다."며 "사회가 개방되고 여성의 지위가 개선되면서 더욱 급증하고 있다."고 밝혔다. 또 "젊은 층 이혼의 증가는 개인주의와 이기심이 강한 젊은이들의 사고와 생활방식이 결혼관에도 반영된 탓"이라며 "개인의 행복을 최우선시하면서도 참을성이 부족한 젊은 세대가 결혼생활 중 사소한 일에도 참지 못하고 부부의 연을 놓고 있다."고 말했다. 이혼사유도 마마보이, 성기능장애, 배우자 부정행위, 성격차이 등 다양하며, 아무리 부부라도 서로에게 얽매이기보다 자유롭게 살려는 경향이 강한 것도 특징 중에 하나이다.

전문가들은 이혼부부들이 이혼 후 외로움을 타는 경우가 많다고 설명한다. 그 기간이 오래되면 우울증으로까지 발전해 심각한 상황에 직면하기도 한다. 이 때문에 이혼소송 중에 신경정신과 치료를 받는 부부들도 꽤 많은 편이라고. 안미영 변호사는 "이혼을 준비하는 당사자들은 남자든 여자든 심리적으로 정상이라고 보기는 어렵다."며 "이들이 막상 이혼을 하면 외로움으로 인한 우울증이 심각해지는 경우도 있다."고 밝혔다. 그는 이어 "특히 여성의 경우 이혼 후 6개월 정도까지 매일 밤마다 울거나 술을 마시며 방황하는 경우가 많다."며 "사회활동을 많이 하거나 취미생활을 즐기려는 노력을 하지 않으면 극복이 어렵다."고 조언했다. 또 이혼 이후 자녀들이 겪는 정신적 혼란과 방황, 이로 인한 가정파탄 등 이혼자들을 괴롭히는 문제는 산적해 있다고 전문가들은 지적하고 있다.

김수진 변호사는 "이혼이 최선의 대안일 수는 없다."며 "이혼을 고민하는 모든이들은 '내가 왜 이혼을 하려는 건지', '현재 내가 겪고 있는 고통이 이혼으로 인해 사라지게 되는 건지', '이혼 이후 오히려 더 큰 문제가 발생하는 것은 아닌지', '이혼 결정으로 자녀가 겪게 되는 고통은 없는지' 등을 심각하게 생각하는 자세가 필요하다."고 강조했다.

신은숙 변호사는 "이혼에 대해 단정적으로 말할 수는 없다."며 "부부가 함께하는 것이 개인에게 너무나 커다란 불행이라면 이혼하는 것이 최선일 수도 있다."고 말했다. "그러나 전문 변호사로 상담을 하는 입장에서 이혼은 최후의 방법으로 삼기를 권하고 있다."는 그는 "상대의 입장이 되어 자신을 객관적으로 바라보고, 상대방에게 양보하고 화합하려는 배려가 필요하다."고 덧붙였다.

출처: 뉴시스(2008. 6. 24).

3) 이혼의 결과가 이혼부부에게 미치는 영향

이혼이 새로운 삶에 대한 기회가 될 수 있다는 이혼의 긍정적인 측면에도 불구하고 이혼은 대부분의 사람들에게 매우 고통스러운 인생 사건이다. 이혼은 이혼한 부부와 그들의 자녀, 확대가족, 친구들에게 모두 영향을 미치지만 여기에서는 부부관계에 중점을 두고 이혼의 결과로 이혼부부가 부딪치게 되는 문제들을 살펴보고자 한다.

(1) 정신적 · 심리적 및 건강상의 문제

이혼율의 급속한 증가와 이혼에 대한 사회적 시각의 변화에도 불구하고 이혼은 관련된 당사자들에게 심리 · 정서적 손상과 사회경제적 문제를 수반하고, 재적응에 많은 어려움을 가져오는 사건이다. 이혼이 보편화되어 있는 미국에서조차도 기혼자·미혼자·이혼자 6천 명을 대상으로 한 연구의 결과에 의하면 이혼자들이 가장 건강하지 못하고, 가장 불행하며, 가장 우울증의 경향이 높고 자살할 확률이 높은 것으로 나타났다(Kurdek, 1991).

이 같은 특성은 특히 이혼 후 초기 단계에서 나타난다. 이혼자들은 상당한 스트레스를 경험하며, 결혼을 유지하고 있는 사람들에 비해 사망할 확률이 높은 것으로 보고된다(Hemstrom, 1996). 그러나 일단 스트레스로 가득 찬 이혼의 초기 단계를 지나게 되면 이혼자들은 다시 건강하고 행복한 사람으로 돌아올 수 있게 된다.

분노와 괴로움의 감정 이외에 이혼자들은 그들의 삶의 세 가지 기본적인 변화와 관련된 절망의 감정을 경험하게 된다. 가장 중요한 친밀감의 근원의 상실, 삶의 일상의 변화, 이혼자라는 새로운 지위에 대한 자각(knox & Schacht, 1999)이 그것이다. 즉, 배우자와의 관계가 끝남과 동시에 배우자의 친지와 유대가 끊어지며, 또한 자신의 친척이나 친구들과도 이혼 전과 같은 관계를 유지하기가 어렵고 직장생활에까지 영향을 미치게 된다.

이혼으로 경험하게 되는 스트레스의 정도는 결혼생활에서 경험한 스트레스의 정도에 의해 결정된다. 만일 결혼생활이 매우 괴롭고 스트레스로 가득 차 있었다면 이혼은 실제로 스트레스를 유발하기보다는 스트레스를 감소시키는 사건이 될 수 있을 것이다.

벌부르그(Verbrugge, 1979)는 이혼한 사람과 결혼한 사람을 비교한 결과 이혼을 한 사람이 보다 심각한 질병과 만성적인 무기력 상태가 많다고 보고하여 이혼이 사람의 신체적 건강에 해로울 수 있다는 증거를 제시하고 있다. 또 다른 연구에 의하면 이혼은 면역체계를 변화시켜 이혼한 사람들은 질병, 감염, 임상적인 문제나 심각한 의학적 문제에 더 취약하고 심지어 사망할 확률도 더 높다고 한다(Kiecolt-Glaser et al., 1987).

누가 이혼에 결정적인 역할을 했는가도 이혼에 대한 반응에 영향을 미치는데, 이혼을 당한 사람은 실패나 패배의 감정을 느끼게 되는 반면 이혼을 제기한 사람은 상당한 스트레스와 죄책감을 경험하게 된다고 한다.

이혼 후의 정서적·심리적 적응에 있어서 남녀 간의 성차가 있을까? 아렌델(Arendell,

1995)은 여성이 남성에 비해 별거나 이혼에 대해 정서적으로 훨씬 적응을 잘한다고 주장한다. 여성은 남성들에 비해 더 강한 사회적 지지망을 가지고 있을 뿐만 아니라 이혼이 여성을 독립적이 되도록 만들기 때문에 그것을 통해 자존심과 자신감이 발달하게 된다.

반면에 남성들은 집안일, 친지와의 관계 등을 아내에게 의존하였고 여자들처럼 강한 정서적 지지망을 가지고 있지 못하기 때문에 아내의 빈자리를 빨리 채우려는 경향이 있다. 따라서 이혼한 남자들은 이혼한 여자들에 비해서 더 많은 사람들과 데이트를 하고 더 빨리 재혼하는 것으로 나타난다. 그러나 장기적으로 볼 때 이혼에 대한 적응에 있어서 성차는 매우 적으며, 이혼으로 인한 정서적 안정의 회복시기는 남녀 구별이 없이 2년 이상 걸린다.

(2) 경제적인 문제

이혼 후에 남성과 여성 모두가 수입의 감소를 경험하지만 일반적으로 여성이 더 큰 경제적 어려움을 경험하게 된다. 이혼한 여성의 40%가 수입이 절반으로 감소하는 반면 남성들의 17%만이 같은 정도의 수입의 감소를 경험하게 된다(Aerndell, 1995).

특히 전업주부들일 경우 주거 및 생계의 어려움이 이혼으로 인해 겪게 되는 가장 큰 문제 중 하나이다. 전업주부였던 여성들이 종사할 수 있는 직종은 대부분 임금이 적고 미숙련된 일이므로 저임금과 취업기회의 제한 등으로 노동시장에서 불리한 위치에 처하기 때문에 자녀에게도 급격한 변화가 일어나게 된다.

지금까지 우리나라의 가족법은 이혼한 부인에 대한 생계대책을 고려하지 않았으나 1991년 가족법 개정을 통해 배우자의 재산분할청구권이 인정되어 가사노동의 대가를 겨우 인정받고 있다. 하지만 외국처럼 이혼에 대한 대가로 지불되는 이혼수당이나 자녀양육 수당에 대한 구체적인 법 규정은 거의 없는 실정이다. 이혼으로 인해 남성들이 겪는 경제적 문제는 이혼 시 재산분할로 인한 재산의 감소문제, 불규칙한 생활로 인해 수반되는 지출 과다 문제 등으로 여성들이 겪는 절대적인 빈곤의 문제가 아니라 상대적 빈곤감으로 인한 심리적 갈등 또는 살림을 직접 해야 하는 어려움이 더 크다(변화순, 1997).

(3) 대인관계 및 사회적인 문제

이혼을 하면 부부관계뿐 아니라 결혼을 통해 맺은 일체의 관계가 소멸되기 때문에 이혼으로 인해 배우자와의 관계뿐만 아니라 지금까지 관계를 맺어온 다른 가족과 관계를 끊게 되고 친구들과의 관계도 축소된다. 며느리, 사위로서 맺어 온 법적·인간적 관계가 끊어지게 되고 손자녀와 조부모의 관계는 법적으로는 해소가 되지 않는다고 하더라도 한쪽 부모에게 양육권이 넘어가게 되면 다른 쪽의 조부모나 부모와는 자연히 교류가 없어지게 된다.

또한 배우자와 공동의 친구로 지냈던 사람들과의 관계에 있어서도 변화가 나타나며, 이혼에 대한 사회의 부정적 고정관념으로 인해 오랜 친구들과의 관계도 변하게 된다. 이혼자에 대한 주변 사람들의 인식이 좋지 않기 때문에 결혼생활에서 형성되었던 사회적 관계망의 축소를 대체하거나 보상할 수 있는 새로운 관계를 형성한다는 것이 매우 어렵다. 특히 여자의 경우 결혼생활에서 사회적 관계가 주로 남편을 매개로 형성되었기 때문에 훨씬 더 많은 고립감을 느낀다고 한다.

(4) 자녀문제

이혼이 가지는 가장 심각한 문제점은 이혼으로 인해 부부간의 관계만이 해소되는 것이 아니라 그 부부가 구성한 가정의 자녀들이 비자발적으로 부모의 이혼에 관계된다는 것이다. 한경혜(1992)에 의하면 이혼한 부부가 처했던 문제 중 가장 어려웠던 문제는 남녀 모두 '자녀의 앞날에 대한 걱정'이었다. 자녀를 양육하는 이혼자들은 경제적 어려움과 더불어 직업과 자녀양육의 양립을 어려운 점으로 들고 있다. 또한 자녀양육에 관해 상의할 대상자가 없고, 자녀와 대화할 시간이 부족한 것도 이혼자들이 경험하는 문제로 나타났다.

반면 자녀를 양육하지 않는 이혼자는 자녀에 대한 그리움이 앞서며 항상 마음에 걸린다고 한다(변화순, 1997). 이혼 후 빠르게 변화하는 환경 속에서 자녀는 부모로부터의 지지를 필요로 하지만 부모 자신도 이혼상태에 적응을 하지 못해 부모로서 적절하게 기능하지 못하기 때문에 부모-자녀 관계에 많은 문제가 야기된다.

이혼은 당사자인 어른들에게 경제적·정서적 문제와 대인관계의 어려움을 가져오지만, 이혼한 가정의 자녀들 또한 심리・정서적, 사회적, 경제적 문제를 경험하게 된다. 대부분의 아동들은 부모의 이혼 후 첫 2년 동안 여러 가지 문제를 보인다. 이혼은 아동에게 학업성적의 하락, 분노, 공격성, 후회, 억압, 죄의식 감정 유발, 동료와 대인관계에서의 문제뿐 아니라 자아개념, 인지능력, 대인관계, 비사회적 행동 등에 영향을 미치는 것으로 나타난다(정현숙, 1993).

그런데 이혼이 자녀에게 미치는 장기적인 영향은 단순히 이혼 그 자체보다는 이혼 후 자녀가 살게 되는 한부모가정의 조건이나 부모와의 관계에 의해 영향을 받는다(Demo & Acock, 1988). 이혼가정의 자녀들은 이혼 이후 기간이 지날수록, 다양한 문제해결방식을 이용할수록, 양육부모와 긍정적으로 상호작용을 할수록 그리고 비친권 부모와 접촉이 많을수록 이혼 후의 생활에 잘 적응하는 것으로 나타났다(정현숙, 1993).

(5) 사회적 편견

다른 여러 문제와 더불어 이혼자가 부딪히는 또 다른 문제점은 이혼자와 그들이 구성한 가족에 대한 사회의 편견이다. 이혼으로 인한 한부모가족은 일반적으로 '결손가정'이나 '불완전한 가정'으로 받아들여지고 있다. 모자가족이 된 후 청소년 자녀가 느끼는 사회적 편견을 알아본 연구에서 청소년 자녀들은 모자가족에 대한 사회적 인식이 부정적이라고 의식하고 있는 것으로 나타났다(정현수・서동인, 1997).

그러나 나이(Nye)는 부부간의 갈등과 지속적인 긴장이 상존하는 양쪽 부모가족이 따뜻함과 수용이 있는 한부모가족보다 더 낫다고 단정할 수는 없다고 주장한다. 따라서 단순히 양쪽 부모가 있는 가족이 정상적인 규범으로 인정되고 있는 사회체계에서 '결손'이라는 용어는 사회적 편견을 조장하고, 자신의 자녀를 잘 양육하고 있는 많은 다양한 가족들(이혼가족, 재혼가족, 한부모가족 등)의 성공적인 노력을 폄하하므로 신중히 사용되어야 할 것이다. 또한 이들을 다양한 가족 유형 중 하나로 인식하는 사회적 변화가 요구되고 이들 가족의 복지와 적응을 위한 정책적 차원의 배려가 필요하다.

4) 이혼에 대한 대책

과거의 사회에서는 이혼을 필요악으로 보고, 해서는 안된다는 분위기가 지배적이었지만 최근에는 이혼을 새로운 출발로 보고, 할 수도 있다는 분위기가 점차 증가하고 있다. 또한 증가되는 기혼여성의 취업률, 남녀평등의 분위기, 이기적 개인주의의 팽배 등으로 인해 앞으로 이혼은 더 증가하리라 예상된다.

이혼은 부부 두 사람이 자신들이 원해서 부부라는 관계를 인위적으로 해소한 것이지만 이혼의 결과는 두 사람에게만 한정되는 것이 아니라 가족 전체의 문제로 파급되며, 더 나아가 사회적 문제를 야기하기도 한다. 따라서 이혼에 대한 개인적・가족적, 더 나아가 사회적 차원의 대책을 모색할 필요가 있다.

이혼에 대한 대책은 이혼예방대책, 이혼과정상의 대책, 이혼 후의 대책으로 나눠 체계적으로 실시되어야 하는데 구체적으로 살펴보면 다음과 같다(고정자, 1999; 변화순, 1997; 이영숙 외, 1999; 정현숙, 1993).

(1) 이혼예방대책

① 가족생활교육 프로그램

이혼은 가능하면 하지 않도록 해야 하기 때문에 이혼이 발생하기 전의 예방 프로그램에 무엇보다 중점을 두어야 하며, 예방 프로그램은 다양한 가족생활교육을 통해 실시되어야 한다.

첫째, 혼인적령기 성인을 대상으로 하는 혼인준비교육이 실시되어야 한다.

둘째, 중학생・고등학생・대학생을 대상으로 현대적 결혼관, 성역할의 변화, 결혼과 사랑에 대한 교육 및 이상적인 부부상에 대한 제시를 통해 결혼을 좀더 현실적으로 바라보고 결혼에 신중하게 접근하도록 돕는다.

셋째, 결혼한 성인들을 대상으로 부부관계의 질적 향상을 위한 가족생활교육을 실시해야 한다. 결혼을 해서 부부가 함께 살아가다 보면 여러 가지 문제에 직면하게 되고 서로에게 불만을 가지게 된다. 따라서 자신의 부부관계에 현실적으로 직면하게 하고 이러한 문제를 긍정적으로 해결하기 위한 부부대화교육을 하거나, 건전한 가족관 및 부부관을 함양시키고 결혼 불만 요인을 약화시켜 더 나은 부부관계로 발전시키는 부부관계 프로그램 등의 실시가 필요하다.

② 가족상담 및 치료 프로그램

위기 상태인 부부를 대상으로 이혼 예방을 위한 부부상담 및 치료 프로그램을 실시한다.

(2) 이혼과정 대책

① 조정 및 중재

이혼을 고려하고 있거나 결심한 부부라 할지라도 신중을 기하도록 권고하며, 이들을 대상으로 부부관계 회복을 위한 화해, 만족스러운 이혼을 위한 조정 및 중재, 부부 당사자의 판단을 돕기 위한 이혼 관련 법률상담의 기회를 제공한다.

② 법률적 재판

조정이나 중재가 성립되지 않을 때는 재판을 해야 하는데, 재판에서는 부부간의 재산분할, 위자료, 자녀에 대한 양육권 및 양육비, 면접교섭권 등이 공평하게 이루어져야 하며, 이혼 후 불리해지는 배우자 및 자녀의 의견을 고려하여야 한다.

③ 자녀에 대한 배려

부모의 이혼을 경험한 자녀들에게는 특별한 지지적 서비스가 필요하므로 부모의 세심한 배려가 있어야 한다. 자녀들에게는 부모의 이혼 자체만으로도 충격이 되므로 자녀가 이해할 수 있고 마음의 준비를 할 수 있도록 이혼 사실을 미리 알려주도록 부모에게 권유한다.

(3) 이혼 후의 대책

첫째, 이혼부부와 가족의 생활복지를 위한 경제적 지원이 필요하다. 자녀양육비와 교육비 및 한부모수당의 지급과 더불어 직업훈련의 기회를 제공하고 취업을 알

선해 주는 제도를 마련해야 한다.

둘째, 이혼 후의 남녀는 일시적으로 또는 계속적으로 한부모가족이 되므로 이들 가족에 속해 있는 자녀들의 양육 및 교육을 위한 시설 및 프로그램이 필요하고, 부모들을 대상으로 자녀문제에 대한 상담이나 부모역할 교육 프로그램의 실시가 필요하다.

셋째, 이혼부부 및 자녀를 대상으로 이혼 후의 심리적 적응을 돕기 위한 상담 및 치료 프로그램을 실시하며 정서적 지지를 위해 이혼자 모임을 주선한다.

넷째, 이혼자들이 재혼을 할 수 있으므로 재혼으로 발생할 수 있는 가족문제를 통찰할 수 있는 교육을 실시한다.

다섯째, 사회적인 차원에서 대중매체를 통해 이혼과 이혼가족에 대한 고정관념을 변화시키기 위한 노력이 필요하다. 대화와 타협으로 부부간의 갈등이 해결되지 않는 경우 이혼은 불행한 삶을 해결하기 위한 하나의 방안이 될 수 있다. 따라서 이혼에 대한 사회의 부정적인 견해가 바뀌어져야 한다(〈표 12-5〉 참고).

이러한 의식의 변화를 위해 대중매체 등을 통해 정형화된 가족 유형뿐만 아니라 현대사회에는 다양한 가족 유형이 존재하고 있다는 것과 이 다양한 유형의 가족들의 건강한 삶의 모습을 보여주어야 할 것이다.

표 12-5 이혼에 대한 고정관념과 새로운 시각

고정관념	새로운 시각
이혼으로 가족은 끝이 난다.	이혼은 가족을 재구성한다.
이혼은 아이들에게 심각한 악영향을 미친다.	이혼가정에 속한 아이들도 일반가정의 아이들만큼 행복하고 건강하다.
이혼은 비정상적이다.	이혼은 정상적이다.
이혼은 예측하기 어렵다.	이혼의 과정은 예측가능하다.

출처: Ahrons(1995). The good divorce: Keeping your family together when your marriage comes apart. New York: Harper Collins. p. 248.

참고자료 12-2 행복한 이혼을 위한 열두 가지 방법

초혼의 50%가 이혼으로 끝이 난다는 서구에서조차 이혼은 배우자의 죽음 다음으로 가장 스트레스가 많이 유발되는 사건으로 여겨지고 있다. 다음의 요인들은 이혼이 긍정적인 경험이 될 수 있도록 돕는 행동들이다.

- **소송이나 법정 분쟁보다는 중재를 요청하라.**
- **이혼한 배우자와 부모역할을 공유하라.**
  이혼한 배우자와의 부모역할 공유는 자신의 개인적인 스트레스를 낮출 뿐만 아니라 자녀가 부모의 이혼에 적응하는 것을 보다 용이하게 한다.
- **이혼에 이르기까지 자신도 책임이 있음을 인정하라.**
  결혼생활이란 두 사람의 상호작용이기 때문에 한 배우자만의 잘못으로 이혼에 이를 수는 없다. 따라서 결혼생활이 잘못된 것에 대해서 얼마간의 책임감을 느껴야 한다.
- **이혼으로부터 배우라.**
  이혼을 자신과 자신의 미래의 관계를 개선시킬 수 있는 기회로 보게 되면 다음의 관계에서는 이전의 관계에서와는 다르게 행동할 수 있게 될 것이다.
- **긍정적으로 사고하라.**
  이혼한 사람들은 자신들을 실패자라고 생각하기 쉽고, 자신들이 일종의 질병에 걸려 있다고 생각한다. 따라서 자존심을 키우는 것이 이혼한 사람들에게는 매우 중요하며, 자존심은 자신에 대해 긍정적인 사고를 하는 것을 통해 높아질 수 있다. 한 가지 방법은 자신에 대한 21가지 긍정적인 점들을('나는 정직하다', '나는 요리를 잘한다.' 등등) 적은 다음 이것들을 다시 7장의 카드에 옮겨 적고(한 장의 카드에 세 개의 장점들을 적음) 매일 이 중 한 장을 가지고 다니며 하루에 세 번 규칙적으로 읽고 생각한다. 이렇게 하면 자신에 대해서 긍정적인 생각을 가지도록 도울 수 있다.
- **술과 약물을 피하라.**
  이혼 후 사람들이 경험하는 스트레스와 절망감은 쉽게 술이나 다른 약물에 빠지도록 만든다. 술이나 약물은 끊임없는 악순환을 가져오므로 반드시 피하도록 해야 한다.
- **약 없이 긴장과 피로를 풀라.**
  요가나 마사지 등을 통해 긴장과 피로를 푸는 것이 좋다.
- **운동을 하라.**
  에어로빅이나 조깅, 수영, 자건거 타기와 같은 운동을 하루에 30분 정도 하게 되면 뇌로 공급하는 산소의 양이 증가되고 이것은 사고를 명확하게 하도록 돕는다. 에어로빅은 뇌에 엔돌핀을 공급하여 주며 건강은 나이든 이혼자들의 인생 만족도와 긍정적인 관계를 가진다.

- 재미있는 일들에 참여하라.
- 대인관계를 지속하라.
  친구나 가족과 친밀한 상호작용을 지속하게 되면 이혼에 쉽게 적응할 수 있다. 특히 45세 이후에 이혼한 사람이나 남자들의 경우 친밀한 상호작용이 이혼 후의 적응에 매우 중요하다.
- 전 배우자를 잊으라.
  전 배우자에 대한 집착은 이혼에 대한 적응을 어렵게 하고 새로운 관계를 맺는 데 방해가 된다.
- 치유의 시간을 가지라.
  이혼 후에는 대부분 자존심이 낮아지기 때문에 이혼에 대한 감정을 다 정리하기도 전에 새로운 관계를 맺기가 쉽다. 일반적으로 이혼에 적응하는 데 걸리는 시간은 12개월에서 18개월 정도이다. 타인과 관계를 형성하는 것이 자존심의 회복에는 도움이 되지만 이 기간 동안 재혼을 결심하는 것은 상당한 주의가 필요하다.

출처: Knox, D. & Schacht, D.(1999). Marriage and the Family. Belmont, CA: Wadsworth Publishing Company. pp. 364-365.

2 새로운 만남: 재혼

'재혼자들의 인생찾기', '나도 행복할 권리가 있다.' 신문의 한 면을 차지하고 있는 결혼정보회사 광고의 제목이다. 우리나라 가족의 변화 양상을 단적으로 나타내는 현상이 이혼 및 재혼의 증가이다. 우리나라의 혼인 형태별 구성비를 살펴보면 남녀 초혼의 비율이 지배적이기는 하지만 최근 감소 추세에 있다(〈표 12-6〉 참고).

반면 전체 혼인 중에서 재혼의 비율은 계속 높아지고 있는데, 남자의 재혼비율은 1997년 10.6%에서 2007년 16.6%로 증가하였으며, 여성의 재혼도 11.3%에서 17.9%로 두 배 이상 증가한 것으로 나타난다(〈표 12-7〉 참고). 초혼연령의 상승과 마찬가지로 재혼연령도 점점 높아지고 있는데, 2007년의 평균 재혼연령은 남자 44.8세, 여자 40.1세로 1997년에 비해 남자는 4.3세, 여자는 4.1세가 증가하여 중년기 재혼이 증가하는 추세이다.

재혼자들의 평균 재혼연령이 높아진다는 것은 부모의 재혼에 관련될 자녀의 수가 증가한다는 것과 단순히 배우자 두 사람의 결합의 경우보다 재혼생활이 더 복잡해진다는 것을 의미한다. 재혼의 급속한 증가는 사회의 여러 측면에서 반영되고 있는데 IMF 이후 이혼이 급증함에 따라 홀로 된 사람들을 위한 전용 카페나 모임이 잇달아 생겨나고 있고, 이혼자 클럽이나 이혼한 사람들을 위한 강좌도 개설되고 있다.

이혼자들을 대상으로 한 과거의 강좌가 이혼 후의 자립에 초점을 맞춘 반면 최근에 생겨나고 있는 강좌는 재혼교육까지 포함하고 있는 것이 특징으로 그만큼 우리 사회의 재혼에 대한 관심이 높아졌다는 것을 반증한다. 또한 재혼만을 전문으로 하는 재혼상담소나 결혼정보회사의 재혼 전문 담당 부서의 운영은 재혼의 증가와 재혼에 대한 사회적 인식의 변화를 반영한다고 볼 수 있다.

표 12-6 혼인 형태별 구성비 (단위: %)

연도	남자 초혼 + 여자 초혼	남자 재혼 + 여자 초혼	남자 초혼 + 여자 재혼	남자 재혼 + 여자 재혼
1980	92.2	3.5	1.2	3.1
1990	89.5	3.5	2.5	4.5
1995	86.3	2.8	3.6	6.5
2000	82.0	3.5	4.9	9.6
2005	73.9	4.1	6.4	14.7
2007	77.3	4.3	5.7	12.1

출처: 통계청(2008). 2007년 혼인통계 결과.

표 12-7 혼인 종류별 혼인의 구성비 (단위: %)

혼인 종류		1997	2000	2003	2005	2006	2007
남자	초혼	88.9	86.7	83.1	80.4	82.8	83.1
	재혼	10.6	13.1	16.5	18.9	16.7	16.6
여자	초혼	88.3	85.2	81.2	78.1	81.5	81.8
	재혼	11.3	14.5	18.3	21.1	18.0	17.9
계 *		100.0	100.0	100.0	100.0	100.0	100.0

출처: 통계청(2008). 2007년 혼인통계 결과. * 미상 포함.

참고자료 12-3 '인생 2막' 당당히 여는 재혼

전체 결혼에서 재혼 비중 22% 넘어 자녀 성(姓) 변경 등 제도적 장치도 한몫

대학교수 김 모 씨(46)는 재혼정보업체를 통해 만난 초등학교 교사 진 모 씨(40)와 다음 달 8일 재혼한다. 양쪽 모두 재혼으로 자녀도 없는 터라 홀가분한 마음으로 인생의 2막을 즐길 기대에 부풀어 있다. 김 씨는 "사회 인식이 많이 바뀌어 재혼은 더이상 부끄러운 일이 아니다."며 "주위 사람들에게 청첩장도 돌리고 하객도 많이 초청해 당당하게 새 출발을 축복받을 것"이라고 말했다.

남편 우울증 때문에 결혼 4년 만에 파경을 맞았던 회계사 최 모 씨(38)는 최근 지인 소개로 만난 공기업 직원 정 모 씨(40)와 재혼하기로 했다. 최 씨가 걱정하는 것은 바로 일곱 살 된 딸이다. 무남독녀 응석받이로 자란 딸에게 정 씨의 여섯 살과 네 살 된 아들이 동생이 되기 때문이다. 최 씨는 "딸이 갑자기 장녀로 역할이 바뀌어 동생들을 돌봐야 하는데 잘할 수 있을지 걱정된다."며 "아이에게 스트레스를 주게 된 것이 가장 미안하다."고 말했다.

이혼과 재혼도 선택인 시대

이제 이혼과 재혼은 드라마에서나 볼 수 있는 먼 나라 얘기가 아니다. 이혼과 재혼을 부끄럽고 숨길 일로 바라봤던 사회 인식이 한결 누그러졌다. 결혼이 필수가 아닌 선택이 된 것처럼 이혼과 재혼도 선택인 시대가 됐다.

통계청에 따르면 지난해 전체 결혼에서 재혼 비율은 22.7%나 된다. 한 해 재혼건수는 1980년대 1만 2천여 건에서 1990년대 들어 2만여 건으로 늘어났고, 지난해에는 4만 2천여 건에 달했다. 특히 지난해 남성과 여성 모두 재혼인 비율은 12.1%로 나타났다. 10년 전 7.2%에 비해 두 배 가까이 늘어났다. 지난해 평균 재혼연령은 남성이 44.8세, 여성은 40.1세로 최근 몇 년 새 계속 올라가는 추세다. 결혼정보업체 등에서는 전체 재혼부부 60% 정도가 전 배우자 자녀를 데리고 재혼하는 것으로 파악하고 있다.

재혼가정 안정 도와야

재혼 역시 잃어버린 행복을 보증해 주는 것은 아니다. 재혼은 초혼보다 훨씬 복잡한 갈등과 어려움이 있다. 재혼가정이 가장 힘들어하는 것은 자녀문제이다. 낳아준 부모와 길러준 부모 사이의 정체성 혼란, 피가 섞이지 않은 형제자매간 역할 갈등, 양육을 둘러싼 견해 차이 등 가정문제가 발생하고 있다. 2005년 재혼한 중소기업 대표 윤 모 씨(45)는 자녀문제로 새 아내와 다툼을 하다 2년 만에 다시 싱글이 됐다. 윤 씨는 "새 가족에 적응하지 못하는 양쪽 아이들 양육문제를 놓고 아내와 심하게 다투다 결국 다시 이혼했다."고 말했다. 많이 개선됐다고는 하지만 아직까지 남아 있는 차가운 시선도 부담이다. 특히 아버지와

성이 다른 아이가 바깥에서 상처를 받는 일이 많다. 이러한 사회적 편견은 재혼가족의 안정을 흔들고 있다. 이런 측면에서 올해부터 도입된 성본변경제와 친양자제도는 재혼가정에는 가뭄에 소나기 같은 제도다. 재혼한 여성과 전 남편 사이에서 낳은 자녀의 성을 새 남편의 성으로 바꿀 수 있게 된 것이다.

장혜경 한국여성정책연구원 선임연구원은 "미국에서는 초혼가정 이혼율이 40%인데 비해 재혼가정 이혼율은 70~80%, 세 번째 결혼일 때는 90%까지 올라간다는 통계가 있다."며 "새롭게 형성된 재혼가정이 사회의 기초단위로 가족기능을 다하도록 하는 것이 중요하다."고 지적했다. 보건복지가족부 관계자는 "전통적인 가정과 가족 개념이 갈수록 희박해지면서 이혼과 재혼이 많아지고 있다."며 "재혼가정도 가정의 한 형태로 인정해 안정적인 생활을 할 수 있도록 법적·제도적 지원이 필요하다."고 말했다.

출처: 매일경제(2008. 5. 17).

1) 재혼의 유형

재혼의 유형을 구분하는 데는 여러 가지 기준이 있는데 인구통계조사를 기준으로 살펴보면 남녀의 초혼·재혼 여부, 즉 혼인 상태를 기준으로 남자 재혼+여자 초혼, 남녀 재혼, 남자 초혼+여자 재혼의 세 가지 유형으로 범주화하고 있다. '남자 초혼+여자 재혼'의 혼인 형태는 1995년 처음으로 '남자 재혼+여자 초혼'의 혼인 비율보다 높아진데 이어 2000년 4.9%에서 2005년 6.4%로 계속적으로 증가하다가 2007(5.7%)년을 기준으로 감소하고 있는 추세이다. 남녀 모두 재혼인 경우도 1995년 6.5%에서 계속 증가하고 있는 것으로 나타나 우리나라의 결혼풍속도가 변하고 있음을 알 수 있다(〈표 12-6〉 참고). 또한 과거에는 배우자의 사별로 인한 재혼이 전형적이었으나 오늘날은 이혼자의 재혼이 지배적인 적으로 나타난다.

2) 재혼사유

재혼의 이유는 초혼의 이유(사랑, 감정적 안정감, 동료애, 정규적인 성 파트너)와 동일한 측면도 있지만 초혼과는 달리 경제적인 안정감(특히 여성에게), 자녀양육 시의 도움, 자신의 자녀에게 '어머니'나 '아버지'를 갖게 하기 위한 욕망, '이혼자'라는 명칭과 관련된 오명을 피하기 위해, 그리고 자녀의 양육권과 관련된 법적인 불리함을 피하기 위해서와 같은 실질적인 동기 때문이기도 하다(Knox & Schacht, 1999).

재혼의 또 다른 이유는 부부 중심의 사회에서 독신자들이 소외되었다고 느끼기 때문이다. 재혼의 사유가 무엇이든 간에 재혼의 반 이상은 이혼 후 5년 이내에 일어나며 남자가 여자보다 더 빨리 재혼하는 경향이 있고, 40세 이상 여성의 재혼율은 젊은 여성에 비해서 낮은 것으로 나타난다(knox & Schacht, 1999).

3) 재혼의 단계

재혼을 하는 사람들은 다음의 여러 단계를 거치게 된다(knox & Schacht, 1999).

(1) 경계의 유지

재혼은 초혼처럼 단순하지가 않다. 첫 번째 결혼이나 전 배우자 그리고 때로는 이전의 결혼에서 낳은 자녀가 관련된다. 자녀를 가진 재혼자들은 자신의 자녀가 이혼한 배우자와 적절한 관계를 유지하면서 동시에 새 배우자와도 감정적인 관계를 발전시켜 나갈 수 있도록 이전의 결혼과 재혼 사이에 적절한 경계를 유지해 나가야 한다.

(2) 정서적 재혼

재혼은 또 다른 사람과 사랑, 신뢰를 발전시켜 나간다는 것을 의미한다. 그러나 이 같은 감정들은 첫 번째 결혼에서의 부정적인 경험 때문에 매우 천천히 형성된다.

(3) 심리적 재혼

재혼을 고려하는 이혼자들은 때로는 독신이 가지는 자유와 자율을 포기하기가 어렵다. 이혼을 개인적인 성장과 자율의 기회로 여긴 사람들은 특히 그러하다. 이러한 사람들은 재혼이 자신들이 원하지 않는 속박을 가져올 수도 있다는 두려움을 느끼게 된다.

(4) 지역사회 재혼

이 단계는 이혼자로 지내는 동안 형성된 다른 독신친구들과의 관계에서 벗어나 새로운 배우자와 다른 부부들과의 관계로의 전환을 의미한다. 그러나 이혼자로 지낸 기간 동안 형성된 우정은 개인적인 위기 동안 큰 도움이 되었기 때문에 이 기간 동안 형성된 우정이 끊어지지 않도록 새 배우자의 특별한 배려가 필요하다.

(5) 부모로서의 재혼

대부분의 재혼은 자녀를 동반하게 되므로 재혼 시에는 타인의 자녀와 함께 생활해야 한다는 미묘한 문제에 직면해야 한다.

(6) 경제적 · 법적 재혼

두 번째 결혼은 첫 번째 결혼에 대한 경제적 책임감을 가지고 시작하게 된다. 이혼수당이나 자녀양육비는 때때로 재혼에 경제적인 문제를 가져오기도 하고 부부간에 조화를 위협하기도 한다. 재혼을 하는 사람들은 또한 결혼 전에 혹시 이혼을 하게 될 경우에 재산을 어떻게 나눌 것인지에 대해서 협의를 하기도 한다. 얼마 전 재혼을 한 미국의 유명배우 마이클 더글라스는 캐서린 제타 존스와 결혼하기 전에 이혼에 대비하여 재산뿐 아니라 결혼선물까지도 어떻게 나눌지를 구체적으로 명시하여 세간의 화제가 되었다.

페이퍼나우(Papernow, 1993)는 재혼가족의 발달단계를 총 일곱 단계로 구분한 발달이론을 제시하고 있다.

- 1단계는 환상단계이다. 이 단계에서 재혼가족의 구성원들은 새로 형성된 가족에 대해 환상과 비현실적인 기대를 가진다.
- 2단계는 몰입단계로 거부감과 소외감으로 고통받는 계부모와 충성심 같은 갈등을 겪는 자녀 모두 환상이 깨어지는 것을 경험하는 단계이다.
- 3단계는 인식단계인데, 재혼가족 내의 가족관계가 이전 결혼에서의 관계와는 다를 것이라는 현실적인 인식을 하게 되고 자신감이 생긴다.
- 4단계는 변동단계로 가족구성원들이 자신들의 차이점을 서로에게 알리기 시작하고

재혼가족의 생활에 대한 느낌, 요구 및 생각한 바를 표현하기 때문에 혼란스러울 수 있다.

- 5단계는 새로운 규칙, 의례, 경계를 설정하는 행동단계이다.
- 6단계는 접촉단계로 재혼부부간에 친밀감과 신뢰감이 발달하고 진정한 감정이 교환되며 계부모의 역할을 확고하게 한다.
- 마지막 7단계는 견고한 재혼가족 구조 속에 가족 전체가 발달해 가는 해결단계이다. 문제는 계속 발생하고 갈등이 일어나지만 재혼가족은 갈등이나 스트레스가 발생해도 위협받지 않을 만큼 안전하다.

4) 재혼의 특성과 문제

미국의 한 연구에 의하면 재혼자들은 초혼자들에 비해 결혼 초기인 2년에서 5년 사이에 이혼을 하는 경향이 있지만 시간이 지나가면 이혼율은 유사해진다고 한다(Knox & Schacht, 1999). 실제로 결혼 15년 후에는 남편과 아내 모두가 이혼을 경험했던 재혼자들의 이혼율(25%)이 초혼자들의 이혼율(29%)보다 낮다고 한다.

재혼자들은 이미 결혼생활을 해본 경험이 있기 때문에 재혼 시에 결혼생활의 긴장이나 갈등을 잘 처리할 수 있을 것 같지만 재혼이 초혼에 비해 이혼으로 끝날 가능성이 결혼 초기에 더 높은 것은 불행한 결혼관계를 경험했던 재혼자가 이혼을 갈등의 해결책으로 쉽게 생각하기 때문으로 보여진다. 재혼자들 중에서 결혼생활을 잘 유지하는 사람들은 실질적인 이유보다는 정서적인 이유로 재혼을 선택한 사람들일 수 있다(Booth & Edwards, 1992).

재혼은 비교적 나이도 들고 정서적으로 성숙한 상태에서의 결혼이기 때문에 초혼보다 적응력이 높고, 초혼에서 얻은 교훈을 통해 결혼생활을 시작하기 때문에 재혼이 가져다주는 만족감은 초혼에 비해 더 클 수도 있다. 실제로 재혼을 한 많은 사람들이 초혼보다 재혼이 더 행복하다고 보고하고 있다. 그럼에도 불구하고 재혼이 실패할 가능성이 높은 이유는 초혼과는 다른 재혼의 위험 요인들 때문이다. 재혼에 내재하고 있는 문제점을 정리하여 보면 다음과 같다.

첫째, 현실적으로 재혼이 증가하고 있음에도 불구하고 재혼과 재혼으로 형성된 가족에 대한 편견과 고정관념이 팽배해 있어 재혼가족의 적응을 어렵게 한다. 또한 이혼이나 재혼에 대한 사회적 대응력이 발달되지 못한 상태에서 재혼자들 자신도 재혼에 대한 체계적인 탐색이나 수용이 이루어지지 못하고 있어 재혼에 대한 적응이 더욱 어렵다고 볼 수 있다.

둘째, 새롭게 형성된 부부관계보다 더 강하고 친밀한 부모-자녀 관계가 선행되고, 복잡한 친인척관계를 포함하여 재혼생활에 적응하는 데 더 많은 어려움을 경험하게 된다. 새 배우자의 자녀에 대한 적응과 자녀들 간의 갈등이 재혼의 실패 요인이 되기도 하기 때문에 자녀는 재혼의 주된 이유이면서 동시에 재혼의 위험 요인이 된다. 또한 어렸을 때 누구나 읽는 《콩쥐팥쥐》, 《신데렐라》, 《백설공주》, 《헨젤과 그레텔》과 같은 전래동화 속에 등장하는 못된 계모나 대중매체에서 보도되는 계부나 계모에 대한 부정적인 이미지는 재혼가정의 자녀들로 하여금 재혼가족에 적응하는 것을 더욱 어렵게 한다.

셋째, 재혼으로 이전 결혼에서의 관계가 완전히 끝난 것은 아니며 이전의 결혼생활이 여전히 새로운 결혼생활에 영향을 미친다. 특히 아이들에 대한 친부모의 영향력을 배제할 수는 없다.

넷째, 재혼한 부부에 대한 주변의 부정적인 시각이 이들의 결혼생활을 어렵게 한다. 즉, '첫 결혼에서 실패했기 때문에 두 번째 결혼에서도 실패할 것이다.'라는 주위의 부정적인 시각은 재혼한 당사자들에게도 자신들의 결혼생활에 대한 불신을 갖게 하여 자기 예언적 충족으로 연결된다.

다섯째, 초혼으로 형성된 가족의 경우 개인의 발달주기, 부부의 주기 그리고 가족생활주기가 거의 일치하여 조화를 이루지만 재혼가족은 그렇지 않은 경우가 많다. 부모-자녀 관계가 부부관계보다 앞서는 것이 한 예이다.

여섯째, 재혼은 많은 상실과 변화 후에 시작되고, 이전 결혼에서의 기대를 가지고 가족을 이룬다.

일곱째, 가족의 경계가 모호하다. 재혼가족은 내적 경계와 외적 경계가 모호한 것이 이들 가족이 가진 복잡성에 문제를 더하는데 내적 경계는 계부모가족 내의 하부체계가 실행해야 할 과업과 규칙이 모호한 것이며, 외적 경계는 누가 재혼가족의 구성원이고 누가 구성원이 아닌지에 대한 규칙이다.

여덟째, 재혼가족에 대한 법적인 보호장치가 없다. 계부모-자녀 관계는 법적 관계가 없거나 모호하다. 1989년 가족법의 개정 전까지는 계모자관계가 법정 모자관계로 인정이 되었다. 그러나 계부자관계는 인정하지 않으면서 계모자관계만 인정하는 것은 불평등하다는 취지하에 계부모관계를 단지 인척관계로 하여 부모 상호 간의 혼인만 인정하는 상태로 바뀌어지게 되었다. 이러한 법적 관계의 부재는 계부모의 계자녀에 대한 통제력을 약화시키고 관계에서의 모호성을 증가시킨다.

5) 성공적인 재혼가족이 가지는 특성

비셔와 비셔(Visher & Visher, 1993)가 제시하는 성공적인 재혼가족에서 관찰되는 특성은 다음과 같다.

첫째, 가족생활에 대한 현실적인 기대를 갖는다. 성공적인 재혼가족은 재혼으로 형성된 가족이 초혼가족이나 일반적인 핵가족과 틀리다는 점을 인식하고 있으며, 계자녀나 계부모에게 즉각적인 사랑을 느낄 것이라는 비현실적인 기대를 하지 않고, 재혼가족에 대해서 사회가 제시하는 신화(myth)를 받아들이지 않는다.

둘째, 상실감을 인정한다. 재혼가족은 이전 배우자의 사망이나 이혼 후에 형성되었기 때문에 자녀나 새 배우자가 느끼는 상실감을 인정하고 수용하며 지지한다.

셋째, 견고한 부부관계를 형성한다. 성공한 재혼가족의 특징은 부부관계에 우선을 두고 새로운 배우자와 견고한 부부관계를 형성하는 것이다.

넷째, 만족스러운 계부모-자녀 관계를 형성한다.

다섯째, 만족스러운 의례를 확립한다. 가족이 이전에 경험한 의례들이 서로 다르다는 것을 인식하고, 새로운 가족을 위한 의례를 융통성과 창의성을 가지고 만든다.

여섯째, 자녀를 위해 전 배우자와 협조관계를 구축한다. 전 배우자와 경쟁하기보다는 협조를 통해 자녀들에게 충성심의 갈등을 덜 경험하게 한다.

참고자료 12-4 새혼 서약서

나 ( )은/는 ( )을/를 아내(혹은 남편)으로 맞이하여 즐거움은 물론 고통까지도 함께 나누며 내 삶의 마지막 순간까지 한결같이 사랑할 것을 약속합니다.

본인은 진실한 사랑과 행복한 가정을 갖고자 하는 순수한 열망으로 결혼을 결정하였으며, 앞으로 내 선택에 대해 책임감을 갖고 성실하게 살아갈 것을 약속합니다.

본인은 아내(혹은 남편) ( )와 더불어 부부로서 서로를 신뢰하고, 존경하기를 바라며, 어떤 어려움이 닥치더라도 좌절보다는 용기를, 절망보다는 희망을, 그리고 불신보다는 무한한 신뢰와 사랑을 먼저 갖도록 노력하겠습니다.

본인은 결혼에 임하는 마음에 한 점 거짓이 없으며, 아내(혹은 남편)를 오직 진실로 대할 것을 맹세합니다. 또한 행복한 결혼생활을 위해 다음의 내용을 서약합니다.

1. 나 ( )와 아내(혹은 남편) ( )의 재정상황은 교제기간 동안 서로에게 알려준 사실 그대로입니다. 결혼 후 어떤 재정적인 변화가 발생하더라도 상대에게 거짓 없이 전부를 말할 것이며, 가족에게 피해가 가지 않도록 조속한 해결을 위해 노력할 것입니다.
   - (부채 없는 경우) 부채는 전혀 없으며, 신용상태가 양호하여 경제활동을 하는 데 아무런 지장이 없습니다.
   - (부채 있는 경우) 현재 나 ( ) 명의의 부채는 ( )원 정도 있습니다. 사업상 필요에 의해 내 소유의 주택이 ( )원의 근저당이 설정되어 있습니다.
2. 본인의 현재 건강은 양호한 상태이며, 앞으로도 건강한 몸과 마음으로 원만한 가정을 영위하도록 노력하겠습니다.
   - 본인은 현재 ( )로 ( ) 기간 동안 진료받고 있으며, 빨리 건강을 회복하여 남편(혹은 아내), 아버지(혹은 어머니)로서의 책임을 다하기 위해 치료에 전념하겠습니다.
3. 나 ( )와 전 배우자 ( ) 사이에
   - 자녀가 있으며, 자녀의 친권은 ( ), 양육권은 ( )에게 있으며, 실제 양육은 ( )가 맡고 있습니다.

   가정의 행복과 자녀의 정서적 안정을 위해 자녀가 부모와 자유롭게 만날 수 있도록 하겠습니다. 단, 이로 인해 불필요한 만남이나 분쟁이 없도록 노력할 것을 약속합니다.

본인은 이혼(사별)의 아픔을 겪은 사람으로서 현재 아내(남편)를 맞아 행복한 가정을 꾸리기 위해 같은 실수를 반복하여 아픔을 겪지 않도록 몸과 마음을 다해 노력하겠습니다.

200 년 월 일
서약자 남편 ______________(인)
서약자 아내 ______________(인)

출처: http://www.sunoo.com

* '새혼'이란 밝고 건강한 이미지를 위한 재혼의 새 이름으로 '새롭게 시작한다는 혼인'을 뜻한다.

6) 재혼자들을 위한 대책

재혼의 급속한 증가를 통해 재혼이 새로운 대안적인 생활양식으로 나타나고 있지만 재혼자가 따라야 할 사회적 규범의 부재는 재혼을 재이혼으로 끝낼 가능성이 높다. 재혼에 대한 성공적인 적응은 또 다른 이혼을 막고, 재혼을 선택한 사람들로 하여금 이전보다 나은 생활의 만족과 안정을 되찾을 수 있게 하기 때문에 이들의 적응을 돕는 일은 매우 중요하다고 볼 수 있다. 재혼자들을 돕기 위한 구체적인 방법은 가족생활교육, 가족상담 및 치료, 지지그룹 형성과 재혼에 대한 사회적 관심과 인식 전환의 네 가지로 나누어 볼 수 있다(이영숙·박경란·전귀연, 1999).

첫째, 재혼생활을 시작하려는 사람과 재혼가족을 대상으로 재혼생활에서 겪게 되는 여러 가지 문제들을 알려주는 재혼 및 재혼가족에 대한 준비교육이 필요하며, 가족관계의 증진을 위한 프로그램, 재혼부부의 부부관계 강화를 위한 프로그램, 다양한 가족유형의 장단점과 갈등 양상을 제시하여 건강한 가족생활을 할 수 있도록 돕는 프로그램 등을 실시하는 것이 필요하다. 특히 대부분의 재혼자들에게 초혼의 파경 원인이 재혼의 파경 원인이 되기도 하는 것을 보면 이는 이혼한 사람들에게 인간관계와 재혼에 대한 교육을 실시할 필요성이 있다는 것을 의미한다.

둘째, 재혼한 부부 및 가족을 대상으로 가족상담 및 치료를 제공하는 것이 필요하다. 상담자들은 재혼가족이 초혼가족과 구조와 특성이 다르다는 것을 인식할 필요가 있으며, 치료과정에 부부와 더불어 전 배우자, 조부모 혹은 다른 중요한 사람을 포함시키는 것이 필요하다. 치료에서 중요한 것은 정당성 교육, 무력감의 감소, 부부관계의 강화이다.

셋째, 재혼가족을 대상으로 비슷한 처지에 있는 사람들끼리 자신들이 공유한 문제와 갈등을 표현하고 서로 도울 수 있는 지지그룹의 형성이 필요하다. 이들이 함께 가족구성원의 갈등과 스트레스에 대한 대처기술 및 부모역할 등에 대한 교육을 받고 타인이 처한 문제에 대처하는 방법을 통해 자신의 문제해결을 위한 방법을 찾을 수 있다.

넷째, 재혼에 대한 관점의 변화와 인식의 전환이 필요하다. 재혼에 대한 긍정적 관점이 형성되지 못한 사회적 분위기가 전반적으로 편견과 고정관념을 양산시켜 재혼가족의 긍정적 발전을 저해한다. 재혼이 불행한 경험을 가진 이혼자들에게 또 한 번의 기회와 사랑, 동반자 의식 등의 자원을 제공해 준다는 긍정적인 측면을 고려하여 재혼에 대한 부정적인 사회적 통념과 고정관념에서 벗어나 재혼이 증가하고 있는 현실을 수용하고 보다 균형 잡힌 시각으로 재혼을 바라보아야 할 것이다. 이를 위해서는 신문이나 방송과 같은 대중매체를 통한 건강한 재혼가족의 모델을 제시하고 다양한 가족의 건강한 삶을 제시하는 지원활동과 재혼자들을 제도적으로 보호할 수 있는 사회적 장치가 필요하다.

요 약

이혼의 증가는 결혼과 이혼에 대한 가치관의 변화, 부부간의 경제적 의존도의 약화, 법제도의 변화, 성역할 변화에 대한 남녀 간 수용의 차이, 친족 및 지역사회 기능의 약화, 자녀 수의 감소 등에 기인한다. 이혼자가 부딪치는 문제는 정신적·심리적 및 건강상의 문제, 경제적인 문제, 대인관계 및 사회적인 문제 그리고 자녀문제와 사회적 편견이다.

이혼의 증가와 함께 재혼도 급속하게 증가하여 '남자 초혼+여자 초혼'이 감소하는 데 반해 '남자 초혼+여자 재혼'과 '남자 재혼+여자 재혼'은 계속해서 증가하고 있다. 재혼을 하는 사람들은 경계의 유지, 정서적 재혼, 심리적 재혼, 지역사회 재혼, 부모로서의 재혼, 경제적·법적 재혼의 단계들을 거치게 된다.

재혼에 대한 성공은 또 다른 이혼을 막고, 재혼을 선택한 사람들로 하여금 이전보다 나은 생활의 만족과 정서적 안정을 되찾을 수 있게 하기 때문에 이들을 대상으로 재혼생활에 대한 가족생활교육, 가족상담 및 치료를 제공하는 것이 필요하다. 또한 비슷한 처지에 있는 사람들끼리 지지그룹을 형성하여 문제해결을 위한 방법을 찾을 수 있고, 재혼에 대한 사회적 관점의 변화와 인식의 전환이 필요하다.

연구과제

1 인터넷에서 이혼이나 재혼과 관련된 동아리나 모임을 찾아보고, 그들이 제시하는 이혼 후의 삶이나 이혼자 또는 재혼자들을 돕기 위한 프로그램 등을 찾아보자.

2 대중매체 속에서 이혼과 재혼이 어떻게 그려지고 있는지를 분석한 후 토론하여 보자.

3 불행한 결혼생활을 하고 있을 경우 결혼을 지속하여야 할 것인지, 아니면 이혼을 해야 하는지를 선택하고 그에 따른 장단점을 토론하여 보자.

참 / 고 / 문 / 헌

고정자(1999). **오늘날의 결혼과 가족**. 서울: 형설출판사.

김시업(1999). **결혼과 가정**, 서울: 학지사.

김정옥(1993). 이혼의 사회적 배경과 이혼원인의 이론적 고찰, 한국가족학연구회 편. **이혼과 가족문제**(pp. 13-56). 서울: 하우.

뉴시스(2008. 6. 24).

매일경제(2008. 5. 17).

변화순(1997). **이혼 가족을 위한 대책 연구**, 한국여성개발원.

사법연감(2008)

서병숙(1999). **결혼과 가족**. 경기: 교문사.

스포츠 조선(2000. 8. 30).

유영주 · 김경신 · 김순옥(1996). **가족관계학**. 경기: 교문사.

이소희 · 정민자 · 김경희 · 박인선 · 손지미 · 김영란 · 홍계옥 · 도미향 · 김민정(1998). **현대가족복지론**. 서울: 양서원.

이영숙 · 박경란 · 전귀연(1999). **가족문제론**. 서울: 학지사.

임춘희(1999). 재혼가족을 대상으로 한 상담에 대하여. 한국가족상담연구소 소식 제3호.

전춘애(2001). 또 하나의 우리, 재혼가족. 한국가족상담연구소 세미나.

정옥분(2000). **성인발달의 이해**. 서울: 학지사.

정현숙(1993). 이혼과 자녀 등의 적응에 관한 실증적 연구. 한국가족학연구회 편. **이혼과 가족문제**(pp. 131-154). 서울: 하우.

조옥라(1996). 재혼, 그 또 다른 시작. 한국가정법률상담소 창립 40주년 심포지엄 자료집.

통계청(2008). 2007년 이혼통계 결과.

통계청(2008). 2007년 혼인통계 결과.

현은민(1998). 재혼가족 발달을 위한 가족 FIRO 모델. **한국가정관리학회지**, 16, 53-65.

Ahrons, C. R.(1995). The good divorce: *Keeping your family together when your marriage comes apart*. New York: Harper Collins.

Amato, P. R. & Rogers, S. J.(1997). A longitudinal study of marital problems and subsequent divorce. *Journal of Marriage and the Family*, 59, 612-624.

Arendell, T.(1995). *Fathers and divorce*. New York :Sage.

Booth, A., & Edwards, J. N.(1992). Starting over: Why remarriages are more unstable. *Journal of Family Studies*, 13, 179-194.

Coleman, M., & Ganong, L. H.(1990). Remarriage and stepfamily research in the 1980's: Increased interest in an lod family form. *Journal of Marriage and the Family,* 52, 925-940.

Hemstrom, O.(1996). Is marriage dissolution linked to differences in mortality risks for men and women? *Journal of Marriage and the Family*, 58, 366-378.

Kiecolt-Glaser, J. K., Jisher, L. D., Ogrocki., Stout, J. C., Spucler, B. S., & Glaser, R.(1987). Marital quality, marital disruption and immune function, *Psychosomatic Medicine*, 40, 13-34.

Knox, D., & Schacht, D.(1999). *Marriage and the family*. Belmont, CA: Wadsworth Publishing Company.

Krudek, L. A.(1991). The relations between reported well-being and divorce history, availability of a proximate adult, and gender. *Journal of Marriage and the Family, 53*, 71-78.

Papernow, P. L.(1993). *Becoming a stepfamily: Patterns of development in remarride families*. New York: Gardner.

Verbrugge, L. M.(1979). Marital status and health. *Journal of Marriage and the Family*, 41. 267-285.

Visher, E. D., & Visher, J. S.(1993). Remarriage families and stepparenting. In Walsh, F. (Eds.), *Normal Family Processes*(2nd ed.), Guilford Press.

http://www.sunoo.com

2부 결혼 적응

13장

가족법 따라잡기

오 경 희

법은 사랑처럼
어디 있는지 왜 있는지 모르는 것
사랑처럼
억지로는 못하고
벗어날 수도 없는 것
사랑처럼
우리는 흔히 울지만
사랑처럼
대개는 못 지키는 것

W.H. Auden

사람은 누구나 가족을 이루면서 살아간다. 남녀가 만나서 자녀를 출산하고, 그 과정에서 다른 가족과 관계가 확산되어 친족관계가 형성된다. 이렇게 만들어진 가족공동체를 유지하는 데도 질서가 필요하다. 어떠한 남녀관계를 정당한 부부관계로 인정할 것이며, 부모와 자녀 사이의 권리와 의무는 무엇이고, 사람이 사망하면 누가 어떻게 상속할 것인가에 관하여 통일적인 규제가 필요하게 된다. 이것을 규정하고 있는 법규범이 가족법이다.

따라서 가족법은 가족생활의 행위 기준이며, 가족생활에서 발생하는 각종 분쟁의 해결 기준이다. 그러나 이러한 기준은 고정불변한 것이 아니라 그 시대나 사회의 가치관과 사회구조에 따라 결정되는 가변적인 것으로 우리나라의 가족법도 여러 차례 변화를 겪었다.

가족법은 민법 제4편 친족편과 제5편 상속편을 말하며, 혼인관계, 부모-자녀 관계, 친족관계, 상속관계 등에 대해서 규정하고 있다. 그런데 어느 사회에서나 가족법은 다른 법보다 전통적 윤리와 관습을 중시한다. 1958년 제정되고 1960년부터 시행된 우리나라 가족법은 유교적 전통과 남성 중심의 대가족제도를 기초로 하여 가부장적 성격이 강하였으나 1962년, 1977년, 1990년의 법개정에 의해 아버지, 장남, 남편의 권리와 의무는 약화되고 여성의 법적 지위는 향상되었다. 2005년 민법의 일부 개정으로 2008년 1월 1일부터 가부장제의 근간이었던 호주제도가 폐지되어 새로운 가족제도가 시행되고 있다.

1 친족관계

1) 친족의 범위

친족이란 혈연과 혼인을 통하여 만들어진 신분관계이다. 이러한 관계는 무한정으로 확대되어 나갈 수 있지만 일정한 범위를 한정하여 친족으로 규정하고 있다. 일상적으로 사용하는 친척이라는 말은 우리나라 가족제도에서 관습적인 의미를 가지며, 민법에서 규정하고 있는 친족개념과 일치하지 않는다.

우리나라 친족의 범위는 팔촌 이내의 혈족, 사촌 이내의 인척, 배우자로 규정하고 있다(민법 제777조). 현행 민법의 시행 전에는 친족의 범위를 팔촌 이내의 부계(父系)혈족, 사촌 이내의 모계혈족, 남편의 팔촌 이내의 부계혈족, 남편의 사촌 이내의 모계혈족, 처의 부모, 배우자로 규정함으로써 부계친족을 중심으로 한 친족관계를 인정하여 왔다. 그러나 현행법에서는 부모계와 부족(夫族)·처족(妻族)을 차별하지 않게 됨으로써 양성평등을 이루었다.

혈족이란 혈연으로 연결된 친족관계로서 부모와 자녀, 형제자매를 자연혈족이라고 하며, 법률에 의하여 혈연으로 인정한 자를 법정혈족이라고 한다. 법정혈족은 양부모와 양자 사이를 말한다.

남녀가 혼인하면 남편이나 아내의 사촌 이내의 혈족과 친족관계가 발생하는데, 이런 관계를 인척이라고 한다. 예를 들어 남편 측에서 본다면 아내의 사촌 이내의 혈족인 장인, 장모, 처남, 처제, 처삼촌, 처조카 등이 인척이 되는 것이다. 결혼한 남녀는 배우자인 신분으로 친족이 되는데, 혼인신고를 해야만 법률상 정당한 부부로 인정되기 때문에 사실혼관계에 있는 사람은 친족관계가 발생하지 않는다.

이혼율의 증가로 재혼가족도 증가하고 있다. 재혼가족에서 전처소생의 자녀와 계모는 법적으로 어떤 관계일까? 부모-자녀 관계인가? 계모자관계와 적모서자관계(처와 남편의 혼인 외 출생자와의 관계)는 1990년 가족법이 개정되기 전에는 법정혈족 관계로 보았다. 계모와 전처소생 자녀의 관계가 어떠한가의 여부와 상관없이, 계모의 의견이나 자녀의 의견과 상관없이 무조건 부모-자녀 관계가 발생하였다. 남편을 중심으로 가족관계를 결정하기 때문이다. 이는 첩제도의 잔재로 볼 수 있다. 그러나 현행법에서 이들이 인척관계로 개정됨으로써 계모는 더이상 법적인 의미에서는 어머니가 아니다. 따라서 계모가 친권을 행사하는 경우는 있을 수 없고, 서로 상속받을 수 없다. 이들은 생계를 같이하고 있는 경우에 서로 부양의무만이 있을 뿐이다. 재혼가족이 증가하고 있는 점을 생각할 때 이들에 대하여 아무런 관계도 인정하지 않는 것 역시 또 다른 문제가 될 것이다.

2) 친족 간의 의무

법률상 정하고 있는 친족들 사이에는 부양이나 상속, 혼인 등 여러 가지 가족법상의 권리의무가 발생하게 된다. 민법은 직계혈족과 배우자, 기타 생계를 같이하는 친족들은 서로 부양할 의무가 있다(제974조)고 규정하고 있다. 친족관계에 있는 사람들은 일반적으로 서로 보살펴 주어야 할 의무가 있다는 것이다.

그렇다면 어려운 처지에 있는 사촌을 어떻게, 어느 정도로 부양해야 할까? 부모가 자녀를 부양하거나, 자녀가 부모를 부양하거나 또는 배우자 사이의 부양의무는 일차적인 부양의무가 발생한다. 이것은 동거 여부와 상관없이 무조건적으로 발생하는 의무이며, 콩 한쪽이라도 나누어 먹어야 하는 의무로서 부양의무를 이행하지 않는 경우에는 강제이행을 청구할 수 있다.

그러나 부모와 자녀, 배우자를 제외한 다른 친족들 사이에서는 생계를 같이하는 경우에만 부양의무가 있다고 규정하고 있기 때문에 사실상 같이 살지 않는 친족들 사이에 부양의무가 발생할 가능성은 없으며, 부양청구도 할 수 없다고 보아야 할 것이다. 따라서 사촌에 대한 부양의무도 법적인 것이라기보다는 윤리적인 것에 가깝다고 보아야 한다.

윤리적인 성격을 가지기는 하지만 부양의무는 모든 친족에게 효력이 미치는 의무이다. 그러나 그외에는 대개 구체적인 상황에 따라 개별적으로 친족의 권리와 의무를 규정하고 있다. 예를 들어 상속을 받을 수 있는 자격은 사촌 이내의 방계혈족까지만 인정하고 있으며, 후견인이 될 수 있는 자격은 삼촌 이내의 방계혈족까지만 인정하고 있다.

오늘날 가족은 대체로 부부와 미성년 자녀로 구성되는 핵가족을 이루고 있다. 그래서 부모-자녀, 형제자매 외의 친족들과는 자주 만날 기회도 적고, 유대관계도 과거에 비해 약한 편이다. 법률적 규제도 매우 약한 편이어서 민법에서 규정하고 있는 권리·의무가 현실적으로 실현되는 경우도 극히 드물다고 할 수 있다. 따라서 친족의 범위를 획일적으로 규정하여 얻게 되는 실익은 거의 없다. 외국의 입법 예에는 우리나라와 같이 친족의 범위를 획일적으로 규정하는 경우가 드물고, 주로 부양이나 상속 등 구체적인 법률관계에서 친족관계를 규정하고 있을 뿐이다.

2 가족의 범위와 자녀의 성

2005년 민법의 일부 개정에 의하여 호주제도를 폐지하고, 가족의 범위를 개정하였다. 민법 제779조에서 새로운 가족의 범위를 신설하고 있는데 ① 배우자, 직계혈족 및 형제자매, ② 직계혈족의 배우자, 배우자의 직계혈족, 배우자의 형제자매로서 생계를 같이하는 자를 가족으로 규정하고 있다.

개정 전의 민법에서는 동일한 호적에 등재되어 있느냐를 기준으로 가족 여부를 판단하였기 때문에 부모와 자녀 및 형제자매 사이라 하더라도 호적을 달리하고 있는 경우에는 법률상의 가족이 아니었다. 그러나 개정된 현행법에 의하면 개인을 기준으로 배우자, 직계혈족과 형제자매는 항상 가족의 범위에 포함된다.

또 직계혈족의 배우자(사위, 며느리, 계모, 계부 등), 배우자의 직계혈족(장인, 장모, 시부모, 배우자의 자녀), 배우자의 형제자매도 생계를 같이하는 경우에는 가족의 범위에 포함될 수 있다. 생계를 같이한다는 것은 동거하면서 생활공동체를 같이하는 경우는 물론 동거하지 않더라도 공동의 가계에 속하는 경우에는 가족의 범위에 포함될 수 있다.

참고자료 13-1 새 가족관계등록부에는 '본적'이 없다

올해부터 호적이 폐지되고 개인마다 가족관계등록부를 갖게 된다. 호적등·초본도 가족관계등록부 증명서로 바뀐다. 홍길동(38) 씨가 1일 서울 서초구청 OK민원센터에서 가족관계등록부 증명서를 가상으로 발급받았다.

홍 씨는 '등록부 기록사항 등에 관한 증명신청서'를 작성한다. 첫 칸은 등록기준지를 적는 곳으로 호적의 본적지에 해당되는 등록기준지는 원하면 언제라도 바꿀 수 있다. 그래서 부부끼리 부모와 자녀의 등록기준지가 다를 수 있다. 이것은 가족이 호주의 본적을 따라야 했던 호적부와 달라진 점이다. 성명과 주민등록번호를 적고 나면 발급받을 증명서를 선택해야 한다. 호적등·초본에는 혼인·이혼·입양 등 일가족의 세세한 인적사항이 한꺼번에 적혀 있었지만 가족관계등록부는 다르다. 증명 목적에 따라 필요한 내용만 발취해 기본증명, 가족증명, 혼인증명, 입양증명, 친양자증명 등 다섯 종의 증명서로 구분해서 발급한다.

홍길동 씨의 기본증명에는 출생년월일·출생지·주민번호·성별·본이 나온다. 혼인관계증명서를 떼어 보면 홍 씨가 장미숙 씨와 2002년 1월 2일에 결혼했다고 적혀 있다. 홍 씨가 이혼한 적이 있다면 그 기록도 여기에 나타난다. 가족관계증명서에는 홍 씨의 부모인 홍재식·최여진 씨, 배우자 장 씨, 자녀 김철민 군의 인적사항이 담겨 있다. 조부모에 관한 기록은 없다. 가족관계를 3대로 제한했기 때문이다.

홍 씨 부부가 김 군을 입양했다는 사실도 드러나지 않는다. 입양아를 보호하기 위해 입양관계증명서나 친양자입양관계증명서를 별도로 떼야 한다. 형제자매의 기록은 홍 씨 가족관계등록부에서 확인할 수 없다. 홍 씨 부모의 가족관계증명서나 홍 씨 제적등본을 발급받아야 알 수 있다. 제적등본에는 호적등본의 기록이 그대로 남아 있다.

증명서 발급 요건은 훨씬 까다로워졌다. 호적등·초본은 본적과 성명만 알면 누구나 발급받을 수 있어 주민등록등·초본보다 발급이 쉬웠고, 채권·채무자가 무더기로 발급하곤 했다. 그러나 가족관계등록부 증명서는 본인·부모·자녀·배우자·형제자매만 발급신청을 할 수 있다. 등록기준지가 아니라 성명과 생년월일을 정확히 알아야만 한다. 수수료는 증명서 1통에 1,000원이다(호적등본 600원).

출처: 서울신문(2008. 1. 2).

민법 제781조에 의하면 자녀의 성과 본은 아버지의 성과 본을 따르는 것을 원칙으로 하되 예외적으로 혼인신고를 할 때 부모의 협의에 의하여 어머니의 성과 본을 따를 수 있도록 규정하고 있다. 또 자녀의 복리를 위해 자녀의 성과 본을 변경할 필요가 있는 경우 법원의 허가를 받아 이를 변경할 수 있도록 하여 자녀의 성과 관련하여 부계혈통주의를 완화하였다. 예를 들면 부모의 이혼으로 어머니와 함께 살게 되는 자녀의 경우(미성년자인 경우)에 어머니가 재혼을 하게 되면 새 아버지(계부)의 성과 본으로 변경이 가능하게 되어 현실적으로 발생하는 불편함을 해소할 수 있게 되었다.

참고자료 13-2 자녀 성(姓) 변경 1만 2천여 건 신청

민법 개정으로 올해부터 새로운 가족제도가 시행 중인 가운데 자녀 성(姓)을 바꿔달라는 신청이 6개월 새 1만 2천여 건이 접수돼 이 중 8천여 명의 성이 변경된 것으로 집계됐다.

8일 대법원에 따르면 자녀의 성과 본(本)을 변경해 달라는 청구는 올해 상반기 동안 전국에서 1만 2,349건이 접수돼 현재까지 9,226건이 처리됐다. 이 중 8,328건은 인용, 310건은 기각됐고, 나머지 3,123건은 처리 절차가 진행 중이다.

이 중 대부분은 재혼 여성이 전 남편과의 사이에서 낳은 아이의 성을 새 아버지의 성과 일치시키려는 경우로 나타났다. 이혼 여성이 아이의 성을 자신의 성으로 바꿔달라며 낸 신청도 일부 있다.

월별로 보면 자녀 성 변경 신청은 1월에 6,503건으로 가장 많이 접수됐고, 2월 2,129건, 3월 1,467건에 이어 4월 839건, 5월 629건, 6월 782건 등으로 꾸준한 추세를 보이고 있다.

이와 함께 올해부터 새로 도입된 '친양자제도'와 관련해서도 상반기 중 1,776건이 접수되어 1,095건이 인용됐다. 친양자제도는 일반 입양과 달리 친생부모와의 법적 관계를 완전히 소멸시키는 것으로 친양자로 입양될 경우 아이의 성과 본은 양부의 것으로 바뀌게 된다.

출처: 한국일보(2008. 7. 9).

3 혼 인

혼인의 형태는 법률, 관습, 종교 등의 사회규범에 의해 규율되기 때문에 시대와 사회에 따라서 각기 다르게 나타난다. 과거 우리나라는 혼인의 목적이 가문의 계승자를 얻는 데 있었기 때문에 혼인하려는 남녀의 의사는 무시되고, 양쪽 집안의 대표인 부모들에 의하여 이루어지는 경우가 대부분이었다. 따라서 가계를 계승할 아들을 출산하지 못한 처는 칠거지악에 해당되었고, 또 처 이외에 첩을 거느리는 것이 허용되었다. 뿐만 아니라 남편의 간통은 부계(父系)의 혈통을 문란하게 할 염려가 없으나, 처의 간통은 부계혈통을 문란하게 한다는 이유로 처에게만 정조의무가 요구되었다. 이것은 과거 우리나라의 혼인이 부계혈통을 유지하는데 목적이 있었다는 것을 보여준다. 그러나 현재 우리나라의 혼인제도는 인간의 존엄과 남녀평등의 입장에서 일부일처제를 확립하고 있으며 혼인의 자주성을 보장하고 있다.

1) 약 혼

캠퍼스 커플로 6년을 사귄 남녀가 있다. 결혼하자고 약속했는데, 취직되어 다른 지방으로 간 남자가 연락이 없다. 소문에 의하면 새로운 여자친구가 생겼다고 한다. 남자는 두 사람의 관계가 단지 친구였다고 한다.

이러한 사례는 주변에서 흔히 접할 수 있는 경우다. 두 사람의 관계를 약혼자로 인정할 수 있겠는가? 인정한다면 파혼당한 여자는 이제 어떻게 할 수 있을까?

약혼이란 장차 결혼하자는 당사자 사이의 약속을 말한다. 성년이 되면 자유롭게 약혼할 수 있다(제800조). 만 18세가 되면 부모 또는 후견인의 동의를 얻어 약혼할 수 있다(제801조). 약혼식을 올리거나 약혼의 증표로서 예물을 교환하는 경우도 있지만 일정한 형식을 갖추지 않아도 성립한다. 약혼은 장차 결혼하여 부부가 되겠다는 남녀의 의사가 가장 중요한 요건이기 때문에 "결혼합시다.", "좋아요." 하는 합의만으로 성립한다.

약혼을 하면 서로 성실하게 교제하고 가까운 시기에 결혼할 의무를 지며, 민법에서 규정하고 있는 정당한 사유가 있는 경우에는 파혼할 수 있다. 민법에서 규정하고 있는 정당한 사유가 없는데도 약혼을 해제하면 상대방에게 손해를 배상해 줄 책임을 지게 된다. 이때 손해배상의 범위는 약혼의 파기로 발생한 재산적 손해 및 정신적 손해를 포함한다. 구체적으로는 약혼비용, 혼인 준비비용, 혼인을 위하여 사직한 경우 등과 같이 약혼으로 인한 일실이익, 중매인에 대한 사례비 등이 포함될 수 있다. 또한 약혼이 해제된 경우에는 서로 교환한 예물의 반환을 청구할 수 있다. 이때 과실이 없는 당사자는 준 예물을 반환받을 수 있고, 받은 예물의 반환 의무는 없다.

앞의 사례의 경우에 약혼의 합의가 있었으므로 약혼이 성립하였다고 보아야 할 것이고, 정당한 이유없이 파혼당한 여자가 남자 쪽에 손해배상 청구를 할 수 있다. 그러나 현실적으로 약혼이라고 인정할 만한 외형적인 사실이 전혀 없는 경우에 이를 약혼의 합의로 볼 것인지의 여부는 좀더 까다롭다고 보아야 할 것이다.

참고자료 13-3 약혼해제의 사유

- 약혼 후 자격정지 이상의 형의 선고를 받은 때
- 약혼 후 금치산 또는 한정치산의 선고를 받은 때
- 성병, 불치의 정신병 기타 불치의 악질이 있는 때
- 약혼 후 타인과 약혼 또는 혼인을 한 때
- 약혼 후 타인과 간음한 때
- 약혼 후 1년 이상 그 생사가 불명한 때
- 정당한 이유없이 혼인을 거절하거나 그 시기를 지연하는 때
- 기타 중대한 사유가 있는 때

2) 혼 인

혼인은 평생 부부로서 함께 생활하기 위한 남녀의 배타적인 결합이다. 자발적인 의사일 것을 요구하기 때문에 진정한 혼인의 합의가 없는 경우에는 혼인무효이며, 이혼이 보편화되고 있지만 부부로서 평생 함께 하겠다는 약속이어야 한다. 동성 간의 혼인을 인정하는 나라도 생기고 있지만 전통적으로 혼인은 이성 간의 결합을 말한다. 또 남녀의 배타적인 결합으로서 일부일처혼이어야 한다.

(1) 혼인의 성립

혼인이 유효하게 성립하려면 당사자 사이에 혼인의사의 합치가 있어야 하고, 혼인의 장애사유가 없어야 하며, 혼인신고가 있어야 한다. 혼인에 대한 남녀의 합의와 혼인신고는 혼인이 성립되기 위한 요건으로 합의가 없는 혼인은 무효가 되고, 혼인신고를 하지 않은 경우에는 사실혼으로 법률상 정당한 부부가 될 수 없다.

남녀의 합의 없이 혼인신고된 경우나 일정한 친족 간의 혼인은 무효이다. 짝사랑하던 남자가 혼자서 몰래 혼인신고한 경우나 미혼인 남녀가 임신하여 그 아이를 사생아로 만들지 않을 목적으로 일단 혼인신고를 하고, 아이가 출생한 후에 협의이혼을 하기로 하는 경우도 혼인에 대한 합의가 없는 가장혼인으로 무효이다. 사실혼의 아내가 사실혼 남편의 동의 없이 혼자 한 혼인신고도 무효이다. 혼인의 합의라는 것은 부부로서의 실질을 갖추고 살겠다는 합의와 혼인신고에 대한 합의를 말하는 것으로 어느 하나라도 합의가 없었다면 혼인이 무효가 된다. 혼인무효의 사유가 있는 경우에는 가정법원에 혼인무효 소송을 제기하여 확정판결을 받아야 한다.

참고자료 13-4 혼인무효의 사유

- 당사자 간에 혼인의 합의가 없는 때
- 당사자 간에 직계혈족, 팔촌 이내의 방계혈족 및 그 배우자인 친족관계가 있거나 또는 있었던 때
- 당사자 간에 직계인척, 부(夫)의 팔촌 이내의 혈족인 인척관계가 있거나 또는 있었던 때

출처: 민법 제815조.

참고자료 13-5 혼인취소의 사유

- 혼인적령에 달하지 않은 혼인
- 동의를 얻지 않은 미성년자와 금치산자의 혼인
- 중혼인 경우
- 상대방에게 부부생활을 계속할 수 있는 악질(惡疾) 기타 중대한 사유가 있음을 알지 못한 때
- 사기 또는 강박으로 인하여 혼인의 의사표시를 한 때

혼인이 무효가 되면 처음부터 부부가 아니었던 것이 되므로 부부관계를 기초로 한 상속 기타의 권리변동도 무효로 된다. 또한 과실이 있는 상대방에 대하여 재산·정신상의 손해배상 청구를 할 수 있다.

한편 당사자의 의사에 의하여 혼인신고가 되었지만 일정한 원인이 있는 경우에는 혼인을 취소할 수 있다. 혼인 장애사유로 배우자가 있는 자가 다시 혼인하는 중혼, 혼인적령 미달자의 혼인 등은 모두 취소할 수 있다. 또한 미성년자 또는 금치산자가 부모, 후견인 등의 동의를 얻지 않고 혼인한 경우에도 취소할 수 있는 혼인이 된다.

혼인 당사자의 일방에 부부생활을 계속할 수 없는 악질(惡疾, 고치기 어려운 나쁜 병) 기타 중대한 사유가 있음을 알지 못하고 혼인한 때에는 상대방이 그 사유가 있음을 안 날로부터 6개월 이내에 취소를 청구할 수 있다. 사기 또는 강요나 협박으로 인하여 혼인한 경우에는 사기를 안 날 또는 강요나 협박을 면한 날로부터 3개월을 경과하기 전에 그 취소를 청구할 수 있다.

여기서 취소할 수 있다는 말은 취소할 수 있는 사유가 있다는 것을 알면서도 취소하지 않고 기간을 넘기게 되면 더이상 그 혼인은 취소할 수 없는 유효한 혼인이 된다는 것이다. 이 기간을 넘기면 이혼의 문제가 될 것이다.

중매로 결혼할 때 가정환경이나 재산, 수입, 학력 등을 다소 과장되게 이야기하는 경우가 있는데, 이런 경우에도 사기로 취소할 수 있는 경우가 있다. 그러나 대체로 자신의 상황을 미화해서 이야기하는 경우가 있을 수 있기 때문에 어느 정도 타당한 범위 안에 있으면 조금 과장되게 소개하는 행위는 사기가 되지 않을 수 있다.

참고자료 13-6 동성동본 금혼규정 헌법불합치 결정

동성동본 간의 금혼을 규정한 민법 제809조 제1항에 대해 '헌법에 합치되지 않는다.'는 헌법재판소의 결정이 내려졌다. 재판부는 결정문에서 동성동본 간의 금혼 규제는 인간의 존엄과 행복추구권을 보장하려는 헌법의 이념에 반하고, 개인의 존엄과 양성의 평등에 기초한 혼인과 가족생활의 성립 유지라는 헌법정신에 정면으로 배치될 뿐만 아니라 그 금지되는 혼인의 범위를 동성동본인 혈족, 즉 남계혈족에만 한정되어 성별에 의한 차별을 하고 있다는 점에서 평등의 원칙에도 위반된다고 하지 않을 수 없다고 밝혔다.

재판부는 이제 근친 사이의 혼인문제는 법적으로는 동성동본 금혼제를 제외한 여타 민법 규정으로 규제하고, 이를 넘는 금지혼의 범위는 변화하는 윤리와 도덕관념에 맡길 수밖에 없는 것이며, 그 이상을 법적으로 규제할 사회적 기반은 이미 붕괴되었거나 근본적으로 동요하고 있다고 볼 수밖에 없다고 밝혔다.

재판부는 그러나 우리 민법을 보면 동성동본 금혼조항이 없다 하더라도 부계와 모계의 최소한 팔촌 이내의 혈족이거나 혈족이었던 자 및 팔촌 이내의 인척이거나 인척이었던 자 사이의 혼인은 이를 모두 무효로 하거나 금지하고 있으므로 이 정도의 규제로서도 우생학적으로 문제되는 근친혼의 범위는 벗어났다고 할 수 있고, 외국의 입법례와 비교해 보면 그 규제의 범위가 매우 넓은 편에 속함을 알 수 있다고 밝혔다(헌법재판소, 1997. 7. 16. 자95헌 가6 결정).

위 조항은 1999년 1월 1일부터 그 효력이 상실된 상태이다.

출처: 법률신문(1997. 7. 21).

(2) 혼인의 효력

① 부부간의 의무

부부는 동거하고, 부양하며, 협조하여야 한다. 부부는 평생에 걸친 정신적·육체적·경제적 공동체이기 때문에 이러한 의무는 부부관계의 본질적 요청이다. 동거는 공동주택에서 함께 생활해야 한다는 단순한 공간적 의미는 아니며, 생활공동체를 형성한다는 것을 의미한다. 그러나 직장, 합의된 유학 등 정당한 이유로 인하여 일시적으로 동거하지 않는 경우에는 서로 참아야 한다. 동거 장소는 부부가 협의하여 결정하여야 하고, 협의가 이루어지지 않으면 당사자의 청구에 의하여 가정법원이 정한다.

부부는 서로 협조해야 할 의무가 있다. 부양의무 및 생활비 분담의무와 비교할 때 경제적인 것이라기보다는 정신적 또는 생활상의 협조를 의미하는 것이라고 볼 수 있으나 보다 광범위하게 이해되어야 할 것이다. 부부의 일방이 협조의무나 동거의무를 이행하지 않는 경우에는 동거나 협조를 강제로 이행하도록 할 수 없으므로 이혼 원인이 될 뿐이다.

또한 부부는 서로에 대하여 정조를 지킬 의무가 있다. 정조의무는 단순히 육체적인 것만을 의미하는 것은 아니고, 정신적인 것까지 포함한다. 부부 한 명이 정조의무를 위반한 경우에는 부정한 행위에 해당되어 이혼 원인이 되고, 그 일방은 손해배상책임도 부담한다. 그리고 부정행위의 상대방도 배우자가 있다는 사실을 알고 있었을 때에는 손해배상책임을 진다. 간통으로 형사적인 책임을 물을 수도 있다.

② 부부간의 계약취소

부부가 혼인 중에 체결한 계약은 언제든지 취소할 수 있다. 부부 사이가 아닌 일반적인 계약은 일단 성립하고 나면 그 계약은 법적 구속력을 가진다. 그러나 부부 사이의 계약은 애정 또는 압력에 의하여 체결된 진심이 아닌 경우가 많고, 또 부부 사이의 약속을 법률문제로 재판에 의하여 해결하는 것은 부부생활의 평화를 해칠 수 있기 때문에 이를 언제든지 취소할 수 있도록 하고 있다.

여기서 부부간의 계약취소권은 혼인기간 중에 체결한 계약을 말한다. 따라서 혼인성립 전에 체결하는 부부재산계약에는 해당되지 않는다.

혼인 중이란 형식적으로는 물론 실질적으로도 원만한 혼인관계가 계속되고 있는 상태를 의미한다. 따라서 아무리 혼인 중이라 하더라도 혼인관계가 파탄되어 있는 상태에서는 취소권행사가 인정되지 않는다. 즉, 혼인관계가 파탄된 상태에서 이혼을 전제로 체결한 재산분할계약은 취소할 수 없다.

③ 일상가사 대리권과 연대책임

아내가 진 빚을 남편이 갚아야 하는가? 또 남편 명의의 집을 아내가 처분한 경우 이 처분행위는 유효한가?

부부는 일상가사에 대하여 서로 대리권이 있다. 또한 일상의 가사로 진 빚은 부

참고자료 13-7 일상 가사 범위 넘은 남편 빚 부인이 갚을 필요 없다

남편이 빚을 졌더라도 부부가 함께 관계된 일상의 가사를 위한 것이 아니라면 부인이 돈을 대신 갚을 필요가 없다는 판결이 나왔다.

서울지법 민사항소5부(이인복 부장판사)는 서울보증보험이 "남편이 과거 근무하던 K생명에서 대출한 주택자금을 갚지 않고 있으니 이를 대신 물어내라."며 노 모 씨의 부인 손 모 씨(36)를 상대로 낸 구상금 청구 소송에서 지난달 27일 1심을 깨고 원고 패소판결을 내렸다.

재판부는 "통상 의식주에 관한 사항은 '일상의 가사' 에 해당되지만 경우에 따라 일상성이 인정되지 않는 예도 있을 수 있다."면서 "이 사건의 경우 노 씨가 도박 및 유흥비 등 과다한 부채 때문에 대출금을 갚지 못하고 있고 K생명이 자사 직원의 개인신용을 믿고 대출해 준 점 등을 볼 때 부인이 연대책임을 질 필요는 없다."고 밝혔다. 재판부는 "부부는 배우자의 법률행위에 대해 연대책임을 지지만 그 행위가 일상가사의 범위를 넘었을 경우 본인만이 책임을 지게 된다." 며 "법률행위에 대한 본인의 주의의무를 게을리하면서 이에 관여하지 않은 다른 배우자에게 안이하게 연대책임을 물을 수는 없다."고 덧붙였다.

출처: 동아일보(2001. 7. 9).

부가 함께 갚을 책임이 있다. 따라서 일상가사의 범위를 벗어나는 빚에 대하여 서로 갚아 줄 책임은 없다. 이 경우 어디까지가 일상가사인가에 대하여는 각 부부의 경제적 상태나 지위 등 여러 가지 사정을 고려하여 판단하여야 할 것이다.

남편 명의의 집을 아내가 남편의 동의 없이 처분한 경우에는 일상가사의 범위를 벗어난다고 보아야 할 것이다. 그렇다면 이러한 처분행위는 효력이 없게 된다. 그런데 일상가사를 벗어난 대리행위가 효력이 없다고 한다면 아내를 믿고 거래한 상대방이 곤란한 상황에 처하게 될 것이다. 그래서 특히 부부의 경우에 일상가사의 범위를 벗어나는 법률행위를 한 경우에도 아내와 거래한 상대방이 남편의 동의가 있었다고 믿을 만한 정당한 이유가 있는 경우에는 그 법률행위의 효력을 인정한다.

(3) 부부 사이의 재산관계

결혼하여 부부가 되면 결혼기간 동안 번 재산은 누가 소유할 것인지, 재산을 누가 관리할 것인지, 남편의 빚을 내 재산으로 갚아야 할 것인지, 생활비는 누가 부담할 것인지 등의 문제가 발생한다. 대개 부부관계가 원만한 경우에는 재산의 귀속 여부를 정하지 않더라도 문제가 발생하지 않지만, 배우자가 빚을 지거나 이혼할 경우를 대비하여 부부간의 재산관계는 분명하게 해둘 필요가 있다.

이에 대해 민법은 원칙적으로 혼인할 당사자가 혼인 전에 혼인 후의 재산적 법률관계를 합의에 의해 결정하도록 하고 있는데 이를 부부재산계약제도라고 한다.

① 부부별산제

부부재산계약에 대한 약정이 없거나 체결된 부부재산계약이 무효인 경우에 대비하여 보충적으로 법정재산제를 두고 있다. 우리나라는 법정재산제로서 부부별산제를 채용하고 있다. 부부별산제는 부부 개인이 혼인 전부터 가지고 있던 재산과 결혼기간 동안 자기 명의로 취득한 재산은 개인재산으로 하고, 이 재산에 대하여 부부가 각자 관리하고 사용, 수익하도록 하는 제도이다.

그리고 부부의 누구에게 속한 것인지 분명하지 않은 재산, 귀속불명재산은 부부의 공유재산으로 추정한다. 공동생활에 필요한 가정용품과 부부의 협력으로 구입한 재산도 공유재산으로 본다. 또한 이혼할 때 특유재산은 개인의 재산이므로 분할대상 재산이 되지 않지만 공유재산은 분할대상 재산이 된다.

현재 우리나라에서는 혼인하기 전에 부부재산에 대한 계약을 하는 경우가 거의 없는데, 이는 등기를 해야 하는 등 요건이 엄격하여 이용하기 불편하다는 점도 있지만, 혼인 전에 재산에 관한 계약을 체결하는 것이 국민들의 정서에 맞지 않기 때문이라고 생각된다. 또한 혼인 후 집을 사거나 하는 경우에는 대개 남편 명의로 등기되는 경우가 많기 때문에 남자 쪽에서 부부재산계약을 굳이 체결할 이유는 없을 것이다. 결혼할 여성이 부부재산계약을 요구하면 현모양처가 되기 어렵다고 생각하지 않겠는가? 그러므로 현재는 법정재산제의 비중이 훨씬 크다고 할 수 있다.

② 부부재산계약

부부재산계약제도는 부부가 결혼하기 전에 부부재산을 어떻게 관리하고, 이혼할 때는 어떻게 나눌 것인지를 미리 약정해 두는 제도를 말한다.

부부재산계약은 부부재산계약서를 작성해 예비남편의 주소지를 관할하는 등기소나 법원 등기과에 등기신청을 할 수 있다. 부부재산계약에서 한 번 체결한 계약내용은 혼인 중 이를 변경할 수 없으며, 정당한 사유가 있는 때에는 법원의 허가를 얻어 변경하여야 한다.

참고자료 13-8 부부재산계약 본격 시행: 평등부부 첫걸음은 재산관리부터

평등한 부부재산 관계를 원하는 이들에게 길이 열렸다. 대법원은 부부재산 관련 예규를 제정해 전국 법원과 등기소에 시달했다고 15일 발표했다. 대법원의 예규 제정은 부부재산계약제의 부활을 의미한다. 대법원은 예규에서 "등기관은 약정서에 기재된 재산이 신청인의 소유인지의 여부, 약정내용의 범위, 약정사항의 효력 유무에 대해서는 판단하지 않고 등기한다고 밝힘으로써 부부재산 계약내용에 대한 법원의 간섭을 최소화하고 등기신청 절차를 대폭 간소화했다.

국내 첫 부부재산계약 커플은 지난달 21일 부부재산계약서와 부부재산 목록을 인천지방법원 남동등기소에 제출하고 등기를 신청한 김 아무개(29)와 장 아무개(29) 부부. 지난달 결혼한 이들 부부는 결혼기간에 취득한 재산은 모두 부인 장 씨 명의로 등기하기로 했다. 또 부부의 모든 수입과 공유재산도 장 씨가 처분 관리하는 것으로 정했다. 또 계약에 따라 남편 김 씨는 장 씨의 사전동의 없이는 빚을 내거나 보증을 설 수 없고, 이를 어기면 장 씨는 김 씨의 채무에 대한 연대책임을 지지 않는 것으로 합의했다.

아울러 이들은 이혼할 경우에는 혼인 중 취득한 재산을 장 씨와 김 씨가 7 : 3의 비율로 나누며 양육권은 장 씨가 갖는 것으로 약속했다. 장 씨는 계약서를 통해 남편의 외도나 이유 없는 사흘 이상의 늦은 귀가나 외박, 폭음, 이틀 이상 지속되는 도박이나 놀음 등도 이혼사유에 해당한다고 못박았다. 이처럼 장 씨에게 파격적으로 보이는 계약은 복학생이었던 김 씨가 사회 초년생 장 씨를 만나 많은 도움을 받은 것에 대해 김 씨가 고마움의 뜻을 표시한 데 따른 것.

이들 이전에도 부부재산계약에 동의하고 약정서를 준비한 예비부부는 여럿 있었다. 그러나 1922년 부부재산계약 관련 대법원 규칙이 제정된 이래 신청하는 사람이 없어 절차상의 미비로 접수시키지 못했다.

부부재산계약을 원하는 예비부부는 부부재산의 관리 및 처분권한 등에 대해 합의한 내용을 정리한 '부부재산약정서'를 작성해 남편될 사람의 거주지 관할 등기소나 법원 등기과에 신청하면 된다. 이와 함께 부부 인감증명서와 주민등록등·초본을 첨부해야 한다. 이때 비용은 등록세와 교육세, 등기수수료 2,500원이 든다. 부부계약 체결 후 부부 중 한쪽이 계약내용을 바꾸려면 법원의 허가를 얻어야 한다.

출처: 여성신문(2001. 6. 29).

부부재산계약은 등기 즉시 제삼자에게도 영향을 미쳐 부부 중 일방이 계약을 위반하고 제삼자와 계약을 체결하면 그 계약은 무효가 된다. 부부재산계약에 의하여 남편(혹은 아내)이 아내(혹은 남편)의 재산을 관리하는 계약을 체결하였으나, 부적당한 관리로 인해 그 재산을 위태롭게 한 때에는 아내는 자신이 관리할 것을 법원에 청구할 수 있고, 그 재산이 부부의 공유인 때에는 그 분할을 청구할 수 있다.

우리나라에서는 이 제도가 지금까지 이용된 적이 없는 사문화된 제도였다. 결혼하면 재산이 남편 이름으로 등기되고 관리되는 것이 보편적인 인식이었으며, 부부가 이혼에 대비해 재산계약을 맺는다는 것은 생각할 수 없는 일이었다. 재산권이 절대적으로 남편에게 있는 우리나라에서는 이혼을 결심한 남편이 소송 전에 재산을 빼돌리는 경우도 있어 아내가 불리한 경우가 많다. 또 이혼에 합의한 경우에도 재산분쟁으로 소송을 하게 되면 많은 시간과 돈, 노력이 들어간다. 그러나 부부재산계약을 미리 체결해 두면 이혼할 때 재산분할 및 자녀양육권 등 이혼 관련 문제를 분쟁 없이 청산할 수 있게 된다.

3) 이 혼

(1) 협의상 이혼

협의이혼제도는 부부가 이혼에 합의한 경우에 간단한 절차를 거치기만 하면 이혼이 성립되도록 하는 제도이다. 남편과 아내가 이혼에 합의하면 가정법원에서 이혼의사의 확인을 받고, 이혼신고서와 판사의 확인서를 공무원에게 신고함으로써 성립한다. 법원의 확인 절차를 마치고 3개월이 지나도록 협의이혼신고를 하지 않으면 그 확인은 효력이 없어진다.

협의이혼에 대한 법원의 확인 절차는 1977년 가족법의 개정으로 만들어진 제도로 이전에는 남편의 일방적인 이혼신고로 여성들이 자신도 모르게 이혼을 당하는 경우가 더러 있었다. 부부에게 이혼의사가 진정으로 존재하고 있는지 확인하는 것은 여성들의 이혼의사를 보호하고 있는 우리나라의 아주 독특한 제도이다.

협의이혼이 성립되기 위해서는 법원의 확인 절차를 반드시 거치도록 하고 있지만

참고자료 13-9 사기에 의한 이혼

생계를 돕고자 사업을 하다가 실패하여 많은 채무를 부담하고 채권자로부터 변제 독촉을 모면하기 위하여 일시적으로 가장이혼을 하였다가 사태 수습 후 다시 혼인신고를 하면 된다는 꼬임에 빠져 협의이혼을 하였다면 이는 사기로 인한 이혼에 해당하므로 취소할 수 있다.

출처: 대법원(1971. 9. 28). 선고 71모34 판결.

이혼은 전적으로 부부의 합의에 의하여 성립한다. 그런 의미에서 협의이혼은 이혼의 자유 내지 부부의 자율을 존중하고 있는 제도라고 할 수 있다.

이혼에 대한 부부간의 합의가 실질적인 요건이므로 이혼신고서가 접수되었으나 당사자 사이에 이혼합의가 없는 경우에는 협의이혼이 무효가 된다. 부부생활을 해소할 의사 없이 채권자의 집행을 면하기 위하여 부부가 가장이혼한 경우나 부부가 모르는 사이에 제삼자가 이혼신고를 한 경우에 그 협의이혼은 무효이다. 사기, 강요 또는 협박으로 인한 이혼은 취소할 수 있다.

(2) 재판상 이혼

남편이 집을 나가 10년째 다른 여자와 살고 있다. 자녀를 키우며 힘들게 살고 있는 아내에게 생활비도 보내지 않고 있으며, 부부관계는 이미 남남과 같다. 남편은 계속 이혼을 요구하고 있으나 아내는 이혼할 생각이 없다. 이런 경우 남편이 재판이혼을 청구하면 법원에서는 이혼을 허용하여야 하는가?

재판상 이혼이란 부부가 이혼에 합의하지 못한 경우에 법원의 재판을 거쳐서 하는 이혼을 말한다. 재판상 이혼은 법률에 정하여진 이혼 원인에 의거하여 부부 중 한 명이 상대방에 대하여 이혼청구소송을 제기하여 성립된다. 따라서 법원에서는 정당한 사유로 인정되는 경우에 이혼을 인정한다. 우리나라에서는 이혼에 관한 협의가 이루어지지 않아 이혼소송을 제기할 경우에는 반드시 먼저 조정을 신청하여야 하며, 조정이 성립하지 않는 경우에는 소송으로 이행하도록 하고 있다. 이혼소송의 성격상 기계적인 법률처리보다는 평화적인 해결이 바람직하기 때문이다.

재판상 이혼의 경우에는 이혼의 책임이 누구에게 있는지 따지기 때문에 책임 있는 배우자의 이혼청구를 허용하지 않는다. 앞의 경우와 같이 다른 여자와 동거하면서 이혼을 청구하는 경우 이를 인정하지 않는 것이 법원의 기본 입장이라 할 수 있다(유책주의). 우리나라와는 달리 세계적인 추세는 이혼의 책임 여부를 따지지 않고 실제로 혼인생활이 파탄되어 있는 경우에는 이혼을 허용하고 있다(파탄주의).

참고자료 13-10 재판상 이혼 원인

- 배우자의 부정한 행위가 있었을 때
- 배우자가 악의로 다른 일방을 유기한 때
- 배우자 또는 그 직계존속으로부터 심히 부당한 대우를 받았을 때
- 자기의 직계존속이 배우자로부터 심히 부당한 대우를 받았을 때
- 배우자의 생사가 3년 이상 분명하지 아니한 때
- 기타 혼인을 계속하기 어려운 중대한 사유가 있을 때(부부간의 애정상실, 알코올중독, 광신, 낭비벽, 성적 불능, 불치의 정신병 등)

출처: 민법 제840조.

참고자료 13-11 이혼판례-지참금을 이유로 한 구타

혼인 후 처가 지참금을 가져오지 아니하였다는 이유로 불만을 품고 계속 구타하여 상처를 입힌 일이 있을 뿐만 아니라 장인에게까지 행패를 부린 행위는 배우자 및 그 직계존속을 심히 부당하게 한 경우에 해당한다.

출처: 대법원(1986. 5. 27). 선고 86므14 판결.

참고자료 13-12 이혼판례-황혼이혼 불인정 사례

52년간 결혼생활에서 남편(84세)의 가부장적인 순종강요에 반발해 '황혼이혼' 소송을 냈다가 1심에서 승소판결을 받은 김 씨(76세)에 대해 대법원은 '부부의 연령과 혼인기간, 혼인 당시의 가치기준과 남녀관계 등을 참작하는 것이 가부장적 남존여비 관념으로 이혼을 제한하는 것이라고 볼 수 없다.' 또한 '할머니는 고령으로 인해 장애를 겪고 있는 남편을 돌볼 의무가 있다.'고 하여 이혼을 허용하지 않았다.

출처: 대법원(1999. 12. 8) 선고.

(3) 이혼의 효과

이혼하면 혼인을 전제로 한 모든 권리의무가 소멸한다.

① 친권 · 양육권의 결정

친권이란 자녀를 보호・교양하며 자녀가 소유하고 있는 재산을 관리하는 부모로서의 권리이자 의무를 뜻하는 것이다. 친권의 구체적인 내용에는 자녀가 정신적・육체적으로 건전하게 성장하고 발달하도록 하는 보호・교양, 편안하고 건강하게 자랄 수 있도록 생활할 장소를 지정해 주는 거소 지정, 나쁜 짓을 하거나 잘못을 저지를 때 올바른 길로 가도록 인도하는 징계, 제삼자가 부모의 친권을 방해할 때 예를 들어 제삼자가 자녀를 감금하거나 몰래 데리고 도망갔을 때 자녀를 돌려달라고 요구할 수 있는 자녀의 인도 청구, 자녀의 재산을 대신 관리해 주고 보살펴 주는 재산관리 등이 있다.

이처럼 친권은 자녀에 대한 부모의 권리이기보다는 자녀를 제대로 기르기 위한 의무라고 볼 수 있다. 미성년자에 대해서는 부모가 친권자가 되며, 부모가 혼인 중인 때에는 친권을 공동으로 행사하고, 부모의 의견이 일치하지 않는 경우에는 당사자의 청구에 의하여 가정법원이 이를 정한다. 친권자가 자녀의 복리에 위배되는 친

참고자료 13-13 친권상실선고를 인정한 판례

친권자인 아버지가 미성년자의 양육비, 학비 등을 대주지 않고, 그 생활조차 돌보지 않다가 미성년자 소유의 부동산을 매각처분하려고 하는 경우에는 친권자로서 현저한 비행 또는 친권을 행사할 수 없는 중대한 사유에 해당한다.

남편, 시부모와의 불화로 집을 나간 모(母)가 별거한 이후 전혀 자녀들을 돌보지 않았을 뿐만 아니라 남편이 교통사고로 사망하게 되었는데도 그 장례식에 참석하지 않았고, 장래 문제를 의논하러 자녀들이 찾아가도 만나주지 않았으며, 남편의 교통사고에 대한 보상금을 전부 수령하여 거의 다 소비해 버리고 자녀들의 부양에 대해 노력하지 않아 자녀들도 모를 불신하고 현재의 할아버지 밑에서 보호, 양육되기를 희망하고 있다면 친권을 행사할 수 없는 중대한 사유에 해당한다.

출처: 김주수(1992). 주석판례가족법. 삼영사. p. 599; 법원공보 913호.

권행사를 하거나 친권행사자로서 부적당한 때에는 친권자의 의사에 상관없이 자녀의 친족 등의 청구에 의하여 가정법원이 친권을 박탈할 수 있다.

자녀의 복리를 위해서는 부모가 공동으로 친권을 행사하는 것이 더 바람직할 것이다. 그러나 부모가 이혼을 하게 되면 공동으로 친권을 행사할 수 없으므로 양육권자와 친권자를 결정하여야 한다. 부모가 이혼하는 경우 자녀의 양육에 관한 사항은 부모가 협의하여 정하고, 협의가 안될 때에는 당사자의 청구에 의하여 가정법원이 그 자녀의 연령, 부모의 재산상태 등을 참작하여 자녀의 복지에 더 적합한가의 여부를 기준으로 정하도록 하고 있으며(제837조) 친권도 이와 같다(제909조).

협의로 또는 법원이 정한 양육권자가 양육자로서 적합하지 않거나 또는 양육방법이 부적당하여 자녀의 복리를 해치는 때에는 법원은 당사자의 청구에 의하여 언제든지 양육에 관한 사항을 변경할 수 있다.

② 면접교섭권

이혼 후 양육권자가 아닌 부모가 자녀와 만날 수 있는 권리를 말한다. 면접교섭권의 구체적인 내용에 관해서는 법률에 규정이 없으나 서신 교환, 전화, 선물 교환, 주말의 숙박, 휴가 중 일정기간의 체류 등을 그 내용으로 들 수 있다. 법원의 판례에서는 토요일 오후부터 일요일 오후까지 또는 방학기간 동안 양육하지 않는 부모가 자녀를 데리고 있도록 하는 결정을 내린 예가 있다.

참고자료 13-14 면접교섭권을 인정한 판례

부모가 협의이혼한 이후 양육자인 부와 같이 기거하면서 그의 보호를 받아 정상적으로 생활하고 있는 초등학교 5학년 학생인 자에 대한 모의 접견, 교섭의 범위와 시기 및 방법은 모로 하여금 매년 1월과 8월 중 그가 희망하는 각 7일간, 자와 모의 주소지 또는 모가 책임질 수 있는 장소에서 동거할 수 있도록 함이 상당하다고 인정된다(서울고판(1990. 6. 15). 89르4147).

참조: 이경희(1999). 가족법. 법원사. p. 105.

그러나 가정법원은 자녀의 복리를 위하여 필요한 때 부모를 만나는 것이 자녀에게 나쁜 영향을 줄 경우 등에는 면접교섭권을 인정하지 않을 수 있다. 한편 양육권자가 자녀와 이혼한 배우자의 만남을 방해할 때, 즉 상대방의 면접교섭권을 방해할 때에는 현실적으로 면접교섭권을 강제할 구제방법이 없다. 다만 방해한 양육권자에게 과태료를 가하는 등의 간접강제를 할 수 있을 뿐이다.

③ 재산분할청구권

이혼 피해자는 과실 있는 상대방에 대하여 재산상의 손해와 정신상의 고통에 대한 손해배상을 청구할 수 있다. 또한 이혼할 경우 혼인 중에 취득한 재산의 분할을 청구할 수 있다. 재산분할청구권은 면접교섭권과 함께 1990년 가족법 개정 당시에 신설된 권리이다.

재산분할청구권은 부부평등의 이념을 가족법에 구체화하여 처의 가사노동을 법적으로 인정한 것이다. 재산분할청구권이 생기기 전에는 아내의 잘못으로 이혼하게 되면 혼인기간과 혼인 중 재산 형성의 협력 여부와 상관없이 맨몸으로 나와야 했다. 그러나 재산분할청구권은 이혼의 책임이 누구에게 있는가를 따지지 않고, 혼인 중에 쌍방이 이룩한 재산이 있는 경우에는 혼인파탄의 책임이 있는 배우자라도 재산의 분할을 청구할 수 있다.

재산분할 여부, 그 액수와 방법은 당사자의 협의에 의하여 정하고, 협의가 성립하지 않거나 불가능한 때에는 가정법원이 당사자의 청구에 의하여 당사자 쌍방의 협력으로 이룩한 재산의 액수, 기타 사정을 참작하여 분할의 액수와 방법을 정한다. 재산분할청구권은 이혼한 날로부터 2년 내에 행사하여야 한다.

혼인 중에 취득한 모든 재산이 재산분할청구권의 대상이 된다. 혼인 중에 부부가 협력해서 취득한 주택, 기타 부동산, 예금, 주식 등이 비록 부부 한쪽의 명의로 되어 있어도 실질적으로는 부부의 공유에 속하는 재산으로서 분할의 대상이 된다.

경우에 따라서는 혼인 전의 재산이거나 특유재산을 유지하는 데 협력한 공이 인정된다면 특유재산도 분할의 대상이 될 수 있다. 혼인 중 부부의 노동을 기초로 장차 받을 것으로 예정된 연금, 퇴직금, 의사·변호사의 자격취득에 대한 협력에 대한 것도 분할의 대상이 된다.

참고자료 13-15 '포악한 아내 위자료 내라.' 판결

70대 남자 의사가 법원에서 '포악한 아내'에게 시달려온 사실을 인정받아 결혼 40여 년 만에 아내로부터의 탈출에 성공했다. 서울 가정법원 가사3부는 남편 A 씨(70)와 아내 B 씨(66)가 각각 낸 황혼이혼 소송에서 두 사람은 이혼하고 아내는 남편에게 위자료 5천만 원을 지급하라고 판결했다. 재판부는 판결문에서 "B 씨가 지나치게 돈에 집착하고 공격적인 성격으로 남편과 자녀들에게 폭언과 폭행을 일삼아 결혼생활이 파탄에 이르게 한 점이 인정된다."고 밝혔다.

A 씨와 B 씨는 모두 의대를 졸업하고 1960년에 결혼했다. B 씨는 결혼 뒤 몇 달간 의사생활을 하다 그만두고 남편의 수입을 관리하기 시작했다. 그러나 B 씨의 돈에 대한 욕심은 남달랐다는 게 A 씨의 주장이었다. 남편이 병원을 고칠 비용이나 자녀의 유학비도 내놓지 않아 A 씨가 빚을 얻어 댈 정도였다. 하지만 B 씨는 자신의 보석이나 모피코트를 사는 데에는 아낌없이 돈을 쏟아부었다고 한다.

돈문제로 시작된 다툼 끝에는 폭력이 따랐다. 불 같은 성격의 B 씨는 병원을 찾아가 환자들이 보는 앞에서 남편에게 폭력을 휘두르기도 했다. B 씨는 딸과 싸우다 하이힐로 딸의 머리를 때려 상처를 입히는가 하면 1996년에는 남편에게 석유를 끼얹어 화상을 입히기까지 했다. B 씨는 1999년 남편에게 "남편이 나를 자주 폭행하고 여자관계도 복잡하다."며 이혼소송을 냈으며, 이에 맞서 남편도 이혼소송을 냈다.

재판부는 이들이 낸 재산분할신청에 대해서는 "부동산과 금융자산 등은 현재 소유권대로 나눠 가지라."고 판결했다. 이에 따라 A 씨는 약 8억 원, B 씨는 약 7억 원의 재산을 차지하게 됐다.

출처: 중앙일보(2001. 4. 20).

부부 중 일방이 혼인 중 제삼자에 대하여 부담한 채무는 원칙적으로 그 개인의 채무이므로 분할의 대상이 되지 않으나, 주택융자금이나 혼인생활비로 쓰기 위한 차용금과 같이 공동재산의 형성과 관련된 채무는 개인의 명의로 되어 있더라도 분할의 대상이 된다.

4) 사실혼

사실혼이란 법적으로 혼인신고를 하지 않았지만 사회적으로는 정당하게 부부로 인정되는 혼인관계를 말한다. 즉, 부부 사이에 혼인의사가 존재하고, 부부로 인정될 만한 공동생활을 하고 있지만 혼인신고가 없기 때문에 법률상의 혼인으로서 인정되지 않는 부부관계를 말한다. 사실혼 부부 사이에도 신분적·재산적 효과, 즉 동거, 부양, 협조의 의무, 정조의무, 배우자권, 혼인생활 비용, 일상가사 대리, 일상가사 채무의 연대책임, 법정재산제, 부부재산계약 등은 혼인신고한 부부와 마찬가지로 인정된다. 그러나 친족관계가 발생하지 않으며, 상속권이 인정되지 않는다.

사실혼 부부 사이에 출생한 자녀는 혼인 중의 출생자가 되지 못한다. 따라서 어머니의 성과 본을 따르고 어머니의 친권에 복종한다. 다만 아버지가 인지하면 아버지의 성과 본을 따른다. 부자간의 법적 친자관계는 인지가 없는 한 발생하지 않는다.

사실혼관계에 있는 경우에도 일방적으로 혼인신고를 한다면 혼인의 합의가 없는 것으로 혼인무효의 원인이 된다. 사실혼관계에서 배우자 일방이 혼인신고에 협력하지 않으면 사실혼관계에 있다는 사실을 인정해 달라는 '사실상혼인관계존부확인청구의 소송'을 제기할 수 있고, 재판에 의하여 사실혼관계가 확정되면 확정증명서와 함께 혼인신고를 할 수 있다.

4 부모와 자녀

부부와 자녀로 구성되는 가족은 가장 기초적인 사회단위이다. 부모-자녀 관계는 혈연을 기초로 자녀를 보호하고 교육·양육하는 천륜관계이다. 하지만 부모-자녀 관계는 단순히 자연적인 관계가 아니라 사회적인 관계이기도 하다. 혼인 외의 출생자와 친부는 혈연관계가 있지만 그렇다고 당연히 친자관계가 발생하지는 않는다. 양자는 혈연관계가 없지만 법적으로 친자관계가 인정된다.

친자관계 역시 형성방법이나 효과 등에 관하여 역사적으로 변화가 있었다. 가부장적 사회에서 자녀는 부모의 권위에 절대 복종해야 했으며, 양자제도도 주로 조상에 대한 제사나 가문을 위하여 존재하였다. 민법은 어떤 사람 사이에 친자관계가 존재하는지, 그리고 그들 사이에는 어떤 법적 효과가 발생하는지 규정하고 있다.

부모-자녀 관계에는 부모와 혈연관계가 있는 자녀(친생자)와 입양에 의해 발생된 법정 친자관계(양자)가 있으며, 친생자는 다시 혼인 중의 출생자(혼생자 또는 적출자)와 혼인 외의 출생자(혼외자 또는 비적출자)로 나누어진다.

1) 혼인 중의 출생자

우리나라는 혼인을 중요하게 여기고, 부모-자녀 관계에 관하여서도 정당한 혼인 중의 부부에게서 태어난 아이를 우선으로 두텁게 보호하여 혼인 외의 출생자와 차별하고 있다. 따라서 태어난 아이가 부부 사이의 자녀라는 지위를 취득하기 위한 요건을 정하고 있는데, 혼인 성립의 날로부터 200일 후 또는 혼인관계 종료의 날로부터 300일 내에 출생한 자녀는 혼인한 부부 사이에서 출생한 친생자로 추정한다.

친생자 추정을 받는 자녀는 그 지위가 강력하게 보호되기 때문에 부자관계를 부정하기 위해서는 요건이 엄격한 친생부인의 소송에 의하여야 하고, 이 소송에 의하지 않는 한 그 추정이 번복되지 않는다. 친생부인의 소송은 원칙적으로 남편과 아내만이 제기할 수 있으며, 자녀의 출생 후에 자기의 친생자임을 승인한 때에는 다시 부인의 소송을 제기하지 못한다. 소송은 자기의 자녀가 아니라는 것을 안 날로부터 2년 이내에 제기하여야 한다. 소송을 제기할 수 있는 기간을 지나치게 장기화할 경우 자녀의 지위가 불안정해진다는 점을 감안한 것이다. 친생부인의 소송이 제기되면 가정법원은 남편의 생식능력, 혈액형, 포태기간 중의 동거사정 기타의 모든 사실을 심사한다. 친생부인이 판결에 의하여 확정되면 자녀는 혼인 외의 출생자가 된다.

해외근무로 오랫동안 아내와 함께 생활하지 않았는데 아내가 자녀를 출산하였다면 이 아이는 남편의 아이가 될 수 있을까? 이 아이는 혼인기간 중에 아내가 낳은 아이이므로 친생부인의 소송에 의해 부인될 때까지는 부부의 친생자로 추정을 받고, 남편의 아이로 출생신고하여야 한다. 남편이 이 자녀가 본인의 아이가 아니라고 생각하는 경우에는 '친생부인의 소송'에 의하여 부인하여야 한다.

혼인 성립의 날로부터 200일이 되기 전에 출생한 자는 남편의 친생자로서 추정을 받지 않는다. 따라서 요건이 엄격한 '친생부인의 소'에 의하지 않고 '친생자관계부존재확인의 소'에 의하여 친생자임을 부인할 수 있다.

2) 혼인 외의 출생자

법률상 혼인관계가 없는 남녀 사이, 즉 사실혼관계, 첩관계에서 태어난 아이를 혼인 외의 출생자라고 한다. 혼인 외의 출생자와 어머니 사이의 모자관계는 출생에 의하여 당연히 성립한다. 그러나 모자관계와는 달리 부자관계는 아버지가 태어난 아이를 자신의 아이로 인정하는 의사표시, 즉 인지(認知)에 의해서만 발생한다. 인지에는 아버지가 자기의 자녀라고 스스로 신고를 하거나(임의인지), 자녀 측에서 소송을 제기(강제인지)하는 경우가 있다.

아버지의 인지를 받지 못한 혼인 외의 출생자는 법적으로 아버지가 없는 상태가 된다. 따라서 어머니의 성과 본을 따르고 어머니와의 사이에서만 친자관계가 생기고, 어머니의 혈족과의 사이에서만 친족, 부양, 상속관계가 생길 뿐이다.

아버지가 스스로 인지하지 않는 때에는 혼인 외의 출생자 측에서는 인지를 해달라는 청구의 소를 제기할 수 있다. 아버지가 살아 있는 경우에는 출생 후 몇 년 후에도 인지청구의 소를 제기할 수 있다. 그러나 아버지가 사망한 때에는 그 사망을 안 날로부터 1년 내에 한하여 인지청구의 소송을 제기할 수 있다. 사망한 아버지의 친딸임을 인정해 달라는 인지청구소송에서 법원은 친딸이라고 인정한 예가 있다.

아버지의 인지가 있으면 인지된 혼인 외의 출생자는 원칙적으로 출생 시부터 부자관계가 인정된다. 자녀는 출생한 때부터 부양받을 권리가 있다. 또한 출생 시부터 상속권을 갖는다.

3) 양 자

부모-자녀 관계는 부모의 출산으로 혈연에 의한 친생자관계가 발생한다. 양자제도는 이런 자연적인 혈연관계가 없는 자들 사이에 법률상 혈연관계가 있는 것처럼 의제함으로써 친자관계를 인정하는 제도이다.

과거 우리나라의 양자제도는 '가(家)를 위한 양자제도'로서 가를 유지하거나 가의 승계자를 얻기 위하여 존재하였다. 그 예로 사후양자제도는 호주가 자손이 없이 사망한 경우 그 가를 계승할 자를 선정하는 것이며, 유언양자제도는 유언으로도 양자

참고자료 13-16 친양자제도

2005. 3. 개정 민법은 양친과 양자를 친생자관계로 보아 종전의 친족관계를 종료시키고 양친과의 친족관계만을 인정하며 양친의 성과 본을 따르도록 하는 친양자제도를 도입하였다(개정 민법 제908조의 2 내지 제908조의 8).

친양자 입양의 요건

① 원칙적으로 3년 이상(배우자의 친생자를 친양자로 하는 경우는 1년 이상) 혼인 중인 부부의 공동 입양
② 친양자로 될 자가 15세 미만일 것
③ 친생부모의 동의

친양자 입양의 효과

① 혼인 중 출생자의 신분 취득
② 친양자는 부부의 혼인 중 출생자로 봄
③ 입양 전 친족관계의 종료

를 들일 수 있도록 하는 제도였다. 이런 제도들은 가를 위한 양자제도의 잔재로 현행법에서는 모두 폐지되었다.

현행의 양자제도는 미성숙 자녀를 보호하고 교양하는 데 목적을 두고 있다. 즉, 자녀의 이익을 보호하기 위한 제도로서 '자(子)를 위한 양자제도'로 바뀌었다. 양자와 양부모는 입양한 때로부터 혼인 중의 출생자와 동일한 취급을 받는다. 그 결과 양부모의 혈족과도 친족관계가 발생한다.

5 상속제도

상속이란 사망한 자가 가지고 있던 모든 재산상의 지위 또는 권리의무를 일정한 사람에게 포괄적으로 승계하는 것을 말한다. 이 경우에 당사자의 의사와 상관없이 법률의 규정에 의하여 이루어지는 경우를 법정상속이라 하고, 유언에 따라 이루어

지는 상속을 유언상속이라 한다.

1) 법정상속

(1) 상속인

상속인이 되는 순위는 피상속인의 직계비속(자녀), 직계존속(부모), 형제자매, 사촌 이내의 방계혈족 순이다. 자녀에는 친자와 양자가 모두 포함되고, 결혼한 딸도 상속인이다. 혼인 외의 자녀는 인지되면 상속인이 된다.

상속인이 될 자녀 또는 형제자매가 상속 개시 전에 사망한 경우에 직계비속(손자)이나 배우자(며느리)가 대신 상속한다(이것을 대습상속이라 한다.). 예를 들어 할아버지보다 아버지가 먼저 사망한 경우에 아버지가 할아버지로부터 받게 될 상속분을 어머니(며느리)와 함께 자녀들(손자)이 상속받게 되는 것이다. 배우자는 그 자녀와 함께 상속을 받게 되고, 자녀가 없는 경우에는 배우자의 부모와 함께 상속을 받고, 부모도 자녀도 없는 경우에는 단독으로 상속인이 된다. 배우자는 혼인신고를 마친 부부를 말하므로 사실혼의 배우자는 남편 또는 아내로서의 상속권이 인정되지 않는다. 다만 사실혼의 배우자는 상속인이 없는 경우에 특별연고자로서 상속재산에 대한 분여청구권을 가지게 될 수는 있다.

(2) 상속분

법정상속분에 의하여 자녀들은 차별 없이 같은 비율의 재산을 상속받게 된다. 즉, 아들・딸, 장남・차남, 기혼・미혼에 상관없이 같은 비율의 상속분을 받게 된다. 다만 배우자는 다른 상속인들보다 5할을 더 상속받게 된다. 개정 전의 상속분에 관하여 살펴보면 호주가 될 장남의 상속분은 다른 자녀들보다 5할을 가산하여 1.5, 장남이 아닌 아들 1, 미혼인 딸 1, 결혼한 딸 0.25로 장남이냐 아니냐, 아들이냐 딸이냐, 결혼은 했는가에 따라서 상속분에 차별을 두었는데, 현행법은 자녀들 간의 상속분을 평등하게 규정하고 있다.

참고자료 13-17 기여분이 있는 경우의 구체적 상속분의 산정

A는 배우자와 자녀 세 명에게 부동산 7,000만 원, 예금 3,000만 원을 남기고 사망했다. 그런데 A가 생전에 사업을 하면서 재산을 형성할 당시 장남이 월급을 받지 않고 장기간 근무한 사실이 있어 가족들의 협의에 의해 1,000만 원의 기여분이 인정되었다. 이때 각 상속인의 상속분을 계산해 보면 우선 A가 남긴 명목상의 총재산은 1억 원이 되지만 여기에서 장남의 기여분 1,000만 원을 제외하면 실질적인 상속재산은 9,000만 원이 된다. 여기에서 각 상속인의 상속분의 비율(아내 1.5, 자녀 각 1)을 곱하면

아내: 9,000 × 3/9 = 3,000

자녀 셋: 9,000 × 2/9 = 2, 000만 원이 된다. 그러나 실제로는 장남은 기여분 1,000만 원을 별도로 받게 되어 상속분이 3,000만 원이 된다.

출처: 이경희(1999), 가족법, 법원사, p. 353.

그러나 상속분을 평등하게 함으로써 실질적으로 공정하지 못한 경우가 있을 수 있다. 예를 들어 부모를 부양한 자녀가 있거나 부모 생전에 이미 재산을 증여받은 자녀가 있다면 그런 경우를 고려하여야 할 것이다. 그래서 법정상속분을 균등하게 함으로써 실질적으로 올 수 있는 불공평을 해결하기 위해 기여분제도와 특별수익자의 상속분을 산정하는 제도를 두고 있다.

부모 생전에 이미 재산을 증여받은 자녀나 특별수익자가 있는 경우에 그 자녀가 받은 증여재산을 상속재산에 포함하여 상속분을 계산한다. 따라서 이미 증여받은 자녀는 부족한 부분만 상속받게 된다. 그리고 공동상속인 중에서 상속재산을 유지하거나 증가하는 데 특별히 기여하였거나 부모를 특별히 부양한 자가 있을 때에는 그 상속인에게 기여분만큼 더 주도록 하고 있다.

(3) 상속의 승인과 포기

상속에 의한 권리의무의 승계는 상속인의 의사에 상관없이 법률상 당연히 발생한다. 그러나 상속재산으로 빚만 있거나 빚이 재산보다 많은 경우 상속인들에게 가혹한 부담을 줄 수도 있다.

예를 들어 갑의 아버지는 빚을 많이 지고 사망하였는데 채권자가 장남인 갑에게 빚을 갚으라고 독촉하고 있다. 갑은 자기 재산으로 아버지의 빚을 갚아야만 하는가? 이러한 부담에서 벗어날 수 있도록 민법에서는 한정승인과 상속포기에 관한 규정을 두고 있다.

한정승인이란 남긴 재산의 한도 내에서만 채무에 대한 책임을 지겠다는 의사표시이고, 상속포기란 상속인으로서의 권리와 의무를 모두 포기하는 것이다. 유언의 자유를 인정하는 반면 상속인에게도 상속 여부에 대하여 결정할 수 있도록 하는 제도이다. 상속에서도 당사자의 의사를 우선적으로 존중하는 것이다.

예를 들어 500만 원의 현금과 1,000만 원의 빚을 남기고 아버지가 사망했다면 상속포기는 재산과 빚을 모두 포기하는 것이고, 한정승인은 500만 원이 초과하는 빚에 대해서는 책임지지 않겠다는 의사표시이다. 상속포기는 상속 개시가 있음을 안 날로부터 3개월 내에 하여야 하고, 특히 한정승인은 채무가 재산보다 많다는 것을 안 날로부터 3개월 내에 하여야 한다.

2) 유 언

유언은 유언자가 사망한 후에 유언한 대로 법률상 효력이 생기므로 법에서 정한 엄격한 방식에 따라 작성되어야만 효력이 발생한다. 죽은 자는 말이 없으므로 과연 본인의 의사가 무엇인가를 정확하게 확보해 둘 필요가 있다. 그래서 유언의 방식을 엄격하게 정해 두고 있는 것이다.

17세에 달하지 못한 자는 유언을 할 수 없다. 미성년자, 한정치산자, 금치산자, 유언에 의하여 이익을 받을 사람과 그 사람의 배우자와 직계혈족은 유언의 증인이 될 수 없다. 또한 유언은 언제든지 철회할 수 있다. 유언의 방법은 자필증서유언, 녹음유언, 공정증서유언, 비밀증서유언이 있고, 또 특별 방식으로 구수증서유언이 있다. 이와 같은 방법에 따르지 않은 유언은 효력이 없다.

참고자료 **13-18 유언의 방법**

- **자필증서에 의한 유언**
  유언자가 그 전문과 연월일, 주소, 성명을 자서하고 날인하여야 한다. 자필증서에 문자의 삽입, 삭제 또는 변경을 함에는 유언자가 이를 자서하고 날인하여야 한다.
- **녹음에 의한 유언**
  유언자가 유언의 취지, 그 성명과 연월일을 구술하고 이에 참여한 증인이 유언의 정확함과 그 성명을 구술하여야 한다.
- **공정증서에 의한 유언**
  유언자가 증인 2인이 참여한 공증인 면전에서 유언의 취지를 구수하고 공증인이 이를 필기 낭독하여 유언자와 증인이 그 정확함을 승인한 후 각자 서명 또는 기명 날인하여야 한다.
- **비밀증서에 의한 유언**
  유언자가 필자의 성명을 기입한 증서를 엄봉날인하고 이를 2인 이상의 증인의 면전에 제출하여 자기의 유언서임을 표시한 후 그 봉서 표면에 제출 연월일을 기재하고 유언자와 증인이 각자 서명 또는 기명・날인하는 것이다.
- **구수증서에 의한 유언**
  질병, 기타 급박한 사유로 인하여 위 방식에 의할 수 없는 경우에는 유언자가 2인 이상의 증인 참여로 그 1인에게 유언의 취지를 구수하여 그 구수를 받은 자가 필기 낭독하여 유언자와 증인이 그 정확함을 승인한 후 각자 서명 또는 기명 날인한다.

출처: 민법 제1066조~제1070조.

3) 유류분제도

유류분이란 일정한 범위의 상속인에게 반드시 남겨 두어야 할 상속재산이다. 개인의 사적 소유를 보장하는 제도 아래에서 누구나 자기의 소유재산을 증여하거나 유증하는 것은 자유이다. 그러나 이러한 자유를 무제한 허용하여 유언에 의해서 상속재산이 전부 타인에게 넘어 가게 된다면 남아 있는 가족의 생활 기반이 붕괴할 우려가 있다. 특히 상속인이 고령의 배우자이거나 미성숙한 자녀일 경우 경제적인 어려움에 직면할 가능성이 있다. 상속재산은 남아 있는 가족을 부양하기 위한 재산일 뿐만 아니라 고인의 재산이라고 해도 실질적으로는 남아 있는 상속인의 재산과 혼합되어 있는 경우도 있고, 재산 형성에 협력한 경우도 있을 수 있다. 따라서 유류분제도는 유언의 자유를 제한하여 어떠한 경우에도 남아 있는 가족에게 재산권을 인정하는 제도이다. 개인의 재산처분의 자유와 상속인의 보호라는 양 측면을 조화시키고 있는 것이다.

유류분을 주장할 수 있는 상속인은 자녀, 배우자, 부모, 형제자매로서 현실적인 생활공동체를 이루고 있는 근친자에게만 인정하고 있다. 유류분 권리자의 유류분은 자녀와 배우자는 법정상속분의 2분의 1, 부모와 형제자매는 법정상속분의 3분의 1이다. 아들이 상속받게 될 법정상속분이 1,000만 원이라면 유류분은 500만 원이 되는 것이다.

유류분 권리자는 상속이 개시되었을 때 현존하고 있는 상속재산뿐만 아니라 유증 또는 증여된 재산에 대해서도 반환을 청구할 수 있는데, 반환청구권은 증여 또는 유증을 한 사실을 안 때로부터 1년 내에 하지 아니하면 소멸하고, 상속이 개시된 때로부터 10년이 경과하면 반환청구권은 소멸한다.

요 약

우리나라의 헌법은 혼인과 가족생활은 개인의 존엄과 양성평등을 기초로 성립되고 유지되어야 한다고 규정하고 있다. 그러나 전통적 윤리와 관습을 중요하게 생각하는 가족법은 헌법의 규정에도 불구하고 직접·간접으로 남녀를 차별하는 규정을 두고 있었으며, 그 대표적인 제도가 호주제도였다.

1960년 우리 민법이 시행된 이후 호주제도의 폐지는 가족법 개정운동의 중요 쟁점이 되었다. 2005년 2월 헌법재판소는 호주제도가 헌법정신에 맞지 않을 뿐 아니라 오늘날 다양화된 가족의 요구를 수용하지 못한다는 점을 들어 헌법불합치 판결을 내리게 되었다. 그리고 2008년부터 호주제도는 폐지되고 '가족관계등록 등에 관한 법률'이 시행되고 있다. 이제 '호주', '호적'은 사라졌으며, 부부 합의에 따라 자녀가 어머니의 성(姓)을 따를 수 있도록 하는 등 그동안 우리의 가족관계를 뛰어넘는 새로운 가족제도가 시행되고 있다.

호주제도가 폐지된 이유는 호주제도가 헌법이 규정하는 양성평등 정신에 위배된다는 이유를 들 수 있지만 또한 우리 사회의 가족제도 변화에서도 그 이유를 찾을 수 있다. 이혼율이 증가하였고, 가구의 규모가 축소되고 있으며, 한부모가족과 독신가구가 늘어나고 있고, 노부모가 가족으로부터 소외되며, 아버지에게는 '권위'보다 '사랑'이 요구된다. 이와 같이 우리 사회의 가족이 다양한 형태로 변화하고 있고, 각각의 가족 형태가 가지는 욕구도 다양화되고 있다. 따라서 이러한 요구를 수용할 수 있는 법적·제도적 장치가 마련되어야 할 것이다.

호주제도가 폐지되기까지 우리 가족법의 과제는 양성불평등한 가부장적 요소를 제거하는 것이었다. 그래서 정작 가족법이 담당해야 할 중요한 기능인 가족보호기능으로서의 역할은 담당하지 못했다. 우리 가족법은 성년의 자녀에게 노부모 부양의 일차적인 의무를 지우고 있지만, 현실적으로 부양하지 않는 경우에 적절한 역할을 하지 못한다. 부양할 자녀가 있는 경우에는 기초생활수급 대상에서 제외되기 때문에 자녀나 국가로부터 부양받지 못하게 된다. 이혼가정의 자녀양육비도 전적으로 이혼 당사자에게 맡겨져 자녀의 복리를 보장할 수 없다. 혼인관계에서도 동거와 같은 비법률혼이 증가하고 있는데도 법률혼의 부부만을 정당한 부부로 인정하여 비법률혼관계에 있는 당사자의 권리를 보호하지 못하는 경우가 있다.

지금까지 우리 가족법이 양성평등의 실현에 주력해 왔다면 이제 가족법의 과제는 가족법이 어떻게 가족을 보호할 수 있느냐 하는 것이다. 가족구성원 개인의 복리(노인복지, 아동복지 등)와 다양한 가족(한부모가족, 재혼가족 등)의 요구를 실현할 수 있어야 할 것이다. 가족법은 민법 4편과 5편인 친족상속법을 의미하지만 넓게는 노인복지 관련법, 아동복지 관련법, 입양 관련법, 모자보건법 등 가족 관련법을 전부 포함한다. 이 법률들과 연계하여 가족문제를 해결할 수 있는 가족보호법으로서의 역할을 담당하는 것이 앞으로 가족법의 과제가 될 것이다.

연구과제

1 호주제도와 가족관계등록제도를 비교 점검해 보자.

2 유책배우자의 이혼청구를 인정할 경우의 문제점과 해결책을 생각해 보자.

3 부부재산계약서를 작성해 보자.

참 / 고 / 문 / 헌

곽윤직(1996). 민법총칙. 서울: 박영사.

김성숙(1995). 재산분할의 방법 가족법연구. 한국가족법학회.

김용욱 · 김연(1995). 가사소송법. 서울: 고시연구사.

김주수(1992). 주석판례가족법. 서울: 삼영사.

_____(1994). 친족상속법. 서울: 법문사.

김혜숙(1994). 자의 친권과 자의 최선의 복리, 가족법연구. 한국가족법학회.

박병호(1993). 가족법. 한국방송통신대학 출판부.

_____(1996). 가족법논집. 도서출판 진원.

박동섭(1995). 친족상속법 해설. 서울: 청림출판.

이경희(1999). 가족법. 서울: 법원사.

이은영(1995). 민법학강의. 서울: 박영사.

이희배(1989). 민법상의 부양법리. 서울: 삼영사.

14장

결혼생활: 교육과 치료

전 영 주

대부분의 결혼은 함께하기와 공유에 대한 열정으로 시작한다. 그러나 함께하는 시간이 많이 흘러간 뒤에 젊은 시절의 활력은 날아가 버리고, 반짝거리던 희망도 없어졌으며, 직업적 목표는 달성되고 새로운 목적을 발견하기는 힘들게 된 바로 그러한 때에 오래된 질문이 새로운 다른 모습으로 훨씬 더 급박하게 나타난다. '나는 누구인가?'라는 질문은 불가피하게 배우자를 향한 질문이 된다. "당신은 내가 누군지 정말 아느냐?" 결혼을 깨어버리는 것이 자신과 자신의 이해관계를 포기하는 것보다는 덜 위협적인 듯 보인다.

Wachinger

1 결혼생활에 대한 교육과 치료의 필요성

많은 부부들이 속앓이를 하면서도 좀처럼 겉으로 드러내지 않는 것이 부부문제이다. 남에게 알리는 것이 어려운 만큼 먼저 의논하게 되는 대상은 가장 가까운 사람들인 친지나 친구이기 쉽다. 그러나 이들이 가장 믿음직한 지지망임에도 불구하고 전문적인 도움을 주는 데는 한계가 있으며, 주관적인 관점에 휩쓸려 부부관계에는 최선의 선택을 막는 장애가 되기도 한다. 농경시대 부부관을 답습해서는 더이상 급변하는 사회 속의 결혼생활에 대처하기도 어렵거니와 부부문제가 발생했을 때 당사자의 일이라는 인식에서 벗어나 과학적이고 치밀한 접근을 통해 적극적인 도움을 받을 수 있어야 한다는 사회적 각성이 일어나고 있다.

부부관계의 안정성과 질을 유지하고 향상시키는 데 도움을 받을 수 있는 대표적인 공식적 지원체계로는 결혼생활교육과 결혼상담(치료)을 들 수 있다. 결혼생활교육은 문제 발생 전에 예방적 차원의 개입인 반면 결혼상담은 문제가 발생하였을 때 치료적 개입을 하는 영역이다. 이 분야는 1990년대에 중반 이후 급격히 활성화되고 있는 분야이다.

이 장에서는 결혼생활교육과 결혼상담에 대해 살펴보고, 급변하는 사회변화에 발맞추어 개인 및 부부의 삶의 질을 높이고 가족해체를 막고자 하는 사회적 차원의 노력을 검토해 보도록 하겠다(〈표 14-1〉 참고).

표 14-1 전국 건강가정지원센터 현황(2008년 기준)

센터명	전 화	센터명	전화	센터명	전화
중앙	02)3141-9494	부평구	508-0121	의정부시	878-7117
서울(02)		서구	569-1545	파주시	949-9161
서울특별시	318-0227	중구	763-9336	포천시	532-2062
강남구	3414-9966	부산(051)		화성시	369-4535
강북구	987-2567	부산광역시	888-2985	강원(033)	
관악구	883-9390	부산진구	802-2900	양구군	481-8663

광진구	444-5882	사하구	203-4588	속초시	639-2680
구로구	830-0450	해운대구	782-7002	경남(055)	
금천구	803-7747	광주(062)		경상남도	213-2728
도봉구	2289-1537	동 구	234-5790	김해시	329-6355
동대문구	957-0760	울산(052)		창원시	212-2701,5~6
동작구	599-3301	울산광역시	274-3136	경북 (054)	
마포구	3142-5482	대전(042)		칠곡군	975-0833
서대문구	322-7595	대전광역시	252-9989	포항시	244-9701
서초구	576-2852	경기(031)		전북(063)	
성동구	3395-9447	가평군	580-4592	군산시	443-5300
성북구	3290-1660	고양시	969-4041	익산시	838-6046
송파구	443-3844	광명시	02)2615-0453	전남(061)	
영등포구	2678-2193	군포시	392-1811	여수시	690-7158
용산구	797-9184	김포시	980-5153	충남(041)	
은평구	376-3761	남양주시	590-8216	당진군	354-3671
종로구	764-3524	부천시	032)326-4212	연기군	862-9337
중구	2260-3898	성남시	755-9327	천안시	550-2771
중랑구	435-4142	수원시	245-1310	충북(043)	
대구(053)		안산시	501-0033	청주시	263-1818
달서구	593-1511	안양시	389-5570	제주(064)	
중구	431-1230	여주군	886-0321	서귀포시	733-9877
인천(032)		오산시	378-9766	제주시	725-8005
남구	875-2993~5	용인시	323-7131~2	-	-

* 서울 강서구, 양천구/경기 구리시, 동두천시, 시흥시, 안성시, 양주시, 양평시, 연천군/강원도 동해시/경남 진주시/전남 광양시/충남 논산시 예정.

* 출저: 보건복지가족부(2008).

2 결혼생활교육

1) 결혼준비교육

결혼준비교육이란 예비부부가 결혼을 준비하도록 돕는 교육을 의미한다. 결혼준비교육은 1924년 그로브스(Groves)가 보스턴 대학교의 정규 강좌로 시작한 이래 우리나라를 포함한 여러 문화권의 다양한 기관에서 시행되고 있다. 특히 최근의 추세는 적정 연령에 이르면 누구나 당연히 결혼을 해야 한다는 생각에서 벗어나 결혼을 선택적인 것으로 받아들이고, 이런 생각의 전환은 독신에서 결혼으로의 전환을 도와 보다 건강한 결혼생활을 영위하기 위해서 결혼준비교육을 받는 경향이 두드러지고 있다.

결혼준비교육의 목표는 예비커플의 결혼안정성과 질을 높이는데 있으며, 결혼 전 상담, 관계 향상 프로그램 등으로 구성되어 있다. 그중에서도 결혼준비교육 프로그램은 결혼을 앞둔 커플들이 그들 관계를 평가하고 성공적인 결혼생활을 위한 교육과 정보를 제공받을 수 있도록 구조화된 프로그램이 개발되어 실시되고 있다. 일반적인 결혼준비교육은 대학교에서 〈결혼과 가족〉, 〈결혼준비특강〉 등의 강좌명으로 개설되어 제공되거나 교회 또는 기독교기관에서 〈예비 부부교실〉, 〈아름다운 가정설계〉 등 크리스천 부부의 건강한 결혼관계 프로그램을 통해서도 제공되고 있다(박미경, 1997).

결혼준비교육의 내용은 일반적으로 결혼만족 요인과 동질혼 등에 대한 정보 습득, 의사소통이나 문제해결 등의 기술 개발, 결혼기대나 역할에 대한 가치태도 탐구 등을 포함한다(〈표 14-2〉 참고). 그러나 구체적인 내용이나 수준은 교육대상자의 연령이나 발달수준에 맞추어 조절된다. 외국의 연구에 의하면 결혼준비교육 프로그램에 참가한 학생들은 이성교제 중인 경우가 많았으며, 이들은 학습의욕이 높고 강조에 흥미가 높음을 밝힌 바 있다.

표 14-2 결혼준비교육 영역의 세부 영역과 교육내용

주 제	세부 영역	교육내용	
사회변화에 따른 가족의 변화	• 인구통계학의 이해 • 가족변화의 원인 • 가족변화의 결과	• 인구구조, 출산율, 취업률, 이혼율, 재혼율, 결혼연령 등 • 사회변동과 가족의 분화–다양한 가족의 출현 • 거시적, 미시적 변화의 원인 분석 • 사회와 가족에서의 다양한 의식의 변화가 가족관계에 미치는 영향 이해 • 가족생활교육과 상담의 필요성 강조	
부부관계의 중요성 인식	• 부부관계가 모든 가족관계의 핵심임을 인식하기 위한 도구적 역할 수행 • 부부가 수행해야 할 역할 인식하기	• 결혼에서 부부간의 표현적 역할의 중요성 인식 • 직업/일상생활에서 새로운 부부관계로서의 삶을 유지 • 부부와 주위 사람과의 관계 수행 • 가족 간의 유대와 가족의 역동성 이해	
관계의 시작	• 결혼 의미와 동반자 의식 • 사랑 • 배우자 선택	• 결혼 의미의 탐색–결혼의 동기 • 결혼의식의 의미 • 결혼생활의 계획 (일 가족의 조화/가족계획과 부모관/재정계획/친족관계/갈등해결의 중요성) • 결혼생활에서의 현실적인 기대	• 사랑의 의미와 속성 • 사랑의 이론적 접근 • 사랑의 유형 • 성공적인 사랑의 방법 • 사랑과 결혼의 관계 • 배우자 선택 이론과 선택 기준 • 배우자 선택에 영향 요인 • 배우자 선택 시 고려할 점
관계의 성장을 위한 개인적 자원	• 자존감의 습득과 자신과 타인의 자존감 획득 • 개인적 자율성 획득 • 관계에 대한 책임감과 관계에 몰입	• 나를 알기–내 파트너 알기 • 자존감의 중요성 • 자존감을 증진시키는 방법 • 자율성의 중요성	• 자율성 습득방법 • 결혼의 의무와 권리 • 관계에 대한 책임감 • 관계의 몰입을 위한 조건

출처: 정현숙(2000).

2) 부부관계 향상 프로그램

부부관계 향상 프로그램은 기혼부부들을 대상으로 하는 교육 프로그램으로 부부 문제에 대한 예방적인 측면을 강조하며, 개인의 잠재력 개발과 부부관계 성장을 목표로 한다. 결혼 향상의 철학은 '모든 사람과 관계들은 상당히 많은 장점과 자원을 가지고 있다.'고 가정한다. 부부관계 향상 프로그램은 병리적인 가족보다 정상가족을 대상으로 가족발달 전환기에 생길 수 있는 문제를 준비, 대처하도록 돕기 때문에 부부 개인의 문제나 약점에 초점을 두기보다 부부의 잠재력과 강점에 초점을 둔다. 부부관계 향상 프로그램에 참여하는 커플은 자존감과 부부 친밀감의 증진, 자기 이해와 수용, 배우자에 대한 이해와 배려 등을 향상시켜 궁극적으로 결혼의 안정성과 만족도를 높일 수 있게 된다.

부부관계 향상에 대한 프로그램은 다수 개발되었는데, 이들의 공동목표는 개인과 타인에 대한 인식을 높여 사고와 감정을 정직하고 감정이입적으로 추구하고, 관계의 중요한 기술인 의사소통이나 문제해결, 갈등대처 등의 기술을 개발하고 사용하도록 하는 데 있다. 최근에는 결혼 향상 프로그램의 범위가 확장되고 구체화되어 특정 목표를 지닌 집단, 예컨대 맞벌이부부, 알코올 중독 부부, 아내 구타 부부, 재혼부부 등에게 초점을 맞춘 프로그램이 개발되고 있으며, 기혼남성만을 대상으로 하는 프로그램도 있다(〈참고자료 14-1〉 참고).

결혼 향상 프로그램 중 일부는 주말을 이용하여 강도 높게 전달되기도 하고, 일부는 여러 회에 걸쳐 주단위 모임을 통해 제공되기도 한다. 또한 프로그램에 따라 2인, 소집단, 전체 집단 상호작용 등에 초점을 둔다. 결혼 향상 프로그램을 이끄는 지도자는 가족생활교육 전문가의 자격을 가진 사람이 이상적이나 아직까지 지도자의 선발, 훈련 및 자격이 엄격히 제한되고 있는 상태는 아니다. 국내에서는 한국가족상담교육연구소, 기독교가정사역연구소 등 다양한 기관에서 결혼 향상 프로그램이 실시되고 있다(〈표 14-3〉 참고).

표 14-3 우리나라 부부관계 및 부부대화 프로그램

개발자(기관)	출처	교육 프로그램명
유은희 · 정현숙 (1996)	한국가족상담교육연구소 개소 2주년 기념 학술세미나 연구보고서	신혼부부를 위한 부부교육 프로그램
최혜경 · 노지영 (1994)	한국가정관리학회지, 12(1), 171-180	결혼 초기 부부를 위한 부부교육 프로그램
채규만 · 최규련 송정아 · 홍숙자 (1996)	하우출판사	부부대화법: 부부가 함께 말하기와 듣기
오윤자(1994)	경희대학교 대학원 박사학위논문	부부관계 향상 프로그램
오윤자(2001)	한국가족관계학회지, 6(1), 137-157	부부의사소통 교육 프로그램
송정아(1996)	한국가정관리학회지, 12(2), 113-130	중년기 부부관계 향상 프로그램
오윤자 · 유영주 (1994)	한국가정관리학회지, 12(2), 205-218	부부관계 향상 프로그램
정현숙(1998b)	한국가족관계학회 편, 가족생활교육: 이론 및 프로그램(134-148)	부부관계 프로그램 일 · 사랑 · 가족 함께하기
한국가족상담교육 연구소	www. consult.or.kr	부부대화법
한국가정법률상담소	www.lawhome.or.kr/TrainingCenter0.html	부부갈등의 해결을 위한 워크숍
수원중앙교회	http://central.or.kr	부부관계 세미나 신혼부부관계
나우미	http://nowme.net	부부관계 프로그램
기독교가정회복센터	http://www.refamily.or.kr	부부성장교실
국립 목포대학교	http://dorim.mokpo.ac.kr	부부감수성 훈련
충남대학교 병원	http://www.cnuh.co.kr	자아성숙과 부부관계 향상 프로그램
대전교구 메리지인카운터	http://tjme.tjcatholic.or.kr/intro4.htm	ME 프로그램 내 부부관계 프로그램
대구ME협의회	http://me.tgcatholic.or.kr/intro/tghist.html	참부부가 되는 길

출처: 정현숙(2007). 가족생활교육. 신정.

참고자료 14-1 결혼활동시대-취직만큼 어려운 결혼, 일본은 지금 '곤카쓰' 열풍

도쿄 마루오우치의 ABC 요리교실. 퇴근한 30대 남성들이 강사의 지시에 따라 야채를 다듬고 고기를 볶는다. 완성된 태국 카레를 꽃 장식과 함께 접시에 담고 시식까지 하면 수업이 끝난다. 31세 회사원 겐타는 회사 선배의 권유로 5월부터 이 요리교실에 다니고 있다. "전혀 부엌일을 못하는 것보다 가끔은 맛있는 음식을 만들어 줄 수 있는 사람이 결혼에 유리할 것 같아서"라는 게 겐타의 설명이다. 지난해 1월 개강한 이 직장 남성반 교실은 입소문을 타고 회원이 늘어나 작년 말에는 긴자에도 문을 열었다. 회원 수는 약 200명에 달한다.

요즘 일본에서 이렇게 결혼을 목표로 하는 적극적인 준비활동을 곤카쓰(結活, 결혼활동의 준말)라고 한다. 학교 졸업 후 취업을 앞둔 슈카쓰(就活, 취업활동의 준말)에 빗대 생긴 신조어다. 취직만큼 결혼도 하기 어려워진 세태를 반영하고 있다.

각종 조사자료를 보면 지금의 일본 젊은이 네 명 중 한 명은 평생 독신으로 지낼 것으로 예상된다. 1950년대 일본 사회의 중매 비율은 50%였으나 지금은 6% 정도이다. 어려서부터 어머니의 극진한 보살핌을 받은 남성들은 여성들이 먼저 다가와 주기를 바라는 소극적인 성향이 크다. 그런데도 여성의 외모에 대한 기대수준은 계속 높아지고 있다. 반대로 여성은 자신의 두 배 연봉을 받는 사람이 아니면 경제적으로 궁핍해질 수 있다는 불암감이 있다.

지금의 사회 고용환경과 양극화 현상을 저지하는 가장 큰 요인이다. 도쿄의 25~34세 남녀 600명을 조사한 결과 정규직 남성의 50%가 기혼인데 비해 비정규직은 10%만이 결혼에 성공했다. 연봉 400만 엔 이상 버는 사람 중 독신 비율이 35%인데 비해 200만 엔 이하는 85%까지 늘어난다. 그런데도 독신자 중 결혼을 희망하는 비율은 90%에 달했다.

출처: 중앙일보(2008. 10. 25).

3 결혼상담

1) 결혼 전 상담

결혼 전 상담은 역사적으로 성직자나 교사, 가정의가 상담자로서 예비부부의 자신에 대한 이해를 증진시키고 결혼과 관련된 구체적 정보를 얻도록 도와주는 데서 시작하였다. 따라서 엄밀한 의미에서 '문제'를 다루는 전통적인 상담의 개념과는 다소 차이가 있다. 그보다는 교제 중인 커플이 그들의 강점과 약점을 커플과 개인으로서 평가할 기회를 주고, 상대가 자신의 결혼 파트너로 진정 원하는 사람인지를 재평가하고 확인하는 '교육적 상담'의 형태이다.

결혼 전 상담은 예비부부들이 집단으로 모여 교육상담이 이루어지기도 한다. 커플 집단상담이 갖는 장점은 내담자들이 적은 비용을 낸다는 점과 집단상담자가 주어진 시간에 여러 사람과 작업할 수 있으므로 경제적이라는 것이다. 또한 집단경험을 통해 커플은 자신들의 관계와 다른 커플들의 관계를 비교해 보는 기회를 가질 수 있고, 커플끼리 피드백을 제공하며, 장래의 배우자가 그들과 상호작용하는 방식을 관찰해 볼 수도 있다. 반면 집단상담에서 한 커플이 자신들의 문제로 집단을 장악한다든지, 집단상황에 대한 두려움으로 자기 노출에 한계가 있는 점 등은 제한점이 될 수 있다. 커플 집단상담에서는 필요시 소집단토론도 이루어지며, 결혼식 날짜가 가까워질수록 흥미를 잃는 경향이 있으므로 결혼식 3개월에서 6개월 전에 실행되는 것이 적절하다(Margret et al., 1996).

커플은 집단이 아닌 개별적으로 상담을 하는 경우에는 상담의 에너지를 한 커플에 쏟을 수 있는 점과 커플이 상담자와 보다 친밀한 관계를 형성할 수 있다는 장점이 있으나, 다른 커플관계가 어떻게 기능하는지를 관찰하고 배울 기회가 없다는 점과 커플이 상담자와 보다 친밀한 관계가 어떻게 기능하는지를 관찰하고 배울 기회가 없다는 점은 제한점이다. 특히 커플과 개인적인 상담작업을 하는 경우에는 최소한 번씩은 커플 개개인을 따로 상담하기도 한다.

2) 부부치료(부부상담)

부부문제에 대한 우리 사회의 전통적인 태도는 '부부싸움은 칼로 물배기'라는 옛말로 대변되어 왔다. 그러나 최근에 이혼율이 증가하는 현상은 부부문제가 더이상 당사자만의 문제로만 볼 수 없는 중요한 사회문제임을 보여준다.

부부상담 분야는 1929년 미국 의사인 에이브러햄(Abraham)과 스톤(Stone)이 뉴욕에 부부상담소를 개소하면서 공식적인 역사가 시작되었다. 이후 부부상담에 관심을 가진 성직자, 의사, 변호사, 교육자, 사회복지사 등 여러 분야의 사람들이 모여 미국부부상담자협회(American Association of Marriage Counselors)를 결성하였으며, 1978년 미국결혼가족치료학회(American Association of Marriage and Family Therapy)로 통합되었다. 한국에서는 1988년 발족한 한국가족치료학회(Korean Association of Family Therapy)에서 부부치료에 관심 있는 전문가들이 관여하고 있으며, 이들은 가족치료연구소나 센터에서 부부문제에 대한 서비스를 제공하고 있다.

부부치료는 신혼기, 자녀양육기, 중년기, 노년기의 부부 등 다양한 가족생활주기에 있는 부부를 대상으로 하며, 상담에 가져오는 문제들 또한 성격차이, 의사소통 문제, 금전문제, 통제에 대한 갈등, 자녀양육에 대한 불일치, 혼외관계, 성적 갈등, 이혼문제 등 다양하다. 최근에는 가족가치관의 변화로 전통적인 부부관계가 평등한 부부관계로 전환되는 과정에서 남편과 아내의 역할기대가 다름으로써 부부문제가 발생하는 경우가 적지 않다(〈참고자료 14-2〉 참고). 특히 부부의 성적 문제와 이혼문제에 대한 치료는 다음 절에서 좀더 자세히 살펴볼 것이다.

부부치료는 과거를 탐색하고 재구조화하는 장기적인 정신치료와는 달리 단기간에 지금-여기(here-and-now)의 문제들을 다루며, 문제 중심적이고 실용적인 경향이 주류를 이룬다. 부부치료자는 고통받는 부부들에게 자기의사결정 과정을 촉진시키기 위한 상담지도를 하며, 부부 및 가족체계 맥락에서 부부관계의 정서적·인지적 행동적인 양상들을 다룬다. 부부치료가 실시되었던 초기에는 두 명의 상담자가 각각 한 명의 배우자를 만난 후 두 상담자의 상담 결과를 비교하고 토의하는 방식을 취했지만, 현재는 부부가 동시에 동일한 장소에서 동일한 치료자와 상담을 받는 합동치료가 주를 이룬다.

때로는 필요에 의해(예: 밝히기 어려운 사적인 문제가 있을 때) 각 배우자에 대한 개별상담이 실시되기도 하지만 전체적으로는 합동치료라는 맥을 유지함으로써 부부의 각기 상이한 경험과 기대, 목표 등을 치료상황에서 치료자의 도움으로 풀어나간다. 치료자는 상담 초기에 부부의 결혼에 대한 헌신과 만족도, 원가족에 관한 정보 등을 진단한 후, 매 회기마다 다양한 기법과 연습을 통하여 부부가 악순환적 상호작용 연쇄고리에서 벗어나 보다 긍정적인 상호작용을 하고 합리적인 의사결정을 하도록 돕게 된다. 이 과정에서 치료자는 부부에게 과제를 내주어 다음 상담 회기에서 다루기도 한다(〈참고자료 14-3〉 참고).

참고자료 14-2 매 맞는 남편들

아내에 의한 폭력을 호소한 사례가 1,144건으로 전체 상담건수 2,775건의 41.2%로 2000년도 비해 47% 증가했다. 칼에 베이거나 다리뼈가 골절되어 깁스를 한 채 찾아오는 남편도 있다. 매 맞는 남성은 대개 내성적이고 소극적인 성격이지만 가정에는 충실한 경우가 대부분이다. 이에 비해 남편에게 폭력을 휘두르는 여성들은 대외적으로는 활동적이고 적극적으로 보이지만 어린 시절 가정폭력을 경험한 상처를 갖고 있는 경우가 많다.

남편들 역시 매 맞는 아내와 마찬가지로 아이들 문제와 직장, 사회적인 명예 때문에 문제 공개나 이혼을 주저한다. 특히 아내의 폭력을 신고하거나 주변에 알리면 오히려 못난 사람 취급을 받기 때문에 문제를 방치하는 경우도 많다. 대부분의 '매 맞는 남편'은 사실을 참고 숨기는 것으로 문제가 해결될 것으로 믿는다고 한다. 남자가 얼마나 못났으면 여자한테 맞나 하는 주변 시선이 부담스러워 문제가 커지더라도 적절한 법적 조치를 취하는데 주저한다.

상담을 통해 적절한 절차를 알려주고 조치를 취할 것을 권유하지만 실제 실천하기까지는 상당한 시간이 걸린다. 위급한 상황에서 경찰에 신고를 하더라도 문제는 그리 간단하지 않다. 실제로 경찰이 출동해도 집은 난장판이 되어 있으며, 남편이 상처를 입었고 아내가 울고 있다는 상황을 가정해 보면 대부분 단순한 부부싸움으로 보기 쉽다. 또한 '설마 여자가 남자를 때렸겠나'라는 고정관념 때문에 남편이 폭력의 피해자로 인정받기 쉽지 않은 현실이다.

가부장적 전통이 강한 우리나라에도 아내에게 정신적·육체적 폭력을 당하는 남편이 있다. 폭력을 당하는 남성의 경우 다소 체구가 작은데다 내성적이고 성실한 유형이 대부분이며, 아내는 상대적으로 괄괄하고 직선적인데다가 체구도 남편보다 큰 경우가 많다고 지적한다. 또 때리는 아내의 경우 어릴 때에는 아버지에게 많이 맞고 자랐거나 부모가 폭력적으로 싸우는 것을 보고 자란 경우에 자기도 모르게 폭력을 행사하게 된다고 한다. 더구나 매 맞는 남편들은 남자이기 때문에 폭력 당한 사실을 바깥으로 밝히기를 꺼려해 문제해결이 늦고, 사회적으로도 오히려 소수이기 때문에 하소연하거나 보호해 주는 기구가 적어 어려움이 크다.

몇 년 전만 하더라도 무서운 아내들의 나이는 40대, 50대가 주류를 이루었으나 IMF 외환위기를 겪으면서 30대가 늘어났으며, 20대도 50대에 버금갈 정도로 늘어났다.

출처: 이옥이(한국 남성의 전화 소장, 2005). 한국가정관리학과. 추계학술대회 자료집.

참고자료 14-3 부부치료기법: 서로 돌보는 날

부부치료에 오는 대부분의 부부들은 부정적인 반응을 교환하는 데 익숙해 있어서 갈등으로 기진맥진한 상태에서 도움을 청한다. 이런 부부들에게 '서로 돌보는 날' 기법은 아주 작더라도 서로를 위한 것처럼 느껴질 수 있는 긍정적이고 구체적인 행동을 주고받음으로써 상호관계에 긍정적인 변화를 경험하게 하는 기법이다.

치료자는 부부에게 "상대가 구체적으로 무엇을 해주면 당신에게 마음을 쓴다는 것을 알 수 있겠습니까?"라고 질문한다. 이때 상대에게 요구하는 행동은 긍정적이고 구체적이며 하루 한 번은 할 수 있는 작은 일이어야 한다. 치료자는 부부의 요구들을 합쳐 합의된 '돌보는 날' 요구행동목록을(아래와 같이) 작성하도록 지시하고, 매일 목록 중 적어도 다섯 가지는 실행하도록 한다.

아내가 행한 날짜	합의사항	남편이 행한 날짜
________	퇴근 후 나의 기분을 물어봐 주기	________
________	빨래는 빨래바구니에 넣어주기	________
________	사업 이야기할 때 들어주기	________
________	하루에 몇 번 포옹하기	________
________	저녁식사하며 나에게 말 걸어주기	________
________	주말 스포츠 시청할 때 방해하지 않기	________
________	늦겠다고 전화하면 받아주기	________
________	일주일에 한 번은 외식하기	________

주로 상담 초기에 사용되는 이 기법은 처음에는 치료자의 지시에 따라 긍정적인 행동을 따라 하는 것이지만 점차 긍정적 상호 교환이 긍정적 감정의 변화를 일으킨다. 즉, 부부로 하여금 상대방이 좋아하는 것을 줄 때에 상대도 나에게 좋은 것을 준다는 사실을 깨닫게 해주며, 서로 기대하는 큰 변화는 이렇게 작은 변화된 행동들을 점진적으로 실천에 옮길 때에 이루어질 수 있다는 사실을 깨닫게 해준다.

출처: 김영애(1998). 부부・가족치료기법. 서울: 하나의학사, pp. 245-250.

3) 성치료

부부문제의 이면에는 부부의 성적 갈등이 문제의 직·간접적 원인인 경우가 많다. 성문제는 유병률이 높고 부부관계에 미치는 영향이 매우 큼에도 불구하고, 많은 부부가 해결을 위해 도움을 구하기보다는 숨기는 경향이 있다. 부부의 성장애를 일으키는 심리적인 원인으로는 개인의 태도와 보수적인 가치관, 스트레스, 부부간 의사소통의 부족, 배우자를 즐겁게 해주고자 하는 집착, 실패에 대한 두려움, 부부간 권력다툼, 그릇된 성경험, 죄책감이나 불안으로 인한 성생활 회피 등이 복합적으로 작용한다.

미국정신의학회 진단기준(DSM-IV)에 의하면 네 가지 성반응주기인 욕구기, 흥분기, 절정기, 해소기에 따라 성기능장애를 다음과 같이 분류할 수 있다. 첫째, 욕구기의 주된 장애로 성욕 감퇴나 성적 혐오장애 등을 들 수 있다. 일반인의 20%가 성욕 감퇴장애를 갖고 있으며, 일반적으로 남성보다 여성이 성욕 감퇴장애를 가지고 있는 경우가 많다. 둘째, 흥분기의 주된 장애는 여성의 성적 흥분장애나 성교통증 그리고 남성의 발기장애 등이 있다. 여성의 경우 성적 흥분에 따르는 윤활-부종 반응이 일어나지 않거나 성교통증, 성욕 저하 등과 관련되어 있으며, 약 33%의 여성이 성적 흥분장애를 가지고 있는 것으로 알려져 있다. 남성의 경우에는 약 1/2이 일시적인 발기장애를 경험한 적이 있으며, 신체적·심리적·환경적 요인 등이 원인이 된다. 셋째, 절정기장애로는 여성의 절정감장애와 남성의 조루증이 있다. 여성의 성장애 중 가장 흔한 것으로(46%) 절정감장애는 적절한 조건과 노력에도 불구하고 흥분상태에 도달하거나 절정감 문제가 반복, 지속적으로 나타나는 경우이다. 남성의 조루증은 사정 반사의 수의로 조절할 수 없는 상태로 불안과 수치심 등이 원인인 경우가 있다. 마지막으로 해소기의 성장애로 성교 후 불쾌감이나 두통 등을 들 수 있다(Kaplan, 1989).

약 80%에 해당하는 남녀의 성기능장애는 심리적인 요인 때문에 발생하며, 이는 특정 기술 및 훈련을 통해 호전될 수 있다. 물론 신체적 요인(예: 당뇨, 비만)이나 약물(예: 항우울제)이 성기능장애의 원인인 경우는 수술이나 약물처치 등 의료적 치료를 요하나 요인을 막론하고 일단 성기능장애가 발생하면 남녀 모두 심리적 증상을 보이게 된다. 대표적인 몇 가지의 성기능장애에 대한 치료기술을 살펴보면 다음과 같다.

첫째, 성욕장애와 성적 흥분장애를 치료하기 위한 관능집중 훈련(sensate focus)은 마스터(Master)와 존슨(Johnson)이 개발한 기법으로 부부가 함께 실시한다. 우선 성장애를 갖고 있는 배우자가 먼저 애무를 받으며 감각에 집중하는 훈련을 단계적으로 실시한다. 실시 중에 개인이 좋아하는 자극에 대해 대화하고 쾌락이나 불만에 대해서도 숨김없이 상대에게 전달하며, 서로에 대한 성반응에 한층 민감해진다.

둘째, 남성의 흥분기 성장애인 발기장애의 치료는 성치료와 교육 및 정신치료뿐만 아니라 필요에 따라 약물(예: 비아그라), 구소혈관 확장제, 인공보철물 이식술 등 다양한 방법으로 이루어진다. 대표적인 발기장애 성치료로 마스터와 존슨이 개발한 압착(squeeze)요법, 캐플런(Kaplan)이 개발한 시작-정지(start-stop)요법 등이 있다. 발기장애는 심리적으로 배우자에 대한 과잉 관심과 거절에 대한 두려움으로 생기기 때문에 발기장애에 대한 성치료는 비강요적인 성행위 연습으로 발기에 대한 자신감이 생긴 후에 배우자와 성관계를 갖도록 지도한다.

셋째, 절정감 장애로 여성의 성적 절정감 부전과 조루증의 치료를 살펴보겠다. 여성의 성적 절정감 부전은 성교에 대한 정신내적 요인과 이원적 장애를 제거하는 데 초점을 두는데, 치료는 자위행위와 진동자, 회음근의 수축-이완 훈련 등이 활용된다. 또한 무의식적인 성적 절정감에 대한 공포를 해소할 수 있도록 돕는다. 반면 대표적인 남성의 절정감장애인 조루증은 압착법(squeeze)이나 시작-중지법(start-stop) 등의 기법으로 치료한다. 압착법은 수일간 관능집중 훈련을 실시한 후 부부가 함께 익혀 연습하게 된다(홍성묵, 1999).

성치료의 선구자인 캐플런에 의하면 부부가 겪는 대부분의 성기능장애의 직접적 원인은 부부 스스로 만든 보수적이고 폐쇄적인 성생활 분위기(anti-sex environment) 때문이라고 하였다. 즉, 이러한 분위기가 부부로 하여금 만족스러운 성관계를 갖는데 심리적으로 부정적인 영향을 초래한다는 것이다. 어떤 사람들은 배우자가 성적으로 불만족하다는 것을 알면서도 나름대로 성에 대한 관념과 성행위습관이 굳어져 문제에 대해 체념해 버리기도 한다. 따라서 부부간에 상호 신뢰와 이해를 바탕으로 성과 성행동, 성감대 등 성에 관한 어떤 내용이라도 솔직하게 대화를 나눌 수 있는 것이 필요하며, 만족스럽지 못한 성에 대해서는 전문가의 도움을 받아 해결해야 한다.

우리나라의 경우 성장애에 대해서 정신과나 비뇨기과, 산부인과 등을 통하여 의료적 접근을 하고 있는 실정이지만 미국이나 영국, 호주 등의 국가에서는 정부에서 면허제도를 관장하여 성치료 전문가(sex therapist)의 자격을 규제하고 있다(홍성묵, 1999).

참고자료 14-4 한국 남성의 성기능장애에 관한 보고서

1997년 1월 6일부터 3월 19일까지 '도움의 전화'를 통해 발기장애 문제를 지닌 한국 남성 1,768명의 전화상담 사례의 기본적인 내용만을 분석·보고한 바 있다.

피상담인의 연령은 23세부터 76세까지이며, 두 연령층 30대(33%)와 40대(36%)가 전체의 68%였다. 결혼 여부를 밝힌 피상담자 중 90%는 기혼자이며, 그중 26%는 결혼한 지 6년 미만이었다. 발기장애의 종류별 분포는 조루 46%, 불완전한 발기 34%, 조루와 발기문제 17% 그리고 발기불능이 3%로 나타났다. 젊은 층(20~40세)은 발기문제에 비해 조루가 주된 문제였으나 50대 이상의 경우는 반대로 발기문제가 주된 증상이었다.

발기장애 원인에 대한 자가평가에서는 심리 및 가정문제가 36%, 음주, 흡연 또는 스트레스가 36%, 신체적 원인 23% 그리고 다른 원인들이 5%로 드러났다. 발기장애 종류에 따른 주요 다섯 가지 원인을 분석한 결과 신체적인 원인보다는 심리적인 문제와 스트레스, 흡연과 음주가 주된 원인이었다. 조루증세를 보유한 기간들은 1년 미만 10%, 1~5년 46%, 6~10년 21%, 11~15년 5% 그리고 16년 이상 18%의 분포를 보였다.

발기문제의 보유기간은 1년 미만 20%, 1~5년 66%, 6~10년 10% 그리고 11년 이상 4%로 나타났다. 발기장애로 인해 고통받는 전체 피험자의 87%는 전문가에 의한 치료의 노력을 전혀 하지 않았으며, 13%만이 치료를 시도한 경험이 있으며 여전히 효과적인 치료방법을 모색 중이다. …… (중략) ……

출처: 홍성묵(1999). 아름다운 성과 사랑. 학지사. pp. 186-187.

4) 이혼상담

이혼이 드물었던 과거에는 이혼을 하나의 병리적 현상으로 생각하였으나 이제 이혼은 우리 주변에서 흔히 볼 수 있는 현대 가족발달주기의 정상적 과도기가 되고 있다. 그럼에도 불구하고 이혼을 경험하는 대부분의 사람들이 이혼을 인생에서 가장 고통스러운 경험으로 이야기하고 있다. 이혼상담은 건설적인 이혼을 돕기 위한 상담으로 오늘날 그 중요성이 날로 더해지는 가족치료의 한 영역이다. 이혼치료의 기능은 부부가 이혼하지 않도록 도와주는 것이라기보다 이혼이 불가피한 부부가 보다 건설적인 방식으로 이혼하도록 도움으로써 개인과 가족이 보다 만족스러운 삶의 변화로 이혼을 경험하는 데 있다(전영주, 2000).

이혼상담은 가족치료의 한 영역으로 가족치료의 역할이 가족관계를 강화하는 역할에서 나아가 건설적인 가족해체 및 재결합과정에까지 서비스를 확장하고 있음을 의미한다(Sprenkle, 1985). 이혼치료의 일차적 목표는 이혼한 개인의 상실감과 양가감정을 다스리고, 자율성과 자존감을 갖도록 하는 데 있다. 그러나 최근의 이혼상담의 경향은 이 목표에서 더 나아가 이혼 전 의사결정 단계, 이혼을 통한 구조조정 단계, 이혼 후 회복단계, 재혼적응의 전 과정을 통한 상담과 심리치료를 강조하고 있다. 이혼상담을 통해 개인과 커플은 이혼을 보다 만족스러운 생활양식으로 전환하기 위한 과정으로 경험하도록 도움을 받게 된다.

이혼상담은 크게 정보 제공 및 교육, 이혼조정, 심리치료 등의 세 가지 기능을 해야 한다. 물론 내담자가 언제나 세 가지의 서비스를 다 제공받는 것은 아니며, 한 가지나 두 가지의 서비스만 받기도 한다. 그러나 가장 기본이 되는 서비스는 심리치료라고 할 수 있다. 또한 치료의 형태도 집단치료, 개인치료, 장기치료, 가족치료 등 여러 가지가 있다. 치료자의 결혼상태(미혼 대 기혼)는 상대적으로 그리 중요한 문제는 아니지만 인생경험이 있느냐는 중요한 문제이다. 만일 치료자가 이혼의 경험이 있는 경우라면 자신의 미해결된 문제를 내담자에게 투사하는 것은 매우 경계해야 할 일이다.

(1) 이혼 전 의사결정 단계

"결혼생활을 지속해야 될까요, 아니면 헤어지는 것이 나을까요?" 라는 질문을 받았다면 이는 이혼 전 의사결정상담이라고 볼 수 있다. 이혼 전 상담은 언제 도움을 구했는가의 시기가 중요한 요인이다. 의사결정 초기단계의 치료 요청은 치료자가 이혼치료로 개선시킬 수 있을 가능성이 비교적 크다. 이 단계에서는 여러 가지 선택 중 하나로 이혼을 생각하나 이혼보다는 다른 대안들을 더 중점적으로 고려하고 있기 때문이다. 치료자는 부부 상호작용 유형을 평가해 보고 개선책을 고려해 본다. 이때 사용할 수 있는 치료기법으로는 편지를 통한 대화(직접 대화가 어려운 경우)나 치유를 위한 합의별거 등이 있다. 치료자는 부부가 효과적으로 대화를 할 수 있도록 의사소통 방법을 교육할 수도 있다.

한편 의사결정 후기단계에서는 개인 또는 커플이 부부관계를 변화시켜 볼 의지나 에너지가 부족하므로 관계 개선은 보다 어렵다고 할 수 있다. 이 단계의 상담 요청은 주로 실제적인 것이 많다. 이 단계의 상담 초점은 '자신의 결정은 누구도 비난할 수 없는 소중한 선택이고 최선이라는 자신감'이 획득되어야 하며, 치료자는 우선 개인의 결혼에 대한 구속 정도를 평가한 후 효과적인 의사결정 단계를 탐색하도록 한다(전영주, 2000).

(2) 이혼 재구조화 단계

일단 불만족한 결혼관계에 대한 해결책으로 이혼을 선택하였다면 다음 단계 상담의 초점은 2인 커플체계에서 1인 독립체계로 전환하는 데서 생길 수 있는 각종 법률적・사회적・재정적・정서적 부모기의 문제들을 다루는 데 도움을 주는 것이다. 이혼을 하기로 결정을 한 상태에서 개인은 자녀, 가정관리, 돈, 직장, 친척, 친구, 성과 관련된 여러 측면의 변화에 압도된다.

상담자는 지지자의 역할을 하면서 내담자의 강렬한 정서적 반응에 민감해야 한다. 또한 치료자는 내담자가 자신의 결혼관계에 대해 지속적으로 이해하고 미해결된 감정을 다룰 수 있도록 도와줄 뿐만 아니라 내담자가 직면하는 실제적 문제들을 다룰 수 있는 새 기술을 발달시키도록 정보를 제공해 주어야 한다(전영주, 2000).

이혼중재(divorce mediation: 이혼조정이라고도 함)는 이혼상담의 한 영역으로 문제해결 중심의 단기 서비스이다. 이혼중재는 이혼하는 당사자들이 적대감을 최소화하고 분쟁의 씨앗이 되는 여러 쟁점들에 대해 합의하도록 중립적인 제삼자가 도와주는 것이다. 이혼조정은 법원과 연결된 것과 연결되지 않은 것의 두 종류가 있다. 법원과 연결된 것으로는 가정법원에 가사조정제도가 있으나 실제로 대부분의 부부가 상당한 파탄에 이른 후에야 조정을 신청하기 때문에 조정이 원만하게 성립되는 경우는 별로 많지 않다.

우리나라는 재판이혼보다 협의이혼이 훨씬 많으므로 협의이혼의 경우에도 조정과정을 거치도록 해야 한다. 법원과 연결되지 않은 것으로는 법률사무소나 상담전화, 위기상담소 등이 있으며, 대부분의 종사자는 정신건강 관련 전공자들이다, 이혼조정을 하기 위해서는 이혼 관련 법률적 세무 관련 지식은 물론이고 이혼과정이 부모와 자녀에게 미치는 영향에 대한 지식도 있어야 한다.

(3) 이혼 후 회복

이혼 후의 적응에 필요한 시간이나 에너지는 개인마다 차이가 있지만 이혼한 남녀 모두 자존감 저하, 무기력, 분노, 두려움, 외로움, 죄책감, 슬픔, 거부감, 우울증 등의 유사한 정서적 경험을 겪는다. 이러한 심리적 반응은 불면증, 자살, 음주, 흡연 증가 등의 행동반응과 건강 악화 등의 결과로 표출되기도 한다. 서구의 문헌을 보면 불행한 결혼의 해방이라는 필요악적 측면에 대한 고려와 이혼의 보편화에도 불구하고, 그 불예측성과 사회화의 결여 등으로 인한 적응문제가 심각함을 인정하고 있다.

요 약

부부가 된다는 것은 인생의 여러 사건 중에서도 가장 복잡하고 어려운 전이로 개인과 원가족문제에 대한 수많은 협상을 감내해야 하는 과정이다. 특히 복잡하고 변화가 빠른 초현대사회에서 부모세대나 조부모세대의 농경시대 부부관을 가지고 결혼생활에 대처하는 것은 여러 가지 어려움을 초래할 수 있다. 정보화 시대의 새로운 지식의 발전, 기술의 진보, 사회적 여건의 변화 등은 전 세대의 교훈으로 부부생활을 해나가는 데는 부적절하거나 부족하기 때문이다(Margaret et al., 1996).

급증하는 이혼율은 부부가 이러한 사회변화에 제대로 대처하지 못하고 표류하고 있음을 반영하는 한 지표이다. 현대의 부부는 한쪽의 사망으로 헤어지는 것보다 이혼으로 결혼관계가 종결되는 경우가 점점 더 늘고 있으며, 이 중에는 신혼기 부부뿐만 아니라 최근에는 10년 이상 함께 살던 중년기나 노년기의 이혼도 증가하고 있는 추세이다. 이제 '부부문제는 칼로 물베기'라는 식의 안일한 자세는 가족 붕괴를 가속화시킬 뿐이라는 위기의식을 가져야 한다.

그렇다면 과학적, 체계적으로 부부문제를 다룰 수 있는 공공자원에는 무엇이 있는가? 부부문제에 대한 공식적 지원체계의 두 가지는 예방적 차원의 결혼생활교육과 치료적 차원의 결혼치료이다. 결혼생활교육은 예비부부 대상의 결혼준비교육, 기혼부부 대상의 결혼 향상 프로그램이 대표적이며, 이 프로그램들은 자신과 상대에 대한 인식을 높여 감정이입의 능력을 향상시키고 의사소통기술을 증진시키며 갈등 대처방법을 배우도록 도와준다. 반면 결혼상담은 결혼 전 상담과 부부상담, 성치료, 이혼상담 등의 영역을 포함하며, 전문 상담자의 치료적 개입을 통해 부부의 역기능적 상호작용 유형을 변화시키도록 돕는다.

이제 우리 사회는 일 중심의 사회에서 점차 부부 중심의 사회로 바뀌어 가고 있다. 현대인들, 특히 점점 많은 남성들이 일보다 가족에서 행복을 찾고자 한다. 행복한 가족은 으뜸가는 행복의 조건이며 건강한 가족의 핵심은 행복한 부부이다. 그러나 행복한 부부라고 문제가 없을 수는 없다. 문제가 생겼을 때 친지나 친구는 더없이 믿음직한 지지망이기도 하지만 문제를 객관적으로 다루는 데 장애가 되기도 한다. 21세기의 한국 부부는 속앓이만 하면서 부부문제가 곪아터질 때까지 기다리지 말고 공식적인 지원망을 활용할 줄 알아야 한다. 무엇보다 결혼을 결정하기 전에 결혼이 자신의 삶을 보다 행복하게 해줄 것이라는 자신감이 생길 때 준비된 결혼을 해야 할 것이다.

연구과제

1 우리 문화에서 부부문제가 있을 때 건강가정지원센터(가족지원센터)와 같은 공적 지원체계를 활용하는 데 걸림돌이 되는 것은 무엇인가?

2 자신이나 주변 사람들이 심각한 결혼문제에 당면하였을 때 부부상담(또는 성치료나 이혼상담) 서비스의 도움을 구하도록 하겠는가?

3 본 교재 및 강좌는 결혼준비교육의 일환으로 여러분에게 어떤 점에서 가장 도움이 되었다고 생각하는가?

참 / 고 / 문 / 헌

김영애 편역(1998). **부부가족치료기법**. 서울: 하나의학사.

김요한(2001). **부부들의 사랑이야기**. 서울: 바오로딸.

마가렛 외 저. 이정연 · 장진경 · 정혜정 역(1996). **가족생활교육의 실제**. 서울: 하우.

박미경(1997). **예비부부를 위한 결혼준비교육 프로그램**. 부산대학교 가정관리학과 박사학위논문.

전영주(2000). **이혼: 치료적 개입과 사례**. 한국가족치료학회 제26회 학술모임.

카플란, H. S. 저. 이근후 · 홍기선 역(1989). **성치료의 이론과 실제**. 서울: 하나의학사.

홍성묵(1999). **아름다운 성과 사랑**. 서울: 학지사.

Sprenkle, D. H.(1985). *Divorce therapy*. N.Y.: Haworth Press.

찾아보기

ㄱ

가부장적 성문화 / 145
가사노동 / 221
가족 / 83
가족사랑법 / 213
가족상담 / 329
가족생활주기 / 24
가족생활주기 및 발달과업 / 278
가족의 범위 / 351
가치호환성(value complementarity) / 171
갈등해결을 위한 열 단계 / 251
감정 코치형 부모 / 266
개인주의 / 33
건강가정지원센터 / 382
게이(gay) / 141
결손 / 327
결혼 / 17
결혼 전 상담 / 388
결혼 준비 / 196
결혼관행 / 198
결혼기간 / 211
결혼문화 / 190, 202
결혼상담 / 388
결혼상담(치료) / 382
결혼생활 / 211
결혼생활교육 / 382, 384
결혼식 / 192
결혼준비교육 / 384, 385
경멸 / 245
경사진 배우자 선택 / 168
고부관계 / 226
공동체가족 / 305
공정한 싸움 / 249
공정한 싸움을 위한 열여섯 가지 규칙 / 250
교육과정 / 86
그룹혼 / 44
근접성 / 166

ㄴ

남성다움 / 94
남성성 / 74, 78, 88
남성호르몬 / 133
낭만적 사랑 / 115, 116, 119
냉담 / 246
네트워크형 가족 / 27
노년기 가족 / 275

ㄷ

다이크(dyke) / 141
단혼제 / 42
대중매체 / 88
데이트 / 19
데이트(date) / 158
데이팅 서비스 / 161
도구적(instrumental) 특성 / 74
독립감 / 120
독립기 자녀 가족 / 271
독신 / 40, 61
독신가족 / 303
동거 / 40, 54

동거가족 / 308
동료애 / 45
동성애 / 141
동성연애 / 141
동질혼 이론 / 167
드랙퀸(drag queen) / 141
드랙킹(drag king) / 141

ㄹ

레즈비언(lesbian) / 141
루더스 / 113

ㅁ

맞벌이가족 / 294
면접교섭권 / 366
몰입단계 / 337
무성(無性) 콤플렉스 / 90
무자녀가족 / 300
문화지체 현상 / 26

ㅂ

발기장애 / 394
발달주기 / 339
방어 / 243
법정상속 / 373
변동단계 / 337
복혼제 / 42
본성론 / 79
본질론 / 132
부드럽게 말을 시작하기 / 241
부모됨 / 220, 45
부부간 역기능적 의사소통 행동 척도 / 248
부부간의 역기능적 의사소통 유형 / 242
부부관계 향상 프로그램 / 386
부부별산제 / 360
부부상담 / 389
부부치료 / 390
부부치료기법 / 392
부치(butch) / 141
비난 / 242
비혼 / 62

ㅅ

사내대장부 콤플렉스 / 91
사랑 / 102
사랑의 기술 / 120
사랑의 삼각이론 / 105, 110
사실혼 / 368
사이버 가족 / 26
사이버 사랑 / 122
사회관계망 / 225
사회교환 이론 / 168
사회구성론 / 132
사회학습 모델(the social-learning model) / 81
사회화 / 30
사회화(socialization) / 81
산업혁명 / 18
상속의 승인과 포기 / 374
상품화된 성 / 145, 150
상호호완성(compatibility) / 170
생물학적 차이 / 79
생활계획 / 210
성 고정관념 / 87
성 콤플렉스 / 93
성(sexuality, 性) / 132
성기능장애 / 393, 395
성매매 / 149
성별(gender) / 76
성별분업 / 59

성생활 / 228
성역할 고정관념(gender-role stereotype) / 76, 89
성역할 사회화 이론 / 81
성역할 사회화(gender-role socialization) / 76
성역할 정형화 / 86
성역할 획득과정 / 82
성역할(gender-role) / 76
성역할 정체감(gender-role identity) / 76
성욕장애 / 394
성적 흥분장애 / 394
성전환자 / 141
성정체감(gender identity) / 76
성정체성 / 85
성진화(sexual evolution) / 136
성차 / 75
성차별에 관한 태도 / 77
성치료 / 393
성혁명 / 136
성호르몬 / 133
슈퍼맨 콤플렉스 / 93
슈퍼우먼 콤플렉스 / 91
스토르게 / 113
시험결혼 유형 / 56
신데렐라 콤플렉스 / 90
신체적 매력 / 164
신혼기 가족 / 261
신혼여행 / 197
실연 / 123, 124, 125

ㅇ

아가페 / 115
아동기 자녀 가족 / 267
안전한 의사소통 / 236
애정관계적 개인주의 / 23
애착 / 103
애착관계 / 103
애착이론 / 103
양성애자(bisexual) / 141
양육 / 214
양육론 / 80
양자 / 371
언약/헌신 / 106
에로스 / 113
여과망 이론(Filter Theory) / 169
여성다움 / 94
여성성 / 74, 78, 88
여성호르몬 / 133
역할호환성(role complementarity) / 171
열정 / 106
영구적 독신 / 62
오르가슴 / 134
온달 콤플렉스 / 91
외모 콤플렉스 / 90
욕구보상성 이론 / 167
유동적 독신 / 62
유류분제도 / 376
유언 / 375
음핵 / 134
의례 / 184
이반 / 141
이성교제 / 158, 159
이중적인 성규범 / 132
이중적인 성윤리 / 145
이혼 / 316, 362
이혼 재구조화 / 397
이혼 전 의사결정 / 397
이혼 후 회복 / 398
이혼상담 / 396
인식단계 / 337
인지발달 모델 / 81, 82

일부다처제 / 43
일부일처제 / 184
일상가사 대리권 / 358
일시적 편의형 / 56
일시적인 대안형 / 56
일처다부제 / 43

ㅈ

자극－가치－역할 이론 / 171
자녀양육 / 217
자녀의 성 / 351
자녀출산 / 214
자녀출산 및 양육기 가족 / 265
자위행위 / 136
자유혼 / 172, 19
장남 콤플렉스 / 92
장녀 콤플렉스 / 90
재산분할 / 325
재산분할청구권 / 325, 367
재판이혼 / 319
재혼 / 332, 41
재혼가족 / 290
재혼의 유형 / 335
전통혼례 / 185
절정감 장애 / 394
절충혼 / 173
접촉단계 / 338
정보사회 / 16, 19
정형화된 성역할 / 145, 95
조정 및 중재 / 329
중년기 가족 / 272
중매혼 / 173
지적 콤플렉스 / 91, 93

ㅊ

착한 여자 콤플렉스 / 90
청소년기 자녀 가족 / 269
체격 콤플렉스 / 92
초혼연령 / 40
최소 흥미의 원칙(principle of least interest) / 160
출산 조절 / 216
친권 · 양육권 / 365
친밀감 / 105, 121
친양자제도 / 372
친영제 / 186
친족의 범위 / 348

ㅋ

커밍아웃(coming out) / 143
콤플렉스 / 177, 90
퀴어(queer) / 141
클리토리스(음핵) / 135

ㅌ

트랜스(transsexual) / 141

ㅍ

펨므(fe-mme) / 141
평등한 부부 / 229
포르노그래피(pornography, 이하 포르노) / 146
표현적(expressive) 특성 / 74
프래그마 / 114

ㅎ

학교 / 85
한부모가족 / 285

해결단계 / 338
핵가족 / 24
행동단계 / 338
헌신 / 163
협의이혼 / 319
혼수 / 194, 31
혼인 / 355
혼인 중의 출생자 / 370
혼전 성관계 / 138
혼전동거 / 54
혼전순결 / 139
화자—청자 기법 / 237
환상단계 / 337
황혼이혼 / 318
후광효과(halo effect) / 165

저자약력

이기숙
부산대학교 대학원 가정학과 박사
현재 신라대학교 가족노인복지학과 교수

김득성
부산대학교 대학원 가정학과 박사
현재 부산대학교 생활환경대학 아동가족학과 교수

공미혜
미국 Ohio State University 사회학과 박사
현재 신라대학교 가족노인복지학과 교수

김은경
미국 Iowa State University Department of Human Development and Family Studies 박사
현재 창원대학교 아동가족학과 교수

전영주
미국 Purdue University 아동발달가족학과 박사
현재 신라대학교 가족노인복지학과 교수

손태홍
미국 North Carolina State University 사회학과 박사
현재 경성대학교 사회복지학과 강사

오경희
부산대학교 대학원 법학과 박사
현재 동서대학교 강사